国家骨干高职院校建设项目成果

电气自动化技术专业

工业现场控制系统的设计与调试

主　编　庞文燕
副主编　王卫平
参　编　姜　涛　刘丽萍
主　审　雍丽英　张国良

机械工业出版社

本书由哈尔滨职业技术学院与杭州和利时自动化有限公司合作编写，引进 CDIO 国际工程教育理念，面向“双师型”教师和行业、企业技术人员，服务于自动化类和机电类专业学生职业能力培养的项目化教材。

本书主要针对过程控制技术及其应用编写。内容融合了过程控制系统概述、被控对象特性分析、基本控制规律、控制器参数整定、SAMA 图绘制、控制点确定及典型环节控制规律确定等基本知识，包含被控对象特性测试、常用仪表选型及安装、常用控制器选型及安装、常用执行机构选型及安装、DCS 设计方案确定、DCS 组态设计、DCS 安装及投运等技能训练。

本书适合作为高等职业教育电气自动化技术、机电一体化技术、工业过程自动化等专业课程教材，也可作为相关工程技术人员培训和自修参考书。

为方便教学，本书备有免费电子课件和模拟试卷，凡选用本书作为授课教材的老师均可来电索取，咨询电话：010-88379375；Email：cmp-gaozhi@ sina. com。

图书在版编目（CIP）数据

工业现场控制系统的设计与调试/庞文燕主编. —北京：机械工业出版社，2015.9

国家骨干高职院校建设项目成果电气自动化技术专业

ISBN 978-7-111-51320-9

Ⅰ.①工… Ⅱ.①庞… Ⅲ.①工业现场-工业控制系统-系统设计-高等职业教育-教材②工业现场-工业控制系统-调试方法-高等职业教育-教材 Ⅳ.①TP273

中国版本图书馆 CIP 数据核字（2015）第 197242 号

机械工业出版社（北京市百万庄大街 22 号 邮政编码 100037）
策划编辑：王宗锋 责任编辑：王宗锋 王 荣
责任校对：陈 越 封面设计：鞠 杨 责任印制：常天培
北京京丰印刷厂印刷
2016 年 5 月第 1 版第 1 次印刷
184mm×260mm · 16.25 印张 · 399 千字
0 001—1 500 册
标准书号：ISBN 978-7-111-51320-9
定价：35.00 元

哈尔滨职业技术学院电气自动化技术专业教材
编审委员会

专业教材编写说明

为更好地适应我国走新型工业化道路，实现经济发展方式转变、产业结构优化升级，建设人力资源强国发展战略的需要，国家教育部、财政部继续推进“国家示范性高等职业院校建设计划”实施工作，从2010年开始遴选了100所左右国家骨干高职院校，创新办学体制机制，增强办学活力；以提高质量为核心，深化教育教学改革，优化专业结构，加强师资队伍建设，完善质量保障体系，提高人才培养质量和办学水平；深化内部管理运行机制改革，增强高职院校服务区域经济社会发展的能力。

哈尔滨职业技术学院于2010年11月被教育部、财政部确定为国家骨干高职院校建设单位，创新办学体制机制，在推进校企合作办学、合作育人、合作就业、合作发展的进程中，以专业建设为核心，以课程改革为抓手，以教学条件建设为支撑，全面提升办学水平。电气自动化技术专业及专业群是国家骨干高职院校央财支持的重点专业，本专业借鉴世界先进的CDIO工程教育理念，与哈尔滨博实自动化设备有限公司等企业合作，创新“订单培养、德技并重”的人才培养模式，在人才培养的整个过程中，注重培养学生的职业道德、专业核心技术和岗位核心技能。学生在掌握扎实的理论知识和熟练的岗位技能的同时，具备良好的人文素养和职业素质，高超的系统工程技术能力，尤其是项目的构思、设计、实现和运行能力，以及较强的自学能力、组织沟通能力和协调能力。本专业通过毕业生跟踪调查，确定专业职业岗位（群）；通过调研，深入分析专业岗位（群），提炼出本专业的职业岗位核心能力，明确岗位对毕业生的知识、能力、素质具体需求，形成电气自动化技术专业人才培养质量要求和“电气自动化技术专业岗位调研报告”。围绕电气自动化技术专业电气技术、工业控制器技术、自动化系统集成技术三个核心技术，结合注重培养学生具有良好的可持续发展能力，与CDIO工程理念对接，创新构建注重专业核心技术和岗位核心技能培养的项目导向课程体系。

CDIO工程教育理念是近年来国际工程教育改革的最新成果，它以产品研发到运行的工程项目周期为载体，让学生以主动、实践、课程之间有机联系的方式学习工程的理论、技术与经验。CDIO工程教育在高职院校开展得较少，适用于CDIO项目式课程教学的高职教材更少。本专业在试点班级进行核心课程改革实施运行，课程实行“做中学”“学中做”“教、学、做一体化”教学模式，根据课程教学目标及课程标准要求安排若干个三级项目。3~4名学生构成团队，在项目实施的过程中，学生以团队内合作、团队间协作加竞争的方式进行自主探究式学习，教师仅起指导作用，促使学生完成构思、设计、实现和运行（CDIO）的全过程，每个团队在项目完成后都要向全班做汇报，老师、学生要根据完成情况进行评价。

本专业在核心课程改革试点总结的基础上，凝练课程改革成果，校企合作开发了《机床电气设备及升级改造》《单片机控制技术》《电机与变频器安装和维护》《PLC控制系统的设计与应用》《工业现场控制系统的设计与调试》《供配电技术》《自动化生产线安装与调试》等7本CDIO项目式系列教材。为了更好地满足CDIO项目式课程教学需要，本系列教材均以生产实际项目为典型案例进行编写。项目实施过程按照构思、设计、实现、运行

（CDIO）4个基本环节进行，注重核心技术和岗位技能的培养，重点突出对学生职业技能的培养，使学生具有良好的人文素养、职业素质、就业能力以及具备可持续发展能力，满足社会与企业欢迎的高端技能型人才的需要，最大限度地实现学校与企业的零距离对接。

哈尔滨职业技术学院电气自动化技术专业教材编审委员会

2014年2月

前　言

本书是哈尔滨职业技术学院与杭州和利时自动化有限公司共同开发的，基于CDIO工程教育理念，面向“双师型”教师和行业、企业技术人员，服务于自动化类和机电类专业职业能力培养的项目化教材，旨在解决高职高专自动化及相关电类专业学生对工业现场控制技术的需求与传统教材重理论、轻技术间的矛盾。

➢ 编写背景

随着我国产业结构优化升级，装备制造业向高端延伸，化工、石化、水泥、钢铁等传统行业以及风电、生物医药等新兴产业对工业控制系统的需求逐年稳步增长。中国工控网相关市场研究报告指出，未来几年，中国工业控制系统市场年增长率将保持在5%以上。市场的健康稳步发展亟须大量从事工控系统集成安装与调试、工控设备技术服务和销售等工作的高端技术技能人才。

哈尔滨职业技术学院专业和课程建设紧跟社会经济发展，应骨干院校建设要求，与国内自动化行业龙头企业杭州和利时自动化有限公司合作，参照行业、企业标准和工艺要求，基于CDIO工程教育理念，以实际工程项目为载体，将行业、企业典型、实用、操作性强的工程项目引入课堂，较好地完成了框架策划、现场交流、应用测试、文案编撰、资源制作、资料整合等任务。

➢ 本书特点

1. 校企合作，围绕过程控制技术，以工业现场典型环节控制系统的设计与调试为工作项目，涵盖了过程控制技术、组态控制技术、工业组网技术的重要知识与技能，进行了循序渐进地描述。本书编写遵循“典型、实用、先进、操作”原则，通过对实际工程案例、软件仿真运行等的综合运用，在轻松愉悦的环境中实现教学内容与工作内容的对接，力求实现提高学生学习兴趣和效率以及易学、易懂、易上手的目的。

2. 项目驱动，目标明确。按照C（构思）、D（设计）、I（实现）、O（运行）的步骤组织安排项目实施。课程目标及预期学习成果明确，课程内容深度及广度取舍得当。

3. 由浅入深，循序渐进。教材安排两个项目，项目一为工业典型环节加热炉控制系统的设计与调试，融合了过程控制基础知识、基本操作及检测仪表、执行器的选型及安装，重在培养工控系统基础能力。项目二为进阶内容，包含DCS技术、组态技术、组网技术的综合应用，依托和利时公司的硬件及软件，进行反应釜控制系统的设计与调试，重在培养工控设计、安装、调试的综合能力。项目一采用PID控制，项目二采用DCS控制。项目从控制点数、项目规模、控制方式的难易及复杂程度上都是循序渐进的。

➢ 基本内容

本书由两个典型项目组成：项目一为加热炉控制系统的设计与调试，项目二为反应釜控制系统的设计与调试。每个项目都安排了项目构思、项目设计、项目实现、项目运行、知识拓展、工程训练等内容。

本书编写分工如下：项目一由哈尔滨职业技术学院庞文燕完成；项目二的项目构思、项目设计、项目实现、项目运行由杭州和利时自动化有限公司王卫平完成；项目二的知识拓展、工程训练及附录部分由哈尔滨职业技术学院姜涛完成。全书由庞文燕、刘丽萍策划并统稿，由哈尔滨职业技术学院电气工程学院雍丽英教授、杭州和利时自动化有限公司张国良高级工程师主审。

本书编写过程中，得到了杭州和利时自动化有限公司仿真事业部总经理董志刚、电厂仿真组李兆崇工程师的支持和帮助，得到了哈尔滨职业技术学院刘敏副院长、教务处孙百鸣处长、王莉力教授的关注和指点，在此表示衷心的感谢！

限于编者的经验、水平及时间，书中难免在内容和文字上存在不足和缺陷，敬请读者批评指正。

编 者

目　录

项目一
加热炉控制系统的设计与调试

项目名称	加热炉控制系统的设计与调试	参考学时	36 学时
项目导入	加热炉是石油化工、发电等工业过程必不可少的重要动力设备，它产生的高压蒸汽既可作为驱动动力源，又可作为精馏、干燥、反应、加热等过程的热源。随着工业生产规模的不断扩大，作为动力和热源的加热炉，也向着大容量、高参数、高效率的方向发展。在炼油化工生产中常见的加热炉是管式加热炉。对于加热炉，工艺介质受热升温进行汽化，其温度的高低会直接影响后序的操作工况和产品质量。当炉子温度过高时，会使物料在加热炉内分解，甚至造成结焦而烧坏炉管。加热炉的平稳操作可以延长炉管的使用寿命。因此，加热炉温度控制要求较高。		
项目目标	通过完成项目，学生应具备以下能力： 1. 掌握系统设计的思路和方法，能构建液位、流量单闭环控制回路，能够根据工艺要求选择控制规律的能力。 2. 能绘制加热反应炉工艺流程图。 3. 掌握 PID 控制器参数设定及整定方法。 4. 掌握按照控制要求选择合适的检测仪表并进行安装的能力。 5. 掌握系统调试及稳定运行方法。 6. 在完成项目的过程中培养工艺意识、成本意识、质量意识和安全意识，培养小组合作能力、沟通表达能力和技术文本制作的能力。		
项目要求	加热炉设备的控制任务是根据生产负荷的需要，供应热量，同时要使加热炉在安全、经济的条件下运行。加热炉燃烧系统的控制方案要满足燃烧所产生的热量，适应物料负荷的需要，保证燃烧的经济和加热炉的安全运行，使物料温度与燃料流量相适应，保持物料出口温度在一定范围内。在实训室中，考虑安全及成本因素，使用水介质代替实际介质，项目具体要求如下： 1. 选择恰当控制规律，采用 PID 仪表控制液位、流量及温度。 2. 小组独立完成 PID 参数设定及调整。 3. 绘制工艺流程图，选择液位、流量、温度检测仪表及执行机构并安装。 4. 调试并运行。		
实施思路	1. 构思：项目分析与知识准备。参考学时：6 学时。 2. 设计：设计加热炉控制系统项目方案。参考学时：8 学时。 3. 实现：选择元器件，进行硬件设计、安装。参考学时：12 学时。 4. 运行：系统调试、运行及维护。参考学时：10 学时。		

【项目构思】

项目来源于工业典型环节加热炉控制系统的设计与调试。

在本项目中，学生分小组进行活动，完成下列任务：

1）通过观察被控对象加热炉，分析组成部分；记录水箱容积、锅炉容积、液位高度、锅炉功率等基本参数；了解水箱、锅炉功能及特点。

2）分析控制要求，找出控制系统所涉及物理量。

3）小组分工，明确项目工作任务。团队成员讨论项目如何实施，进行任务分解。

4）学习项目所需的知识，搭建单回路控制回路。

5）讨论并完成加热反应炉工艺流程图的绘制。

项目实施建议教学方法为项目引导法、小组教学法、案例教学法、启发式教学法和实物教学法。

教师首先下发项目工单，布置本项目需要完成的任务及控制要求，介绍本项目的应用情况，进行项目分析，学生进行小组分工，明确项目工作任务，团队成员讨论项目如何实施，进行任务分解，学习项目所需的知识，查找相关资料，制订项目实施工作计划、制订出工艺流程。项目一项目工单见表 1-1。

表 1-1　项目一项目工单

<table>
<tr><td>课程名称</td><td colspan="4">工业现场控制系统的设计与调试</td><td>总学时:84</td></tr>
<tr><td>项目一</td><td colspan="4">加热炉控制系统的设计与调试</td><td>36</td></tr>
<tr><td>班级</td><td></td><td>团队负责人</td><td></td><td>团队成员</td><td></td></tr>
<tr><td>项目描述</td><td colspan="5">在本项目中,学生分小组进行活动,完成下列任务：
1. 观察被控对象加热炉,分析组成部分。记录水箱容积、锅炉容积、液位高度、锅炉功率等基本参数。了解水箱、锅炉的功能及特点。
2. 分析控制要求,找出控制系统所涉及物理量。
3. 小组分工,明确项目工作任务。团队成员讨论项目如何实施,进行任务分解。
4. 学习项目所需的知识,搭建单回路控制回路。
5. 讨论并完成加热反应炉工艺流程图的绘制。</td></tr>
<tr><td>项目目标</td><td colspan="5">通过完成项目,学生应具备以下能力：
1. 掌握系统设计的思路和方法,能构建液位、流量单闭环控制回路,能够根据工艺要求选择控制规律的能力。
2. 能绘制加热反应炉工艺流程图。
3. 掌握 PID 控制器参数设定及整定方法。
4. 掌握按照控制要求选择合适的检测仪表并进行安装的能力。
5. 掌握系统调试及稳定运行方法。
6. 在完成项目的过程中培养工艺意识、成本意识、质量意识和安全意识,培养小组合作能力、沟通表达能力和技术文本制作的能力。</td></tr>
<tr><td>相关资料及资源</td><td colspan="5">教材、视频录像、PPT 课件、仪表安装工艺及标准等。</td></tr>
<tr><td>项目成果</td><td colspan="5">1. 完成加热炉控制系统的设计与调试,实现控制要求。
2. CDIO 项目报告。
3. 评价表。</td></tr>
<tr><td>注意事项</td><td colspan="5">1. 在通电试车前一定要经过指导教师的允许。
2. 安装调试完毕,先断电源后断负载。
3. 严禁带电操作。
4. 安装完毕及时清理工作台,工具归位。</td></tr>
<tr><td>引导性问题</td><td colspan="5">1. 你已经具备完成加热炉控制系统的设计与调试项目的所有资料了吗？如果没有,还缺少哪些？应该通过哪些渠道获得？
2. 在完成本次任务前,你还缺少哪些必要的知识？如何解决？
3. 在进行安装前,你准备好器材了吗？
4. 在安装接线时,你选择导线的规格为多大？根据什么进行选择？
5. 你采取什么措施来保证制作质量符合制作要求？
6. 你在安装和调试过程中,你会使用哪些工具？
7. 在安装完毕,你所用到的工具和仪器是否已经归位？</td></tr>
</table>

一、项目分析

（一）设备简介

加热炉与上位水箱、下位水箱、储水箱相连。

下位水箱有 3 个槽，分别是工作槽、溢流槽和缓冲槽。水箱容积为 80L。当水箱进水时，水管的水先流进缓冲槽，当缓冲槽中注满水时，水流便漫过缓冲槽和工作槽当中的隔板并沿此隔板缓慢注入。同时下水箱的缓冲槽可以作为热水和冷水混合的场所，以便控制水的温度。

上位水箱有 5 个槽：两个工作槽、两个缓冲槽和一个溢流槽。两个工作槽通过连通器连接，其容积比是 2∶1。水箱容积为 80L。系统运行过程中如果水位失控，水流可以直接经过缓冲槽流进储水箱。

储水箱采用不锈钢板制成，容积为 180L。系统管道采用铝塑管组成，水阀采用优质球阀。储水箱后面有小球阀用于更换水。当水箱需要更换水时，打开水泵便可将水直接排出；当水泵打开但没水抽出时，将球阀打开，空气放掉，就可以抽出水。

加热炉采用不锈钢，共有三层：加热层、冷却层、溢流层，其中纯滞后盘管盘在溢流层之外，如图 1-1 所示。冷却层的循环水可以使加热层的热量快速散发，使加热层的温度快速下降。冷却层和加热层都由温度传感器检测其温度。纯滞后盘管盘中，配置长达 20m 的盘管，在盘管上有 3 个不同的温度检测点，它们的滞后时间常数不同。加热层、冷却层和盘管出来的水最后全部排到溢流层，然后直接排到储水箱中。

检测水温的传感器是 Cu50 热电阻，在此共有 5 个温度传感器，如图 1-1 所示，本装置采用三线制 Cu50，经过调节器的温度变送器，可将温度信号转换成 4～20mA 交流电流信号，便于计算机采集。Cu50 传感器精度高，热补偿性好。

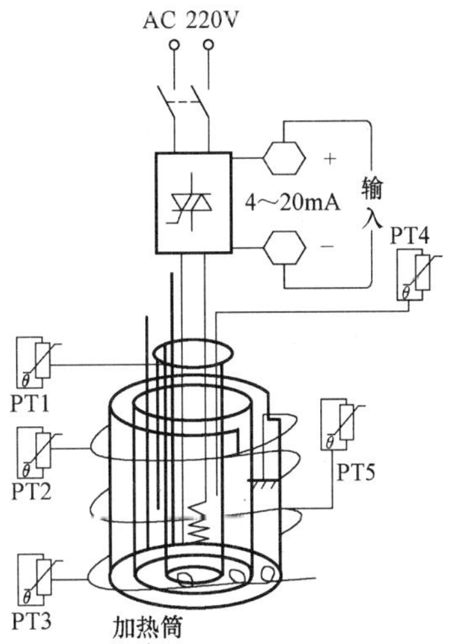

图 1-1　加热炉示意图

上水采用丹麦进口格兰富水泵，扬程高达 10m。如果上电后，水泵转动，但抽不出水，可打开水箱后面的球阀将水泵中的空气放掉。如果水泵长久不工作，轴承结垢无法转动，应旋下排气螺塞，用螺钉旋具插入水泵转轴末端的槽中转动；或者将水泵的 4 颗螺钉旋下，打开水泵，然后上电观察水泵叶轮是否转动。水泵由变频器进行控制。

想一想：分析加热炉工艺流程，想想它对控制系统有哪些要求。

（二）工艺要求

1. 送料控制

1）能够检测加热炉内的液位、温度，可以选择直接检测液位或者通过流量间接检测。初始状态为加热炉内水位为加热圆筒的 30%，温度为室温。运行开始后，进水阀打开，水位上升直到加热圆筒的 60% 后保持恒定，10% 左右的水始终流入加热筒外筒，用于加热器散热。

2）自行选择进水阀和出水阀。

2. 加热控制

1）接通加热炉电源。

2）当温度升到给定值（30℃）时，切断加热电源，加热过程结束。

3. 泄放控制

炉内温度稳定后5min，打开出水阀，当水位下降到加热圆筒的30%时，关闭出水阀。系统恢复到原始状态，准备进入下一循环。

二、相关知识

（一）概述

让我们首先了解什么是过程控制？过程控制发展到今天都经历了哪些阶段？

过程控制是通过采用各种自动化仪表、电子计算机等对生产过程中的某些物理参数进行自动测量和控制。过程控制系统一般是指工业生产过程中自动控制系统的被控变量为温度、压力、流量、液位、成分等变量的系统。在现代工业生产过程中，过程控制技术在实现各种最优技术经济指标、提高经济效益和劳动生产率、改善劳动条件、保护生态环境等方面发挥着越来越大的作用。

1. 过程控制系统的发展历史

在过程控制发展的历程中，生产过程的需求、控制理论的开拓和控制技术的进展三者相互影响、相互促进，推动了过程控制不断向前发展。纵观过程控制的发展历史，大致经历了以下几个阶段：

20世纪40年代，生产过程控制为手工操作状态，只有少量的检测仪表用于生产过程，操作人员主要根据观测到的反映生产过程的关键参数，用人工来改变操作条件，凭经验去控制生产过程。

20世纪40年代末至50年代，称为仪表化与局部自动化阶段。过程控制系统多为单输入、单输出的简单控制系统过程检测。这一阶段的主要特点是：采用的过程检测控制仪表为基地式仪表和部分单元组合式仪表，而且多数是气动式仪表，其结构方案大多数是单输入/单输出的单回路定值系统。过程控制的主要工艺参数是温度、压力、流量、液位等热工参数，对参数定值控制的主要目的是保持工业生产的连续性和稳定性，减少扰动。单元组合式仪表采用模拟技术和经典控制理论，实现对生产过程的集中控制，以单回路PID（比例-积分-微分）策略为主，同时针对不同的对象与要求，创造了一些专门的控制系统，如按比例配置的比值控制，克服干扰的前馈控制和串级控制等。仪表化与局部自动化系统运行设计分析的理论基础是以频域法和根轨迹法为主体的经典控制理论，它在控制性能上一般只能实现简单参数的PID调节和简单的串级、前馈控制，主要任务是稳定系统，实现定值控制，无法实现如自适应控制、最优化控制等复杂的控制形式。

20世纪60年代以后，称为计算机过程控制系统阶段。由于生产过程的强化，控制对象变得复杂、多样，向多维度、大时滞、严重非线性、耦合及严重不确定性发展，上述简单的控制系统已经无能为力。随着计算机技术的发展，人们试图用计算机控制系统替代模拟控制仪表，即模拟技术由数字技术来替代。计算机过程控制系统主要经历了5个阶段：

（1）直接数字控制　直接数字控制（Direct Digital Control，DDC）系统是用一台计算机配以模-数（A-D）、数-模（D-A）转换器等输入/输出设备，从生产中获得信息，按照预先规定的控制算法算出控制量，并通过输出通道，直接作用在执行机构上，实现对生产过程的闭环控制。DDC系统不仅可以对一个回路进行控制，而且通过采样可以实现对多个回路的控制。在DDC系统中的计算机参加闭环控制过程，它不仅能完全取代模拟调节器，实现多回路的PID调节，而且不需要改变硬件，只需通过改变程序就能实现多种较复杂的控制规律，如串级控制、前馈控制、非线性控制、自适应控制和最优控制等。

（2）计算机监督控制　在DDC系统中，其给定值是预先设定的，并存入计算机内存中，它不能随生产负荷、操作条件和工艺信息变化而及时修正，因此，不能使生产处于最优工况。计算机控制监督（Supervisor Computer Control，SCC）系统是将操作指导和DDC综合起来的一种较高形式的控制系统。在SCC系统中，计算机对生产过程中的参数进行巡检，按照所设计的控制算法进行计算，计算出最佳设定值直接传递给DDC计算机，进而由DDC计算机控制生产过程，它实现了分级控制。SCC系统改进了DDC系统在实时控制时采样周期不能太长的缺点，能完成较为复杂的计算，可实时实现最优化控制。

数字控制系统所采用的主要理论基础是现代控制理论，各种改进或复合PID算法大大提高了传统PID控制的性能与效果。对多输入/多输出的多变量控制理论，克服对象特性时变和环境干扰等不确定影响的自适应控制，消除因模型失配而产生不良影响的预测控制，保证系统稳定的鲁棒控制等，新理论与策略的应用为计算机集中控制奠定了坚定的理论基础。

（3）集散控制系统　集中式计算机控制系统在将控制集中的同时，也将危险集中，因此可靠性不高，抗干扰能力较差。随着现代工业生产的迅速发展，不仅要求完成生产过程的在线控制任务，而且还要求实现现代化集中式管理，集散控制系统（Distributed Control System，DCS）应运而生。

DCS由承担分散控制任务的现场控制站和具备操作、监视、记录功能的操作监视站两级组成。它的主导思想是将复杂的对象分为几个子对象，然后用局部控制器（现场控制站）作为一级，直接作用于被控对象，即所谓水平分散。第二级是操纵各现场控制站的协调控制器（操作监视站），它使各子系统协调配合，共同完成系统的总任务。DCS既有计算机控制系统控制算法先进、精度高、响应速度快的优点，又有仪表控制系统安全可靠、维护方便的特点。DCS的数据通信网络是连接分级递阶结构的纽带，是典型的局域网，它传递的信息以引起物质、能量的运动为最终目的，因而它强调的是可靠性、安全性、实时性和广泛的实用性。

（4）现场总线控制系统　DCS大多采用网络通信体系结构，采用某个公司专用的标准和协议，加之受到现场仪表在数字化、智能化方面的限制，它没能将控制功能彻底分散到现场。现场总线控制系统（Fieldbus Control System，FCS）是计算机技术、通信技术、控制技术的综合与集成，通过现场总线，将工业现场具有通信特点的智能化仪器仪表、控制器、执行机构等现场设备和通信设备连接成网络系统，连接在总线上的设备之间可直接进行数据传输和信息交换，同时，现场设备和远程监控计算机也可实现信息传输，这样，将现场控制站中的控制功能下移到网络的现场智能设备中，从而构成虚拟控制站，通过现场仪表就可构成控制回路，从而实现了分散控制。FCS较好地解决了过程控制的两大基本问题，即现场设备的实时控制和现场信号的网络通信。它不仅实现了智能下移，数据传输从点到点发展到采用总线方式，而且整个控制系统可看作是以一台巨大的计算机总线方式运行的全数字化、全分散式和全开放的系统。可互操作和开放式互联网络是其主要特点和发展方向。基于人工神经网络、模式识别、模糊理论基础而开发的软测量技术为 FCS 提供了强大的信息检测功能。过程优化，即稳态优化和最优控制等各种先进控制理论以及多学科和技术的交叉和融合，为 FCS 提供了坚实的理论基础，而计算机网络技术的发展和成熟又为 FCS 的实现提供了有利条件。

（5）计算机集成过程系统　尽管各种先进的控制系统能明显提高控制质量和经济基础，但是它们仍然只是相互孤立的控制系统，从过程控制系统发展的必要性和可能性来看，过程控制系统必将向综合化、智能化发展。因此，以智能控制理论为基础，以计算机及网络为主要手段，对企业的经营计划、调度、管理和控制全面综合，实现从原料进库到产品出厂的自动化、整个生产系统信息管理的最优化。整个系统由生产管理层、高级控制与优化层、基础控制层三部分组成，这种集控制、优化、调度、管理等于一体并将信号处理技术、数据库技术、通信技术以及计算机网络技术进行有机结合而发展起来的技术就是计算机集成过程系统（Computer Integrated Process System，CIPS）。CIPS 作为一种全集成自动化系统，既是对设备的集成，又是对信息的集成。CIPS 覆盖操作层、管理层、决策层，涉及企业生产全过程的计算机优化，它的最大特点是多种技术的综合与全企业信息的集成，它表现的最大特征是仿人脑功能，这一点在某种程度上是恢复到初级阶段的人工控制，但更多是在人工控制基础上的进步和飞跃。计算机集成过程系统的实现与发展依赖于计算机网络技术、数据库管理系统、各种接口技术、过程操作优化技术、先进控制技术及远程测量技术等的发展。分布式控制、先进过程控制以及网络技术、数据库技术是实现 CIPS 的重要技术和理论基础。

综观过程控制系统的发展，从仪表化与局部自动化系统到方兴未艾的 CIPS，过程控制系统无论是在结构组成上还是控制策略与方法上都有了质的变革和飞跃。过程控制系统的最新发展（如 CIPS）代表着信息时代企业自动化的总方向，它的发展必将带动各种学科理论的交叉、综合与发展，必将大大促进自动化水平和生产的进步。

想一想：过程控制系统由哪些部分组成，是怎么进行分类的？

自动控制是在人工控制的基础上发展起来的。下面先通过一个示例，将人工控制与过程控制进行对比分析，了解过程控制系统是由哪些部分组成的。

图 1-2 是水位控制示意图。水位控制是生产蒸汽的锅炉设备的典型控制环节，常见于电厂、化工厂。锅炉锅筒水位过低会影响蒸汽产生量，并很容易将锅筒中的水烧干而发生严重事故。锅筒水位过高将使蒸汽带水滴并有溢出的危险。因此，维持锅炉锅筒水位在设定的标准高度值上是保证锅炉正常运行的重要条件。

图 1-2a 所示为人工控制。用眼睛观察玻璃液位计中水位高低，并通过神经系统告诉大脑；大脑根据眼睛看到的水位高度，加以思考并与要求的水位标准值进行比较，得出偏差大小和方向，然后根据操作经验发出命令给执行机构；根据大脑发出的命令，双手去改变给水阀门开度，使蒸汽的消耗量与给水量相等，最终使水位保持在设定的标准值上。人的眼、脑、手三个器官，分别担负了检测、判断和运算、执行三个作用，来完成测量、求偏差、再控制以纠正偏差的过程，保持锅筒水位的恒定。

图 1-2b 所示为自动控制。液位测量变送器将锅筒水位高低的物理量测量出来并转换为工业仪表间的标准统一信号（气动仪表为 0.02 ~ 0.1MPa，电动Ⅱ型仪表为直流 0 ~ 10mA，

电动Ⅲ型仪表为直流4～20mA)。控制器接收液位测量变送器送来的标准统一信号，与锅炉工艺要求保持的标准水位高度信号相比得出偏差，按某种运算规律输出标准统一信号。控制阀接收控制器的控制信号改变阀门的开度控制给水量，最终达到控制锅筒水位稳定的目的。

通过上述示例的对比分析知道，一般过程控制系统是由被控对象和自动控制装置两大部分或由被控对象、测量变送器、控制器、控制阀4个基本环节所组成。

过程控制系统有多种分类方法，每一种分类方法都反映了控制系统某一方面的特点。

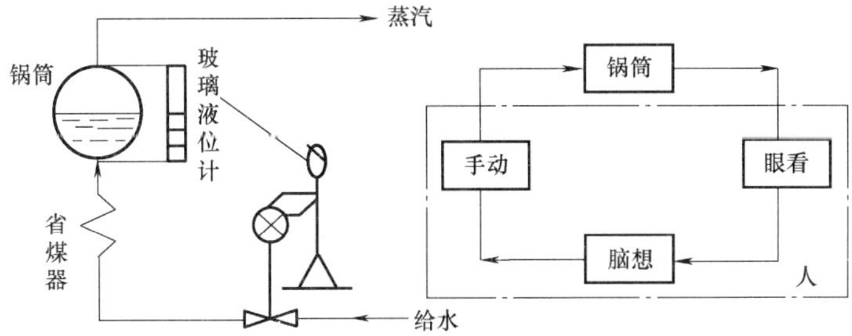

a) 人工控制

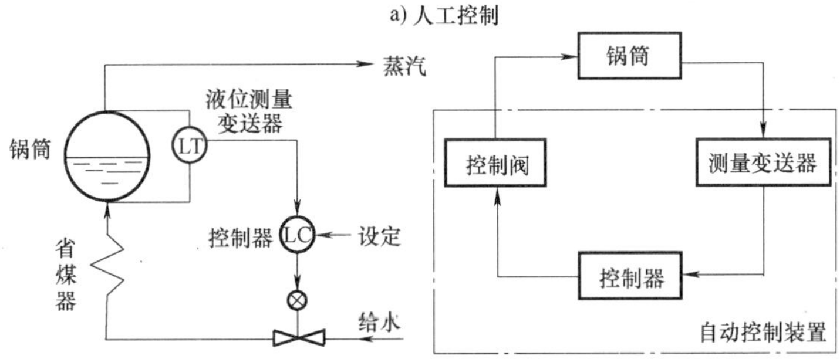

b) 自动控制

图1-2 水位控制示意图

为了便于分析控制系统的特性，按设定值的形式不同，将控制系统分为以下三种类型.

(1) 定值控制系统 所谓定值控制系统，是指过程控制系统的设定值恒定不变。工艺生产中要求控制系统的被控变量保持在一个标准值上不变，这个标准值就是设定值（亦称期望值)。过程控制系统大多数都属于定值控制系统。由于引起这类系统输出参数（被控变量）波动的原因不是设定值的改变，而是各种扰动，系统的任务就是要克服扰动对被控变量的影响，所以也把以扰动信号为输入的系统叫作定值控制系统。

(2) 随动控制系统 随动控制系统又称跟踪控制系统。这类系统的设定值是无规律的变化量，是未知的时间函数。控制系统的任务是使被控变量尽快地、准确地跟踪设定值的变化，如地对空导弹系统就是典型的随动控制系统。

(3) 程序控制系统 程序控制系统设定值有规律变化，是已知的时间函数。这类系统多用在间歇反应过程，如啤酒罐温度控制就属于这类系统。

上述各种反馈控制系统中，各环节的传递信号都是时间的函数，因而统称为连续控制系统。若系统中有一个以上环节的传递信号是断续的，则这类系统为离散控制系统，计算机控制系统就属于这类系统。当系统各环节输入输出特性是线性时，则称这种系统为线性控制系统，反之为非线性系统。根据系统的输入和输出信号的数量可以分为单输入单输出系统和多输入多输出系统等。

在石油、化工、电力、冶金、轻工、制药等工业生产过程中，定值控制系统占大多数，故研究的重点是线性、连续、单输入、单输出的定值控制系统。

2. 过程控制系统的框图

框图是控制系统或系统中每个环节的功能和信号流向的图解表示，是控制系统进行理论分析、设计中常用的一种形式。其组成单元示意图如图 1-3 所示。

（1）框图组成　框图由方框、信号线、比较点和引出点等组成。每一个方框表示系统中的一个组成部分（也称为环节），方框内添入表示其自身特性的数学表达式或文字说明。信号线是带有箭头的直线段，用来表示环节间的相互关系和信号的流向；作用于方框上的信号为该环节的输入信号，由方框送出的信号称为该环节的输出信号。比较点表示对两个或两个以上信号进行加减运算，“+”号表示相加，“-”号表示相减。引出点表示信号引出，从同一位置引出的信号在数值和性质方面完全相同。

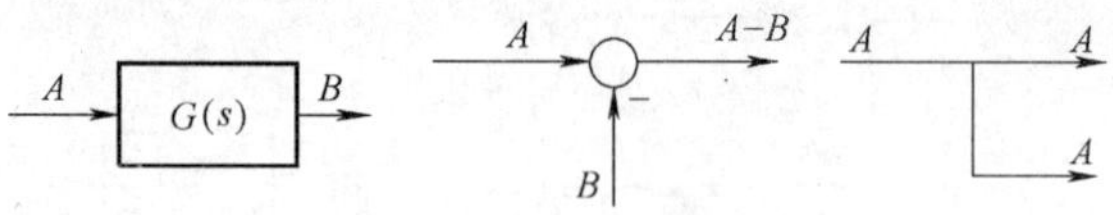

a) 带有输入、输出信号的方框　　b) 比较点　　c) 引出点

图 1-3　框图的组成单元示意图

系统中的每一个环节用一个方框来表示，可表示：被控对象（锅炉锅筒）、测量变送装置、控制器和执行器。锅炉锅筒水位控制系统框图如图 1-4 所示，每个方框都分别标出各自的输入、输出变量。如被控对象环节，给水量变化会引起锅筒水位的变化，因此给水量（操纵变量）作为输入信号作用于被控对象，而锅筒水位（被控变量）则作为被控对象的输出信号；引起锅筒水位（被控变量）偏离设定值的因素还包括蒸汽负荷的变化和给水管压力的变化等扰动量，它们也作为输入信号作用于被控对象。

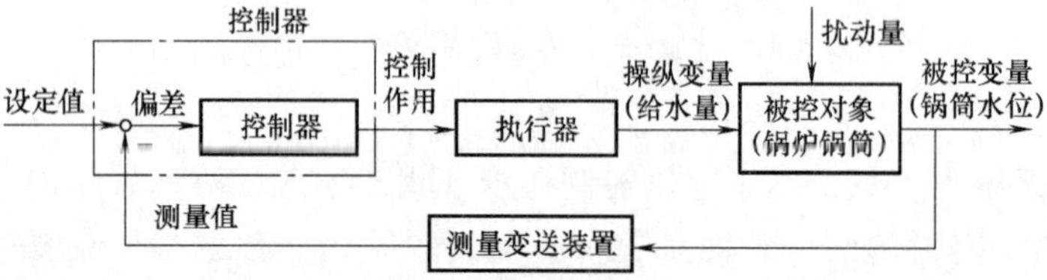

图 1-4　锅炉锅筒水位控制系统框图

（2）负反馈的概念　通过测量变送装置将被控变量的测量值送回到系统的输入端，这种把系统的输出信号直接或经过一些环节引回到输入端的做法叫作反馈。

负反馈（引回到输入端的信号起减弱输入端作用的称为负反馈）用“-”号表示。正反馈（引回到输入端的信号起增强输入端作用的称为正反馈）用“+”号表示。

（3）绘制框图时的注意事项

1）框图中每一个方框表示一个具体的实物。

2）方框之间带箭头的线段表示它们之间的信号联系，与工艺设备间物料的流向无关。方框图中信号线上的箭头除表示信号流向外，还包含另一种方向性的含义，即所谓单向性。对于每一个方框或系统，输入对输出的因果关系是单方向的，只有输入改变了才会引起输出的改变，输出的改变不会返回去影响输入。例如，冷水流量会使锅筒水位改变，但反过来，锅筒水位的变化不会直接使冷水流量跟着改变。

3）比较点不是一个独立的元件，而是控制器的一部分。为了清楚地表示控制器比较机构的作用，故将比较点单独画出。

3. 过程控制系统术语

1）被控对象。简称对象，指自动控制系统中要进行控制的设备或生产过程的一部分或全部，如空调房间、窑炉等。

2）被控变量 y。它是表征生产设备或过程运行是否正常而需要加以控制的物理量。过程控制系统的被控变量通常有温度、压力、流量、液位和成分等。在图 1-2 中的锅筒水位就是被控变量。

3）扰动 f。在生产过程中，凡是影响被控变量的各种外来因素都叫扰动（又称干扰）。在图 1-2 中，给水压力变化是一种扰动，蒸汽负荷变化也是一种扰动等。

4）操控变量 q。受控制装置（控制器）操纵，并使被控变量保持在设定值的物理量或能量，被称为操纵变量。在图 1-2b 中，往锅炉锅筒水中注入的给水量就是操纵变量。

5）测量变送器。如果发现扰动对被控变量有影响，观察被控变量是否维持在预定的设定范围之内，这就要利用测量元件对被控变量进行测量，并转换成一定的标准统一信号输出。在图 1-2b 中，采用的是液位测量变送器。

6）测量值 z。它是测量变送器的输出信号。

7）设定值 x。它是一个与要求的（期望的）被控变量相对应的信号值。

8）偏差 e。在过程控制系统中，规定偏差是设定值与测量值之差，即 $e=x-z$。但在仪表制造厂中，习惯取偏差 $e'=-e=z-x$，即把 $z>x$ 称为正偏差，$z<x$ 称为负偏差，需要注意两者相差一个负号。

9）控制器输出 p。亦称控制信号，在控制器内，设定值与测量值进行比较得出偏差，按一定的控制规律（比例、比例-积分、比例-积分-微分）发出相应的输出信号 p 去推动执行器（控制阀）。

10）控制阀。执行控制器的控制信号，通过阀门开度变化将控制信号的变化转换成操纵变量的变化。在图 1-2 中，控制阀根据控制信号对锅炉锅筒的进水量进行控制。

11）反馈控制系统。把输出信号通过测量变送器又引回系统输入端，这种做法称为反馈。过程控制系统又称为反馈控制系统。当反馈信号与设定值相减，即取负值与设定值相加，这属于负反馈；当反馈信号取正值与设定值相加，这属于正反馈。过程控制系统一般采用的是负反馈。

12）闭环系统与开环系统。凡是系统的输出信号对控制作用有直接影响的控制系统，就称为闭环控制系统。图 1-1 所示便是闭环控制系统。在图 1-2 所示框图中，任何一个信号沿着箭头方向传递，最后又回到原来的起点，从信号的传递角度来看，构成了一个闭合回路。所以，闭环控制系统必然是一个反馈控制系统。

若系统的输出信号对控制作用没有影响，则称为开环控制系统，即系统的输出信号不反馈到输入端，不形成信号传递的闭合开路，如图 1-5 所示。家用洗衣机便是开环控制系统的实际例子，从进水、洗涤、漂洗到脱水的整个浣衣过程，是在洗衣机中顺序完成的，而对衣物的清洁程度（系统的输出信号）没有进行测量。显然，开环控制系统不是反馈控制系统。

图 1-5　开环控制系统

由于闭环控制系统采用了负反馈，因而使系统的输出信号受到外来扰动和内部参数影响变化小，具有一定的抑制扰动以提高控制精度的特点。开环控制系统结构简单，容易构成，稳定性容易实现，而对于闭环控制系统，稳定性始终是一个重要问题。

4. 过程控制系统的过滤过程和基本要求

(1) 过程控制系统的过渡过程　在图 1-2b 所示的锅炉锅筒水位控制系统中，当给水量与蒸汽量相等时，锅筒水位将保持不变，系统处于平衡状态。当给水量与蒸汽量不相等时，锅筒水位将上下波动变化，系统将处于不平衡状态。把被控变量不随时间而变化的平衡状态称为静态或稳态；而把被控变量随时间而变化的不平衡状态称为动态或瞬态。

当锅炉锅筒水位控制系统处于平衡状态即静态时，扰动作用为零，设定值不变。一旦设定值有了改变或扰动作用于系统，系统平衡被破坏，被控变量开始偏离设定值，此时控制器、控制阀将相应动作，改变操纵变量（给水量）的大小，使被控变量（锅筒水位）回到设定值，恢复平衡状态，从扰动发生，经过控制到系统重新建立平衡，在这段时间中整个系统的各个环节和变量都处在变化状态中，这种变化状态就是动态。当过程控制系统在动态阶段中时，被控变量是不断变化的，这一随时间变化的过程称为控制系统的过渡过程或时间响应，即一个过程控制系统在外部因素作用下从原有稳定状态过渡到另一个稳定状态的过程，称为过程控制系统的过渡过程。过程控制系统的输出变量变化是由于有输入变量（设定或扰动）引起的，所以输出是输入的时间响应。时间响应对应着过渡过程，稳态响应对应着过渡过程的静态，瞬态响应对应着过渡过程的动态。

(2) 过程控制系统的基本要求　由于系统在控制过程中存在着过渡过程，所以过程控制系统性能的好坏，不仅取决于系统稳态时的控制精度，还取决于瞬态工作状态。因此，对过程控制系统的基本性能要求包含有稳态和瞬态两个方面，一般可以归纳为以下三点。

1) 稳定性。系统要稳定，控制过程要平稳。所谓稳定，是指系统在受到外来作用时，虽然会有一个过渡过程，但经过一定的时间后，过渡过程会结束，最终恢复到稳定工作状况。

2) 准确性。系统稳态时要有较高的控制精度。当系统在设定值作用时，被控变量的稳定值与设定值保持较精确的一致。

3) 快速性。系统的输出对输入作用的响应要迅速，系统的过渡过程时间尽可能短，因为在过渡过程期间系统尚未达到稳定，被控变量还未能达到最佳的控制值，实际值与期望值之间有相当大的差异，所以提高响应速度、缩短过渡过程，对提高控制效率和控制过程的精度都是有利的。

如图 1-6 所示，在阶跃扰动作用下，过程控制系统的过渡过程将出现以下几种基本形式：

1) 发散振荡过程。图 1-6a 所示的被控变量变化幅度越来越大，表现为发散振荡的过渡过程。这说明了一旦扰动进入系统，经控制器控制后，被控变量的振荡逐渐增大，越来越偏离设定值，最后超出限度，出现事故。这属于一种不稳定的控制系统，是人们所不希望的。

2）等幅振荡过程。图 1-6b 所示的被控变量变化为一等幅振荡的过渡过程，即不衰减也不发散，处于稳定与不稳定的边界。这种控制系统一般被认为是一种不稳定状态而不采用。

3）衰减振荡过程。图 1-6c 所示是一个衰减振荡过渡过程。被控变量经过几个周期波动后就重新稳定下来，符合对系统基本性能的要求：稳定、迅速、准确，正是人们所希望的。

4）非振荡衰减过程。图 1-6d 所示是一个非振荡的单调衰减过渡过程。被控变量偏离设定值以后，要经过相当长的时间慢慢地才接近设定值，非振荡衰减过程符合稳定要求，但不够迅速，不够理想，因此一般不宜采用，只有当生产上不允许被控变量有较大幅度波动时才采用。

5）非振荡发散过程。图 1-6e 所示是一个非振荡发散的过渡过程。它与发散振荡过程同属于不稳定的系统，是人们不希望的。

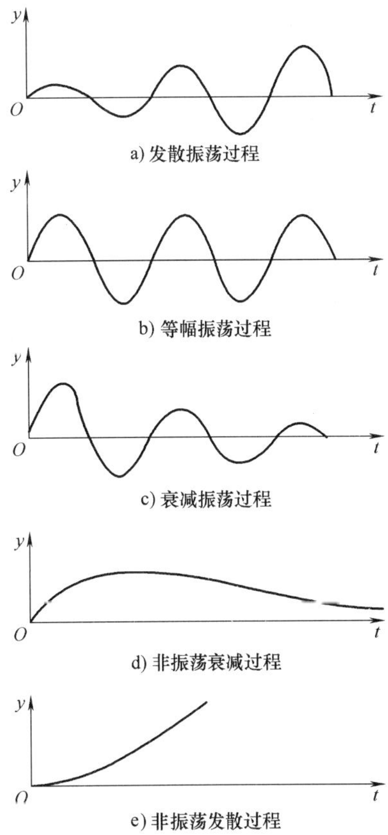

图 1-6　过渡过程的几种基本形式

做一做：画出系统框图。

图 1-7 是一个液位控制系统的原理图，试描述系统控制原理并画出相应的系统框图。

参考控制原理：控制器通过比较由浮球测量到的实际液位高度的偏差，发出一控制信号，调整控制阀的开度，对偏差进行修正，从而保持液位高度不变。

想一想：怎样衡量过程控制系统是否满足要求呢？

5. 过程控制系统的质量指标

过程控制系统过渡过程的变化是衡量一个系统性能的重要依据。通常希望系统既有充分的快速性，又有足够的稳定性和准确性，多数控制系统能得到一个衰减振荡过程，对于不同的衰减振荡过程曲线，性能品质也可能是不相同的。这需要合理设计控制系统，使其具有衰减振荡过程，为了合理地评价衰减振荡型过渡过程的性能，提出了如下控制系统过渡过程的性能指标。设系统最初处于平衡状态，且被控变量等于给定值。图 1-8 为控制系统在阶跃信号作用下被控变量变化的衰减振荡过程曲线，下面使用衰减振荡过程的一些性能指标来评价一个控制系统的调节作用。

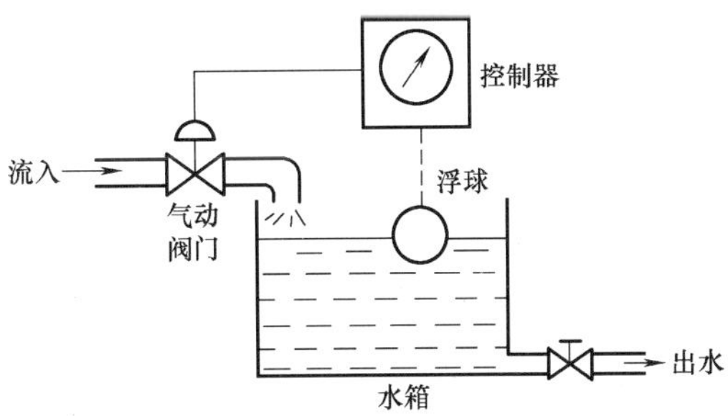

图 1-7　液位控制系统原理图

（1）最大偏差 A（或超调量 σ） 最大偏差表示被控变量偏离设定值的最大程度。对于一个衰减的过渡过程，最大偏差是第一个波峰的峰值与设定值的差，即图 1-8 中的 A 值。在给定值变化的情况下，则用超调量 σ 来表示被控变量偏离设定值的最大程度，它的定义是一个波峰值与被控变量最终新稳态值之间的差值。超调量等于每一个波峰值减去新稳态值，有一个波峰就有一个超调量，如果新稳态值等于设定值，则最大超调量就等于最大偏差。设计控制系统时，超调量越小，质量越高。

（2）余差 C 余差是指控制系统结束时，被控变量新的稳态值与给定值之间的差值，图 1-8 中用 C 表示。余差也称残余偏差，此值可正可负。它表明了系统克服干扰回到原来给定值的能力大小，是反映系统准确性的重要指标。对于定值系统，余差越小，控制精度越高。余差的幅值与系统的放大倍数及输入信号的幅值有关。实际工程中，有些被控变量的控制精度要求较高，应尽量减小余差，但不能片面追求过高的指标，对余差要求只要满足允许的范围就可以了。

（3）衰减比 n 衰减比是衡量过渡过程稳定性的另一个动态指标，它是指过渡过程第一个波峰值与同方向上相邻的第二个波峰值之比，常用 n 表示。衰减比表示衰减振荡过程的衰减程度。对于发散振荡，$n<1$，系统不稳定；对于衰减振荡，$n>1$，系统稳定；对于等幅振荡，则 $n=1$。衰减比只比 1 稍大，意味着控制系统过渡过程的衰减速度慢，系统振荡比较频繁和剧烈，稳定性差。生产实际操作经验表明，为保持有足够稳定裕度，且过渡过程有两个波振荡，一般取 $n=4\sim10$ 比较合适。

（4）过渡时间 t_s（调整时间） 过渡时间表示过渡过程所经历的时间长短，也就是从阶跃信号作用和调节作用后被控变量变化而又达到新稳态值所需的时间，又称为调整时间。理论上说，在 n 值一定时，被控变量完全达到新的稳定状态需要无限长的时间。但实际上，由于自动化仪表灵敏度有限，在被控变量接近新稳态值时，指示值就基本不再变化了。因此规定：当被控变量进入新稳态值，即上下波动在一个小范围内变化而不再超出时，便可认为被控变量已达到新稳态值，过渡过程已结束。这个范围常常定位偏离新稳定值的 5% 或 2% 的区域内。过渡时间短，表示控制系统的过渡过程快，控制质量高。在设计和整定系统时，过渡时间越短越好，它是反映控制快速性的动态指标。

（5）峰值时间 t_p 峰值时间指被控变量开始从零变化上升第一次达到稳态值时所经过的时间，如图 1-8 所示。它表示调节作用的快慢。一般在分析和设计系统时，希望峰值时间越短越好。

（6）振荡周期 T 振荡周期是指过渡过程从第一个波峰到同向相邻波峰之间的时间。如图 1-8 所示，在衰减比相同条件下，周期与过渡时间成正比。周期的倒数称为振荡频率，用 f 表示。显然，周期以短为好，振荡频率越高，过渡时间越短，因此振荡频率也可作为衡量控制过程快速性的品质指标。

综上所述，对比较理想的定值控制系统，在设计和整定参数时，希望被控变量为衰减振荡过程，控制系统余差为零，最大动态偏差越小越好，过渡时间越短越好，衰减比为 $n=4\sim10$。但是，这些指标在不同的系统中有各自的重要性，且相互之间既矛盾又有内在联系，要高标准地同时满足几个控制性能指标是很困难的。

（二）基本控制规律

由自动控制系统框图的分析可知，由于被控对象在种种干扰作用下，会使被控对象偏离

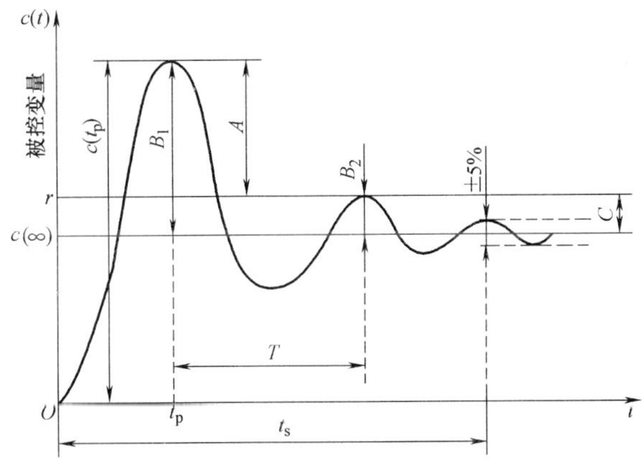

图 1-8　衰减振荡过程曲线

r—设定值　C—余差　c(∞)—稳态值　$c(t_p)$—第一个波峰值

T—振荡周期　A—最大偏差　B_1—第一个波峰与稳态值的差

B_2—第二个波峰与稳态值的差　t_s—调整时间　t_p—峰值时间

工艺所要求的给定值，即产生偏差。控制器接收偏差信号，按一定的控制规律输出控制信号，使执行机构产生相应的动作，消除干扰对被控变量的影响，从而使被控变量回到给定值上来。

对于一个自动控制系统来说，决定过渡过程的形式及品质指标的因素是很多的。除了前面所述的与被控对象特性有密切的关系外，还与控制器的特性有很大关系。

所谓控制器的特性，就是指控制器的输入与输出的关系。前面已经讲过，控制器的输入是比较机构（元件）送来的偏差信号，它是给定信号 x 与变送器输出信号 z 之差，即

$$e = x - z \tag{1-1}$$

控制器的输出就是控制器送往执行器的信号 p。这里所指的控制器特性，就是指控制器接收了输入的偏差信号后，控制器的输出随输入的变化规律，即控制器的控制规律，表示为

$$p = f(e) \tag{1-2}$$

各种控制规律是为了适应不同的生产要求而设计的，因此，必须根据生产的要求选用适当的控制规律。如选用不当，不但不能起到控制作用，反而会造成控制过程的剧烈振荡，甚至形成发散振荡而造成严重的生产事故。要选用合适的控制器，首先必须了解几种常用的控制规律的特点、适用条件，然后根据过渡过程的品质指标要求，结合具体对象的特性，才能做出正确的选择。

控制器总是按照人们事先规定好的某种规律来动作，这些规律都是长期生产实践的总结。控制器可以具有不同的工作原理和各种各样的结构形式，但其控制规律基本属于以下几种类型。在工业自动控制系统中最基本的控制规律包括位式控制、比例控制、积分控制和微分控制四种，下面将分别叙述这几种基本控制规律及其对过渡过程的影响。

1. 位式控制（也称开/关控制）

（1）双位控制　双位控制是位式控制的最简单形式。双位控制的动作规律是当测量值大于给定值时，控制器的输出为最大；而当测量值小于给定值时，控制器的输出为最小（或者，当测量值大于给定值时，输出为最小；当测量值小于给定值时，输出为最大）。偏差

e 与输出 p 的关系为

$$p=\begin{cases}p_{\max}, e>0(\text{或 } e<0)\\ p_{\min}, e<0(\text{或 } e>0)\end{cases} \tag{1-3}$$

双位控制只有两个输出值，相应的控制机构也只有两个极限位置，不是开就是关（严格地说应该不是最大就是最小）。而且从一个位置到另一个位置在时间上很快，如图 1-9 所示。

图 1-10 是一个典型的双位控制系统。它是利用电极式液位计来控制贮槽的液位。槽内有一个电极，作为测量液位的装置。电极的一端通过放大器后与继电器的线圈 KA 相接，另一端调整在液位给定值的位置。流体由装有电磁阀 YV 的管线进入贮槽，经出料管流出。流体是导电的，贮槽外壳接地。当液位低于给定值 H_0 时，流体与电极未接触，故继电器断开，此时电磁阀 YV 全开。流体通过电磁阀流入贮槽，使液位上升，待液位上升至稍大于给定值时，流体与电极接触，于是继电器接通，从而使电磁阀全关，流体不再进入贮槽。但此时贮槽内流体仍继续通过出料管往外排出，故液位要下降，待液位下降至稍小于给定值时，流体又与电极脱离，于是电磁阀 YV 又开启，如此反复循环，使液位维持在给定值上下很小一个范围内。

（2）具有中间区的双位控制　实际的自动控制系统中，双位控制系统的控制规律要按图 1-9 所示的理想规律动作是很难保证的。从图 1-10 所示双位控制系统的动作来看，若要按上述规律动作，则调节机构的运作非常频繁，这样就会使系统中的运动部件（如图 1-10 中的继电器、电磁阀等）因动作频繁而损坏，就很难保证双位控制系统安全、可靠地工作。况且实际生产中给定值也总是有一定允许偏差的，且在某些情况下，可能只要被控制变量维持在某一个比较大的范围内就可以了（如一般贮槽的液位）。因此，实际应用的双位控制系统都有一个中间区（即仪表的不灵敏区）。所谓带中间区的双位控制就是当被控制变量上升时，必须在测量值高于给定值某一数值后，阀门才关（或开）。而当被控制变量下降时，必须在测量值低于给定值某一个数值后，阀门才开（或关）。在中间区域，阀门是不动作的。这样，就可以大大地降低调节机构的频繁动作程度。实际的带中间区的双位控制特性如图 1-11所示。

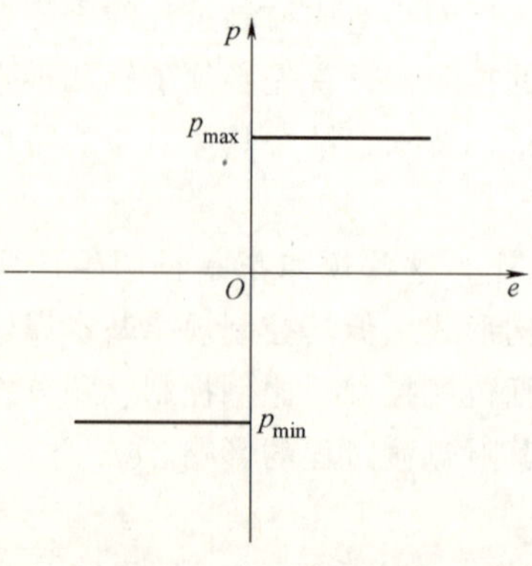

图 1-9　理想双位控制特性

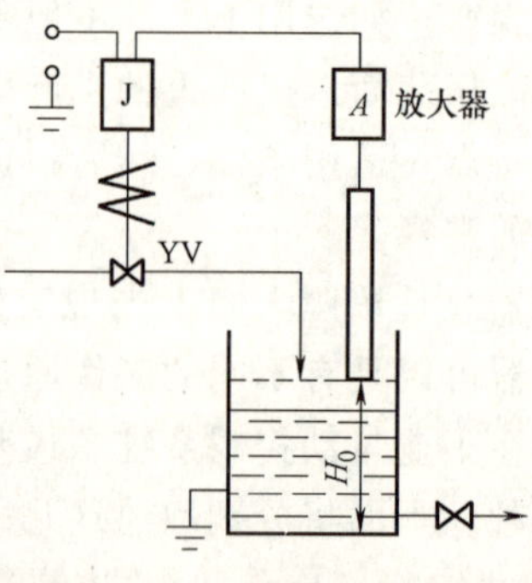

图 1-10　双位控制系统

只要将图 1-10 的测量装置及继电器线路稍加改变，则可变为一个具有中间区的双位控制系统，它的控制过程如图 1-12 所示。当液位低于下限值 h_L 时，电磁阀是开的，流体流入贮槽。由于进入的流体大于流出的流体，故液位上升。当升至上限值 h_H 时，阀门关闭，流体停止流入。由于此时槽内流体仍在流出，故液位下降，直到液位值下降到下限值 h_L 时，电磁阀才重新开启，液位又开始上升。图 1-12a 所示曲线是调节机构（或阀位）的输出变化与时间的关系。图 1-12b 所示曲线是控制变量（液位 h）在中间区内随时间变化的曲线，它是在被控制变量的上限值与下限值之间的等幅振荡过程。

在双位控制系统中，被控变量不可避免地会产生持续的等幅振荡过程，为了避免这种情况，应该使控制阀的开度与被控变量的偏差成比例，根据偏差的大小，控制阀可以处于不同的位置，这样就有可能获得与对象负荷相适应的操纵变量，从而使被控变量趋于稳定，达到平衡状态。

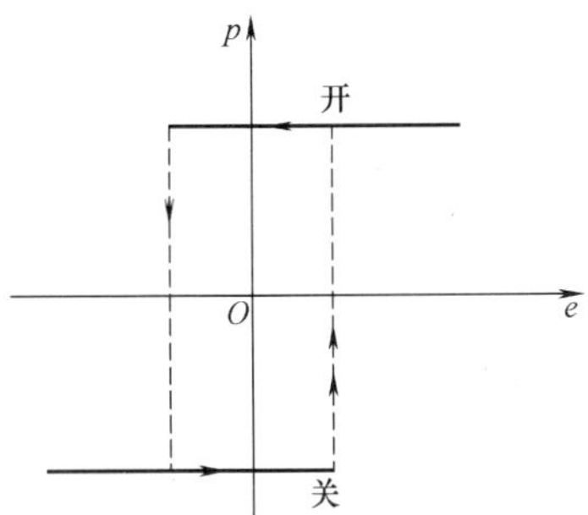

图 1-11　实际的双位控制特性

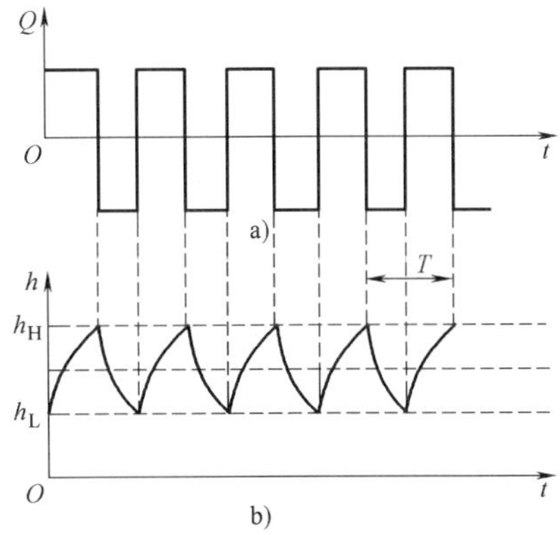

图 1-12　具有中间区的双位控制过程

2. 比例控制

在双位控制系统中，由于双位控制器只有两个特定的输出值，相应的控制阀也只能处于两个极限位置中的一个位置，这就势必在一个极限位置时，由于调节剂加入过多，而使被控变量大于（或小于）给定值；在另一个极限位置时，由于调节剂加入不足（或不加入），而使被控变量小于（或大于）给定值。这样，双位控制系统在正常工作中，由于控制阀在两个极限位置上不断切换，就使得被控变量不可避免地会产生持续的等幅振荡过程。它无法满足要求被控变量比较稳定的系统。从位式控制的分析中可以看出，增加位式控制的位数是有利于减缓被控变量振荡的。在人工控制的实践中，如果能够使控制阀的开度与被控变量的偏差成比例，那就有可能使输入量等于输出量，从而使被控变量趋于稳定，达到平衡状态。对于图 1-13 所示的水槽，如果想用人工控制来保持水槽液位，那么当液位高于给定值时，就关小进水阀，液位越低，阀就开得越大。这相当于把位式控制的位数增加至无穷大，于是断续的控制系统就演变为连续的控制系统了。这种阀门开度的变化量（亦即控制器输出的变化量）与被控变量的偏差信号成比例的控制规律，

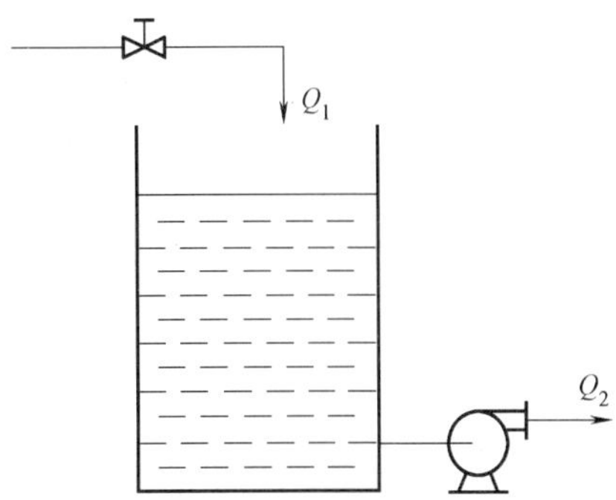

图 1-13　水槽液位控制

称为比例控制规律，一般用字母 P 表示。

（1）比例控制规律及其特点　比例控制规律指控制器的输出变化量与输入偏差之间成比例关系，可以用式（1-4）表示。

$$\Delta P = K_C e \tag{1-4}$$

式中，ΔP 为控制器的输出变化量；e 为控制器的输入，即偏差；K_C 为比例控制器的放大倍数。

放大倍数 K_C 是可调的，所以比例控制器实际上可以看成是一个放大倍数可调的放大器。K_C 值可以大于 1，也可以小于 1。也就是说，比例作用可以放大也可以缩小。例如一个气动比例控制器输入偏差是 0.03MPa，而输出变化了 0.06MPa，这时该比例控制器就使偏差放大了一倍（$K_C=2$）。如果偏差仍为 0.03MPa，输出只变化了 0.015MPa，则偏差缩小了一半（$K_C=0.5$）。在控制器放大倍数不变的情况下，如果输入偏差大，输出变化也大；输入偏差小，相应的输出变化也小。

图 1-14 是一个简单的比例控制系统。被控变量是水槽的液位，O 为杠杆的支点，杠杆的一端固定着浮球，另一端和控制阀阀杆相连接，浮球能随着液位的波动而升降。浮球的升降通过杠杆带动阀芯，浮球升高，阀门关小，输入流量减少；浮球下降，阀门开大，流量增加。

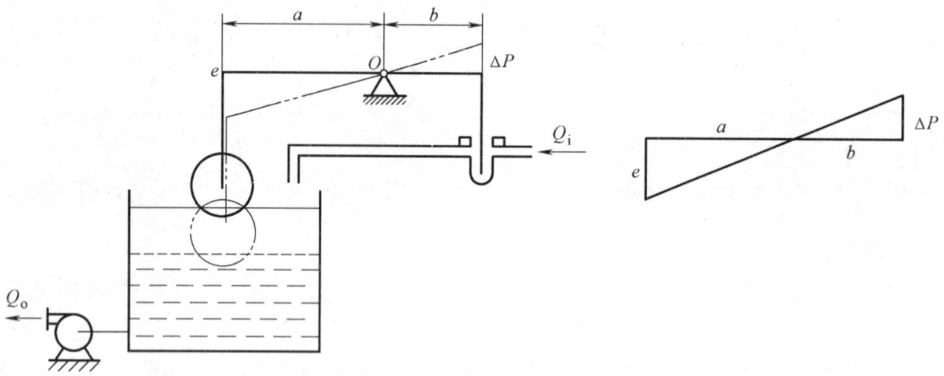

图 1-14　简单比例控制系统

如果原来的液位稳定在图 1-14 所示的实线位置上，进入贮槽的流量和排出贮槽的流量相等。当某一时刻排出流量突然增加一个数值以后，液位就会下降，浮球也随之下降。浮球的下降通过杠杆把进水阀门开大，使进水量增加。当进水量增加到新的排出量时，液位也就不再变化而重新稳定下来，达到新的平衡状态，假定图 1-14 的双点画线位置就代表新的平衡状态。e 表示液位的变化量（即偏差），也就是该控制器的输入变化量；ΔP 表示阀的位移量，也就是该控制器的输出变化量。由相似三角形的关系可得

$$\frac{a}{e} = \frac{b}{\Delta P} \tag{1-5}$$

所以

$$\Delta P = \frac{b}{a} e = K_C e \tag{1-6}$$

$$K_C = \frac{b}{a} \tag{1-7}$$

式中，K_C 为该控制器的放大倍数，它的数值可以通过改变支点 O 的位置加以调整。

（2）比例度及其对控制过程的影响　比例度是指控制器输入的变化相对值与相应的输出变化相对值之比的百分数。

$$\delta=\left(\frac{e}{x_{max}-x_{min}}\Big/\frac{\Delta P}{P_{max}-P_{min}}\right) \tag{1-8}$$

式中，e 为控制器的输入变化量（即偏差）；ΔP 为相应于偏差为 e 时的控制器输出变化量；$x_{max}-x_{min}$为仪表的量程；$P_{max}-P_{min}$为控制器输出的工作范围。

例如，一只比例作用的电动温度控制器，它的量程为 100～200℃，电动控制器的输出为 0～10mA，假如当指示值从 140℃ 变化到 160℃ 时，相应的控制器输出从 3mA 变化到 8mA，这时的比例度是

$$\delta=\frac{(160-140)/(200-100)}{(8-3)/(10-0)}\times 100\%.=40\%$$

这就是说，当温度变化全量程的 40% 时，控制器的输出从 0mA 变化到 10mA。在这个范围内，温度的变化和控制器的输出变化 ΔP 是成比例的。但是当温度变化超过全量程的 40% 时，控制器的输出就不再跟着变化，这是因为控制器的输出最多只能变化 100%。所以，比例度实际上就是使控制器输出变化全范围时，输入偏差改变量占满量程的百分数。

控制器的比例度 δ 的大小与输入/输出的关系如图 1-15 所示。从图中可以看出，比例度越小，使输出变化全范围时所需要的输入变化区间也就越小，反之亦然。

下面分析比例度 δ 和放大倍数 K_C 之间的关系。将式（1-8）改写后得

$$\delta=\frac{e}{\Delta P}\times\left(\frac{P_{max}-P_{min}}{x_{max}-x_{min}}\right)\times 100\% \tag{1-9}$$

即

$$\delta=\frac{1}{K_C}\times\left(\frac{P_{max}-P_{min}}{x_{max}-x_{min}}\right)\times 100\% \tag{1-10}$$

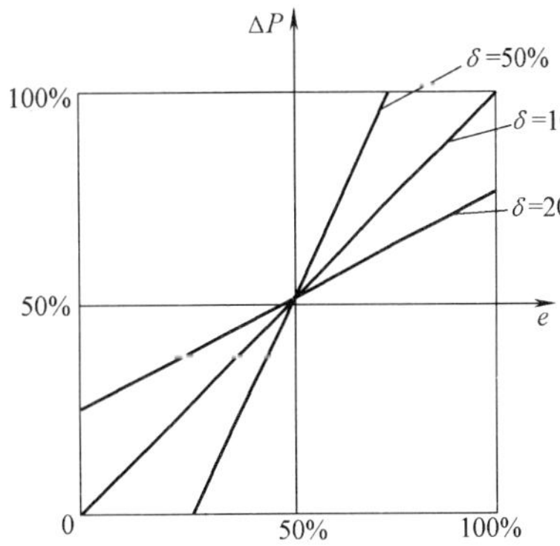

图 1-15　比例度示意图

对于一个具体的比例控制器，仪表的量程和控制器的输出范围都是固定的，令

$$K=\frac{P_{max}-P_{min}}{x_{max}-x_{min}} \tag{1-11}$$

所以，K 是一个固定常数。

将式（1-11）代入式（1-10），得

$$\delta=\frac{K}{K_C}\times 100\% \tag{1-12}$$

这说明控制器的比例度与放大倍数 K_C 成反比关系。比例度 δ 越小，则放大倍数 K_C 越大，比例控制作用越强，反之亦然。从图 1-15 中也可以看出，比例度 δ 越小，输入/输出曲线越陡，这说明放大倍数 K_C 越大，因为输入/输出曲线的斜率等于放大倍数 K_C，即

$$K_C=\frac{\Delta P}{e} \tag{1-13}$$

所以，比例度 δ 和放大倍数 K_C 可以用来表示比例控制作用的强弱。

在单元组合仪表中，控制器的输入信号来自变送器，而控制器和变送器的输出信号都是

统一的标准信号，因此常数 $K=1$。所以在单元组合式仪表中，比例度 δ 和放大倍数 K_C 互为倒数关系，即

$$\delta=\frac{1}{K_C}\times 100\% \tag{1-14}$$

（3）比例控制系统的余差　当控制过程结束后，被控变量新的稳态值与给定值不再相等，而是低于给定值，它们之间的差值就是余差。

（4）产生余差的原因　这是由于比例控制系统中的偏差的大小与阀门的开度是一一对应的。从图 1-14 的简单比例控制系统来看，在负荷变化前，进水量与出水量是相等的，此时控制阀有一个特定的开度，比如说对应于杠杆处于水平的位置。而当 $t=t_0$ 时，出水量有一阶跃增加后，进水量必须也增加到与出水量相等时，平衡才能重新建立起来，液位也才能不再变化。要使进水量 Q_1 增加，控制阀开度必须增大，即要求阀杆必须上升。然而，杠杆是一种刚性的结构，要是阀杆上升，浮球杆一定要下移。这说明浮球所在的液位比原来低，也就是液位稳定在一个比原来的稳态值（即给定值）要低的一个位置上，其差值就是余差。

产生余差的原因也可以用比例控制规律本身的特性来说明，由于 $\Delta P=K_C e$，要使控制器有输出，也就是使控制阀动作，就必须有偏差 $e\neq 0$，所以在比例控制系统中，当负荷改变以后，使控制阀动作的信号 ΔP 的获得是以存在偏差为代价的。因此，比例控制系统必为有差控制系统。

想一想：比例控制有哪些优缺点？

优点：反应快，控制及时。

缺点：存在余差。

结论：若对象的滞后较小、时间常数较大以及放大倍数较小时，控制器的比例度可以选得小些，以提高系统的灵敏度，使反应快些，从而过渡过程曲线的形状较好。反之，比例度就要选大些以保证稳定。

3. 积分控制

比例控制的结果不能使被控变量回复到给定值而存在余差，控制精度不高，所以，有时把比例控制比作“粗调”，这是比例控制的缺点。它只限于负荷变化不大和允许偏差存在的情况下适用，如液位控制等。当对控制精度有更高要求时，必须在比例控制的基础上，再加上能消除余差的积分控制作用。

当控制器的输出变化量 ΔP 与输入偏差 e 的积分成比例时，就是积分控制规律，一般用字母 I 表示。

积分控制规律的数学表示式为

$$\Delta P=K_I\int e\mathrm{d}t \tag{1-15}$$

式中，K_I 为积分比例系数，称为积分速度。

由式（1-15）可以看出，积分控制作用输出信号的大小不仅取决于偏差信号的大小，而且主要取决于偏差存在的时间长短。只要有偏差，尽管偏差可能很小，但它存在的时间越长，输出信号就变化越大。

积分控制作用的特性可以由阶跃输入下的输出来说明。当控制器的输入偏差 e 是一常数 A 时，式（1-15）就可写为

$$\Delta P = K_I \int e\mathrm{d}t = K_I A t \tag{1-16}$$

从式（1-16）可以画出在阶跃输入作用下的输出变化曲线，如图1-16所示。从图1-16中可以看出：当积分控制器的输入是一常数 A 时，输出是一直线，其斜率与 K_I 有关。只要偏差存在，积分控制器的输出是随着时间不断增大（或减小）的。

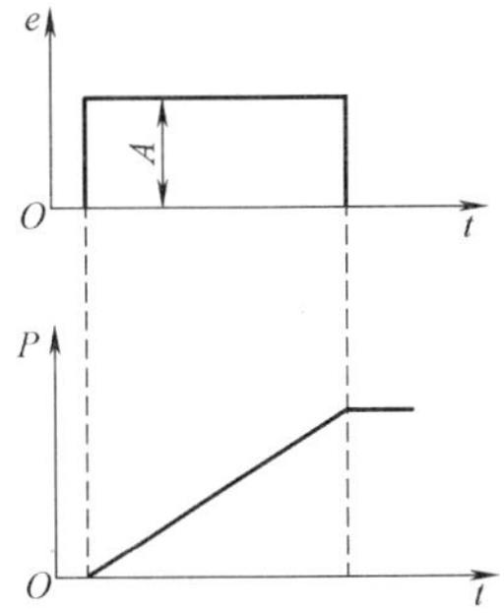

图1-16　积分控制规律

对式（1-16）微分，可得

$$\frac{\mathrm{d}\Delta P}{\mathrm{d}t} = K_I e \tag{1-17}$$

从式（1-17）可以看出，积分控制器输出的变化速度与偏差成正比。这就进一步说明了积分控制规律的特点：只要偏差存在，控制器输出就会变化，调节机构就要动作，系统不可能稳定；只有当偏差消除时（即 $e=0$ 时），输出信号才不再继续变化，调节机构才停止动作，系统才可能稳定下来，即积分控制作用在最后达到稳定时，偏差等于零。这是积分控制器的显著特点，也是其主要优点。

想一想：积分控制有哪些优缺点？

优点：积分控制作用在最后达到稳定时，偏差等于零。

缺点：积分控制过程缓慢、波动较大、不易稳定，容易出现过分控制。

结论：积分控制作用输出信号的大小不仅取决于偏差信号的大小，而且主要取决于偏差存在的时间长短，作用较慢。一般不单独使用，常与比例控制规律结合使用。

4. 比例积分控制规律与积分时间

（1）比例积分控制规律　由上所述，比例控制规律是输出信号与输入偏差成比例，因此作用快，但有余差。而积分控制规律能消除余差，但作用较慢。比例积分控制规律是这两种控制规律的结合，因此也就吸取了两者的优点，是生产上常用的控制规律，一般用字母PI表示。

比例积分控制规律可用式（1-18）表示

$$\Delta P = K_C(e + K_I \int e\mathrm{d}t) \tag{1-18}$$

当输入偏差是一幅度为 A 的阶跃变化时，比例积分控制器的输出是比例和积分两部分之和，其控制规律如图1-17所示。从图上可以看出，ΔP 的变化一开始是一阶跃变化，其值为 $K_C A$，这是比例作用的结果。然后随时间逐渐上升，这是积分作用的结果。因此，比例作用是实时、快速的，而积分作用是缓慢、渐近的。

由于比例积分控制是在比例控制的基础上，又加上积分控制，相当于在“粗调”的基础上再加上“细调”，所以既具有控制及时、克服偏差的特点，又具有克服余差的性能。在比例积分控制器中，经常用积分时间 T_I 来表示积分速度 K_I 的大小，在数值上有

$$T_I = \frac{1}{K_I} \tag{1-19}$$

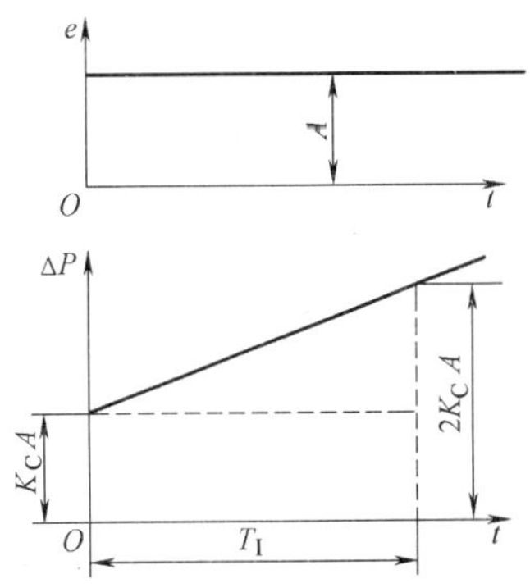

图1-17　比例积分控制器特性

将式（1-19）代入式（1-18），可得

$$\Delta P = K_C\left(e + \frac{1}{T_I}\int e\mathrm{d}t\right) \tag{1-20}$$

偏差为一幅度 A 的阶跃信号时，式（1-20）可写为

$$\Delta P = \Delta P_P + \Delta P_I = K_C A + \frac{K_C}{T_I}At \tag{1-21}$$

式（1-21）中，第一部分 $\Delta P_P = K_C A$，表示比例部分的输出，第二部分 $\Delta P_I = \frac{K_C}{T_I}At$，表示积分部分的输出，在时间 $t = T_I$ 时，有

$$\Delta P = \Delta P_P + \Delta P_I = K_C A + K_C A = 2K_C A = 2\Delta P \tag{1-22}$$

式（1-22）说明，当总的输出等于比例作用输出的两倍时，其时间就是积分时间。因此可以用控制器的阶跃响应作为测定放大倍数（或比例度）和积分时间的依据。测定时，可将输入做幅度为 A 的阶跃改变，立即记下输出垂直上升（即瞬间变化）的数值，同时马上开动秒表计时，等输出达到垂直上升部分的两倍时，停止计时。这样，秒表上所记下的时间就是积分时间 T_I。垂直上升的数值为 $K_C A$，除以输入幅值 A 便得到放大倍数 K_C，其关系如图 1-17 所示。

积分时间 T_I 越小，表示积分速度 K_I 越大，积分特性曲线的斜率越大，即积分作用越强。反之，积分时间 T_I 越大，表示积分作用越弱。若积分时间为无穷大，则表示没有积分作用，控制器就成为纯比例控制器。

（2）积分时间对系统过渡过程的影响　在比例积分控制器中，比例度和积分时间都是可以调整的。比例度大小对过渡过程的影响前面已做分析，下面着重分析积分时间对过渡过程的影响，在同样的比例度下，积分时间对过渡过程的影响如图 1-18 所示。

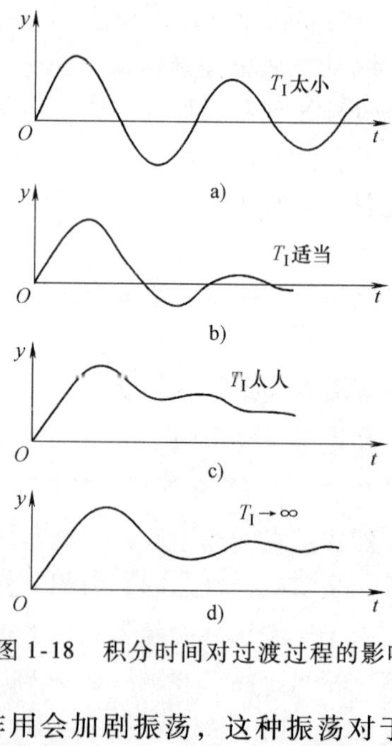

图 1-18　积分时间对过渡过程的影响

积分时间对过渡过程的影响具有两重性。当缩短积分时间、加强积分控制作用时，一方面克服余差的能力增加，但另一方面会使过程振荡加剧，稳定性降低；积分时间越短，振荡倾向越强烈，甚至会成为不稳定的发散振荡。

从图 1-18 可以看出，积分时间过大或过小均不合适。积分时间过大，积分作用太弱，余差消除很慢（见图 1-18c），当 $T_I \to \infty$ 时，成为纯比例控制器，余差将得不到消除（见图 1-18d）。积分时间太小，过渡过程振荡太剧烈（见图 1-18a）；只有当 T_I 适当时，过渡过程才能较快地衰减而且没有余差（见图 1-18b）。因为积分作用会加剧振荡，这种振荡对于滞后大的对象更为明显。所以，控制器的积分时间应按控制对象的特性来选择，如管道压力、流量等滞后不大的对象，T_I 可选得小些；温度对象一般滞后较大，T_I 可选大些。

5. 微分控制

前面介绍的比例积分控制规律，由于同时具有比例和积分控制规律的优点，针对不同的

对象，比例度和积分时间两个参数均可以调整，因此适用范围较宽，工业上多数系统都可采用。但是当对象滞后特别大时，可能控制时间较长、最大偏差较大；当对象负荷变化特别剧烈时，由于积分作用的迟缓性质，使控制作用不够及时，系统的稳定性较差。在上述情况下，可以再增加微分作用，以提高系统控制质量。

（1）微分控制规律及其特点　在生产实际中，如果需要对一些对象被控变量进行手动控制，一般控制量的大小是根据已出现的被控变量与给定值的偏差而改变的。偏差大时，控制阀的开度就多改变一些；偏差小时，控制阀的开度就少改变一些，这就是前面介绍的比例控制规律；对于某些滞后很大的对象，如聚合釜的温度控制，在氯乙烯聚合阶段，由于是放热反应，一般通过改变进入夹套的冷却水量来维持釜温为某一给定值。有经验的人员不仅可以根据温度偏差来改变冷水阀开度的大小，而且同时考虑偏差的变化速度来进行控制。例如，当看到釜温上升很快时，虽然这时偏差可能还很小，但估计很快就会有很大的偏差，为了抑制温度的迅速增加，就预先过分地开大冷水阀，这种按被控变量变化的速度来确定控制作用的大小，就是微分控制规律，一般用字母 D 表示。

具有微分控制规律的控制器，其输出 ΔP 与偏差 e 的关系可表示为

$$\Delta P = T_{\mathrm{D}} \frac{\mathrm{d}e}{\mathrm{d}t} \tag{1-23}$$

式中，T_{D} 为微分时间；$\frac{\mathrm{d}e}{\mathrm{d}t}$为偏差时间的导数，即偏差信号的变化速度。

由式（1-23）可知，偏差变化的速度越大，则控制器的输出变化也越大，即微分作用的输出大小与偏差变化的速度成正比。对于一个固定不变的偏差，不管该偏差有多大，微分作用的输出总是零，这是微分作用的特点。

如果控制器的输入是一阶跃信号，按式（1-23），微分控制器的输出如图 1-19 所示。在输入变化的瞬间，输出趋于无穷大。在此以后，由于输入不再变化，输出立即降到零。在实际工作中，要实现图 1-19 所示的控制作用是很难的（或不可能的）。这种控制作用称为理想微分控制作用。图 1-20 是一种近似的微分作用。在阶跃输入发生时刻，输出 ΔP 突然上升到一个较大的有限数值（一般为输入幅值的 5 倍或更大），然后呈指数规律衰减直至零。

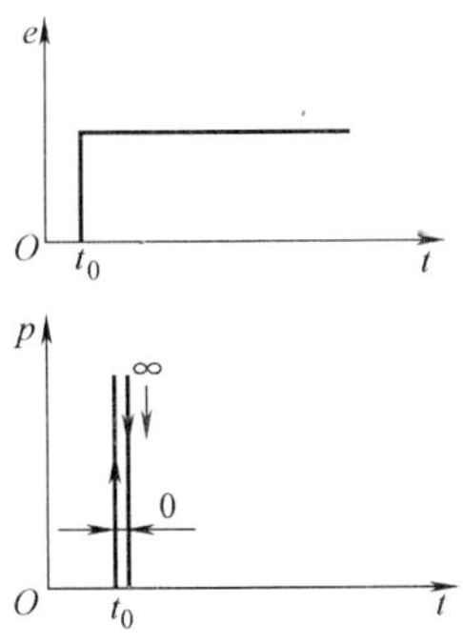

图 1-19　理想微分控制器特性

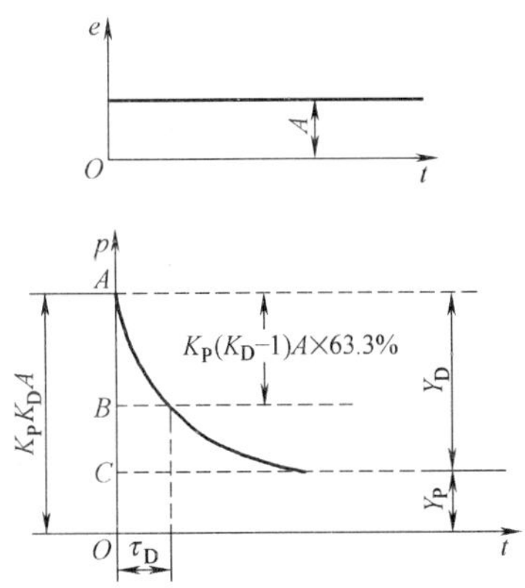

图 1-20　实际微分控制器特性

（2）实际的微分控制规律及微分时间　不管是理想的微分作用，还是近似的微分作用，其特点是：在偏差存在但不变化时，微分作用都没有输出，即微分控制作用对恒定不变的偏

差是没有克服能力的。因此，微分控制器不能作为一个单独的控制器使用。实际上，微分控制作用总是与比例作用或比例积分控制作用同时使用的。

实际微分控制规律是由两部分组成，比例作用与近似微分作用，其比例度是固定不变的，δ 恒等于 100%，所以可以这样认为：实际的微分控制器是一个比例度为 100% 的比例微分控制器。图 1-20 是实际微分控制器在阶跃输入下的输出变化曲线。

当输入是一幅值为 A 的阶跃信号时，实际微分控制规律的输出 ΔP 将等于比例输出 ΔP_P 与近似微分输出 ΔP_D 之和，可表示为

$$\Delta P = \Delta P_P + \Delta P_D = A + A(K_D - 1)e^{-\frac{K_D}{T_D}t} \tag{1-24}$$

式中，K_D 为微分放大倍数；T_D 为微分时间；$e^{-\frac{K_D}{T_D}t}$ 代表指数衰减函数。

由式 (1-24) 可以看出：当 $t=0$ 时，$\Delta P = K_D A$；当 $t=\infty$ 时，$\Delta P = A$。所以，微分控制器在阶跃信号的作用下，输出 ΔP 一开始就立即升高到输入幅值 A 的 K_D 倍，然后再逐渐下降，到最后就只有比例作用。微分放大倍数 K_D 决定了微分控制器在阶跃作用瞬间的最大输出幅度。在控制器设计时，K_D 一般是确定的，如气动膜片型控制器的 $K_D=6$。

微分时间 T_D 是表征微分作用强弱的一个重要参数，它决定了微分作用的衰减快慢。在实际控制器中，由于 K_D 是固定不变的，而 T_D 是可以调整的，因此 T_D 的作用更为重要。当 T_D 大时，微分输出部分衰减得慢，说明微分作用强。反之，T_D 小，表示微分作用弱。对于一个实际的微分器，通过改变 T_D 的大小可以改变微分作用的强弱。

(3) 微分时间对过渡过程的影响　当比例作用和微分作用结合时，构成比例微分控制规律，一般用字母 PD 表示。在比例微分调节器中，比例度和微分时间都是可调的，通过调节可以改变比例和微分作用的强弱。

在一定的比例度下，微分时间 T_D 的改变对过渡过程的影响如图 1-21 所示。微分作用的输出是与被控变量的变化速度成正比的，而且总是力图阻止被控变量的任何变化的。由于负反馈作用，当被控变量增大时，微分作用改变控制阀开度去阻止它增大；反之，当被控变量减小时，微分作用就改变控制阀开度去阻止它减小。可见，微分作用具有抑制振荡的效果。所以在控制系统中，适当地增加微分作用后，可以提高系统的稳定性，减少被控变量的波动幅度，并降低余差（见图 1-21b）。但是，微分作用也不能加得过大，否则由于控制作用过强，控制器的输出剧烈变化，不仅不能提高系统的稳定性，反而会引起被控变量大幅度振荡。特别对于噪声比较严重的系统，采用微分作用要特别慎重。工业上常用控制器的微分时间可在数秒至几分钟的范围内调整。

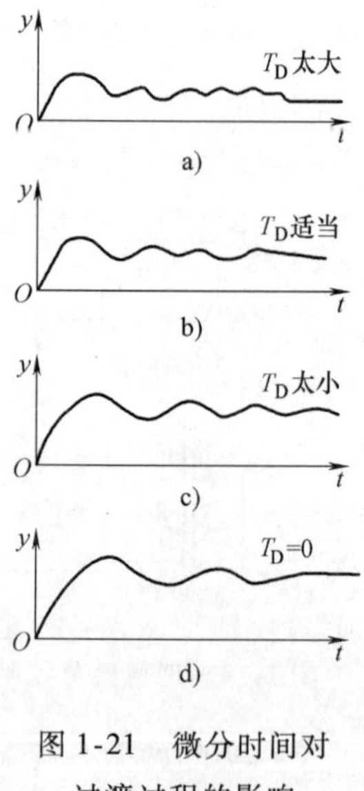

图 1-21　微分时间对过渡过程的影响

由于微分作用是根据偏差的变化速度来控制的，在扰动作用的瞬间，尽管开始偏差很小，但如果它的变化速度较快，则微分控制器就有较大的输出，它的作用较之比例作用还要及时，还要大。对于一些滞后较大、负荷变化较快的对象，当较大的干扰施加以后，由于对象的惯性，偏差在开始一段时间内都是比较小的。如果仅采用比例控制作用，则偏差小，控制作用也小，因此，控制作用就不能及时加大来克服已经加入的干扰作用的影

响。但是，如果加入微分作用，它就可以在偏差不大，但偏差开始剧烈变化的时刻，立即产生一个较大的控制作用，及时抑制偏差的继续增长。所以，微分作用具有一种抓住“苗头”预先控制的性质，这种性质是一种“超前”性质。因此也称微分控制为“超前控制”。

一般说来，由于微分控制的“超前”控制作用能够改善系统的控制质量，它对于一些滞后较大的对象（如温度）特别适用。值得注意的是，微分作用对于真正的纯滞后是无能为力的，遇到对象有较大纯滞后时，要考虑别的解决方案。另外微分对高频的脉动信号敏感，当测量值本身掺杂有较大的噪声信号时，不宜加微分。

6. 比例积分微分控制规律

由图 1-20 可以看出，比例微分控制过程是存在余差的。为了消除余差，生产上常引入积分作用。同时具有比例、积分、微分三种控制作用（PID 控制作用）的控制器称为比例积分微分控制器，简称为三作用控制器。

比例积分微分控制规律的输入/输出关系可用式（1-25）表示

$$\Delta P = \Delta P_{\mathrm{P}} + \Delta P_{\mathrm{I}} + \Delta P_{\mathrm{D}} = K_{\mathrm{C}}\left(\mathrm{e} + \frac{1}{T_{\mathrm{I}}}\int e\mathrm{d}t + T_{\mathrm{D}}\frac{\mathrm{d}e}{\mathrm{d}t}\right) \tag{1-25}$$

式中的符号意义与前面的相同。

由式（1-25）可见，PID 控制作用就是比例、积分、微分三种控制作用的叠加。当有一阶跃偏差信号输入时，其输出特性如图 1-22 所示。开始时，微分作用的输出变化最大，使总的输出大幅度地变化，产生一个强烈的“超前”控制作用，这种控制作用可看成“预调”。然后微分作用逐渐消失，积分输出逐渐占主导地位，只要余差存在，积分作用就不断增加。这种控制作用可看成“细调”，一直到余差完全消失，积分作用才有可能停止。而在 PID 的输出中，比例作用是自始至终与偏差相对应的，它是一种最基本的控制作用。

由于三作用控制器综合了各类控制器的优点，因此具有较好的控制性能。一般来说，当对象滞后较大、负荷变化较快、不允许有余差的情况下，可以采用三作用控制器，如温度和成分控制系统。如果采用比较简单的控制器已能满足生产要求，那就不要采用三作用控制器。对于一台实际的比例积分微分控制器，如果把微分时间调到零，就成为一台比例积分控制器；如果把积分时间放到最大，就成为一台比例微分控制器；如果把微分时间调到零，同时把积分时间放到最大，就成为一台纯比例控制器。

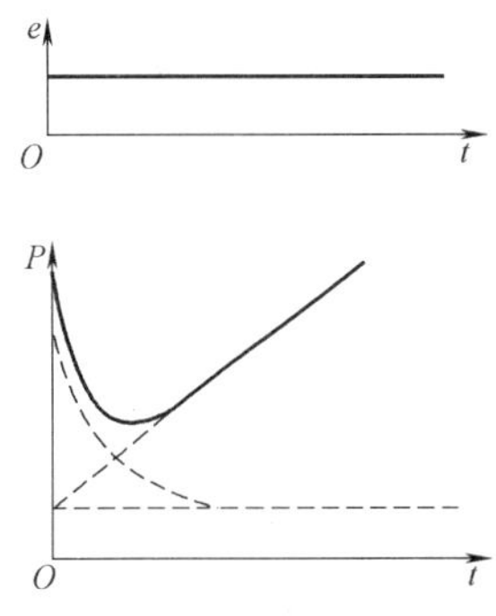

图 1-22　三作用控制器特性

最后，对比例、积分、微分三种控制规律做一简单小结。

（1）比例控制　它依据“偏差的大小”来进行控制。其输出变化与输入偏差的大小成比例。控制及时，但是有余差。用比例度 δ 来表示其作用的强弱。δ 越小，控制作用越强。比例作用太强时，会引起振荡甚至不稳定。

（2）积分控制　它依据“偏差是否存在”来进行控制。其输出变化与偏差对时间的积分成比例，只有当余差完全消失，积分作用才停止。所以积分控制能消除余差，但积分控制缓慢，动态偏差大，控制时间长。用积分时间 T_{I} 表示其作用的强弱，T_{I} 越小，积分作用越强，积分作用太强时，也易引起振荡。

（3）微分控制　它依据“偏差变化速度”来进行控制。其输出变化与输入偏差变化的速度成比例，其实质和效果是阻止被控变量的一切变化，有超前控制的作用。对滞后大的对象有很好的效果，使控制过程动态偏差减小、时间缩短、余差减小（但不能消除）。用微分时间 T_D 表示其作用的强弱，T_D 大，作用强，T_D 太大，会引起振荡。

（三）测试对象特性的方法

1. 建立数学模型的方法

工业过程动态数学模型的表达方式很多，其复杂程度相差悬殊。对于数学模型，应根据实际应用情况提出适当的要求。一般说来，用于控制的数学模型并不要求十分准确。闭环控制本身具有一定的鲁棒性，模型本身的误差可视为干扰，而闭环控制在某种程度上具有自动消除干扰的能力。

实际生产过程的动态特性非常复杂，往往需要做很多近似处理。有些近似处理需要做线性化处理、降阶处理等，但却能满足控制的要求。建立数学模型有两个基本方法，即机理法和测试法。

机理法指从机理出发，即从对象内在的物理和化学规律出发，建立描述对象输λ/输出特性的数学模型。测试法一般只用于建立输入输出模型，它的特点是把被研究的工业过程视为一个黑匣子，完全从外部特性上测试和描述它的动态性质，不需要深入掌握其内部机理。

2. 测试法求取传递函数

通过简单的测试获得被控对象的阶跃响应，进一步把它拟合成近似的传递函数，是建立被控对象数学模型简单有效的方法。

用测试法建立被控对象的数学模型，首先要选定模型的结构。典型的工业过程的传递函数可以取为各种形式，例如：

（1）一阶惯性环节加纯延迟　一阶惯性环节的传递函数为

$$G(s)=\frac{K}{Ts+1} \tag{1-26}$$

延迟环节的传递函数为

$$G(s)=e^{-\tau s} \tag{1-27}$$

一阶加纯滞后对象的传递函数为

$$G(s)=\frac{Ke^{-\tau s}}{Ts+1} \tag{1-28}$$

阶跃信号及响应示意图如图1-23所示。

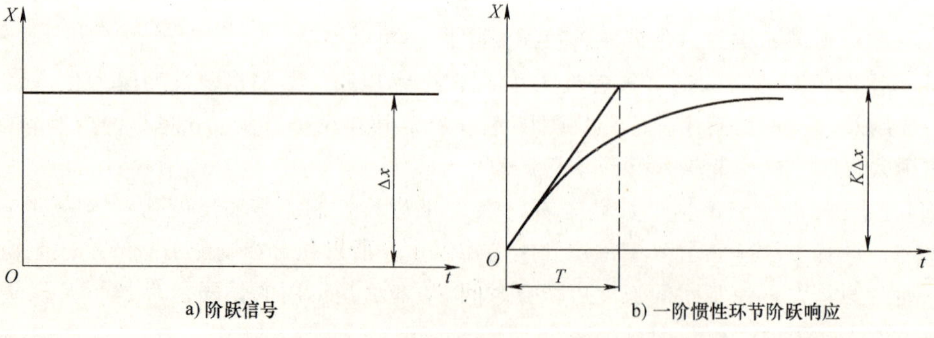

图1-23　阶跃信号及响应示意图

对于有纯滞后的一阶对象，可直接由图中测量出纯滞后时间 τ。

（2）二阶或高阶惯性环节加纯延迟　传递函数为

$$G(s)=\frac{Ke^{-\tau s}}{(Ts+1)^n} \tag{1-29}$$

在确定传递函数的形式后，要对函数中的各个参数与测试的响应曲线进行拟合。如果阶跃响应是图 1-24 所示的 S 形单调曲线，就可以用一阶惯性加纯延迟对象的传递函数去拟合。增益 K 由输入、输出的稳态值直接算出，而 τ 和 T 则可以用作图法确定。

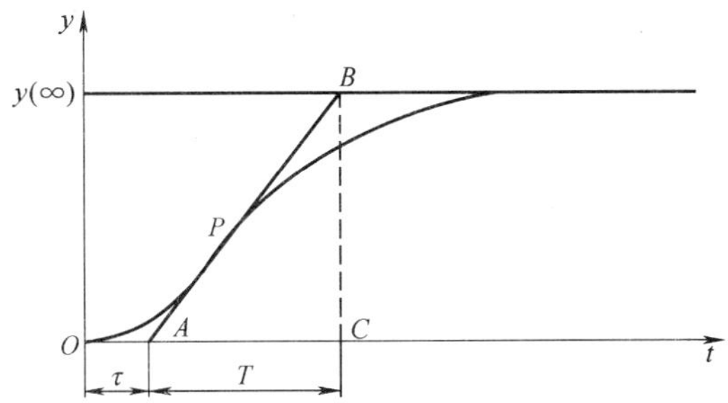

图 1-24　作图法

在曲线的拐点 P 作切线，它与时间轴交于 A 点，与曲线的稳态渐进线交于 B 点。OA 段的值即为纯滞后时间 τ，AC 段的值即为时间常数 T，这样就确定了 τ 和 T 的数值。

（3）放大倍数 K 的求取　放大系数 K 的定义为

$$K \overset{\text{def}}{=} \frac{\text{输出量稳态值}}{\text{输入量}}$$

即

$$K=\frac{\Delta Y/(Y_{MAX}-Y_{MIN})}{\Delta X/(\Delta X_{MAX}-\Delta X_{MIN})} \tag{1-30}$$

式中，ΔX 为调节器输出电流的变化量；X_{MAX} 为调节器输出电流的上限值；X_{MIN} 为调节器输出电流的下限值；ΔY 为液位的变化量；Y_{MAX} 为液位的上限值；Y_{MIN} 为液位的下限值。

上述公式只适用于自衡过程。对于非自衡过程，其传递函数应含有一个积分环节。对于液位控制系统，液位对象是自衡对象，单独的水箱是一阶对象，上水箱与下中水箱可以组成二阶对象。

做一做：测试温度加热器的特性。

1. 测试目的

了解加热系统的原理、作用及其操作方法。掌握对象特性的曲线测量方法，测量时应注意的问题，对象模型参数的求取方法。

2. 所用设备

水泵Ⅰ、变频器、压力变送器、调节器（708 型，用于控制恒压供水）、主回路流量计、主回路调节阀、副回路调节阀、加热器外筒、调节器（708 型，用于流量控制）、加热器内筒、温度变送器（PT1）、交流固体继电器（晶闸管）、调节器（818 型）。设备接线如图 1-25所示。系统框图如图 1-26 所示。

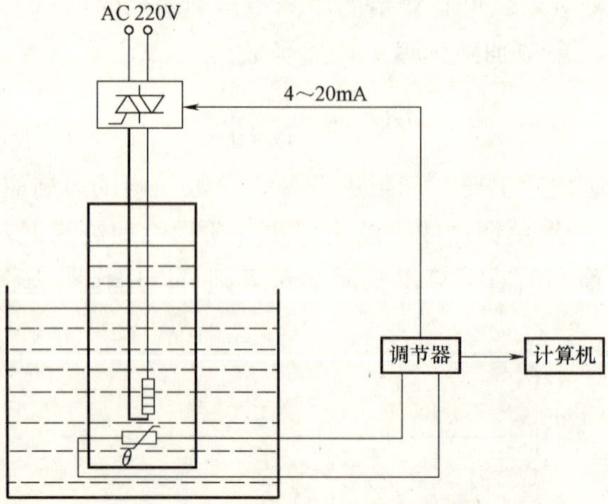

图 1-25　设备接线示意图

加热系统是由晶闸管移相触发器、加热管、加热圆筒和热电阻组成。改变晶闸管触发器的控制电流（4～20mA），就可以改变其输出电压（AC 0～220V），从而控制加热管的功率，通过散热系统的配合，达到控制温度的目的。

注意：严禁触摸加热器的顶部，避免触电或烫伤！

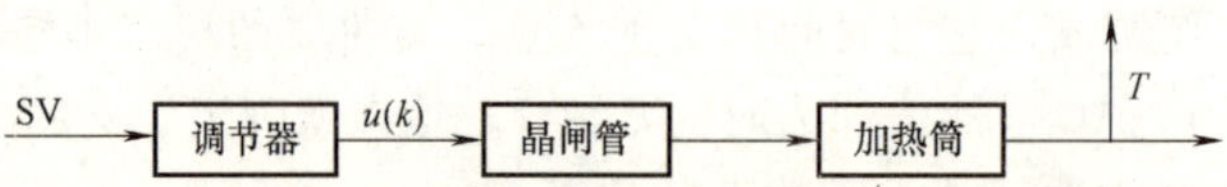

图 1-26　温度对象特性测试系统框图

3. 步骤

1）手动打开加热器进水阀，关闭加热器放水阀，使加热器最内层容器和中间层容器分别注满水。中间容器中水的作用是散热。

2）将温度特性测试所用的设备，参照流程图和系统框图接好线路。

3）接通总电源、各仪表电源和加热器电源（如果加热圆筒中没水，蜂鸣器将发出报警声，应立即将加热器电源关掉，重新向加热圆筒中灌水）。

4）设置调节器（控制温度）处于手动状态，使调节器手动输出小电流状态下系统达到平衡，记下手动输出的百分比。

5）改变调节器增/减键，使调节器的输出电流变大，系统重新到达平衡，记下手动输出的百分比。

6）改变调节器增/减键，使调节器回到小电流输出给定状态。

7）观察计算机上温度历史曲线图，直至达到新的平稳为止。

8）再将调节器输出电流回到大电流输出状态，观察计算机记录的温度历史曲线图，直至达到新的平稳为止。

9）对记录曲线分别进行分析和处理，处理结果记录于表 1-2。

4. 特性测试记录报告

1）编写记录报告，并根据 K、T、τ 平均值写出广义的传递函数。

2）本测试共需要多少调节器？并阐述理由。为什么需要压力变送器？

表 1-2　阶跃响应曲线数据处理记录表

参数值 / 测量情况	控制器参数		
	K	T	τ
正向输入			
反向输入			
平均值			

（四）参数测量仪表概述

作为控制系统的重要组成部分，参数的测量是实现控制的基础。

控制系统一般都是负反馈控制系统。该系统至少包括 4 个基本组成部分，即被控制对象（或称被控过程）、检测装置（包括传感器和变送器）、控制器（或调节器）以及执行机构。其中检测装置是过程控制系统的重要组成部分，任何一个针对物理过程的负反馈控制系统，检测装置（即检测功能环节）是不可或缺的；不管控制器采取何种状态（模拟的还是数字的、常规和简单的还是各种发展型和先进算法的），都不取代检测装置。如果系统中的控制器是理想的或无静差的，则系统的静态误差仍是唯一地取决于检测装置的精度（误差）等级。实际上，检测装置的性能指标是构成负反馈系统品质的基本要素。因此，了解控制系统中的各种检测装置的基本原理和掌握检测装置的工作特性是非常重要的。

过程自动化仪表是以单元形态组构过程控制系统的装置，其中包括变送单元（仪表）、调节（或控制）单元（仪表）以及执行单元（仪表）。

1. 基本概念

（1）敏感元件　所谓检测是指利用适当的物理转换手段和信号形式的变换并以数量方式达成对被测物理量的确切认识。敏感元件是实现检测目的的首要条件。

所谓敏感元件是指检测系统与被测信号的物理介质或信号载体，是任何检测系统的始发构造和前端。敏感元件是“独立于”被测系统之外，以参数方式对被测物理量做出“敏感”响应的物理实体。这里的“独立”是指被测物理量不应因敏感元件的设置而受到影响。例如，体温计中的热膨胀液体（酒精或水银）是热敏感元件，但患者的体温却不应因体温计的置入而有所下降。这一问题是任何精密检测实施（设计或应用）中必须考虑的因素之一。在设计或应用实践中，绝对“独立”的敏感元件是不存在的。理论上的影响应归于检测装置（或仪表）的工作特性。

敏感元件的共性和基本特性是，对被测物理量“敏感”并以参数形式做出响应。如过程控制中温度变送单元中的热敏元件有热电阻（铂电阻或铜电阻等）和热电偶，它们分别以自身的电阻变化和热电动势的变化反映被测温度的变化，又如，弹性膜盒是压力（或压差）变送单元仪表中压力敏感元件，它以自身在压力作用下所引起形变来反映被测压力的变化。

（2）传感器与变送器　传感器是将敏感元件参数响应变量转换成便于应用和传送的信号装置。因此，传感器是由敏感元件和相应线路所组成的物理系统。例如，基于电气参数（电阻、电感和电容等）的敏感元件必须配以适当的无源及有源电路系统，从而将被测物理量（大多数是非电物理量）转换成适用的电学物理量（如电压、电流或频率等）。对于非电参数响应的敏感元件，如差压敏感膜盒，也存在着相应的转化技术措施，其中包括将膜盒的形式位移转换成为电气参数再输出上述形式的电学物理信号。在形形色色的敏感元件中，“发电式”敏感元件（如热电偶）往往自成一个简单的温度传感器。

所谓变送器就是输出信号符合标准化要求的传感器，变送器与传感器的区别仅此而已。但是这一区别对于过程控制自动化仪表（包括变送单元仪表）有重要意义。如前所述，在过程控制系统的4个基本组成部分中（除被控对象外）有3个是自动化单元组合仪表，即变送单元、调节（或控制）单元和执行单元。这是根据过程控制系统的构成，按功能划分并具有可组合操作的基本单元实体。按照这种可组合要求的单元划分，可以针对不同物理背景和工艺特点实现过程中控制的统一设计，即可采取统一的设计模式组合相应的单元设备（自动化仪表）满足不同类型工艺过程的控制需求。

（3）转换器　转换器又称为转换单元。在单元组合仪表中，转换单元并非是主要的基本单元。但是与其他非基本单元相比，对于实际系统的主体构成来说，则有其特殊的重要性。首先，气动单元组合仪表的优点和缺陷引人注目，与电动型仪表结合应用可实现优势互补、缺陷对消，转换单元恰是达成这一目标的合适设备或仪表。其中有气-电转化器（即QDZ仪表），实现标准化气动信号（20～100kPa）向标准化电动信号DC 4～20mA或DC 0～10mA）的转换，适用于气动式现场仪表（如严格防爆现场环境下的变送单元）向远方电动单元仪表的信号传送。另一类型的转换单元就是电-气转换单元（即DQZ仪表），其工作原理与QDZ仪表相反，是将标准化电动设备（仪表）信号（DC 4～20mA或DC 0～10mA）转换成标准化气动信号（20～100kPa），以适应远方的电动信号对防爆现场气动执行机构的控制操作。在实际系统的应用中，如在气动阀门（执行机构）的定位控制操作中，往往同时纳入上述的两种转换功能的仪表装置。

（4）信号传输方式　信号传输指的是电流信号和电压信号的传输。电流信号传输时，仪表是串联的；电压信号传输时，仪表是并联的。

1）电流信号传输。如图1-27所示，一台发送仪表的输出电流同时传输给n台接收仪表，所有这些仪表应当串联在一起。DDZ-Ⅱ型仪表即属于这种传输方式。图中，R_o为发送仪表的输出电阻，R_{cm}和R_i分别为连接导线的电阻和接收仪表的输入电阻。R_{cm}和所有的R_i组成了发送仪表的负载电阻。

由于发送仪表的输出串阻R_o不可能为无限大，因此，当负载电阻变化时，发送仪表的输出电流也将发生变化，从而引起传输误差。为减小传输误差，要求发送仪表的输出电阻R_o足够大，而接收仪表的输入电阻R_i和连接导线的电阻R_{cm}应尽量小。实际上，发送仪表的输出电阻R_o均很大，相当于一个恒流源。连接导线在一定长度内时，仍能保证信号的传输精度。因此，电流信号适用于远距离传输。此外，对于要求电压输入的仪表，可在电流回路中串入一个电阻（通常都是精度较高的标准电阻），从电阻两端引出电压供给接收仪表。可见，电流信号传输的应用也比较灵活。

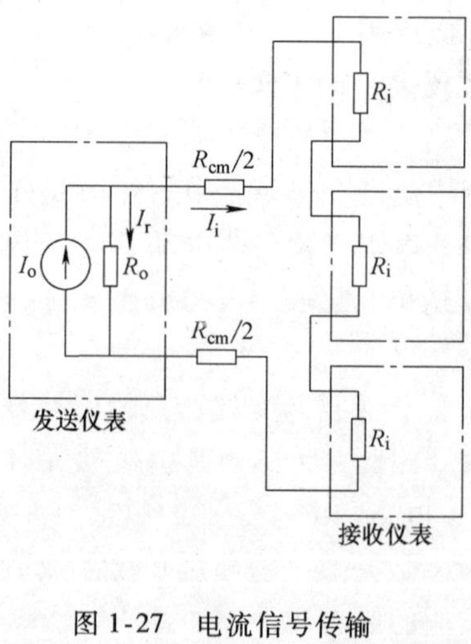

图1-27　电流信号传输

电流信号传输也有不足之处。由于接收仪表是串联工作的，因此当一台仪表出故障时，将影响其他仪表的正常工作。而且，各台接收仪表通常均应浮空工作。若要使各台接收仪表都有自己的接地点，就需要在仪表的输入、输出之间采取直流隔离措施（主要有电磁隔离和光电隔离两大类，而光电隔离的线性度较差，目前很少使用），这就对仪表的设计和应用在技术上提出了更高的要求。

2）电压信号传输。如图 1-28 所示，一台发送仪表的输出电压同时传输给 n 台接收仪表，所有这些仪表应当并联在一起。DDZ-Ⅲ型仪表即可采取这种传输方式。

由于发送仪表的输出电阻 R_o 不可能为 0，同时接收仪表的输入电阻 R_i 不可能为无限大，因此，发送信号电压 V_o 将在发送仪表的输出电阻 R_o 和连接导线的电阻 R_{cm} 上产生一部分电压降 V_r，从而造成传输误差。为减小传输误差，要求发送仪表的输出电阻 R_o 和连接导线的电阻 R_{cm} 尽量地小，而接收仪表的输入电阻 R_i 应尽量地大一些。

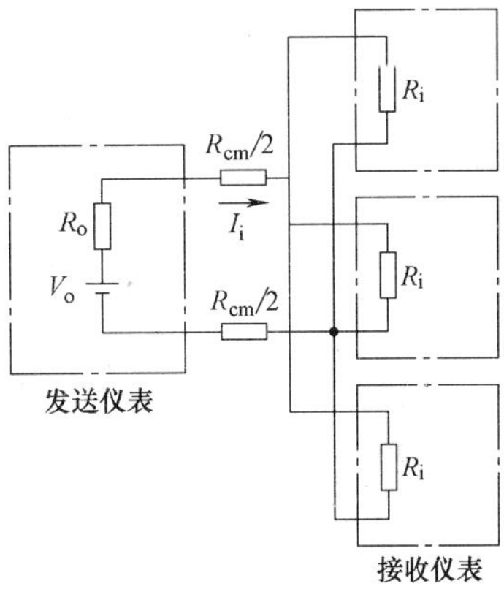

图 1-28　电压信号传输

由于接收仪表是并联工作的，因此，增加或取消某个仪表（例如，当一台仪表出现故障时，直接将它取消即可），将不会影响其他仪表的正常工作。而且，各台接收仪表也可以设置公共的接地点，因此在设计安装上比较简单。但是，并联连接的各台接收仪表的输入电阻都较高，容易引入干扰，因此，电压信号不适用于远距离传输。

3）变送器与控制室仪表间的信号传输。变送器是现场仪表，其输出信号送至控制室中，而它的供电又来自控制室。变送器的信号传送和供电方式通常有以下两种。

① 四线制传输：如图 1-29 所示，供电电源和输出信号各用两根导线传输。图中的变送器称为四线制变送器。DDZ-Ⅱ型仪表即属于这种传输方式。由于电源和信号分别传送，因此对电流信号的零点和元器件的功耗均无严格要求。在这种传输方式中，如果变送器的一个输出端与电源装置的负端相连，就变成了三线制传输。

② 两线制传输：如图 1-30 所示，变送器与控制室之间仅用两根导线传输。这两根导线既是电源线，又是信号线。图中的变送器称为两线制变送器。DDZ-Ⅲ型仪表即属于这种传输方式。

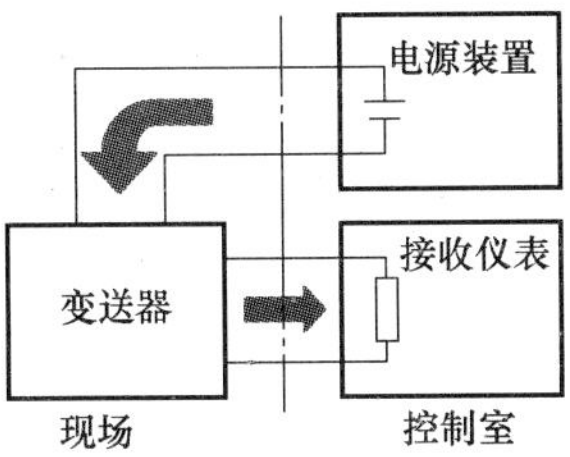

图 1-29　四线制传输

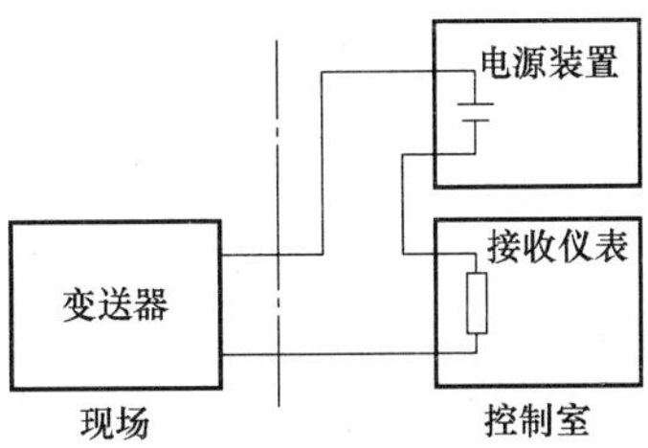

图 1-30　两线制传输

采用两线制变送器，不仅可以节省大量电缆线和安装费用，而且有利于安全防爆。因此，这种变送器得到了较快的发展。要实现两线制变送器，必须采用活零点的电流信号。由于电源线和信号线公用，所以电源供给变送器的功率是通过信号电流提供的。在变送器输出电流为下限值时，应保证它内部的半导体器件能正常工作。因此，信号电流的下限值不能过低。国际统一电流信号采用4～20mA（DC），为制作两线制变送器创造了条件。

（5）量程　变送单元是过程控制系统中具有检测功能的单元仪表，它实际包含两个组成部分，即敏感元件（或传感器）和变送器，被测物理变量经敏感元件进入变送单元，再经过变送器输出标准信号，两者之间不仅是单值关系，而且在一定条件下成比例（或线性）关系。

所谓量程是指与仪表的规定输出范围（值域）相对应的被测物理量范围，这个范围表明了变送单元仪表的有效工作能力，也是仪表的工作特征之一。换言之，量程等于被测物理量的上限值与下限值的代数差。显然，量程必然带有相应的物理量纲，因此就有了“温度量程”“压力量程”等的说法。

（6）一次仪表和二次仪表　在生产过程中，测量仪表往往采用按换能次数来定义，能量转换一次的称为一次仪表，转换两次的称为二次仪表。以热电偶测量温度为例，热电偶本身将热能转换成电能，故称为一次仪表，若再将电能用电位计（或毫伏计）转换成指针移动的机械能时，进行第二次能量转换就称为二次仪表。换能的次数超过两次的往往都按两次定义。如孔板测量流量，孔板本身为一次仪表，差压变送器没有定义，而指示仪表则叫作二次仪表，用以指示、记录或计算来自一次仪表的测量结果。所以一次仪表一般指压力、物位、流量、温度等现场测量变送仪表和执行单元等；二次仪表一般指调节、操作、显示、报警、运算、转换、隔离、配电等控制室仪表。一次仪表在控制回路中始终处于首要地位，没有一次仪表，其余任何的二次仪表都会失去意义。随着计算机技术在工业应用中的大规模普及，二次仪表的地位日趋减弱，调节、计算、给定等单元类仪表的功能可由计算机来完成，甚至显示、报警功能也能在计算机系统内实现。

2. 误差概念与表述

对于任何检测仪表来说，仪表精度和误差是最基本和最重要的特性参数。

在实际测量中，由于测量本身性能、安装使用环境、测量方法及操作人员的疏忽等客观因素的影响，使得测量结果与被测量的真实值之间存在一些偏差，这个偏差就称为测量误差。所谓真值即真实值，是指在一定条件下，被测量客观存在的实际值。它是一个理想概念，一般是无法得到的。真值在不同场合有不同的含义。如平面三角形三内角之和恒为180°。

误差按出现的规律分为系统误差、偶然误差和疏忽误差。系统误差又称规律误差，是由于仪器本身不精确、实验方法粗略，或实验原理不完善而产生的。系统误差的特点是在多次重做同一实验时，误差总是同样的偏大或偏小，不会出现这几次偏大另几次偏小的情况。要减小系统误差，必须校准测量仪器、改进实验方法、设计在原理上更为完善的实验。偶然误差又称随机误差，是由各种偶然因素对实验者、测量仪器、被测物理量的影响而产生的。偶然误差总是有时偏大，有时偏小，并且偏大、偏小的概率相同。因此，可以多进行几次测量，求出几次测得的数值的平均值，这个平均值比一次测得的数值更接近于真实值。疏忽误差又叫粗差，其主要特点是无规律可循，且明显地与事实不符合。产生这类误差的主要原因是观察者的失误或外界的偶然干扰。

误差按仪表使用的条件分为基本误差和附加误差。仪表的基本误差是指仪表在规定参比工作条件下，即该仪表在标准工作条件下的最大误差，一般仪表的基本误差也就是该仪表的允许误差。附加误差是仪表在非规定的参比工作条件下使用时另外产生的误差，如电源波动附加误差、温度附加误差等。

误差按被测量值随时间变化的关系分为静态误差和动态误差。静态误差包括通常所说的系统误差和偶然误差。动态误差是指检测系统输入与输出信号之间的差异。由于产生的原因不同，动态误差又可分为第一类误差和第二类误差。第一类误差是因为检测系统中各环节存在惯性、阻尼及非线性等原因造成的误差。第二类误差是因为各种随时间改变的干扰信号所引起的误差。

误差按误差数值的表示分为绝对误差、相对误差、引用误差和回程误差。绝对误差是测量值与真实值之差，有正负之分。相对误差是某点的绝对误差与真实值的百分比，有正负之分，即

$$\text{相对误差}=\frac{\text{某点的绝对误差}}{\text{真实值}}\times 100\% \tag{1-31}$$

例如：某两台仪表的绝对误差均为5℃，其各自的真值分别为100℃和500℃，显然后者的精度高于前者，即：5℃/100℃ =0.05 >5℃/500℃ =0.01。

引用误差是某点的绝对误差与量程的百分比，有正负之分。回程误差是某点的上行程示值与下行程示值之差的绝对值，也称变差。

3. 准确度

准确度是指测量结果和实际值的一致程度，准确度高意味着系统误差和随机误差都很小，准确度等级是仪表按准确度高低分成的等级。准确度采用相对误差来表示，也就是最大引用误差除去掉“+”“-”号和“%”号。如果某台仪表的最大允许误差为 ±1.5%，则该仪表的准确度等级为 1.5 级，通常以圆圈数字标明在仪表的面板上。

仪表准确度是根据国家规定的允许误差大小分成几个等级的，某一类仪表的允许误差是指在规定的正常情况下允许的百分比误差的最大值。我国过程检测控制仪表的准确度等级有 0.005、0.02、0.1、0.35、0.5、1.0、1.5、2.5、4 等。一般工业用表为 0.5 ~4 级。准确度数字越小，说明仪表准确度越高。

由于仪表的准确度包含了允许误差和仪表量程两个因素，故在选用仪表时，为了获得合理的实际测量准确度，应该是仪表在接近测量范围内上限的区域工作。例如，测温仪表测量 1000℃时，标称相对误差为（±11/1000）×100% = ±1.1%，而测量 550℃时，标称相对误差为（±11/550）×100% = ±2%。因此，应该避免用测温上限高的仪表去测量低的温度。

在选择仪表准确度等级时，应根据工艺的实际需要，不能片面追求高准确度，以免造成浪费，因为准确度高的仪表，价格也高，且维护技术也要求高。

做一做：确定仪表准确度等级。

案例 1：某台测温仪表的测温范围为 200 ~700℃，校验该表时得到的最大绝对误差为 +4℃，试确定该仪表的准确度等级。

计算该仪表的相对百分误差为 +0.8%，其数值为 0.8。由于国家规定的准确度等级中

没有0.8级仪表，同时，该仪表的误差超过了0.5级仪表所允许的最大误差，所以，这台测温仪表的准确度等级为1.0级。

案例2：某台测温仪表的测温范围为0～1000℃。根据工艺要求，温度指示值的误差不允许超过±7℃，试问应如何选择仪表的准确度等级才能满足以上要求？

根据工艺上的要求，计算仪表的允许误差为±0.7%，其数值介于0.5～1.0之间，如果选择精度等级为1.0级的仪表，其允许的误差为±1.0%，超过了工艺上允许的数值，故应选择0.5级仪表才能满足工艺要求。

（五）温度测量仪表概述及分类

1. 概述

温度是表征物体冷热程度的物理量，任何两个不同温度的物体接触时，相互之间必然要进行热交换，热量将由温度较高的物体传递到温度较低的物体，直到两者冷热程度完全一致，即达到热平衡状态为止，因此，选择某一物体随被测物体温度变化的物理量（如体积、电阻、电动势等），可以定量地给出被测物体的温度数值。

温度只能通过物体随温度变化的某些特征来间接测量，而用来量度物体温度数值的标准叫温标，它规定了温度的读数起点（零点）和测量温度的基本单位。目前国际上用得较多的温标有华氏温标、摄氏温标、热力学温标和国际实用温标。其对比图见图1-31。

华氏温标规定：在标准大气压下，冰的熔点为32 ℉，水的沸点为212 ℉，中间划分180等份，每等份为1 ℉，符号为℉。

摄氏温标规定：在标准大气压下，冰的熔点为0℃，水的沸点为100℃，中间划分100等份，每等份为1℃，符号为℃。

摄氏温标值t（℃）和华氏温标值t_F（℉）有如下关系：

$$t=\frac{5}{9}(t_F-32) \quad (1\text{-}32)$$

热力学温标又称开尔文温标，或称绝对温标，它规定分子运动停止时的温度为绝对零度，记符号为K，并且规定1K=1℃。

国际实用温标是一个国际协议性温标，它与热力学温标相接近，而且复现精度高，使用方便。国际计量委员会在18届国际计量大会中通过了国际实用温标ITS-90。我国自1994年1月1日起全面实施ITS-90国际实用温标。

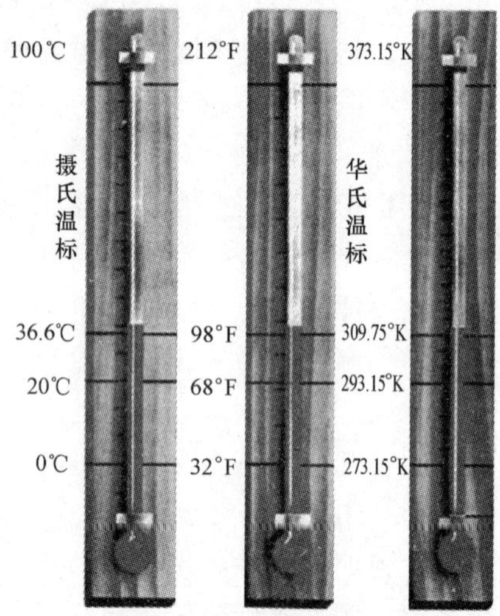

图1-31　摄氏温标、华氏温标和热力学温标的对比

2. 温度测量仪表的分类

温度测量仪表按测温方式可分为接触式和非接触式两大类。通常接触式测温仪表比较简单、可靠，测量精度较高，但因测温元件与被测介质需要进行充分的热交换，故需要一定的时间才能达到热平衡，所以存在测温的延迟现象，同时受耐高温材料的限制，不能应用于很高的温度测量。非接触式仪表测温是通过热辐射原理来测量温度的，测温元件不需与被测介质接触，测温范围广，不受测温上限的限制，也不会破坏被测物体的温度场，反应速度一般

也比较快，但受到物体的发射率、测量距离、烟尘和水汽等外界因素的影响，其测量误差较大。工业上常用的温度检测仪表的分类见表 1-3。

3. 热电偶的分类及形式

（1）热电偶的种类　常用热电偶可分为标准热电偶和非标准热电偶两大类。所谓标准热电偶是指国家标准规定了其热电动势与温度的关系、允许误差，并有统一的标准分度表的热电偶，它有与其配套的显示仪表可供选用。非标准化热电偶在使用范围或数量级上均不及标准化热电偶，一般也没有统一的分度表，主要用于某些特殊场合的测量。

表 1-3　温度检测仪表的分类

<table>
<tr><th>测温方式</th><th colspan="2">温度计种类</th><th>常用测温范围/℃</th><th>优点</th><th>缺点</th></tr>
<tr><td rowspan="6">非接触式测温仪表</td><td rowspan="3">辐射式</td><td>辐射式</td><td>400～2000</td><td rowspan="3">测温时，不破坏被测温度场</td><td rowspan="3">低温段测量不准，环境条件会影响测温准确度</td></tr>
<tr><td>光学式</td><td>700～3200</td></tr>
<tr><td>比色式</td><td>900～1700</td></tr>
<tr><td rowspan="3">红外线</td><td>热敏探测</td><td>-50～3200</td><td rowspan="3">测温时不破坏被测温度场，响应快，测温范围大</td><td rowspan="3">易受外界干扰，标定困难</td></tr>
<tr><td>光学探测</td><td>0～3500</td></tr>
<tr><td>热电探测</td><td>200～2000</td></tr>
<tr><td rowspan="11">接触式测温仪表</td><td rowspan="2">膨胀式</td><td>玻璃液体</td><td>-50～600</td><td>结构简单，使用方便，测量准确，价格低廉</td><td>量程上限和准确度受玻璃质量的限制，易碎，不能远传</td></tr>
<tr><td>双金属</td><td>-80～600</td><td>结构紧凑，牢固可靠</td><td>准确度低，量度和使用范围有限</td></tr>
<tr><td rowspan="3">压力式</td><td>液体</td><td>-30～600</td><td rowspan="3">耐振，坚固，防爆，价格低廉</td><td rowspan="3">准确度低，测量距离短，滞后大</td></tr>
<tr><td>气体</td><td>-20～350</td></tr>
<tr><td>蒸汽</td><td>0～250</td></tr>
<tr><td rowspan="3">热电偶</td><td>铂铑-铂</td><td>0～1600</td><td rowspan="3">测温范围广，准确度高，便于远距离多点集中测量和自动控制</td><td rowspan="3">需冷端温度补偿，在低温度测量准确度较低</td></tr>
<tr><td>镍铬-镍铝</td><td>0～900</td></tr>
<tr><td>镍铬-考铜</td><td>0～600</td></tr>
<tr><td rowspan="3">热电阻</td><td>铂</td><td>-200～500</td><td rowspan="3">测温准确度高，便于远距离多点集中测量和准确度控制</td><td rowspan="3">不能测高温，需注意环境温度的影响</td></tr>
<tr><td>铜</td><td>-50～150</td></tr>
<tr><td>热敏</td><td>-50～300</td></tr>
</table>

我国从 1988 年 1 月 1 日起，热电偶和热电阻全部按 IEC 国际标准产生，并指定 S、B、E、K、R、J、T 七种标准化热电偶为我国统一设计型热电偶，其中 S、B、R 属于贵金属热电偶，E、K、J、T 属于廉金属热电偶。

S 分度号的特点是抗氧化性能强，宜在氧化性、惰性气体中连续使用，长期使用温度为 1400℃，短期使用温度为 1600℃。在所有热电偶中，S 分度号的精确度等级最高，通常用作标准热电偶。B 分度号在室温下热电动势极小，故在测量时一般不用补偿导线。它的长期使用温度为 1600℃，短期使用温度为 1800℃。可在氧化性或中性气氛中使用，也可在真空条件下短期使用。R 分度号与 S 分度号相比，热电动势大 15% 左右，其他性能几乎完全相同。E 分度号的特点是在常用热电偶中，其热电动势最大，即灵敏度最高。宜在氧化性、惰性气氛中连续使用，使用温度为 0 ~ 800℃。K 分度号的特点是抗氧化性能强，宜在氧化性、惰性气体中连续使用，长期使用温度为 1000℃，短期使用温度为 1200℃，在所有热电偶中使用最广泛。J 分度号的特点是既可用于氧化性气氛（使用温度上限为 750℃），也可用于还原性气氛（使用温度上限为 950℃），并且耐 H_2 及 CO 气体腐蚀，多用于炼油及化工。T 分度号的特点是在所有廉金属热电偶中准确度等级最高，通常用来测量 300℃以下的温度。

镍铬-镍硅热电偶（分度号为 K）的分度表见表 1-4。

表 1-4　镍铬-镍硅热电偶分度表

分度号：K　　　　（冷端温度为 0℃）

工作端温度/℃	0	10	20	30	40	50	60	70	80	90
	热电动势/mV									
-0	-0.000	-0.392	-0.777	-1.156	-1.527	-1.889	-2.243	-2.586	-2.920	-3.242
+0	0.000	0.397	0.798	1.203	1.611	2.022	2.436	2.850	3.266	3.681
100	4.096	4.508	4.919	5.327	5.733	6.137	6.539	6.939	7.338	7.737
200	8.137	8.537	8.938	9.341	9.745	10.151	10.560	10.969	11.381	11.793
300	12.207	12.623	13.039	13.456	13.874	14.292	14.712	15.132	15.552	15.974
400	16.395	16.818	17.241	17.664	18.088	18.513	18.938	19.363	19.788	20.214
500	20.640	21.066	21.493	21.919	22.346	22.772	23.198	23.624	24.050	24.476
600	24.902	25.327	25.751	26.176	26.599	27.022	27.445	27.867	28.288	28.709
700	29.128	29.547	29.965	30.383	30.799	31.214	31.629	32.042	32.455	32.866
800	33.277	33.686	34.095	34.502	34.909	35.314	35.718	36.123	36.524	36.925
900	37.325	37.724	38.122	38.519	38.915	39.310	39.703	40.096	40.488	40.897
1000	41.264	41.657	42.045	42.432	42.817	43.202	43.585	43.968	44.349	44.729
1100	45.108	45.486	45.863	46.238	46.612	46.985	47.356	47.726	48.095	48.462
1200	48.828	49.192	49.555	49.916	50.276	50.663	50.990	51.344	51.697	52.049

做一做：确定热电动势。

用一只镍铬-镍硅热电偶（分度号为 K）测量炉温，已知热电偶工作端温度为 800℃，自由端温度为 20℃，求热电偶产生的热电动势 E（800，20）。

由表 1-4 可以查得

$$E(800,0)=33.277\text{mV},E(20,0)=0.798\text{mV}$$

将以上数据代入得

$$E(800,20)=E(800,0)-E(20,0)=33.277\text{mV}-0.798\text{mV}=32.479\text{mV}$$

（2）热电偶的形式　按热电偶的用途不同，常制成以下几种形式：

1）普通型热电偶。普通型热电偶是应用最多的，主要用来测量气体、蒸汽和液体等介质的温度。根据测温范围和环境的不同，所用的热电偶电极和保护套管的材料也不同，但因使用条件基本类似，所以这类热电偶已标准化、系列化。按其安装时的连接方法可分为螺纹连接和法兰连接两种。

2）铠装热电偶。铠装热电偶又称缆式热电偶，是由热电极、绝缘材料（通常为电熔氧化镁）、金属保护管和接线盒四者结合而成的一个坚实整体。铠装热电偶有单芯和双芯之分，其测量端有露头型、接壳型和绝缘型三种基本形式。铠装热电偶的参比端（接线盒）形式有简易式、防水式、防溅式、接插式和小线盒式等。铠装热电偶有小型化，对被测温度反应快，力学性能好，结实牢靠，耐振动和耐冲击，可以弯成各种形状等优点，已广泛应用在航空、原子能、电力、冶金和石油化工等部门。

3）薄膜式热电偶。薄膜式热电偶是用真空蒸镀的方法，将热电极沉积在绝缘基板上而成的热电偶。采用蒸镀工艺，可以做得很薄，尺寸可以做得很小。其测量速度快，适合测量微小面积上的瞬间温度。热电极材料以片状、针状和直接蒸镀三种方式置于被测物体表面上。

4）表面热电偶。表面热电偶主要用来测量圆弧形表面温度。

5）快速消耗型热电偶。快速消耗型热电偶是一种专为测量钢水及熔融金属温度而设计的特殊热电偶。当其插入钢水后，保护帽瞬间融化，热电偶工作端即刻暴露于钢水中，在4～6s内就反映出钢水温度。测出温度后，热电偶被烧坏，只能一次性使用。也可以直接用补偿导线接到专用的快速电子电位差计上，直接读取钢水温度。

（3）热电偶冷端的温度补偿　由于热电偶的材料一般都比较贵重（特别是采用贵金属时），而测温点到仪表的距离都很远，为了节省热电偶材料，通常采用补偿导线把热电偶的冷端（自由端）延伸到温度比较稳定的控制室内，连接到仪表端子上，如图1-32所示。必须指出，热电偶补偿导线的作用只是延伸热电极，使热电偶的冷端移动到控制室的仪表端子上，它本身并不能消除冷端温度变化对测温的影响，不起补偿作用。因此，还需采用其他修正方法来补偿冷端温度 $t_0 \neq 0$ 时对测温的影响。

在使用热电偶补偿导线时，必须注意型号相配，极性不能接错，补偿导线与热电偶连接端的温度不能超过100℃。

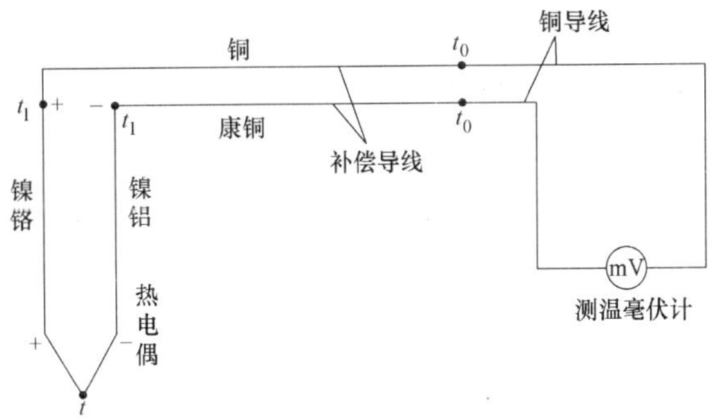

图1-32　补偿导线连接图

热电偶的补偿方法有冷端温度校正法、仪表机械零点调整法和补偿电桥法。另外，科研和实验室中常采用冰浴法。

冷端温度校正法是用计算的方法来修正冷端温度，可消除冷端温度为恒定值时对测温的影响。只适用于实验室或临时测温。因各种的分度关系是在冷端温度为0℃时得到的，如果测温热电偶的热端温度为 t，冷端温度为 t_0（$t_0>0℃$），就不能用测得的 $E(t, t_0)$ 去查分度表得温度 t，必须用式（1-33）进行修正，即

$$E(t,0)=E(t,t_0)+E(t_0,0) \tag{1-33}$$

式中，$E(t, 0)$ 是冷端为0℃而热端温度为 t 时的热电动势；$E(t, t_0)$ 是冷端为 t_0 而热端温度为 t 时的热电动势；$E(t_0, 0)$ 是冷端为0℃时应加的矫正值。

仪表机械零点调整法指测温系统未工作前，将显示仪表的机械零点调至 t_0 处，相当于在输入热电偶热电动势之前就给显示仪表输入了电动势 $E(t_0, 0)$，只能在测温要求不太高

的场合下应用。

补偿电桥法一般在热电偶冷端处温度波动较大时采用。补偿电桥法是利用不平衡电桥（又称冷端补偿器）产生不平衡电压来自动补偿热电偶因冷端温度变化而引起的热电动势变化，即在热电偶的测量线路中附加一个电动势。

采用补偿电桥法应注意两点，一是补偿器接入测量系统时正、负极性不可接反；二是显示仪表的机械零位应调整到冷端温度补偿器设计时的平衡温度。

冰浴法就是将冷端放入冰水混合物中，保持冷端为0℃。多用于实验室。

做一做：确定被测实际温度。

用K型热电偶测量某加热炉的温度。测得的电动势 $E(t, t_0)=35982\mu V$，而自由端的温度 $t_0=30℃$，求被测实际温度。

查分度表1-4得 $E(30, 0)=1203\mu V$

由式（1-33）得 $E(t, 0)=E(t, 30)+E(30, 0)=35982\mu V+1203\mu V=37185\mu V$

再查表1-4并计算得出 $37185\mu V$ 对应的温度为897℃。

4. 热电阻

热电阻是低温区中最常用的一种温度传感器。其主要特点是测量准确度高，性能稳定。其中铂热电阻是热电阻中测量准确度最高的一种，不仅广泛应用于工业测温，而且被制成标准的基准仪。

（1）测温原理　热电阻是利用导体和半导体在温度变化时自身电阻也随之发生变化的原理来测量温度的。热电阻温度计主要有两种类型：金属热电阻和半导体热敏电阻。金属热电阻在温度升高时，电阻将增加；但半导体热敏电阻一般随温度的升高而减小，其灵敏度比金属热电阻高。

热电阻测温系统由热电阻、显示仪表及连接导线三部分组成。热电阻适用于测量−200～500℃液体、气体、蒸汽及固体表面的温度。热电阻的输出信号较大，比相同温度范围的热电偶温度计具有更高的灵敏度和测量准确度，而且无冷端温度补偿问题；电阻信号便于远传，较电动势信号易于处理，且抗干扰能力强。其缺点是连接导线的电阻值易受环境温度的影响而产生测量误差，所以必须采用三线制接法。

（2）常用金属热电阻　目前金属热电阻主要包括铂热电阻和铜热电阻两大类。常用的铂热电阻有两种，分度号分别为Pt100和Pt10，其中100、10表示温度 $t=0℃$ 时的电阻值，即 R_0 分别为100Ω和10Ω。常用的铜热电阻有两种，分度号分别为Cu100和Cu50，其中100、50表示温度 $t=0℃$ 时的电阻值，即 R_0 分别为100Ω和50Ω。

金属热电阻的主要技术性能见表1-5。

表1-5　金属热电阻的主要技术性能

材料	铂(WZP)	铜(WZC)
使用温度范围/℃	−200～960	−50～150
电阻率/($\Omega \cdot m \times 10^{-6}$)	0.0981～0.106	0.017
0～100℃间电阻温度系数α(平均值)/(1/℃)	0.00385	0.00428
化学稳定性	在氧化性介质中较稳定，不能在还原性介质中使用，尤其在高温情况下	超过100℃易氧化

（续）

材料	铂（WZP）	铜（WZC）
特性	特性近于线性、性能稳定、准确度高	线性较好、价格低廉、体积大
应用	适于较高温度测量，可作为标准测温装置	适于测量低温、无水分、无腐蚀性介质的温度

工业用 WZ 系列装配式热电阻可直接和二次仪表连接使用。可以测量各种生产过程中 -200～420℃的液体、气体、蒸汽及固体表面的温度。由于它具有良好的电传输特性，可为显示仪、记录仪、调节器、扫描器、数据记录仪及计算机提供准确的温度变化信号。

5. 半导体热敏电阻

半导体热敏电阻的材料是一种由锰、镍、铜、钴、铁等金属氧化物按一定比例混合烧结而成的半导体。热敏温度有正温度系数（PTC）、负温度系数（NTC）、临界温度系数（CTR）三种。具有负温度系数的热敏电阻主要用于温度的检测，具有正温度系数和临界温度系数的热敏电阻主要是利用在特定温度下的电阻值急剧变化的特性构成温度开关元件。

热敏电阻与金属热电阻相比较，电阻温度系数大、灵敏度高，可用于测量微小的温度变化值。但其值与温度的关系为非线性，元件的稳定性和互换性较差，因此不能用于 350℃以上的高温测量。

典型的热敏电阻有圆形、珠形、圆片形等形式，广泛应用于汽车、家电等领域。

6. 温度变送器

温度变送器的作用是将热电偶或热电阻输出的电动势值或电阻值转换成统一的标准信号，再送给其他仪表进行指示、记录或控制。

温度变送器的种类很多，常用的有 DDZ-Ⅲ型温度变送器、智能型温度变送器等。图 1-33 所示为国产 SBW 系列温度变送器，其中 SBWR 热电阻温度变送器是 DDZ-Ⅲ型 S 系列仪表中的现场安装式温度变送单元。它采用两线制传输方式，将热电偶、热电阻的输出信号变换成与被测温度呈线性关系的 DC 4～20mA 标准电流信号。温度变送器可以安装于热电偶、热电阻的接线盒内，与之形成一体化结构，也可单独安装在仪表盘内作为转换单元。

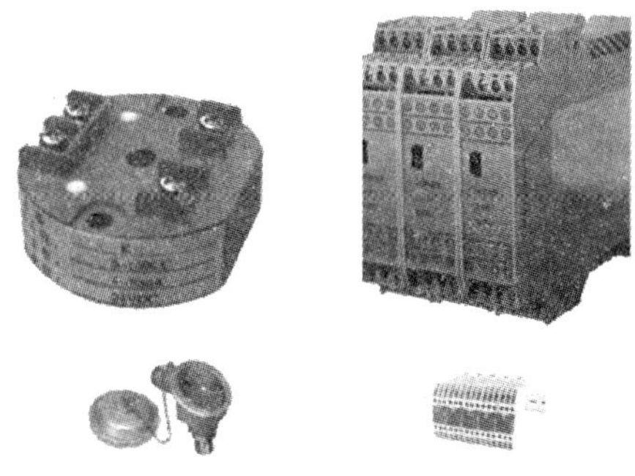

图 1-33　SBW 系列温度变送器

（六）压力测量仪表及分类

在工业自动化生产过程中，压力和差压的检测相当广泛，正确测量和控制压力是保证生产良好运行，达到优质高产、低功耗的重要环节，如锅炉锅筒压力、炉膛压力检测、加热炉压力等。此外，还有一些不易直接测量的参数（如液位、流量等）往往需要通过压力或差压的检测来间接获取。因此，压力和差压的测量在各类工业生产中（如石油、电力、化工、环保等领域）占有重要地位。

1. 概述

在工程上，压力定义为垂直而均匀地作用在单位面积上的力，其数学表达式为

$$p=\frac{F}{S} \tag{1-34}$$

式中，p 为压力，单位为 Pa；F 为垂直作用力，单位为 N；S 为受力面积，单位为 m^2。

工程上压力的表示方法如图 1-34 所示，常用的压力物理量有以下几个：

1）绝对压力：以完全真空（即绝对零压）作参考点的压力称为绝对压力，用符号 p_1 表示。

2）大气压力：由地球表面大气层空气重力所产生的压力称为大气压力，用符号 p_0 表示。

3）表压力：以大气压力为参考点，大于或小于大气压力的压力称为表压力。工业上所用的压力仪表指示值多为表压力。表压力等于绝对压力与大气压力之差，即 $p_{表压}=p_1-p_0$。

4）真空度：当被测压力低于大气压力的压力值，称为负压，也叫真空度。真空度等于大气压力与绝对压力之差，即 $p_{真空度}=p_0-p_2$。

5）差压（力）：任意两个相关压力之差称为差压（Δp）。

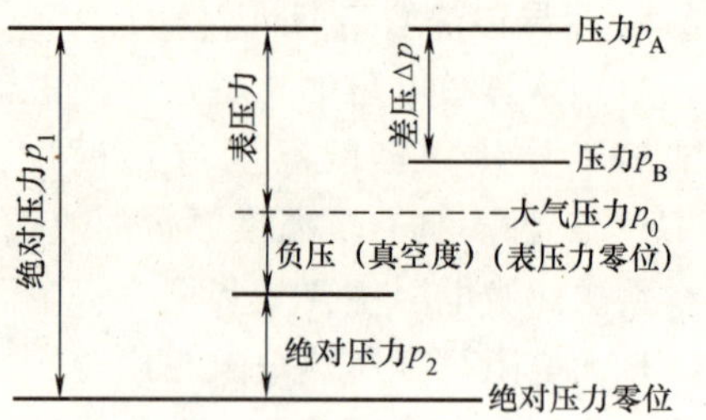

图 1-34　压力的表示方法

实际使用中，根据压力测量值的大小还采用 kPa（千帕）、MPa（兆帕）及 mPa（毫帕）等单位。压力单位换算对照见表 1-6。

表 1-6　压力单位换算对照表

压力单位	帕/Pa	兆帕/MPa	工程大气压/(kgf/cm^2)	物理大气压/atm	汞柱/mmHg	水柱/mH_2O	(磅/英寸^2)/($1b/in^2$)	巴/bar
帕	1	1×10^6	1.0197×10^{-5}	9.869×10^{-6}	7.501×10^{-3}	1.0197×10^{-4}	1.450×10^{-4}	1×10^{-5}
兆帕	1×10^6	1	10.197	9.869	7.501×10^3	1.0197×10^2	1.450×10^2	10
工程大气压	9.807×10^4	9.807×10^{-2}	1	0.9678	735.6	10.00	14.22	0.9807
物理大气压	1.0133×10^5	0.10133	1.0332	1	760	10.33	14.70	1.0133
汞柱	1.3332×10^2	1.3332×10^{-4}	1.3595×10^{-3}	1.3158×10^{-3}	1	0.0136	1.934×10^{-2}	1.3332×10^{-3}
水柱	9.806×10^3	9.806×10^{-3}	0.1000	0.09678	73.55	1	1.422	0.09806
(磅/英寸^2)	6.895×10^3	6.895×10^{-3}	0.07031	0.06805	51.71	0.7031	1	0.06895
巴	1×10^5	0.1	1.0197	0.9869	750.1	10.197	14.50	1

2. 压力检测仪表的分类

压力检测仪表的品种规格很多，分类方法也不尽相同，常用的分类方法是依据仪表的工作原理进行分类，见表 1-7。

3. 压力计

压力或真空度测量仪表，按照信号转换原理的不同，大致分为弹性式压力计、电气式压

表 1-7　压力检测仪表的分类及性能比较

压力检测仪表的种类			检测原理	主要特点	用途
液柱式压力计	U 形管压力计		液体静力平衡原理(被测压力与一定高度的工作液体产生的重力相互平衡)	结构简单、价格低廉、准确度较高、使用方便但测量范围较窄,玻璃易碎	适于低微静压测量,高准确度者可用作基准仪器,不适于工厂使用
	单管压力计				
	倾斜管压力计				
	补偿微压计				
弹性式压力计	弹簧管压力计		弹性元件弹性变形原理	结构简单、牢固,使用方便,价格低廉	用于高、中、低压的测量,应用十分广泛
	波纹管压力计			具有弹簧管压力计的特点,有的因波纹管位移较大,可制成自动记录式	用于测量 400kPa 以下的压力
	膜片压力计			除具有弹簧管压力计的特点外,还能测量黏度较大的液体压力	用于测量低压
	膜盒压力计			其特点同弹簧管压力计	用于测量低压或微压
活塞式压力计	单活塞式压力计		液体静力平衡原理	比较复杂和贵重	用于作为基准仪器,校验压力计或实现精密测量
	双活塞式压力计				
电气式压力计	压力传感器	应变式压力传感器	导体或半导体的应变效应原理	能将压力转换成电量,并进行远距离传送	用于控制室集中显示、控制
		霍尔式压力传感器	导体或半导体的霍尔效应原理		
	压力(差压变送器)(分常规式和智能式)	力矩平衡式变送器	力矩平衡原理	能将压力转换成统一标准电信号,并进行远距离传送	
		电容式变送器	将压力转换成电容的变化		
		电感式变送器	将压力转换成电感的变化		
		扩散硅式变送器	将压力转换成硅杯阻值的变化		
		谐振式变送器	将压力转换成振荡频率的变化		

力计、活塞式压力计和液柱式压力计等 4 类。所谓“真空”是指在给定的空间内，压强低于 101325Pa（即一个标准大气压强，约 101kPa）的气体状态。在真空状态下，气体的稀薄程度通常用气体的压力值来表示，显然，该压力值越小，则表示气体越稀薄。下面以弹簧管压力计为例进行介绍。

当被测压力作用于弹性元件时，弹性元件便产生相应的弹性变形（即机械位移），根据变形量的大小，可以测得被测压力的数值。其中，弹性元件是核心部分，其作用是感受压力并产生弹性变形，弹性元件采用何种形式，要根据测量要求来选择和设计；在弹性元件与指示机构之间主要是放大机构，其作用是将弹性元件的变形进行变换和放大；指示机构（如指针和刻度标尺）用于给出压力示值；调整机构用于调整零点和量程。

机械式弹簧管压力计主要由测量元件、传动放大机构和显示机构三部分组成。弹簧管压力计结构简单，使用方便，价格低廉，测压范围宽，应用十分广泛。一般弹簧管压力计的测压范围为 $-10^5 \sim 10^9$ Pa，准确度最高可达 ±1%。

4. 压力传感器

压力传感器是压力检测系统中的重要组成部分，由各种压力敏感元件将被测压力信号转换成容易测量的电信号输出，用于显示仪表压力值，或供控制和报警使用。压力传感器的种类很多，此处主要介绍应变式压力传感器、霍尔式压力传感器和压阻式压力传感器。

应变式压力传感器利用电阻应变原理构成，电阻应变片有金属和半导体应变片两类。被测压力使应变片产生应变，当应变片产生压缩（拉伸）时，其阻值减小（增加），再通过桥式电路获得相应的毫伏级电动势输出，并用毫伏计或其他记录仪表显示出被测压力，从而组成应变片式压力计。

霍尔式压力传感器是根据霍尔效应制成的，即利用霍尔元件将由压力所引起的弹性元件的位移转换成霍尔电动势，从而实现压力的测量。将霍尔元件与弹簧管配合，就组成了霍尔片式弹簧管压力传感器。

压阻式压力传感器利用单晶硅的压阻效应构成。它利用单晶硅片作为弹性敏感元件，利用集成电路的工艺在单晶硅的特定方向扩散一组等值电阻，将电阻接成桥式电路，并将单晶硅片置于传感器腔内。当压力发生变化时，单晶硅发生应变，使直接扩散在上面的应变电阻产生与被测压力成比例的变化，再由桥式电路获得相应的电压输出信号。

5. 压力变送器

压力变送器可将液体、气体或蒸汽的压力、液位、流量等被测变量转换成统一的标准信号。压力变送器的类型很多，有矢量机构式、微位移式以及利用通信器组态来进行仪表调校及参数设定的智能式压力变送器。

矢量结构式压力变送器是依据力矩平衡原理工作的，变送器的体积大、重量大，受环境温度影响大，因有机械杠杆和电磁反馈环节，所以易损坏，其机电一体化结构给调校、维修带来困难。

随着过程控制水平的提高，可编程序调节器、可编程序控制器、DCS等高精度、现代化的控制仪表及装置广泛应用于工业过程控制，对测量变送环节提出了更高的要求。于是没有机械传动装置、最大位移量不超过0.1mm的微位移式压力（差压）变送器应运而生。根据所用测量元件的不同，常见的微位移式压力（差压）变送器有电容式、电感式、扩散硅式和谐振式等。

（七）流量测量仪表

物质的存在一般可以分为三种状态，即固态、液态和气态，流动状态的物体称为流体。在工业中，凡是涉及流体介质的生产流程都有流速与流量的测量和控制问题。在生产过程中，为了有效地进行操作、控制和监督，常需要检测各种流体的流量。

1. 概述

和温度、压力一样，流量也是过程控制中的重要参数，一方面，它是判断生产状况、衡量设备运行效率的重要指标；另一方面，它也是生产操作和控制其他参数（如温度、压力及液位等）的重要依据。例如，重油燃烧制造合成氨原料气时，氧与重油的比例应控制在0.8左右。若氧气流量偏低，则重油燃烧就不完全，产生大量炭黑；相反，氧气流量过高，就可能烧坏变换触媒，甚至引起爆炸。

（1）流量的定义　流量通常是指单位时间内流经工艺管道某截面流体的数量，也就是所谓的瞬时流量；而把在某一段时间内流过工艺管道流体的总和，称为累积流量。瞬时流量和累积流量可以用体积表示，也可以用重量或质量表示。

1）体积流量：以体积表示的瞬时流量用 q_v 表示，$q_v=\int_A v\mathrm{d}A$，单位为 m^3/s。其中，A 为截面积，v 为流速。以体积表示的累积流量用 Q_v 表示，$Q_v=\int_0^1 q_v\mathrm{d}t$，单位为 m^3。

2）质量流量：以质量表示的瞬时流量用 q_m 表示，$q_m=\rho q_v$，单位为 kg/s。其中，ρ 为流体密度。以质量表示的累积流量用 Q_m 表示，$Q_m=\rho Q_v$，单位为 kg。

一般用来测量瞬时流量的仪表称为流量计，测量累积流量的仪表称为计量表。

（2）流量的测量方法 测量流量的方法很多，有容积法、流速法、质量法及水槽法等。容积法中又有椭圆齿轮式、腰轮式、螺杆式、刮板式及旋转活塞式等；流速法中又有叶轮式、涡轮式、卡门涡流式（又称涡街式）、多普勒式、超声式、电磁式及差压式等；质量法中又有科里奥力式、量热式及角动量式等。常见流量检测仪表见表 1-8。

表 1-8 常见流量检测仪表

<table>
<tr><th colspan="2">流量检测仪表种类</th><th>检测原理</th><th>特　点</th><th colspan="2">用　途</th></tr>
<tr><td rowspan="3">差压式</td><td>孔板</td><td rowspan="3">基于流体流动的节流原理，利用流体流经节流装置时产生的压力差而实现流量测量</td><td rowspan="3">它是最成熟、最常用的流量测量仪表，其结构简单、安装方便，但差压与流量为非线性关系</td><td rowspan="3" colspan="2">适用于管径大于 50mm、低黏度、大流量、清洁的液体、气体的流量测量</td></tr>
<tr><td>喷嘴</td></tr>
<tr><td>文丘里管</td></tr>
<tr><td rowspan="2">转子式</td><td>玻璃管转子流量计</td><td rowspan="2">基于流体流动的节流原理，利用流体流经转子时，截流面积的变化来实现流量测量</td><td rowspan="2">压力损失小，检测范围大，结构简单，使用方便，但需垂直安装</td><td rowspan="2" colspan="2">适于小管径，小流量的液体或气体的流量测量，可进行现场指示或信号远传</td></tr>
<tr><td>金属管转子流量计</td></tr>
<tr><td rowspan="4">容积式</td><td>椭圆齿轮流量计</td><td rowspan="4">采用容积分界的方法，转子每转一周都可送出固定容积的流体，因而可利用转子的转速来实现流量的测量</td><td rowspan="4">准确度高、量程宽、对流体的黏度变化不敏感，压力损失较小，安装使用较方便，但结构复杂，成本较高</td><td rowspan="4">可用于小流量、高黏度、不含颗粒和杂物、温度不太高的流体流量的测量</td><td>液体</td></tr>
<tr><td>腰轮流量计</td><td>液体、气体</td></tr>
<tr><td>旋转活塞流量计</td><td>液体</td></tr>
<tr><td>皮囊式流量计</td><td>气体</td></tr>
<tr><td rowspan="2">速度式</td><td>水表</td><td rowspan="2">利用叶轮或涡轮被液体冲转后，转速与流量的关系实现流量测量</td><td rowspan="2">安装方便，测量准确度高，耐高压，反应快，便于信号远传，不受干扰，需水平安装</td><td rowspan="2" colspan="2">可测脉动、洁净、不含杂质的流体流量</td></tr>
<tr><td>涡轮流量计</td></tr>
<tr><td colspan="2">靶式流量计</td><td>利用流体的流量与靶所受到的力之间的关系来实现流量的测量</td><td>结构简单，安装方便，对介质没有要求</td><td colspan="2">适用于高黏度液体，低雷诺数、易结晶或易凝结以及带有沉淀物或固体颗粒的较低温度流体的流量测量</td></tr>
<tr><td colspan="2">电磁流量计</td><td>利用电磁感应原理来实现流量的测量</td><td>压力损失小，不受液体物理性质和流动状态的影响，对流量变化反应速度快，但仪表测量系统复杂、成本高、易受外界电磁场干扰，使用时不能有振动</td><td colspan="2">可测量酸、碱、盐等导电液体溶液以及含有固体或纤维的液体的流量</td></tr>
<tr><td rowspan="3">漩涡式</td><td>旋进旋涡型</td><td rowspan="3">利用有规则的漩涡运动现象来测量流体的流量</td><td rowspan="3">准确度高、测量范围宽、没有运动部件、无机械磨损、维护方便、压力损失小、节能效果明显</td><td rowspan="3" colspan="2">可测量各种管道中的液体、气体和蒸汽流量</td></tr>
<tr><td>卡门漩涡型</td></tr>
<tr><td>间接式质量流量计</td></tr>
</table>

2. 差压式流量计

差压式流量计是目前工业生产中检测气体、蒸汽、液体流量最常用的一种检测仪表，是基于流体流动的节流原理，利用流体流经节流装置时产生的压力差而实现流量测量的。差压式流量计所采用的节流装置是标准件，流量系数计算公式相当完备，这使得差压式流量计成为一种可靠性和标准化程度较高的流量检测仪表，在工业生产中得到了广泛应用。

据统计，在石油化工厂、炼油厂等企业中，所用的流量计有70%～80%是差压式流量计。因为其检测方法简单、没有可动部件、工作可靠、适应性强、可不经流量标定就能保证一定的准确度等优点，因而广泛应用于流程工业中。

差压式流量计结构牢固，性能稳定可靠，使用寿命长，应用范围广泛，至今尚无任何一类流量计可与之相比拟。其检测件、变送器与显示仪表可分别由不同厂家生产，便于规模生产。这类流量计的缺点主要表现在测量准确度普遍偏低，测量范围较窄，现场安装条件要求较高等方面。

差压式流量计主要适用于单相、混相、洁净、脏污及黏性等流体；常压、高压、真空、常温、高温及低温等工作状态；管径范围从几毫米到几米；亚音速、音速、脉动等流动条件。

使用差压式流量计时，应注意节流装置的使用条件和设计条件相一致；在安装节流装置时，标有“+”的一侧应当是流体的入口方向；导压管内径不得小于6mm，长度不得大于16m；应根据介质的性质选择取压点；应从现场环境选择合适的安装地点；腐蚀性或易凝固的介质流量，不宜直接进入差压式流量计，必须采用隔离措施。

3. 转子流量计

在工业生产中，测量小流量、低流速的流体流量时，对流量计的灵敏度、准确度都有一定的要求。对管径小于50mm和流量小到几升的流体流量的测量特别适合采用转子流量计。

转子流量计的使用条件及注意事项如下：

1）量程比为10:1，尤其适合小流量的测量。

2）由于压力损失小，被测介质流量变化时反应快，使用时要垂直安装、不能倾斜。被测介质应由下往上通过，不能接反。

3）被测介质如果有污垢，会使转子质量、环隙流通截面积发生变化，造成误差。

4）选用不同材料的同样形状转子可实现量程的改变。

5）流量计在投入工作时，要缓缓开启前面的阀门。

4. 其他流量计

（1）涡轮流量计　在化工、炼油生产中广泛地采用涡轮流量计，它是利用流体动量原理实现流量测量的，其外形如图1-35所示，其内部结构如图1-36所示。

图1-35　涡轮流量计外形

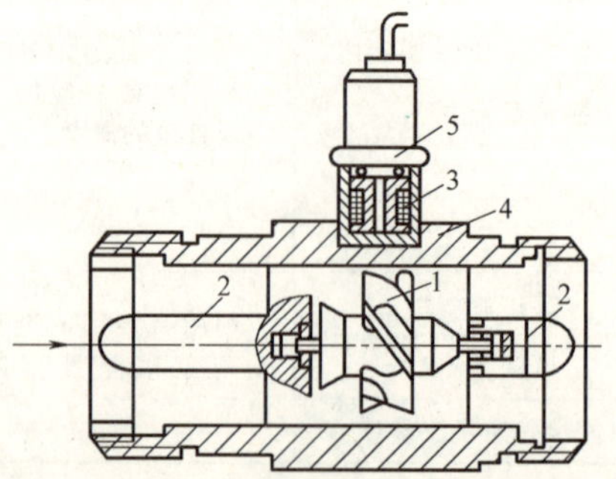

图1-36　涡轮流量计内部结构

1—涡轮　2—导流器　3—磁电感应转换器　4—外壳　5—前置放大器

涡轮流量计由涡轮、导流器、磁电感应转换器、外壳和前置放大器5个部分组成。涡轮由导磁的不锈钢材料制成，叶轮芯上装有螺旋形叶片，流体作用在叶片上使之转动。导流器的作用是稳定流体的流向和支承叶轮。磁电感应转换器由磁钢和线圈组成，用以将转速转换成相应的电信号。外壳由非导磁的不锈钢制成，整个流量计安装在外壳上，然后与流体管道相连接。前置放大器用于放大微弱信号，实现远距离传输。

涡轮流量计准确度高、反应迅速、量程范围宽，可用于脉动流量的测量。

使用时的注意事项如下：第一，要求被测介质洁净，变送器前须加过滤器。第二，介质的密度和黏度的变化对指示值有影响，测量气体流量时，必须对密度进行补偿。黏度在5mPa·s以下不需要重新标定。第三，要求水平安装，并且保证入口直管段的长度为管道内径的10倍以上，出口为5倍以上。

（2）电磁流量计 在流量测量中，当被测介质具有导电性时，可以用电磁感应的方法来测量。它的特点是可以测量酸、碱、盐溶液，含有固体颗粒、泥沙及纤维液体的流量。其外形如图1-37所示。

1）工作原理。电磁流量计的工作原理是基于法拉第电磁感应定律。在电磁流量计中，测量管内的导电介质相当于法拉第实验中的导电金属杆，上下两端的两个电磁线圈产生恒定磁场。当有导电介质流过时，则会产生感应电动势，如图1-38所示。

2）使用特点。一是测量导管内无可动部件，压力损失很小。可以测量含颗粒、悬浮物的流体的流量，也可以测量腐蚀性介质的流量。二是输出电流与流量具有线性关系，并且不受介质物理性质的影响（温度、压力及黏度）。三是测量范围宽，可达1∶100，口径为1～2000mm。四是反应迅速，可测量脉动流量。

图1-37 电磁流量计外形

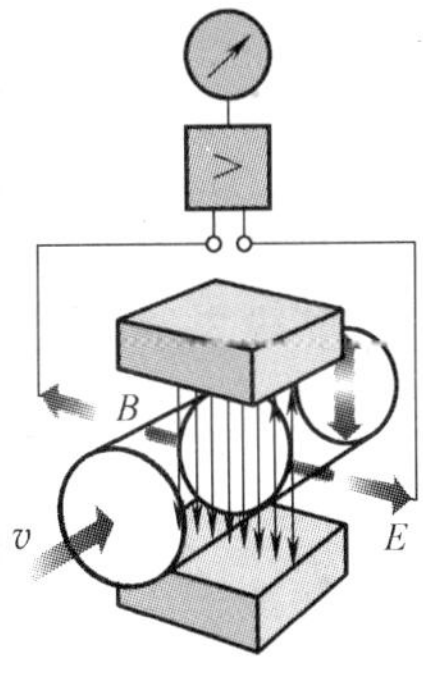

图1-38 电磁流量计原理图

3）注意事项。不能测量高温介质，一般应低于120℃。不能测量气体、蒸汽和石油等非导电流体的流量。其输出信号只有几毫伏，要做好屏蔽和接地，防止外界干扰。变送器安装地点要远离强磁场，如大功率电机、变压器等。

（3）椭圆齿轮流量计 椭圆齿轮流量计是应用容积法测量流量的，这种测量方法与日常生活中用容器计量体积的方法类似，实际上是用容积积分的方法，直接测量流体的体积总量。其外形如图1-39所示。原理图如图1-40所示。

椭圆齿轮流量计的特点如下：精度高，可达±0.2%；量程宽，为10∶1；可用于测量小流量；几乎不受黏度等因素变化的影响，特别适合测高黏度流体的流量。

图 1-39　椭圆齿轮流量计外形

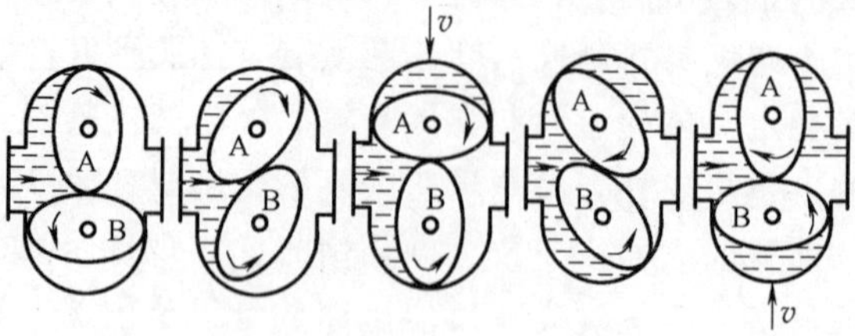

图 1-40　椭圆齿轮流量计原理图

流量计前必须安装过滤器（或除尘器），一般小型流量计过滤器的金属网为 50 ~ 200 目，大型流量计为 20 ~ 50 目，有效过滤面积应为连接管线面积的 4 ~ 20 倍。

在流量计前应设置气体分离器。

（4）靶式流量计　靶式流量计是利用测量流体的动量来反映流量大小的。靶式流量计实物如图 1-41 所示。原理图如图 1-42 所示。

图 1-41　靶式流量计实物

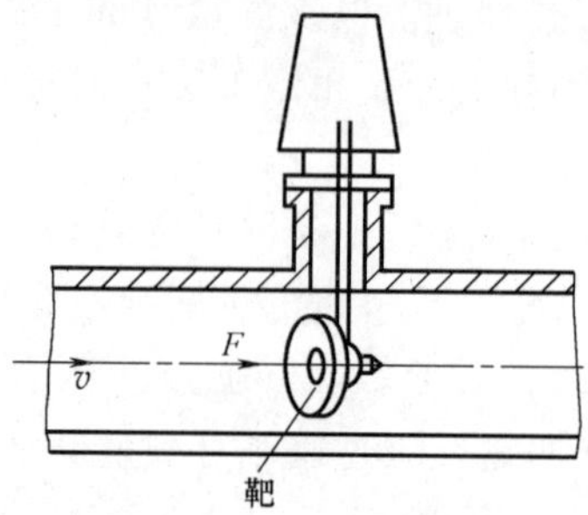

图 1-42　靶式流量计原理图

靶式流量计的特点如下：可以测量高黏度的流体，精度达 ±1%，量程比为 3:1，管径为 15 ~ 200mm，要求安装一定的直管道，但无需导压管线，维护比较方便。

（5）超声波流量计　由于声波传播速度与流体的流速有关，因而可以通过测量声波在流动介质中的传播速度的方法，求出流速和流量。超声波测量流量示意图如图 1-43 所示。超声波测速原理如图 1-44 所示。根据对信号检测原理的不同，超声波流量计可分为时差法、相差法、频差法、声束偏移法、多普勒效应法、激光法、热电法及放射性同位素法等。

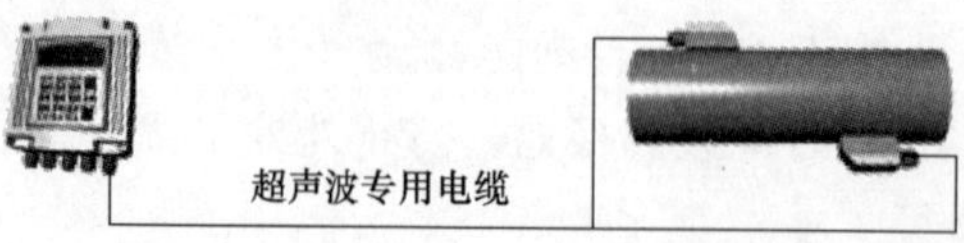

图 1-43　超声波测量流量示意图

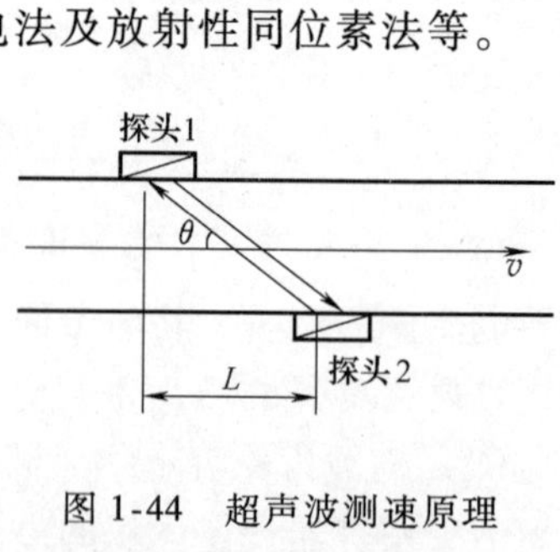

图 1-44　超声波测速原理

超声波流量计的特点如下：安装维修方便，可直接安装于管道上。通用性好，与管道口径无关。测量范围广，不受流体物理性质、化学性质的影响，可以对任何流体进行测量。采用非接触式测量，可对不易接触和观察的流体进行测量。

（八）物位测量仪表

物位检测在现代化生产中的地位日趋重要。通过物位的测量，可以正确获知容器内所存储物质的数量；监视或控制容器中介质的物位，使其保持在工艺要求的高度，或对它的上、下限位置进行报警，以及根据物位来连续监视或控制容器中流入与流出物料的平衡。

1. 概述

物位是指设备和容器中液体或固体物料的表面位置。对应不同性质的物料又有以下的定义：液位指设备和容器中液体介质表面的高低；料位指设备和容器中所储存的块状、颗粒或粉末状固体物料的堆积高度；界位指两种密度不同、互不相容液体之间或液体与固体之间的分界位置。物位是液位、料位、界位的总称。对物位进行测量、指示和控制的仪表，称为物位检测仪表。

由于被测对象种类繁多，检测的条件和环境也有很大差别，所以物位检测的方法多种多样，从而满足不同生产过程的测量要求。按测量方式的不同，物位检测仪表可分为连续测量和定点测量两大类。连续测量方式能持续测量物位的变化。定点测量方式则只能检测物位是否达到上限、下限或某个特定位置，定点测量仪表一般称为物位开关。

物位检测仪表的分类及性能比较见表1-9。

表1-9　物位检测仪表的分类及性能比较

<table>
<tr><th colspan="3">物体检测仪表种类</th><th>检测原理</th><th>主要特点</th><th>用　途</th></tr>
<tr><td rowspan="2">直读式</td><td colspan="2">玻璃管液位计</td><td rowspan="2">连通器原理</td><td rowspan="2">结构简单、价格低廉。显示直观，但玻璃易损，读数不十分准确</td><td rowspan="2">现场就地指示</td></tr>
<tr><td colspan="2">玻璃板液位计</td></tr>
<tr><td rowspan="3">差压式</td><td colspan="2">压力式液位计</td><td rowspan="3">利用液柱或物料堆积对某定点产生压力的原理而工作</td><td rowspan="3">能远传</td><td rowspan="3">可用于敞口或密闭容器</td></tr>
<tr><td colspan="2">吹气式液位计</td></tr>
<tr><td colspan="2">差压式液位计</td></tr>
<tr><td rowspan="3">浮力式</td><td rowspan="2">恒浮力式</td><td>浮标式</td><td rowspan="2">利用浮于液面上的物体随液位高低而产生位移的原理而工作</td><td rowspan="2">结构简单，价格低廉</td><td rowspan="2">测量贮罐的液位</td></tr>
<tr><td>浮球式</td></tr>
<tr><td>变浮力式</td><td>沉筒式</td><td>基于沉浸在液体中的沉筒的浮力随液位变化而变化的原理而工作</td><td>可连续测量敞口或密闭容器中的液位、界位</td><td>需远传显示、控制的场合</td></tr>
<tr><td rowspan="3">电气式</td><td colspan="2">电阻式物位计</td><td rowspan="3">通过将物位的变化转换成电阻、电容、电感等电量的变化来实现物位测量</td><td rowspan="3">仪表轻巧，测量滞后小，能远距离传送，但线路复杂，成本较高</td><td rowspan="3">用于高压腐蚀性介质的物位测量</td></tr>
<tr><td colspan="2">电容式物位计</td></tr>
<tr><td colspan="2">电感式物位计</td></tr>
<tr><td colspan="3">核辐射式物位仪表</td><td>利用核辐射透过物料时，其强度随物质层的厚度而变化的原理工作</td><td>非接触式测量，能测各种物位，但成本高，使用和维护不便</td><td>用于腐蚀性介质的液位测量</td></tr>
<tr><td colspan="3">超声波式物位仪表</td><td>利用超声波在气、液、固体中的衰减程度、穿透能力和辐射声阻抗各不相同的性质工作</td><td>非接触式测量，准确性高，惯性小，但成本高，使用和维护不便</td><td>用于对测量精度要求较高的场合</td></tr>
<tr><td colspan="3">光学式物位仪表</td><td>利用物位对光波的遮断和反射原理工作</td><td>非接触式测量，准确性高，惯性小，但成本高，使用和维护不便</td><td>用于对测量精度要求较高的场合</td></tr>
</table>

2. 差压式液位计

由于容器的液位高度 h 与底部压力 p 成正比，于是，可将差压变送器用于液位的测量。这里以法兰式差压变送器为例介绍差压式液位计的使用。法兰式差压变送器如图 1-45 所示。

a) 插入式单法兰　　b) 平单法兰　　c) 平双法兰

图 1-45　法兰式差压变送器

法兰式差压液位计根据不同的接法分为单法兰和双法兰两种情况，如图 1-46 所示。对于对大气开口的容器中液位的测量，可以按对容器底部的压力检测来确定液位，如图 1-46a 所示。在配置上，只需用一个法兰将压力计与容器底部管路连通即可，故称为单法兰液位计。

图 1-46b 所示为双法兰液位计。它适用于闭口容器液位的检测，这是因为液面以上空间压力并非大气压。因此，需用两个法兰将容器与差压变送器相连接。

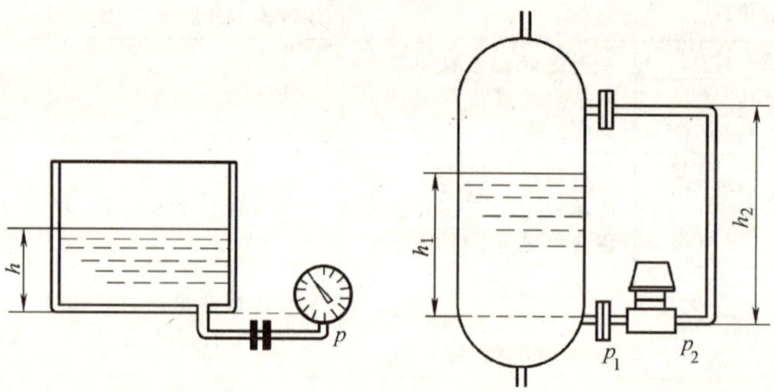

a) 单法兰　　b) 双法兰

图 1-46　法兰式差压液位计

3. 其他物位检测仪表

（1）电容式物位计　电容式物位计是用于检测液位、料位和界位的测量仪表。它是把物位变化转换成电容量的变化，然后再变换成统一的标准信号来检测。

电容式物位计适用于各种导电、非导电液体的液位或黏性料位的远距离连续测量和指示，也可用于导电和非导电液体之间及两种介电常数不同的非导电液体之间的界面测量。它不受真空、压力及温度等环境的影响，安装方便，结构牢固，易维修，价格较低，但选型时应根据现场实际情况，即被测介质的性质（导电性、黏性）、容器类型（规则/非规则、金属/非金属）选择合适的电容式物位计。

（2）超声波物位计　超声波在气体、液体和固体介质中以一定速度传播时因被吸收而衰减，但衰减程度不同，在气体中衰减最大，在固体中衰减最小。当超声波穿越两种不同介质构成的分界面时，会产生反射和折射，且当这两种介质的声阻抗差别较大时，几乎为全反射。利用这些特性就可以实现物位的测量，如回波反射式超声波物位计。它是通过测量从发射超声波至接收到被物位界面反射的回波的时间间隔来确定物位高低的。

超声波物位计采用的是非接触式测量，因此适用于液体、颗粒、粉状物及粘稠、有毒介质的物位测量，能够实现防爆。但有些介质对超声波吸收能力很强，因而无法采用超声波检测方法。

（九）气动执行器

执行器在自动控制系统中接收调节器的控制信号，改变操纵变量，使生产过程按预定要求正常执行。

执行器由执行机构和控制机构两部分组成。执行机构是执行器的推动装置，它按控制信号压力的大小产生相应的推力，推动控制机构动作，所以它是将信号压力的大小转换为阀杆位移的装置。控制机构是执行器的控制部分，它直接与被控介质接触，控制流体的流量。所以它是将阀杆的位移转换为流过阀门流量的装置。

执行器按其能源形式分为液动、气动和电动三大类。液动执行器可以产生很大的推力，但比较笨重，因此目前并不多见。但在一些大型场所因无法取代而依然被采用，如三峡的船阀所使用的执行器就是液动执行器。气动执行器结构简单、动作平稳可靠、动作行程小、输出推力较大、易于维修、安全防爆系数高，而且价格低，广泛应用于化工、制药及炼油等工业生产中。电动执行器采用电作为能源，将输入的直流电流信号转换为相应的位移信号，因此电动执行器信号传递迅速，其缺点是结构复杂、安全防爆性能差，故在化工、炼油等工业生产中很少使用。

气动执行器通常称为气动调节阀、气动控制阀，是以被压缩的空气作为能源来操纵控制机构的，外形如图 1-47a 所示。气动执行器既可以直接和气动仪表配套使用，也可以和电动仪表或计算机配套使用，只要经过电-气转换器或电-气阀门定位器将电信号转换为 0.02～0.1MPa 的标准气压信号，再使用气动执行器进行动作即可。

气动执行器有时还配备一定的辅助装置，常用的有阀门定位器和手轮机构。阀门定位器的作用是利用反馈原理来改善执行器的性能，使执行器能按控制器的控制信号实现准确的定位。手轮机构的作用是当控制系统因停电、停气、控制器无输出或执行机构失灵时，用其直接操纵控制阀，以维持生产的正常进行。

a) 外形　　b) 结构

图 1-47　气动执行器示意图

1—薄膜（波纹膜片）2—阀杆　3—阀芯　4—阀座

1. 气动执行器的结构与分类

气动执行器按执行机构与控制机构的不同，可分为许多不同的类型。

（1）执行机构　气动执行机构主要分为薄膜式和活塞式两种。其中薄膜式执行机构最为常用，它可以用作一般控制阀的推动装置，组成气动薄膜式执行器，习惯上称为气动薄膜调节阀。它的结构简单、价格便宜、维修方便，因而应用广泛。

图 1-47b 是一种常用的薄膜气动执行器结构图。气压信号由上部引入，作用在薄膜 1 上，推动阀杆 2 产生位移，由此改变了阀芯 3 与阀座 4 之间的流通面积，从而达到了控制流量的目的。图中上半部为执行机构，下半部为控制机构。

气动活塞式执行机构的推力较大，主要适用于大口径、高压降控制阀或蝶阀的推动装置。除了薄膜式和活塞式之外，还有长行程执行机构。它的行程长、转矩大，适于输出转角（0°~90°）和转矩，如用于蝶阀或风门的推动装置。

气动薄膜式执行机构有正作用和反作用两种形式。当来自控制器或阀门定位器的信号压力增大时，阀杆向下移动的称为正作用执行机构（ZMA 型）；当信号压力增大时，阀杆向上移动的称为反作用执行机构（ZMB 型）。正作用执行机构的信号压力通入波纹膜片上方的薄膜气室，如图 1-47b 所示；反作用执行机构的信号压力通入波纹膜片下方的薄膜气室。通过更换个别零件，两者能互相改装。

根据有无弹簧，气动薄膜式执行机构可分为有弹簧及无弹簧两种执行机构。有弹簧的薄膜式执行机构最为常用，无弹簧的薄膜式执行机构常用于位式控制。

有弹簧的薄膜式执行机构的输出位移与输入气压信号成正比。当信号压力（通常为 0.02~0.1MPa）通入薄膜气室时，在薄膜上产生一个推力，使阀杆移动并压缩弹簧，直至弹簧的反作用力与推力相平衡，推杆稳定在一个新的位置。信号压力越大，阀杆的位移量也越大。阀杆的位移即为执行机构的直线输出位移，也称为行程。行程规格有 10mm、16mm、25mm、40mm、60mm 和 100mm 等。

（2）控制机构　控制机构即调节阀、控制阀，是一个局部阻力可以改变的节流元件。通过阀杆上部与执行机构相连，下部与阀芯相连。由于阀芯在阀体内移动，改变了阀芯与阀座之间的流通面积，即改变了阀的阻力系数。被控介质的流量也就相应地改变，从而达到控制工艺参数的目的。根据不同的使用要求，控制阀的结构类型很多，主要有以下几种：

1）直通单座调节阀。这种阀的阀体内只有一个阀芯与阀座，如图 1-48a 所示。其特点是结构简单、泄漏量小，易于保证关闭，甚至完全切断。但是在压差大的时候，流体对阀芯上、下作用的推力不平衡，这种不平衡力会影响阀芯的移动。因此这种阀一般应用在小口径、低压差的场合。

2）直通双座调节阀。这种阀的阀体内有两个阀芯和阀座，如图 1-48b 所示。这是最常用的一种调节阀。由于流体流过的时候，作用在上、下两个阀芯上的推力方向相反而大小近于相等，可以互相抵消，所以不平衡力小。但是，由于加工的限制，上、下两个阀芯阀座不易保证同时密闭，因此泄漏量较大。

3）角形调节阀。该阀的两个接管呈直角形，一般为底进侧出，如图 1-48c 所示。这种阀的流路简单、阻力较小，适用于管道要求直角连接，介质为高黏度、高压差和含有少量悬浮物和固体颗粒的场合。

4）三通调节阀。三通阀共有三个出入口与工艺管道连接。其流通方式有合流（两种介质混合成一路）型和分流（一种介质分成两路）型两种，分别如图 1-48d、e 所示。这种阀可以用来代替两个直通阀，适用于配比控制与旁路控制。与直通阀相比，组成同样的系统时，可省掉一个二通阀和一个三通接管。

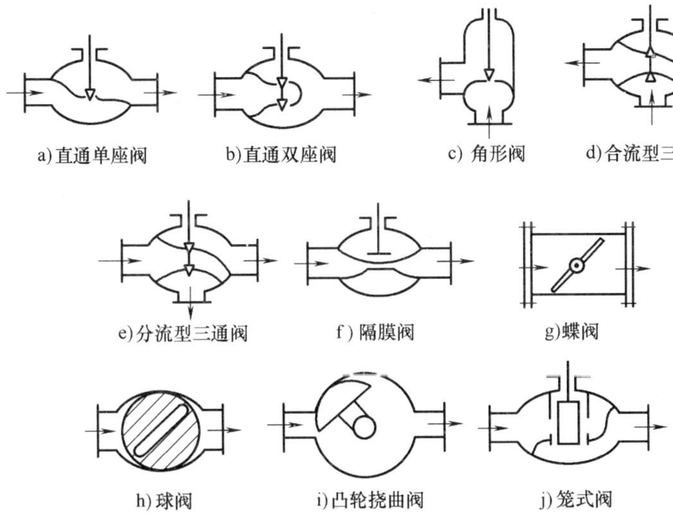

图 1-48　调节阀的结构类型

5）隔膜调节阀。它采用耐腐蚀衬里的阀体和隔膜，如图 1-48f 所示。隔膜阀结构简单、流阻小、流通能力比同口径的其他种类的阀要大。由于介质用隔膜与外界隔离，故无填料，介质也不会泄漏。这种阀耐腐蚀性强，适用于强酸、强碱、强腐蚀性介质的控制，也能用于高黏度及悬浮颗粒状介质的控制。

6）蝶阀。又名翻板阀，如图 1-48g 所示。蝶阀具有结构简单、重量轻、价格便宜、流阻极小的优点，但泄漏量大，适用于大口径、大流量、低压差的场合，也可以用于含少量纤维或悬浮颗粒状介质的控制。

7）球阀。球阀的阀芯与阀体都呈球形，转动阀芯使之与阀体处于不同的相对位置时，就具有不同的流通面积，以达到流量控制的目的，如图 1-48h 所示。

球阀阀芯有 V 形和 O 形两种开口形式，分别如图 1-49所示。O 形球阀的节流元件是带圆孔的球形体，转动球体可起控制和切断的作用，常用于位式控制。V 形球阀的节流元件是 V 形缺口球形体，转动球心使 V 形缺口起节流和剪切的作用，适用于高黏度和污秽介质的流量控制。

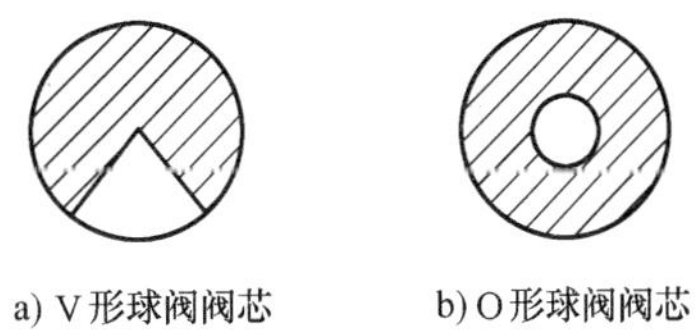

图 1-49　球阀阀芯

8）凸轮挠曲阀。又名偏心旋转阀，它的阀芯呈扇形球面状，与挠曲臂及轴套一起铸成，固定在转动轴上，如图 1-48i 所示。凸轮挠曲阀的挠曲臂在压力作用下能产生挠曲变形，使阀芯球面与阀座密封圈紧密接触，密封性较好。同时，它的重量轻、体积小、安装方便，适用于高黏度或带有悬浮物的介质流量控制。

9）笼式阀。又名套筒形调节阀，它的阀体与一般的直通单座阀相似，如图 1-48j 所示。笼式阀内有一个圆柱形套筒（笼子）。套筒壁上有一个或几个不同形状的孔（窗口），利用套筒导向，阀芯在套筒内上下移动，由于这种移动改变了笼子的节流孔面积，就形成了各种特性并实现流量控制。笼式阀的可调比大、振动小、不平衡力小、结构简单、套筒互换性好，更换不同的套筒（窗口形状不同）即可得到不同的流量特性，阀内部件所受的气蚀小、噪声小，是一种性能优良的阀，特别适用于要求低噪声及压差较大的场合，但不适用高温、高强度及含有固体颗粒的流体。

除了以上所介绍的调节阀以外，还有一些特殊的调节阀。例如，小流量阀适用于小流量的精密控制，超高压阀适用于高静压、高压差的场合。

2. 调节阀的流量特性

调节阀的流量特性是指被控介质流过阀门的相对流量与阀门的相对开度（相对位移）之间的关系，即

$$\frac{Q}{Q_{max}}=f\left(\frac{l}{L}\right) \tag{1-35}$$

式中，相对流量 Q/Q_{max}是调节阀某一开度时流量 Q 与全开时流量 Q_{max}之比；相对开度 l/L 是调节阀某一开度行程 l 与全开行程 L 之比。

一般来说，改变调节阀阀芯与阀座间的流通截面积，便可控制流量。但实际上还有多种影响因素，例如，在节流面积改变的同时还发生阀前后压差的变化，而这又将引起流量变化。为了便于分析，先假定阀前后压差固定，然后再引申到真实情况，于是就有理想流量特性与工作流量特性之分。

（1）调节阀的理想流量特性　在不考虑调节阀前后压差变化时得到的流量特性称为理想流量特性。它取决于阀芯的形状，如图 1-50 所示，主要有直线、等百分比（对数）、抛物线及快开等几种。

1）直线流量特性。直线流量特性是指调节阀的相对流量与相对开度成直线关系，即单位位移变化所引起的流量变化是常数，如图 1-51 中直线 2 所示。

2）等百分比（对数）流量特性。等百分比流量特性是指单位相对行程变化所引起的相对流量变化与此点的相对流量成正比关系，即调节阀的放大倍数随相对流量的增加而增大。

此时，相对开度与相对流量成对数关系，如图 1-51 中曲线 4 所示，即放大倍数随行程的增大而增大。在同样的行程变化值下，流量小时，流量变化量也小，控制平稳缓和；流量大时，流量变化量也大，控制灵敏有效。

3）抛物线流量特性。此时，Q/Q_{max}与 l/L 之间成抛物线关系，在直角坐标系中为一条抛物线。它介于直线特性与对数特性之间，如图 1-51 中曲线 3 所示。

4）快开流量特性。这种流量特性在开度较小时就有较大流量，随着开度的增大，流量很快就达到最大，故称为快开特性，如图 1-51 中曲线 1 所示。快开特性的阀芯是平板形的，适用于迅速启闭的切断阀或双位控制系统。

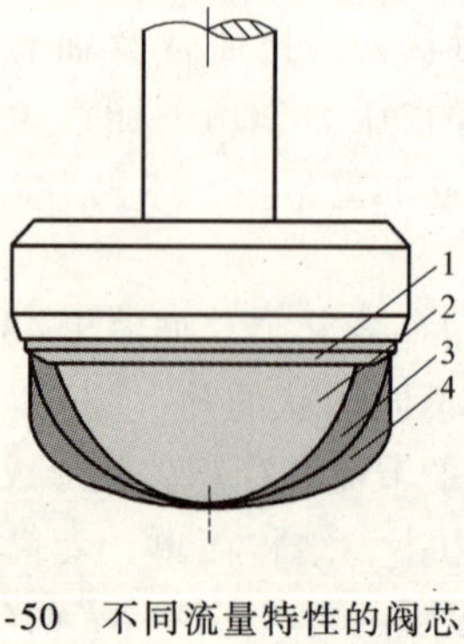

图 1-50　不同流量特性的阀芯形状

1—快开　2—直线　3—抛物线　4—等百分比

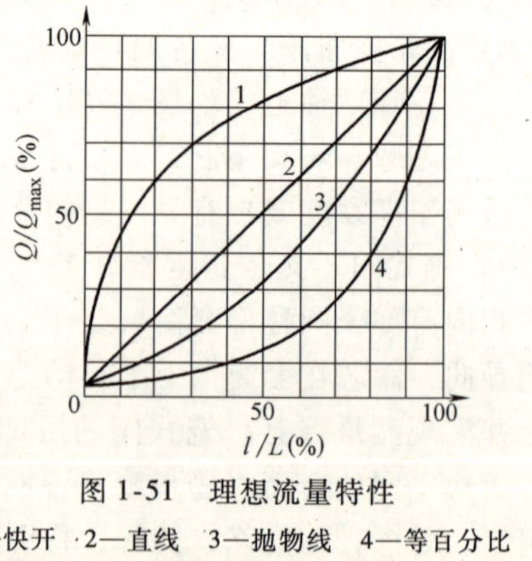

图 1-51　理想流量特性

1—快开　2—直线　3—抛物线　4—等百分比

（2）调节阀的工作流量特性 在实际生产中，调节阀前后压差总是变化的，这时的流量特性称为工作流量特性。

1）串联管道的工作流量特性。以图 1-52 所示串联管道为例进行讨论。系统总压差 Δp 等于管路系统（除调节阀外的全部设备和管道）的压差 Δp_2 与调节阀的压差 Δp_1 之和，如图 1-53 所示。以 S 表示调节阀全开时阀上压差与系统总压差（即系统中最大流量时压力损失总和）之比，以 Q_{max} 表示管道阻力等于零时调节阀的全开流量，此时阀上压差为系统总压差。于是可得串联管道以 Q_{max} 作为参比值的工作流量特性，如图 1-54 所示。

当 $S=1$ 时，管道阻力损失为零，系统总压差全降在阀上，工作特性与理想特性一致。随着 S 值的减小，直线特性渐渐趋近快开特性，等百分比特性渐渐接近于直线特性。所以，在实际使用中，一般希望 S 值不低于 0.3。

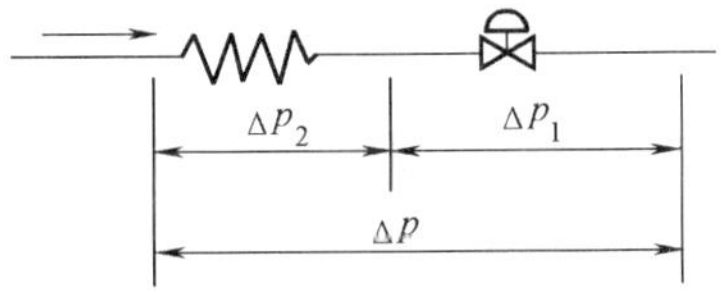

图 1-52 串联管道的情况

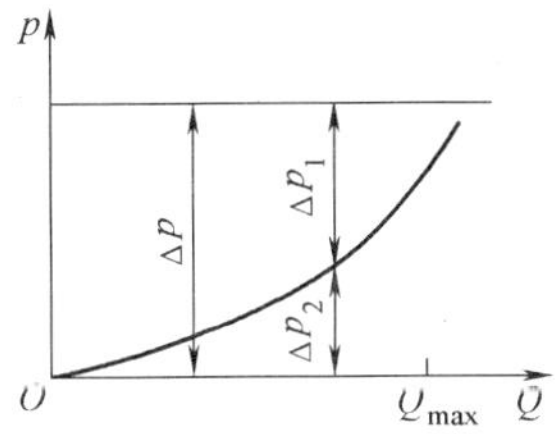

图 1-53 管道串联时调节阀压差变化情况

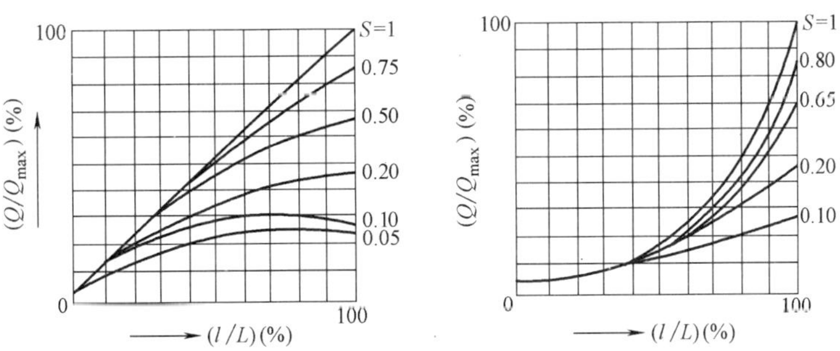

a）理想特性为直线型 b）理想特性为等百分比型

图 1-54 管道串联时调节阀的工作特性

在现场使用中，若调节阀选得过大或生产在小负荷状态，调节阀将工作在小开度。这时，为了使调节阀有一定的开度而应把工艺阀门关小些以增加管道阻力，使流过调节阀的流量降低，这样，S 值下降，流量特性畸变，控制质量将恶化。

2）并联管道的工作流量特性。调节阀一般都装有旁路，以便手动操作和维护。当生产量提高或调节阀选小了时，可将旁路阀打开一些，此时调节阀的理想流量特性就变成工作特性。并联管道的情况如图 1-55 所示。显然，这时管路的总流量 Q 是调节阀流量 Q_1 与旁路流量 Q_2 之和，即 $Q=Q_1+Q_2$。

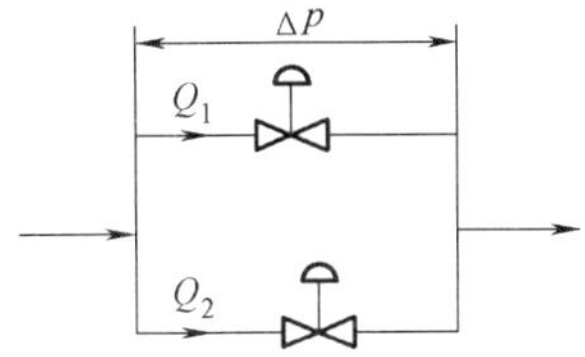

图 1-55 并联管道的情况

若以 x 代表并联管道时调节阀全开时的流量 Q_{1max} 与总管最大流量 Q_{max} 之比，则可以得到在压差 Δp 为一定，而 x 为不同数值时的工作流量特性，如图 1-56 所示。图中纵坐标流量以总管最大流量 Q_{max} 为参比值。

由图1-56可见，当 $x=1$，即旁路阀关闭、$Q_2=0$ 时，调节阀的工作流量特性与它的理想流量特性相同。随着 x 值的减小，即旁路阀逐渐打开，虽然阀本身的流量特性变化不大，但可调范围大大降低了。调节阀关死，即 $l/L=0$ 时，流量 Q_{min} 比调节阀本身的 Q_{1min} 大得多。同时，在实际使用中总存在着串联管道阻力的影响，调节阀上的压差还会随流量的增加而降低，使可调范围下降得更多，调节阀在工作过程中所能控制的流量变化范围更小，甚至不起控制作用。所以，采用打开旁路阀的控制方案是不妥的，一般认为旁路流量最多只能是总流量的百分之十几，即 x 值不低于0.8。

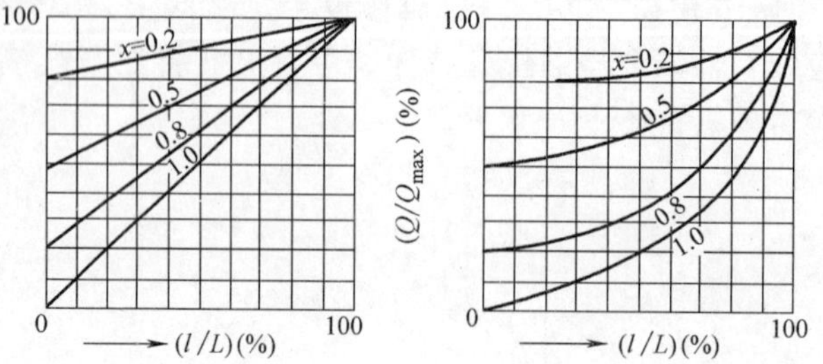

a) 直线理想特性　　b) 等百分比理想特性

图1-56　并联管道时调节阀的工作特性

综合串、并联管道的情况，可得如下结论：

1）串、并联管道都会使阀的理想流量特性发生畸变，串联管道的影响尤为严重。

2）串、并联管道都会使调节阀的可调范围降低，并联管道尤为严重。

3）串联管道使系统总流量减少，并联管道使系统总流量增加。

4）串、并联管道会使调节阀的放大倍数减小，即输入信号变化引起的流量变化值减少。串联管道时调节阀若处于大开度，则 S 值的降低对放大倍数影响更为严重；并联管道时调节阀若处于小开度，则 x 值降低对放大倍数影响更为严重。

（十）电动执行器

电动执行器与气动执行器一样，也是控制系统中常用的执行器。它接收来自控制器的0～10mA或4～20mA的直流电流信号，并将其转换成相应的角位移或直行程位移，去操纵阀门、挡板等控制机构，从而实现自动控制。

电动执行器按执行机构的不同可分为角行程、直行程和多转式等类型。角行程电动执行机构以电动机为动力元件，将输入的直流电流信号及位置发送器的反馈信号，通过伺服放大器比较后，输出开关信号驱动电动机，经过机械减速，将输入信号转换为相应的输出轴角位移（0°～90°）。这种执行机构适用于操纵蝶阀、挡板之类的旋转式调节阀。直行程电动执行机构接收输入的直流电流信号后，使电动机转动，然后经减速器减速并转换为直线位移输出，去操纵单座、双座、三通等各种调节阀和其他直线式控制机构，多转式电动执行机构主要用来开启和关闭闸阀、截止阀等多转式阀门，由于它的电动机功率比较大，最大的有几十千瓦，一般多用于就地操作和遥控。

几种类型的电动执行机构的电气原理基本相同，只是减速器不一样。下面以上海万迅仪表有限公司生产的智能型电动执行器为例进行介绍。

1. 基本结构

图1-57是电动执行器的外形，它由执行机构和调节阀（调节机构）两部分组成。上部

是执行机构，接收调节器输出的 DC 0～10mA 或 DC 4～20mA 信号，并将其转换成相应的直线位移，推动下部的调节阀动作，直接调节流体的流量。

（1）执行机构的基本结构　如图 1-58 所示，执行机构采用了德国进口的 PSL 电子式一体化电动直行程执行机构，该产品体积小、质量小、功能强、操作方便，已广泛应用于工业控制。执行机构主要是由相互隔离的电气部分和齿轮传动部分组成，电动机作为连接两个隔离部分的中间部件。

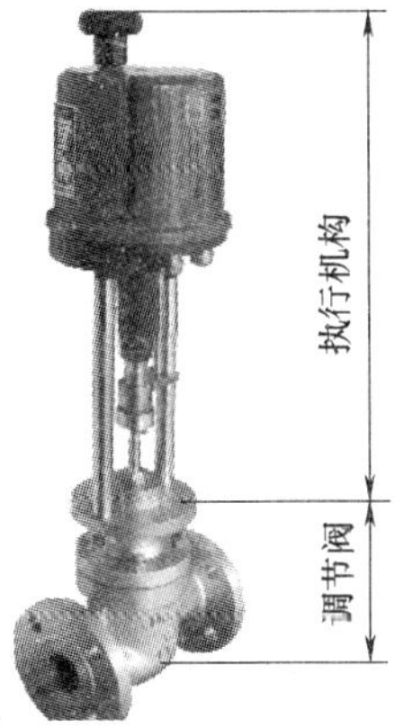

图 1-57　电动执行器的外形

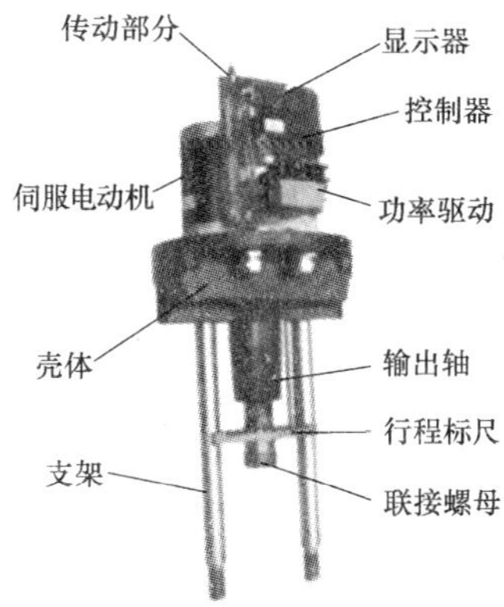

图 1-58　智能型电动执行机构

（2）调节阀的基本结构　调节阀与工艺管道中被调节介质直接接触，阀芯在阀体内运动，改变阀芯与阀座之间的流通面积，即改变阀门的阻力系数就可以对工艺参数进行调节。电动执行器中的调节阀与气动执行器基本相同。最常用的是直通单座阀和直通双座阀两种。

（3）控制器的结构　控制器由主控 CPU、功率驱动、电动机、减速器、传感器、D-A 及 A-D 转换器等组成，如图 1-59 所示。控制器通过输入回路把模拟信号、阀位电阻信号转换成数字信号，CPU 根据采样结果通过人工智能控制软件后，显示结果及输出控制信号。

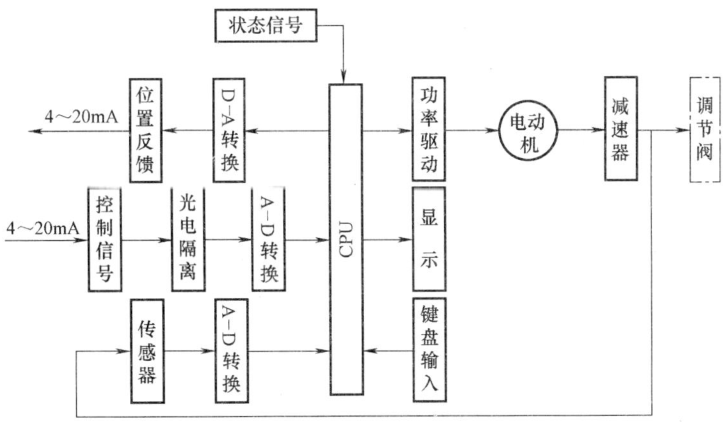

图 1-59　智能控制器的结构组成

2. 执行机构的工作原理

电动执行机构是以伺服电动机为驱动源、以直流电流为控制及反馈信号，其工作原理框图如图 1-60 所示。当控制器的输入端有一个信号输入时，此信号与位置反馈信号进行比较，当两个信号的偏差值大于规定的死区时，控制器产生功率输出，驱动伺服电动机转动，使减速器的输出轴朝减小这一偏差的方向转动，直到偏差小于死区为止。此时，输出轴就稳定在与输入信号相对应的位置上。执行机构的行程可由齿条板上的两个主限位开关限制，并由两个机械限位开关保护。

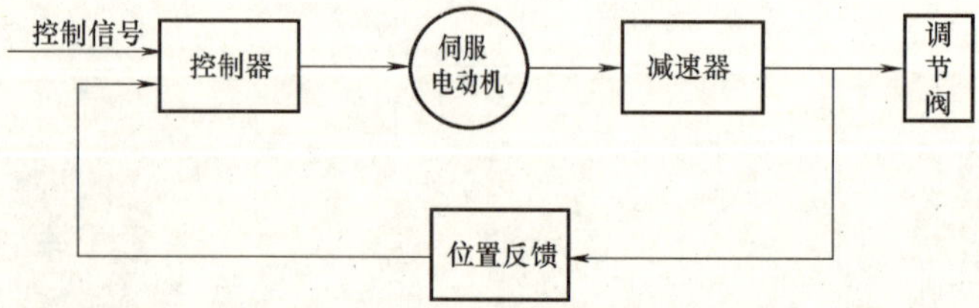

图 1-60　电动执行机构的工作原理

3. 线路连接与调试

（1）线路连接　由于 PSL 的执行机构采用了一体化技术，自带伺服放大器，在不需要阀位显示的情况下，线路连接极为方便，只需两路线，即电源线和控制线。图 1-61 是其线路连接图。打开机壳即可看见如图 1-61 所示的接线端子排，对应图示插上智能控制板，嵌入定位销将其固定。执行机构外壳内有端子排用于电气接线，选择适当的电源线与执行机构相连，建议使用 ϕ10mm 导线。线路连接时电源线一定要正确，不然会导致控制器损坏。

（2）调试执行机构　在出厂前都进行了整定，一般使用时不需要再调试。实际使用中可能需要对调节阀的开度进行整定，下面就 PSL 的限位开关整定问题进行介绍。

1）基本原则。执行器与调节阀门安装连接组合后的产品调试必须做到三位同步，三位指：调节阀位置、限位开关位置和对应信号位置。例如，输入信号为 4mA，调节阀处于零位（关），下限位开关是断电位置；输入信号为 20mA，调节阀处于满度（开），上限位开关是断电位置。判断限位开关的办法是：当上、下限位开关被调节凸块碰撞后听到“咔嗒”声，即到位。

2）整定方法

① 以手动方式驱动执行器，使阀门的阀芯接触阀座。当阀杆开始轴向动作时，阀杆受力为执行器盘簧的反作用力。

② 继续向同一方向驱动执行器，直到执行机构盘簧被压缩到盘簧图表所示的相应值（见图 1-62）。这样就可保证关断力，防止泄漏。

③ 如图 1-63 所示，在不通电的情况下，转动手轮使阀杆下降至“0”位时，调整下限位开关正好动作（右凸块）。同时左旋反馈电位器

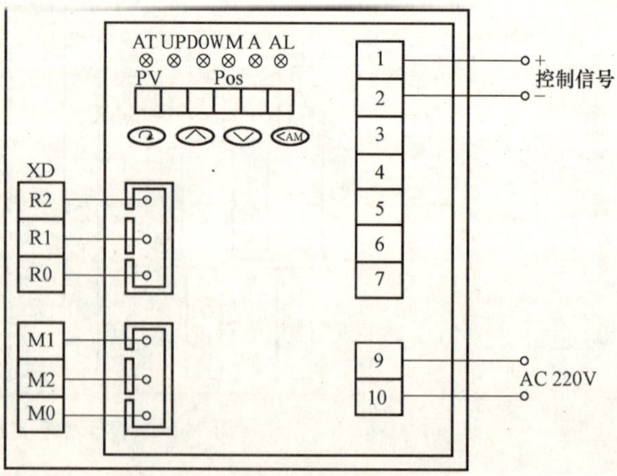

图 1-61　执行机构电气连接图

到“0”位。再转动手轮使阀杆上升至标尺的 100% 位置，调节上限位开关正好动作（左凸块）。重复上述动作直至调整好。

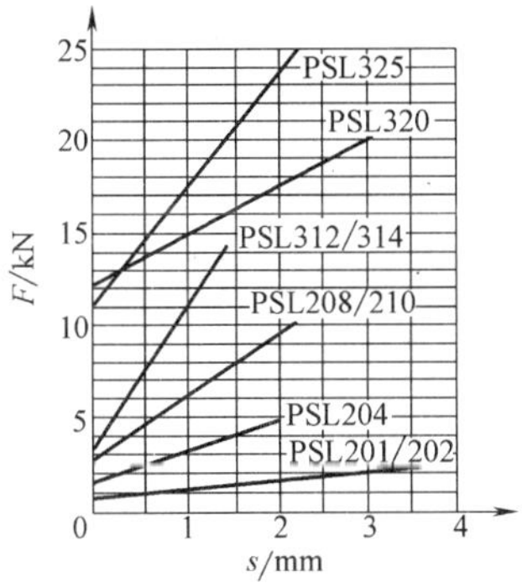

图 1-62　盘簧图表

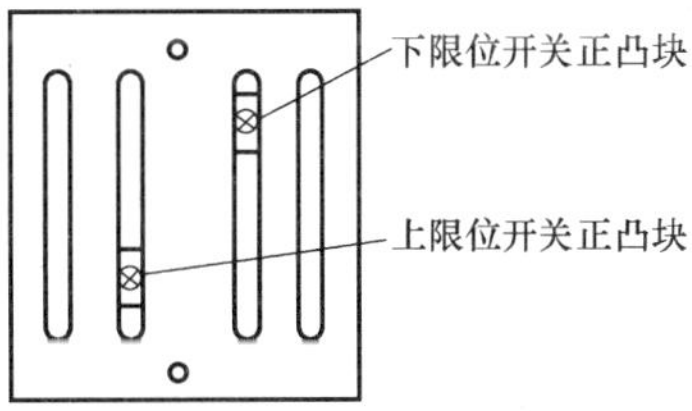

图 1-63　限位开关调整图

4. 智能控制器的使用

（1）面板说明　电动执行器的智能控制器操作面板如图 1-64 所示。各部分说明如下：

① 阀门位置自动定位指示灯，简称自整定 AT 指示灯。

② 执行器输出轴朝上运动指示灯。

③ 执行器输出轴朝下运动指示灯。

④ 手动控制指示灯。

⑤ 自动控制指示灯。

⑥ 报警指示灯。

⑦ 参数设置键（兼参数显示操作）。

⑧ 数据键（兼手动朝上操作）。

⑨ 数据键（兼手动朝下操作）。

⑩ 数据修改移位键（兼手动/自动切换操作）。

⑪ 控制值显示窗/故障信息显示窗（前三位数值）。

⑫ 阀位值显示窗（后三位数值）。

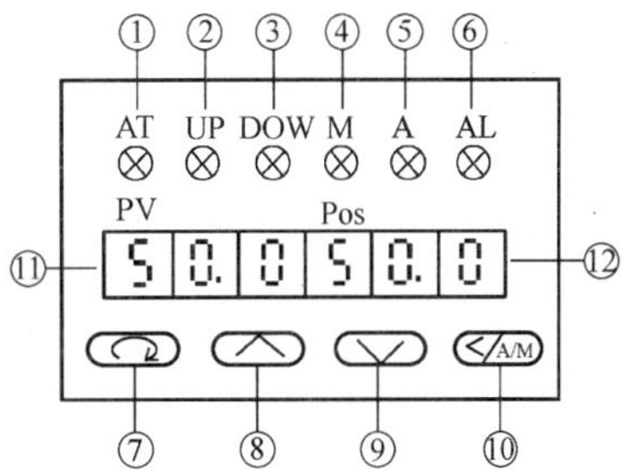

图 1-64　智能控制器操作面板

（2）数码显示状态

1）正常显示状态。

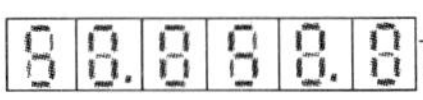前三位数值表示控制信号百分值；后三位数值表示阀位百分值。

2）故障显示状态。

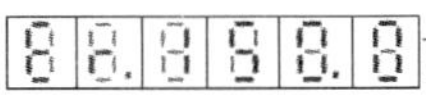前三位数值 Er. 1：表示阀位电位器有故障。

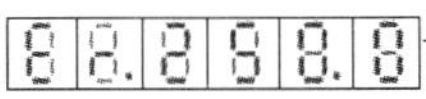前三位数值 Er. 2：表示输入控制信号有故障。

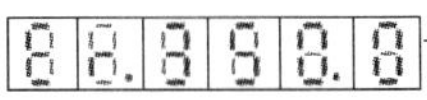前三位数值 Er. 3：表示执行器有堵转故障。

（3）操作说明

1）基本操作。

① 参数显示。按“⟲”键将依次显示表 1-10 中的基本参数。

表 1-10　显示表基本参数

显　示	参　数	参数说明
888888	Loc	参数修改级别
888888	Sn	控制信号规格
888888	oS	断信号时，执行器输出的保护方式
888888	CF	作用方式
888888	dF	控制回差
888888	No	控制板出厂编号

② 参数设置。按“@”键在显示 LoC000 状态下，按“<”、“∨”或“∧”键来修改 Loc 参数，进入参数设置状态。

③手动/自动控制切换。按“A/M”键，可实现手动/自动控制切换，同时会使手动指示灯或自动指示灯亮起。在手动指示灯亮起的状态下，可以使控制面板在手动状态下直接按“∨”或“∧”键来操作执行机构上升或下降。

2）阀门位置自动定位操作（阀位自整定 AT）。

① 使执行机构输出轴走到所需行程的 50% 位置上。

② 按下“@”和“<”键 5s，AT 指示灯亮，且前两位数码管显示“At”。

③ 脱开齿轮旋转反馈电位器，使后 3 位数码管显示“ok”，再将电位器齿轮与之啮合。

④按“∨”键确认，执行机构自动寻找行程零点和满度位置。当 AT 灯熄灭时，位置自整定结束。

（4）主要参数功能　QSVP-16K 型电动执行器的主要参数见表 1-11。

表 1-11　QSVP-16K 型电动执行器的主要参数

参数代号	参数含义	代　码	功　能
Loc	参数修改级别	000	只可显示 Sn、oS、CF、dF、No
		808	允许修改 oS、CF、dF
		588	允许修改 oS、CF、dF、Ctrl、HI、Lo、dL、Addr、bAud
Sn	输入控制信号规格	4. 20A	DC 4 ~ 20mA 信号
		4. 12A	DC 4 ~ 12mA 信号
		2. 20A	DC 12 ~ 20mA 信号
		0. 5V	DC 0 ~ 5V 信号
		1. 5V	DC 1 ~ 5V 信号
oS	当输入控制信号故障时，选择执行器输出的保护方式	Open	执行机构处于全开位置
		Clos	执行机构处于全关位置
		Hold	执行机构处于保持位置
		SV	执行机构处于设定值位置
SV	当输入控制信号故障时，执行机构输出的所需设定位置	SV	在 0 ~ 100% 范围设定
CF	执行机构作用方式	1	正作用，控制信号增大时，执行机构输出轴朝下运动
		0	反作用，控制信号增大时，执行机构输出轴朝上运动
dF	回差（死区）	dF	在 0.5% ~ 5.0% 范围设定
No	控制器出厂编号	No	控制器出厂编号（4 位数）

（续）

参数代号	参数含义	代　码	功　能
Ctrl	流量特性选择	K	比例控制（直线特性）
		L	对数曲线控制（慢开特性）
		N	指数曲线控制（快开特性）
		T	特殊曲线控制（曲线修正）
HI	执行器行程上限限幅	HI	执行机构输出行程上限限幅设定，在 0～100% 范围内且满足 HI≥Lo＋20
Lo	执行器行程下限限幅	Lo	执行机构输出行程下限限幅设定，在 0～100% 范围内设定
dL	输入控制信号数字滤波	dL	在 0～20 范围内设定，0 没有滤波
Addr	通信地址	Addr	有效范围为 0～00
bAud	通信波特率	bAud	可选择 9.6k、4.8k、2.4k、1.2k

整理总结

通过学习过程控制分类、控制规律等资料，小组讨论，制定完成加热炉控制系统的设计与调试项目的工作计划，填写在表 1-12 中。

表 1-12　工作计划单

<table>
<tr><td colspan="8">工作计划单</td></tr>
<tr><td colspan="2">项目</td><td colspan="4"></td><td colspan="2">学时：</td></tr>
<tr><td colspan="2">班级</td><td colspan="6"></td></tr>
<tr><td>组长</td><td></td><td colspan="2">组员</td><td colspan="4"></td></tr>
<tr><td>序号</td><td colspan="2">内容</td><td colspan="3">人员分工</td><td colspan="2">备注</td></tr>
<tr><td></td><td colspan="2"></td><td colspan="3"></td><td colspan="2"></td></tr>
<tr><td></td><td colspan="2"></td><td colspan="3"></td><td colspan="2"></td></tr>
<tr><td></td><td colspan="2"></td><td colspan="3"></td><td colspan="2"></td></tr>
<tr><td colspan="2">学生确认</td><td colspan="3"></td><td>日期</td><td colspan="2"></td></tr>
</table>

【项目设计】

学生通过小组活动完成以下内容：

1. 通过阅读说明书掌握 PID 参数设置及整定方法，完成 PID 控制器的参数设定及调整。

2. 分组讨论设计加热炉控制项目方案，在教师的指导与参与下，学生从多个角度根据工作特点和工作要求所制定的方案计划中，讨论各方案的合理性、可行性与经济性，判断各个方案的综合优劣，进行方案决策，并最终确定实施计划，分配好每个人的工作任务，择优选取出合理的设计方案，完成项目设计方案。

3. 通过查阅资料及搜索网络等手段，掌握温度、压力测量仪表的原理、分类、型号及适用场合，完成液位、流量、温度检测仪表、压力检测仪表、执行机构的选型。

4. 项目设计方案应包括如下几方面内容：

1）项目的目的与内容要求（写出该项目所要达到的目标和完成的内容）。

2）小组分工和成员贡献说明（设计时明确分工，待项目结束后，填写成员贡献说明）。

3）需求分析与功能设计（分析项目的背景及研究意义，项目的功能及应用，项目改造或扩展的可能性及方法）。

4）项目设计正文（项目设计包括方案设计、实施过程设计和系统调试等几部分）。

5）项目设计总结或结论［对项目设计方案的可行性进行论证得出的结论、技术难点及解决方法、项目作品特色与作品效果图、心得体会（主要对本项目开发过程进行归纳和总结，还应包括尚存在的问题以及进一步开发的见解与建议）］。

6）参考文献（参考以下格式写）。

作者．著作名称．出版社．日期．

5. 填写讨论会议记录。

一、控制系统的设计要素

1. 过程控制系统的特点

与其他控制系统相比，过程控制系统具有几个特点。

1）系统由系列化生产的过程检测控制仪表组成。一个简单的过程控制系统是由被控过程和过程检测控制仪表（包括测量元件、变送器、调节器和执行器）两部分组成。为了设计系统方便和得到预期的控制效果，根据生产工艺要求，通过选用系列化生产的过程检测控制仪表，组成过程控制系统，并通过对控制系统调节器参数的整定，使系统运行在最佳状态，实现对生产过程的最佳控制。

2）被控过程多种多样。在现代工业生产过程中，由于生产规模大小不同，生产工艺要求各异，生产的品种多种多样，因此过程控制中的被控过程的形式也是多种多样的。有些生产过程是在较大的设备中进行的，它们的动态特性一般具有大惯性、大时延（大滞后）的特点，而且常伴有非线性特性。例如热工过程中的锅炉、热交换器、动力核反应堆；冶金过程中的平炉、转炉；机械工业过程中的热处理炉；石油化工过程中的精馏塔、化学反应器、流体输送设备等，这些过程的工作机理复杂，有些至今尚未被人们所认识，因此很难用解析方法得出其精确的动态数学模型，要设计能适应各种过程的通用控制系统是比较困难的。

3）控制方案十分丰富。被控过程有多样性，即大多属于多变量、分布参数、非线性、大惯性、大时延过程。为了满足生产中越来越高的要求，控制方案也越来越丰富。通常既有单变量控制系统，也有多变量控制系统；有常规仪表控制系统，也有计算机控制系统；有提高控制品质的控制系统，也有实现特殊工艺要求的控制系统；有传统的 PID 控制，也有新型的自适应控制、预测控制、推理控制、模糊控制等。这些都说明过程控制的控制方案是十分丰富的。

4）控制过程多属于慢过程参量控制。被控过程大多具有大惯性、大时延（滞后）等特点，因而决定了控制过程是一个慢过程。另外，在一些生产过程中，例如石油、化工、冶金、电力、轻功、建材、制药等生产过程中，常常用一些物理量来表征生产过程是否正常，这些物理量多半是温度、压力、流量、液位（物位）、成分等，对它们的控制多半属于参量控制。

5）定值控制是过程控制的一种主要形式。多数过程控制系统中，其给定值是恒定的或保持在很小范围内变化。控制的主要目的是在于如何减小或清除外界扰动对被控量的影响，使生产稳定，保证产品的产量和质量。因此，定值控制是一种主要形式。

2. 过程控制的任务

工业生产对过程控制的要求是多方面的，最终可以归纳为三项要求，即安全性、经济性和稳定性。安全性是指在整个生产过程中，确保人身和设备的安全，这是最重要也是最基本的要求。为了达到此目的，通常采用参数越限报警、联锁保护等措施加以实现。随着工业生产过程的高度连续化和大型化，还提出在线故障诊断和预测、设计容错控制系统等来提高运行的安全性；经济性是指生产同样质量和数量产品所消耗的能量和原材料最少，即要求生产成本低而效率高；稳定性是指系统具有抑制外部干扰，保持生产过程长期稳定运行的能力。

过程控制的任务就是在了解掌握工艺流程和生产过程的静、动态特性的基础上，根据上述三项要求，应用控制理论对控制系统进行分析和综合，最后采用适宜的技术手段加以实现。

因此，过程控制是控制理论、工艺知识、计算机技术和自动化仪表等知识相结合而构成的一门应用科学。现以具体实例来说明过程控制任务的具体实现。

3. 控制系统的设计要素

控制系统设计应考虑的问题有：系统要达到的目标是什么？控制的对象有哪些？被控对象的特性有什么特点？被控量和控制量有哪些？外界的主要干扰因素是什么？怎样的方案既达到目的，又经济且易于实现？如何选择设备和元件？……

控制系统的设计步骤如下：明确控制的目的→分析被控对象的主要特征→分析主要的干扰因素→确定被控量、控制量→选择控制策略，确定控制方案→确定控制系统所需的设备、元件等→控制系统安装、调试、运行。

控制系统设计的一般思路如下：

1）选择开环控制还是闭环控制，应根据对控制精度的要求以及条件的可行性而定。

2）在控制系统设计过程中，被控对象的特性往往难以直接得到，通常是通过了解被控对象输入与输出之间的关系来分析它的基本特性，从而确定控制器的运算方式。

3）一个控制系统中可能存在若干个干扰因素，需要分析主次，找出对系统影响最大的干扰因素。

4）被控量与控制量的确定是控制方案的关键，对于简单控制系统，需要控制的量往往被确定为被控量，控制量应选择可控的、对抑制干扰因素和保持系统稳定有明显作用的量。

5）执行器、检测器的选择要考虑被控量和控制量的需求，也要考虑控制的条件。

案例分析

案例 1：普通电风扇控制系统的设计。

试分析控制系统是开环还是闭环。其被控对象、被控量、控制量指什么？

案例 2：电吹风控制系统的设计。

设计要求：电吹风能根据不同的档位（如冷风档、热风档）输出不同种类的风。

试分析控制系统是开环还是闭环。其被控对象、被控量、控制量和干扰因素指什么？

电吹风的控制工作过程：电吹风是要将其内部电热丝的热量通过一个小电风扇扩散出去。

方案构思：选择开环控制系统实现电吹风的控制要求。设定风的档位就设定了电动机的电压和电热丝的阻值，接通电源后，电动机带动一个小风扇转动，产生的风通过电吹风的电热丝，输出的就是与设定的风种相对应的风。确定了电吹风控制系统的设计方案后，画出必要的电器线路图，选择适当型号的元件和配件，进行组装、调试。

案例3：抽水马桶水箱自动控制系统的设计。

设计要求：当水箱水位低于某一指定高度时，进水口立即进水。当水箱水位达到某一指定高度时，进水口停止进水。其工作原理示意图如图1-65所示。

设计分析：从设计要求来看，这是一种自动控制，因此选择闭环控制系统。被控对象是抽水马桶的水箱，被控量是抽水马桶水箱水位的高度，控制量是进水管的水流量（进水量），水箱水位的高度与进水量之间成线形关系。主要干扰因素是水箱的出水流量。

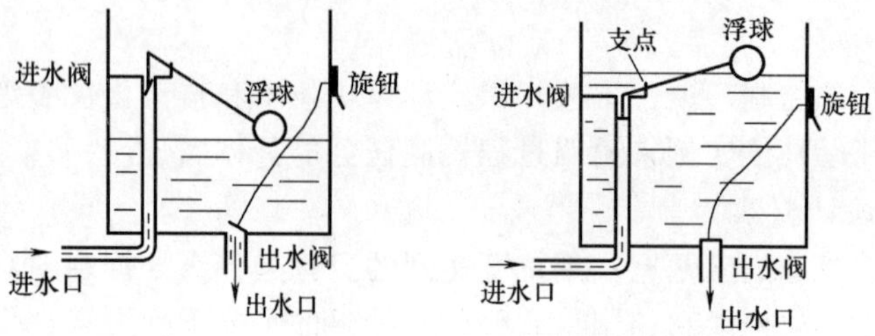

图1-65　抽水马桶工作原理示意图

方案构思：采用浮球作为水位高度的检测装置。当水箱的水位低于水箱的某个高度时，出现了水位差（给定的水位高度与实际水位高度之差），这个信号通过浮球、连杆机构传给进水阀，使进水阀打开，从而水箱进水；当水箱水位达到水箱的某个高度时，水位差为零，进水阀关闭。水箱水位的具体控制过程如下：拨动冲水旋钮，使出水阀打开，水箱冲水，与此同时，进水阀打开，水箱进水，直到指定水位时，进水阀关闭。

思考：在上述案例中，如果要节约用水，减少水箱每次冲水的量，你能设计哪几种方案？

水箱一次的冲水量实际上是随水箱的横截面积和水位设定高度而变化的，冲水量等于水箱横截面积与设定高度的乘积。因此，要减少每次冲水量，应该从减少水箱横截面积和设定高度入手。具体可参考方案有如下几种：将杠杆支点右移，使浮球在较小的高度上关闭进水阀；在水箱中放入比水密度大的物体，起到减小水箱平均截面积（减少水箱的实际蓄水量）的作用；控制出水阀开启的时间，使其在水未放完之前关闭出水阀。这也相当于改变设定高度。还可设计两种冲水方式：一种是半箱水冲洗，一种是整箱水冲洗。

4. 加热炉控制系统的设计

在炼油、化工生产中常见的加热炉是管式加热炉。其形式可分为箱式、立式和圆筒炉三大类。对于加热炉，工艺介质受热升温或同时进行汽化，加热炉温度的高低会直接影响后一工序 的操作工况和产品质量，当炉子温度过高时，会使物料在加热炉内分解，甚至造成结焦而烧坏炉管。加热炉的平稳操作可以延长炉管的使用寿命。因此，加热炉出口温度必须严加控制。

加热炉属于火力加热设备，首先由燃料的燃烧产生炽热的火焰和高温的气流，主要通过辐射传热将热量传给管壁，然后由管壁经热传导、对流传给工艺介质，具有较大的时间常数和纯滞后时间。加热炉控制系统的设计与实现步骤如下。

（1）确定控制目标　对于给定的加热炉，可以有以下几个不同的控制目标：

1）在安全运行条件下，保证热油出口温度稳定。

2）在安全运行条件下，保证热油出口温度和烟气含氧量稳定。

3）在安全运行条件下，保证热油出口温度稳定，而且要求加热炉热效率最高。显然，为实现不同的控制目标，就应有不同的控制方案。

（2）选择被控参数　无论采用什么控制方案，都需要通过某些参数的测量来控制和监视整个生产过程。在该加热炉中，热油出口温度、烟气含氧量、燃料油压力、炉膛负压等，都可以被选作被控参数进行检测。若有些参数可能因某些原因不能直接测量，则应通过测量与之成一定线性关系的另一参数（又称为间接参数）来得到，或者利用参数估计的方法来得到；还有些参数只能通过计算得到，如加热炉中的热效率就是通过排烟温度、烟气中含氧量和一氧化碳含量进行综合计算得到的。

（3）操作量（又称控制介质）的选择　一般情况下，操作量都是工艺规定的，在控制系统设计中没有多大选择余地。但在多个操作量和多个被控量的情况下，用哪个操作量去控制哪个被控量还是要认真加以选择的。在上述加热炉控制中，以燃料油作为操作量来控制热油出口温度，用烟道挡板改变烟气流量来保证烟气中含氧量，这通常是由工艺规定的。但是，如果除了烟道挡板外，还装有炉膛入口处的送风挡板，那么用哪个挡板来调节烟气含氧量则是有选择余地的。

（4）控制方案的确定　控制方案与控制目标有密切的关系。在加热炉的控制中，如果只要求达到第一个控制目标，则只要采用热油出口温度简单控制系统的方案就可满足。对于第二个控制目标，只要再加一个烟气含氧量简单控制系统，用两个单回路即可完成控制任务。如果生产对被控量的控制精度要求较高，又由于两个单回路之间存在耦合关系，则分别采用两个单回路的控制方案已不能满足要求，而要把加热炉看作一个多输入多输出系统。对于第三个控制目标，除了分别对温度和含氧量采用定值控制外，还是要随时调整含氧量的设定值以保证加热炉的热效率最高，这就需要建立燃烧过程的数学模型，设计比较复杂的控制方案来达到目的。由此可以看到，控制方案随控制目标和控制精度要求的不同而有所不同，它是整个设计过程的关键。

（5）选择控制策略　控制方案决定了控制算法。在很多情况下，只需选择商品化的常规 PID 调节器即可达到控制目的。对于需要采用高级过程控制算法，如推理控制、预测控制、解耦控制、自适应控制等，由于涉及较多的计算，只能借助于计算机才能实现。控制方案和控制策略构成了系统设计的核心内容。

（6）执行器的选择　在确定了控制方案和控制策略后，就要选择执行器。目前可供选择的商品化执行器有气动和电动两种。这里最关键的也是最容易被人们忽视的问题就是如何根据操作量的工艺条件和用户对调节阀流量特性的要求来选择合适的调节阀。调节阀的规格选得或过大或过小，流量特性不匹配，控制系统就难以达到预期的控制目标，有的甚至使系统无法运行，因此，应该引起充分的重视。

（7）设计报警和联锁保护系统　对于关键参数，应根据工艺要求规定其高低报警值。报警系统的作用在于及时提醒操作人员密切注视生产状况，以便采取措施减少事故的发生。联锁保护系统是指当生产出现严重事故时，为保证设备、人身安全，使各个设备按一定次序紧急停止运转的系统。例如，当加热炉运行中出现严重事故而必须紧急停止运行时，联锁保护系统必须先停燃油泵，后关燃油阀，经过一定时间后，再停引风机，最后切断热油阀，这一套联锁保护程序将避免事故发生。否则，若先关热油阀，则可能烧坏油管；若先停引风机，会使炉内积累大量燃油气，使再次点炉时出现爆炸事故，损坏炉体。因此，正确设计报警和联锁保护系统是保证生产安全的重要措施。

（8）控制系统的调试、投运和调节器的参数整定　控制系统安装完毕后，就应随着生产过程进行试运行，检查和调整各控制仪表、设备的工作情况，包括调节器的参数整定等，确认无误后依次将全部控制系统投入运行。

以上简单地介绍了一个过程控制系统从设计到实现的全过程。由此可见，对一个从事过程控制的人员来说，除了掌握控制理论、计算机、仪器仪表指示以及现代控制技术之外，还要充分熟悉生产过程的工艺流程，从控制的角度理解它的静态和动态特性，这是设计和实现一个好的控制系统的必要基础。与此同时，还要对控制方案及其实现所需经费进行比较和分析，使之既满足控制要求又尽可能降低成本。

做一做：简易加热炉控制系统的设计。

图 1-66 为加热炉温度控制系统。试指出：

1）该系统中的被控变量、操纵变量、被控对象各是什么？

2）该系统可能出现的干扰有哪些？

3）该系统的控制通道是什么？

4）画出系统的框图。

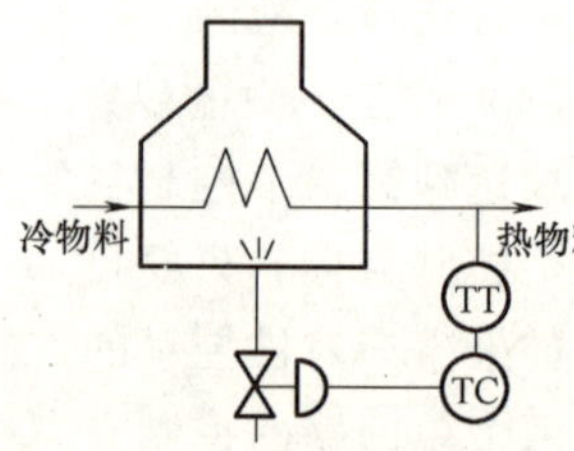

图 1-66　加热炉温度控制系统

二、控制规律选择与控制器设计

在控制系统中，对象的特性是固定的；测量元件及变送器的特性比较简单，一般也是不可以改变的；执行器可以有一定程度的调整，但灵活性不大，主要可以改变的就是控制器的参数。系统设置控制器就是通过它改变整个控制系统的动态特性，以达到控制的目的。

1. 控制器控制规律的选择

调节器的控制规律是指其输出信号与输入偏差的函数关系，工业用调节器常用 PID 控制规律。对一台实际的 PID 控制器进行操作，就是合理选择控制规律和调整 K_C、T_I、T_D 的控制参数值，以使控制系统的性能最佳。

在控制系统中，仪表选型确定以后，对象的特性是固定的；测量元件及变送器的特性比较简单，一般也是不可以改变的；控制阀加上阀门定位器可有一定程度的调整，但灵活性不大，主要可以改变的就是控制器的参数。系统设置控制器就是通过它改变整个控制系统的动态特性，以达到控制的目的。

现以某炼油厂的管式加热炉为例，说明控制器的各种控制规律对过渡过程的影响，如图 1-67 所示。加热炉出口温度的控制将影响后续蒸馏塔的分离效果和炉子的寿命，若原料油在炉管内加热温度过高，则易结焦，管子易堵塞，甚至烧坏管子；温度过低，则不符合工艺要求，并影响蒸馏塔的操作。原料油出口温度控制指标误差为 ±2℃。对图 1-67 中的控制器 TC 进行各种规律的实施，寻求其控制规律对过渡过程的影响，参见图 1-68。

1）比例作用：如图 1-68a 所示，当燃料油压力波动 5% 时，实测过渡时间为 9min，最大偏差为 7.5℃，余差为 6℃，超过了 ±2℃，不符合工艺要求，说明纯比例控制规律不行。

2）比例积分作用：加积分后使系统的超调量增加，过渡时间增长，振荡次数增加，余差消除，如图 1-68b 所示。

3）比例微分作用：在同样的干扰下，与纯比例控制相比，余差减小，超调量减小，过渡时间缩短，参见图 1-68c。从比例微分作用的测试看到，对控制通道容量滞后大、纯滞后较小的控制系统增加微分作用，对控制质量有全面的改善。

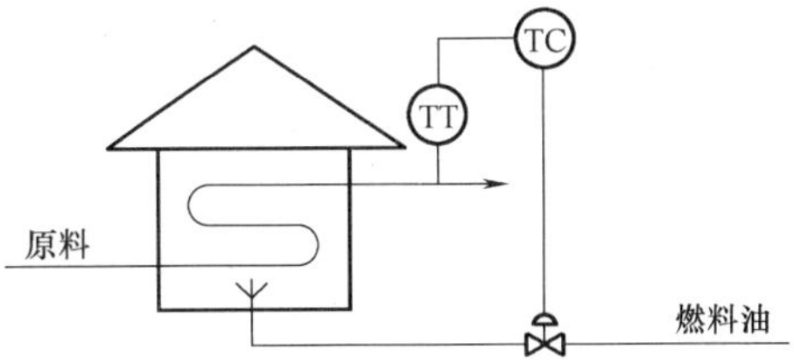

图 1-67　加热炉出口温度控制系统

4）比例积分微分作用：施加同样的干扰，从测试中看到，加入微分后强化了系统抗干扰的能力，提高了系统的稳定性。由于微分作用是阻止被控变量的一切变化，故加入微分作用后，比例度相应减小并缩短积分时间，如图 1-68d 所示。

通常，控制器控制规律的选择原则可归纳为以下几点：

1）比例控制是最基本的控制规律。当负荷变化时，克服扰动能力强，控制作用及时，过渡过程时间短，但过程终了时存在余差，且负荷变化越大，余差也越大。比例控制适用于控制通道滞后较小、时间常数不太大、扰动幅度较小、负荷变化不大、控制质量要求不高、允许有余差的场合，如储罐液位、塔釜液位的控制和不太重要的蒸汽压力的控制等。

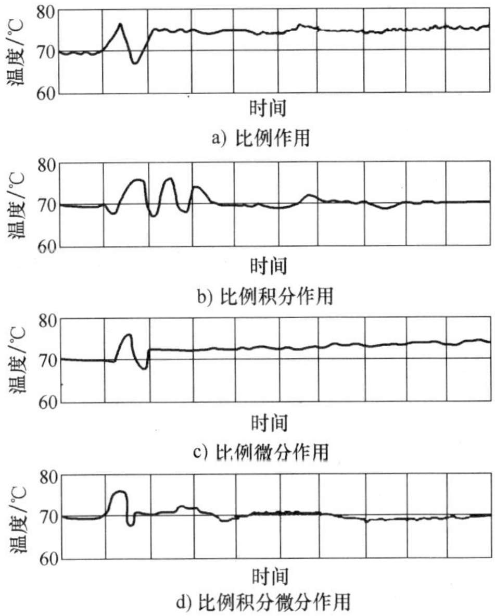

图 1-68　不同控制规律控制过程曲线比较

2）比例积分控制引入积分作用能消除余差，故比例积分控制是应用最广的控制规律，但是，加入积分作用后要保持系统原有的稳定性，心须加大比例度（削弱比例作用），以使控制质量有所下降，如最大偏差和振荡周期相应增大，过渡时间加长。比例积分控制适用于控制通道滞后小、负荷变化不太大、工艺上不允许有余差的场合，如流量或压力的控制。采用比例积分控制规律可获得较好的控制质量，但要注意积分作用的使用，有些情况可能会产生积分饱和，因此要防止因积分饱和导致自动控制系统的质量恶化。

3）比例微分控制引入了微分，会有超前控制作用，能使系统的稳定性增加，最大偏差和余差减小，加快了控制过程，改善了控制质量，故比例微分控制适用于过程容量滞后较大的场合。但是，在对象容量滞后较小、扰动作用十分频繁、被控变量带有较大高频噪声的情况下，应尽可能避免使用微分作用。

4）微分作用对于克服容量滞后有显著效果，但对克服纯滞后是无能为力的。比例积分微分控制在比例作用的基础上加上微分作用能提高系统的稳定性，加上积分作用能消除余差，又有 K_C、T_I、T_D 三个可以调整的参数，因而可以使系统获得较高的控制质量，它适用于容量滞后大、负荷变化大、控制质量要求较高的场合，如反应器、聚合釜的温度控制。

综上所述，化工生产中常见的有温度、成分、流量、压力和物位五大类参数，在温度和成分控制系统中，由于对象的滞后较大，质量要求较高，应选用比例积分微分三作用控制规律；流量控制系统中，一般选用比例积分控制规律，控制质量要求不高时，也可选用比例控制规律；压力控制系统中，一般选用比例积分控制规律，也可以选用比例控制规律；液位控制系统中，一般要求并不高，故选用比例控制规律，当控制质量要求较高，可选用比例积分控制规律。

2. 控制器分类

在自动控制系统中，检测仪表将被控变量转换成测量信号后，一方面送显示仪表进行显示记录，另一方面送到控制仪表，调节被控变量到预定的数值上。这些控制仪表分为变送器、调节器及执行器等几类，它的发展经历了基地式控制仪表、单元组合式控制仪表及计算机控制系统等阶段。在项目设计部分，重点介绍调节器（即控制器），执行器在“项目实现”部分介绍。

过程控制仪表按使用能源分为气动仪表和电动仪表；按结构形式分为基地式仪表、单元组合仪表和组装式仪表等；按信号类型分为模拟式仪表和数字式仪表。

基地式仪表是以指示、记录仪表为主体，附加控制机构而组成。它不仅能对某个参数进行指示或记录，还具有控制功能。基地式仪表通常结构比较简单，常用于单机自动化系统。

单元组合式控制仪表是将整套仪表按照功能划分成若干独立的单元，各单元之间用统一的标准信号连接。单元组合式控制仪表按照连接信号的不同可分为气动单元组合式控制仪表和电动单元组合式控制仪表两类。按照国家标准，我国生产的电动单元组合仪表用 DDZ 表示，气动单元组合仪表用 QDZ 表示。QDZ 采用 140kPa 压缩空气为能源，以 20 ~ 100kPa 为标准统一联络信号。由于 QDZ 仪表结构简单、价格便宜、性能稳定、工作可靠，具有安全防火防爆等特点，所以特别适用于石油、化工等易燃易爆的场合。

电动单元组合仪表即 DDZ 型仪表经历了以电子管、晶体管和线性集成电路为基本放大元件的Ⅰ型、Ⅱ型、Ⅲ型三个系列产品阶段，经过不断改进，其性能已日臻完善。以后又在此基础上推出了新型数字化的 DDZ-S 型系列仪表。这个系列仪表将模拟技术与数字技术相结合，并以数字技术为主，是一种比较先进的控制仪表。DDZ-S 型系列仪表的信号制与 DDZ-Ⅲ型仪表是兼容的。

3. 基地式调节器

用磁电式指示仪表和放大电路组成的基地式调节器，只需配接适当的传感器（如热电偶）和执行元件，就能构成兼有显示功能的简单调节系统。其结构紧凑、使用方便，但是它的被调参数不能改变。例如，空调器用的调温器、液化器用的调压器、汽轮机用的调速器等都是专为某种用途设计的，它只能调节温度、压力、转速，不能调节其他参数，没有通用性，其输入/输出信号是非标准的。

气动基地式仪表和电动的组成方式不一样，气动仪表不能和传感器分开，检测和指示调节是连在一起的。例如，国产有 KF 系列产品，品种规格齐全，其中用于调节压力的有 KFP 和 KFK 系列，其敏感元件是弹簧管、波纹管和膜片。

4. 自力式调节器

自力式调节器是一种无须外加驱动能源，依靠被测介质自身的能量，按设定值进行自动调节的控制装置。它集检测、控制、执行诸多功能于一身。其具体设计是因被调参数而异的，自力式调节阀种类很多，如图 1-69 所示从左到右所示依次为自力式压力（差压）调节阀、自力式液位调节阀、自力式温度调节阀和自力式流量调节阀。

图 1-69　自力式调节阀

自力式液位调节阀又称浮球液面调节器，其工作原理如图 1-70 所示。通过浮球和连杆机构的作用，调整阀门的开度来使液位保持在适当的高度。当出液量减少，容器内液位升高时，说明进液量大于出液量，浮球随之升高。反之，当液位降低时，浮球通过连杆机构将阀门开大，直到进、出液量相等，液位稳定为止。这就是进口控制的工作原理。出口控制原理与进口控制原理相同，但阀芯反装。

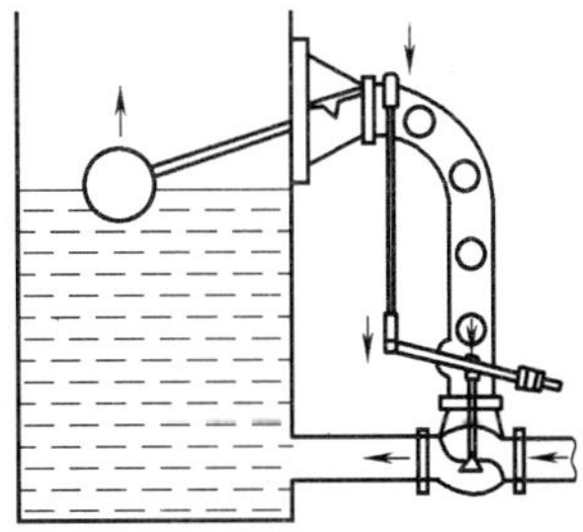

图 1-70　自力式液位调节阀工作原理

这里，浮球是系统的检测元件，而连杆机构就是一个简单的调节器，阀是最终执行元件，它们组成一个完整的液位自控系统。

5. 电动单元式调节器

电动单元组合仪表是以电为能源的仪表。下面主要介绍 DDZ-Ⅲ型电动控制器。

DDZ-Ⅲ型仪表是模拟式控制器中较为常见的一种，它用来自变送器或转换器的 1～5V 直流测量信号作为输入信号，与 1～5V 直流设定信号相比较得到偏差信号，然后对此信号进行 PID 运算后，输出 1～5V 或 4～20mA 的直流控制信号，从而实现对工艺变量的控制。其信号传输如图 1-71 所示。

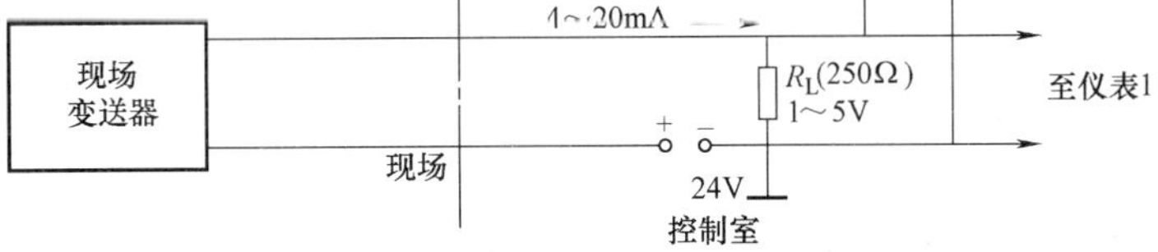

图 1-71　DDZ-Ⅲ型仪表信号传输示意图

根据单元功能及结构特点，DDZ-Ⅲ型仪表分为以下 8 类：①差压型二线制变送器；②温度变送器；③安全栅；④调节器；⑤指示记录仪；⑥计算单元；⑦电-气转换器；⑧电源箱。

DDZ-Ⅲ型仪表按使用场所分为危险场所和安全场所两种仪表；按安装方式可分为现场安装、盘面安装和盘后安装三种仪表。按仪表在系统中的作用和特点可分为变送单元、转换单元、显示单元、调节单元、计算单元及辅助单元等。

Ⅲ型控制器有全刻度指示和偏差指示两个机型品种。为满足各种复杂控制系统的要求，还有各种特殊控制器，如断续控制器、自整定控制器、前馈控制器、非线性控制器等。特殊控制器是在基型控制器功能基础上的扩大，附加各种单元而构成的变型控制器。

以全刻度的基型控制器为例，来认识下Ⅲ型控制器吧！

DDZ-Ⅲ型控制器主要由输入电路、给定电路、PID运算电路、自动与手动（包括硬手动和软手动两种）切换电路、输出电路及指示电路等组成，分为指示单元及控制单元两部分，其框图如图1-72所示。

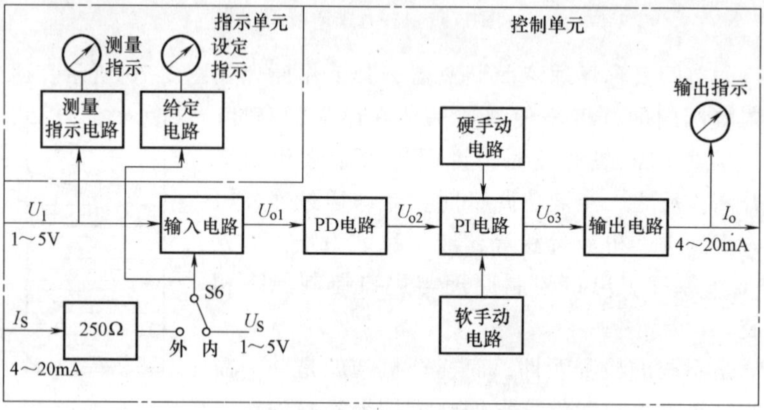

图1-72　DDZ-Ⅲ型控制器电路结构框图

图1-72中，控制器接收变送器送来的测量信号（DC 4～20mA或1～5V），在输入电路中与给定信号进行比较，得出偏差信号，为了适用后面单电源供电的运算放大器的电平要求，在输入电路中还对偏差信号进行电平移动。经过电平移动的偏差信号，在PID运算电路中运算后，由输出电路转换为4～20mA的直流电流输出。

控制器的给定值可由“内”给定或“外”给定两种方式取得。“内”给定时，给定电压信号由控制器内部的给定电路产生，操作者通过给定值拨盘确定给定信号大小。用切换开关S6进行选择。在定值控制系统中，控制器应置于“内”给定。“外”给定时，由外部装置提供给定值信号。切换开关S6拨到“外”给定位置上，由外来的4～20mA电流流过250Ω精密电阻产生1～5V的给定电压。在随动控制系统中，控制器应置于“外”给定。

控制器的工作状态有“自动”“软手动”“硬手动”及“保持”四种。当控制器处于“自动”状态时，测量信号与给定信号通过输入电路进行比较，由比例微分电路、比例积分电路对其偏差进行PD和PI运算后，再经过电路转换为4～20mA直流电流，作为控制器的输出信号，去控制执行器。当控制器处于“硬手动”状态时，控制器的输出与手动电压成比例，即输出值与硬手动操作杆的位置一一对应。“软手动”状态是“自动”与“硬手动”之间的过渡状态，当选择开关置于软手动位置时，操作人员可使用软手动扳键，使控制器的输出“保持”在切换前的数值，或以一定的速率增减。这种“保持”状态特别适宜于处理紧急事故。一般在刚刚开车或控制工况不正常时采用手动控制，待系统正常稳定运行时无扰动切换到自动控制。

6. 数字式控制器

数字式控制器以其控制功能强大、操作手段灵活方便、数字显示清晰直观、安全可靠、性价比高等特点，逐渐得到推广应用。数字式控制器以微处理器为运算和控制核心，可由用户编制程序组成各种控制规律。

AI 系列人工智能调节仪是国内数字显示仪表中的典型代表，内部采用高性能 ASIC 芯片和先进的模块化结构，适合温度、压力、流量、液位及湿度等的精确控制，其通用性强，功能强大；采用 AC 85～264V 输入范围的开关电源或 DC 24V 电源供电，输入采用数字校正系统，内置常用热电偶及热电阻非线性校正表格，测量精确稳定；采用先进的 AI 人工智能调节算法，无超调，具备自整定(AT)功能。

认识下 AI 系列人工智能调节仪吧！

AI 系列仪表主要技术参数、后背板接线及主要参数说明详见附录 A（AI 系列仪表后背板接线及主要参数设置）。在使用前，要根据需要进行程序编制和数据设置工作，一般由仪表人员根据工艺要求来进行。工艺人员必须要熟悉仪表的面板，掌握它的各个指示部件、功能操作键和开关的功能，能在正常状态和异常状态下正确地进行操作。

（1）AI 调节器的面板及功能键　图 1-73 为 AI 调节器的正面面板图。面板上有设定值和测量值两个显示窗，分别显示设定值（SV）和测量值（PV）。面板上有 4 个指示灯和 4 个操作键。

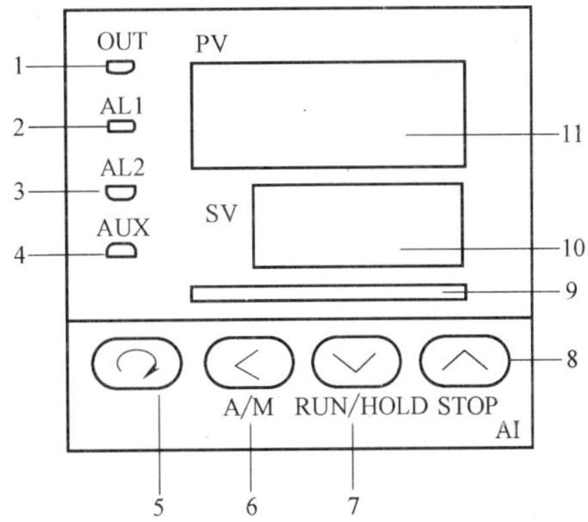

图 1-73　AI 调节器正面板

1—调节输出指示灯　2—报警 1 指示灯　3—报警 2 指示灯　4—AUX 辅助接口工作指示灯　5—显示转换键　6—数据移位键　7—数据减少键　8—数据增加键　9—光柱　10—给定值显示窗　11—测量值显示窗

（2）显示状态　AI 系列智能仪表调节仪的显示状态如图 1-74 所示，不是所有型号仪表都有所有图形描述的显示状态，依据功能不同，AI-708 只有①、⑤两种状态，AI-808 有①、②、⑤三种显示状态，AI-708P 有①、③、④、⑤、⑥五种状态，而 AI-808P 则具备①～⑥所有显示状态。

仪表上电后，将进入显示状态①，此时仪表上显示窗口显示测量值（PV），下显示窗口显示给定值（SV）。对于 AI-808/808P 型仪表，按↻键可切换到显示状态②，此时下显示窗显示输出值。状态①、②同为仪表的基本状态，在基本状态下，SV 窗口能用交替显示的字符来表示系统某些状态。闪动显示“orAL”，表示输入的测量信号超出量程（可能因传感器规格设置错误、输入断线或短路引起）。此时仪表将自动停止控制，并将输出设置为 0；闪动显示“HIAL”“LoAL”“dHAL”或“dLAL”，分别表示发生了上限报警、下限报警、正偏差报警和负偏差报警。报警闪动的功能是可以关闭的（参看 cF 参数的设置），将报警作为控制时，可关闭报警字符闪动功能以避免过多的闪动；闪动显示“StoP”“HoLd”和

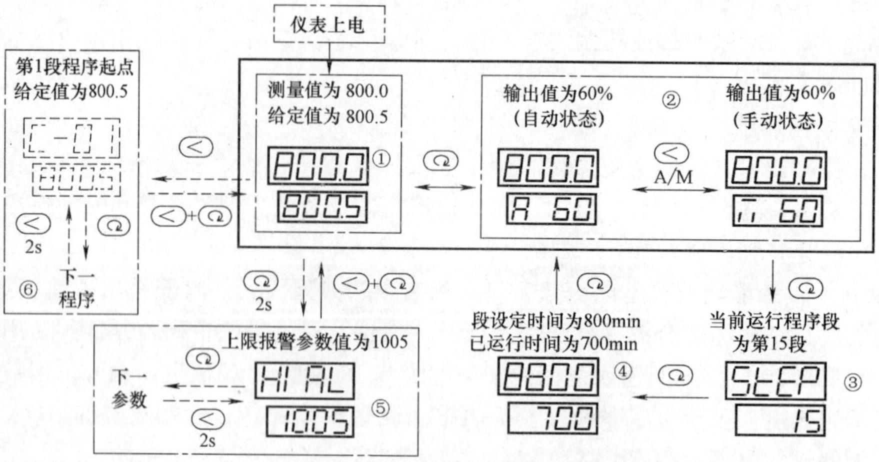

图 1-74　AI 系列智能仪表调节仪的显示状态

“rdy”，分别表示程序处于停止状态、暂停状态和准备状态，该显示仅适用于 AI-708P/808P 程序型仪表，当程序正常运行（run 状态）时，无闪动字符。

（3）基本使用操作　有如下基本使用操作：

显示切换：按⟲键可以切换不同的显示状态。AI-808 型仪表可在①、②两种状态下切换，AI-708P 型仪表可在①、③、④三种状态下切换，AI-808P 型仪表可在①、②、③、④四种状态下切换，AI-708 型仪表只有显示状态①，无需切换。

修改数据：如果参数锁没有锁上，仪表下显示窗显示的数值除 AI-808/808P 型仪表的自动输出值及 AI-708P/808P 型仪表的已运行时间和给定值不可直接修改外，其余数据均可通过按<、∨或∧键来修改下显示窗口显示的数值。例如：需要设置给定值时（AI-708/808 型仪表），可将仪表切换到显示状态①，即可通过按<、∨或∧键来修改给定值。AI 仪表同时具备数据快速增减法和小数点移位法。按∨键减小数据，按∧键增加数据。按∧/∨键并保持不放，可以快速地增加/减少数值，并且速度会随小数点会右移而自动加快（3 级速度）。而按<键则可直接移动修改数据的位置（光标），操作快捷。

手动/自动切换：仅适用 AI-808/808P 型仪表，在显示状态②下，按 A/M 键（即<键），可以使仪表在自动及手动两种状态下进行无扰动切换。在显示状态②且仪表处于手动状态下，直接按∨或∧键，可增加及减少手动输出值。通过对 run 参数的设置（详见后文），可使仪表不允许通过面板按键操作来切换至手动状态，以防止误入手动状态。

设置参数：在基本状态（显示状态①或②）下，按⟲键并保持约 2s，即进入参数设置状态（显示状态⑤）。在参数设置状态下按⟲键，仪表将依次显示各参数，例如上限报警值 HIAL、参数锁 Loc 等，对于配置好并锁上参数锁的仪表，只出现操作工需要用到的参数（现场参数）。用<、∨或∧等键可修改参数值。按<键并保持不放，可返回显示上一参数。先按<键不放接着再按⟲键可退出设置参数状态。如果没有按键操作，约 30s 后会自动退出设置参数状态。如果参数被锁上，则只能显示被 EP 参数定义的现场参数（可由用户定义工作现场经常需要使用的参数及程序），而无法看到其他的参数。不过，至少能看到 Loc 参数显示出来。

案例分析

案例1：在采用压力变送器将压力变换为标准的1～5V信号输入时，1V信号压力为0，5V信号压力为1MPa，希望仪表显示分辨率为0.001MPa。则参数设置如下：

Sn＝3（选择1～5V线性电压输入）

dIP＝3（小数点位置设置，采用0.000格式）

dIL＝0.000（确定输入下限1V时压力显示值）

dIH＝1.000（确定输入上限5V时压力显示值）

案例2：要求一台AI-808型仪表为反作用调节，有上电免除报警功能，仪表辅助功能模块为通信接口，不允许外部给定，无分段功率限制功能，无光柱，报警时下显示窗交替显示报警符号，则可得：A＝0，B＝1，C＝0，D＝0，E＝0，F＝0。CF参数值应设置如下：

$$CF=0\times1+1\times2+0\times4+0\times8+0\times16+0\times32=2$$

做一做：按照要求熟练设置仪表AI708参数。

三、参数测量仪表选型

（一）温度测量仪表的选择和安装

1. 测温仪表的选择

热电偶及热电阻等测温元件在测量温度时，必须同被测对象接触才能感受被测温度的变化，这种测量仪表称为接触式温度测量仪表。这类仪表若不注意合理选择和正确安装，则不能达到经济而有效地测量温度的目的。图1-75为一般工业用测温仪表的选型原则。

2. 热电偶的选择

选择热电偶要根据使用温度范围、所需精度、使用环境、测定对象的性质、响应时间和经济效益等综合考虑。

1）测量精度和温度测量范围的选择。使用温度在1300～1800℃，要求精度又比较高时，一般选用B型热电偶；要求精度不高，气氛又允许，可用钨铼热电偶，高于1800℃一般选用钨铼热电偶；使用温度在1000～1300℃，要求精度又比较高时，可用S型热电偶和N型热电偶；在1000℃以下时，一般用K型热电偶和N型热电偶，低于400℃一般用E型热电偶；250℃以下以及负温测量，一般用T型电偶，在低温时T型热电偶稳定而且精度高。

2）使用气氛的选择。S型、B型、K型热电偶适合在强的氧化和弱的还原气氛中使用，J型和T型热电偶适用于弱氧化和还原气氛；若使用气密性比较好的保护管，对气氛的要求就不太严格。

3）耐久性及热响应性的选择。线径大的热电偶耐久性好，但响应较慢一些；对于热容量大的热电偶，响应就慢，测量梯度大的温度时，在温度控制的情况下，控温就差。要求响应时间快又要求有一定的耐久性，选择铠装热电偶比较合适。

4）测量对象的性质和状态对热电偶的选择。运动物体、振动物体、高压容器的测温要求机械强度高，有化学污染的气氛要求有保护管，有电气干扰的情况下要求绝缘比较高。

选型流程：型号→分度号→防爆等级→准确度等级→安装固定形式→保护管材质→长度

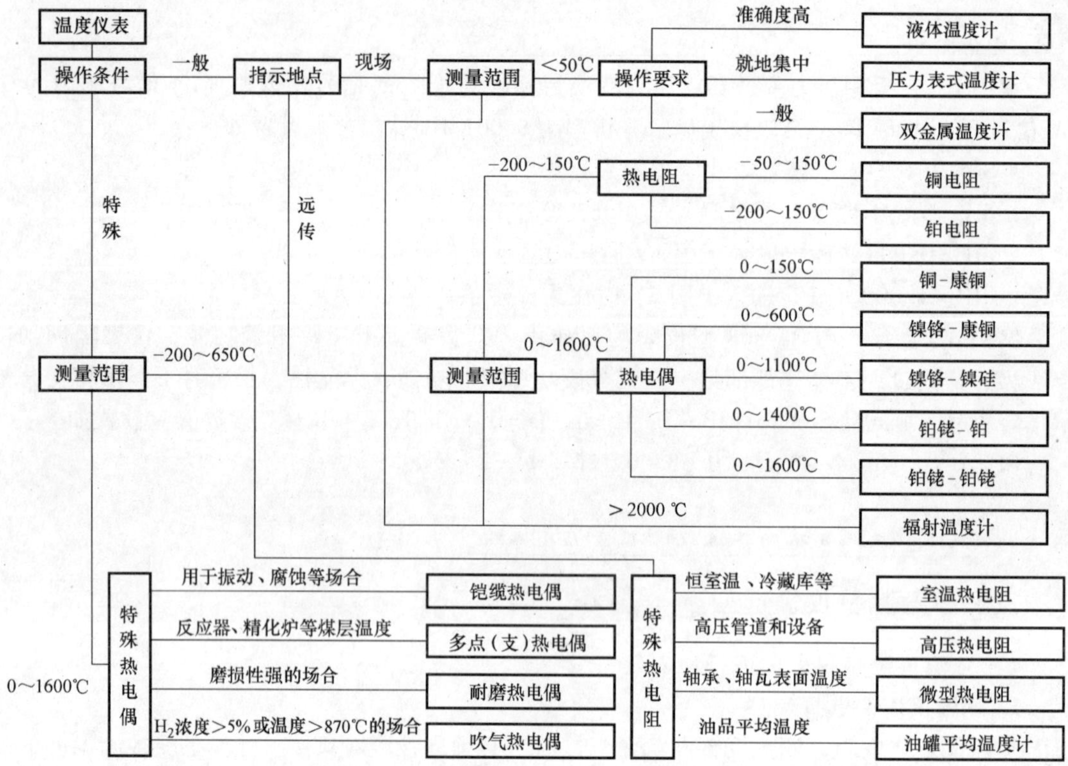

图 1-75　一般工业用测温仪表的选型原则

或插入深度。铠装热电偶型号命名方法见表 1-13。

表 1-13　铠装热电偶型号命名方法

材料	铂(WZP)	铜(WZC)
使用温度范围/℃	-200～960	-50～150
电阻率/($\Omega \cdot m \times 10^{-6}$)	0.0981～0.106	0.017
0～100℃间电阻温度系数 α(平均值)/(1/℃)	0.00385	0.00428
化学稳定性	在氧化性介质中较稳定,不能在还原性介质中使用,尤其在高温情况下	超过100℃易氧化
特性	特性近于线性、性能稳定、准确度高	线性较好、价格低廉、体积大
应用	适用于较高温度测量,可作为标准测温装置	适用于测量低温、无水分、无腐蚀性介质的温度

3. 测温元件的安装

1）与工艺管道垂直安装时，取源部件中心线应与工艺管道轴线垂直相交，如图 1-76a 所示；在工艺管道的拐弯处安装时，应逆着介质流向，取源部件中心线应与工艺管道中心线相重合，如图 1-76b 所示；与工艺管道成45°斜安装时，应逆着介质流向，取源部件中心线应与工艺管道中心线相交，如图 1-76c 所示。安装时，应保证测温元件的感温点处于管道中流速最大处，测温元件应有足够的插入深度，以减小测量误差。

2）若工艺管道过小（安装时各类玻璃液体温度计直径小于 50mm，热电偶、热电阻、双金属温度计直径小于 80mm 的管道），安装测温元件处应安装扩大管，如图 1-77 所示。

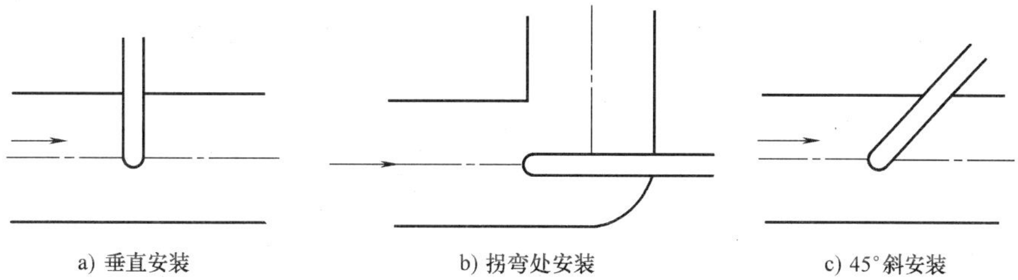

图 1-76　测温元件的安装位置

3）热电偶、热电阻的接线盒面盖应向上，以避免雨水或其他液体、脏物进入接线盒中影响测量，如图 1-78 所示。

4）为了防止热量损失，测温元件应插在有保温层的管道或设备处。

5）测温元件安装在负压管道中时，必须保证其密封性，以防外界冷空气进入，使读数降低。

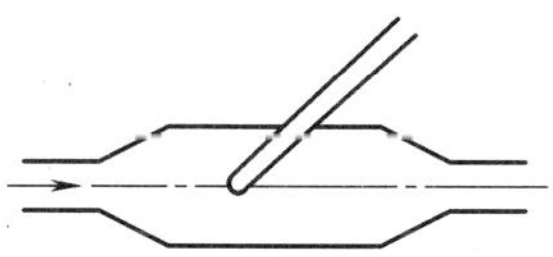

图 1-77　测温元件处安装扩大管图

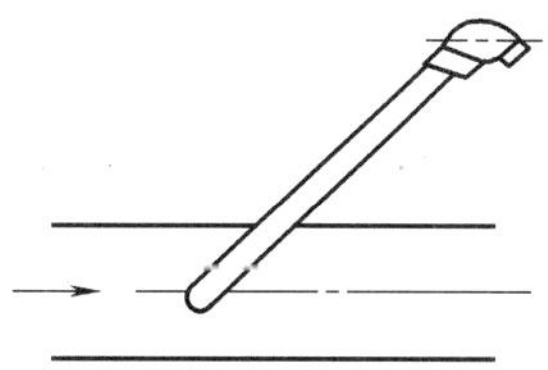

图 1-78　接线盒面盖向上安装

4. 测温元件的布线要求

1）按照规定的型号配用热电偶的补偿导线，注意热电偶的正、负极与补偿导线的正、负极的正确连接，不要接错。

2）热电阻的线路电阻一定要符合所配二次仪表的要求。

3）为了保护连接导线与补偿导线不受外来的机械损伤，应把连接导线或补偿导线穿入钢管内或线槽板。

4）导线应尽量避免有接头，应具有良好的绝缘性能，尽量避开交流动力线，禁止与交流输电线合用一根穿线管，以免引起电磁感应。

5）补偿导线不应有中间接头，否则应加装接线盒。另外，最好与其他导线分开敷设。

做一做：热电阻的认识和校验。

1. 训练目的

掌握用分度校验法对热电阻进行校验的原理及操作方法；熟练掌握用精密电桥测电阻值的方法。

2. 材料准备

标准热电阻 Cu50 一只；变送器一台，用于测量热电阻变送后的电流大小；加热器及加热容器，用于改变被测温度。

3. 工作原理

热电阻的校验有两种常用的方法——纯度校验法和分度校验法。前者是通过实验方法精确地测量被校热电阻在 0℃ 及 100℃ 条件下的电阻值 R_0、R_{100}，并求出 R_{100}/R_0 后判断其准确性。而后者则是选取若干个校验点，分别测出标准热电阻和被校热电阻的阻值，通过查表求得各自对应的温度，并求得误差后与性能指标中的允许值进行比较来判断被校热电阻的测量准确性。

4. 工作步骤

进行连线，连接完成后经指导教师检查，确认无误后方可进行校验；将加热圆筒内注满水，给加热器通电；观察调节器显示温度值的变化和变送电流的输出；记录温度计、调节器显示器的温度值及变送输出电流值；记录数据并填入表 1-14、表 1-15；对实验方法、实验操作过程、数据处理等环节进行分析，找出产生误差的主要原因。

表 1-14 仪器一览表

项目	被校仪表	标准仪器			
名称					
型号					
准确度					
数量					
编号					
规格					
厂商					
日期					

表 1-15 仪表检验记录

<table>
<tr><td>项目</td><td>被校仪表刻度值</td><td>20℃</td><td>40℃</td><td>60℃</td><td>80℃</td><td>100℃</td></tr>
<tr><td rowspan="8">（填写被校仪表名称）</td><td>标准测量值/mA</td><td></td><td></td><td></td><td></td><td></td></tr>
<tr><td rowspan="2">实际测量值
/mA</td><td></td><td></td><td></td><td></td><td></td></tr>
<tr><td></td><td></td><td></td><td></td><td></td></tr>
<tr><td rowspan="2">实测引用误差
/mA</td><td></td><td></td><td></td><td></td><td></td></tr>
<tr><td></td><td></td><td></td><td></td><td></td></tr>
<tr><td>变差[($I_{正}-I_{反}$)/mA]</td><td></td><td></td><td></td><td></td><td></td></tr>
<tr><td>实测基本误差</td><td>%</td><td colspan="3">被校表允许基本误差</td><td></td></tr>
<tr><td>实测变差</td><td>%</td><td colspan="3">被校表允许变差</td><td></td></tr>
</table>

（二）压力计的选择与安装

正确地选择及安装压力计，是保证仪表在生产过程中发挥应有作用的重要环节。

1. 压力计的选择

应根据生产过程对压力测量的要求，结合其他方面的有关情况，具体分析和全面考虑后选用压力计。选择压力计时，一般应注意以下一些问题。

（1）仪表类型的选用　仪表的选型必须满足生产过程的要求，例如，是否要求指示值远传或变送、自动记录或报警等；被测介质的性质及状态（如腐蚀性强弱、温度高低、黏度大小、脏污程度及是否易燃、易爆等）是否对仪表提出了专门的要求；仪表安装的现场环境条件（如高温、电磁场、振动及安装条件等）对仪表有无特殊要求等。统筹分析这些条件后，正确选用仪表类型，是仪表正常工作并确保生产安全的重要前提。

（2）仪表量程的选择　仪表的量程是仪表标尺刻度上、下限之差。究竟应选择多大量程的仪表，应由生产过程需要测量的压力大小来决定。为了避免压力计超过负荷而受到破坏，仪表的上限值应高于生产过程中可能出现的最大压力。对于弹性式压力计而言，在被测压力比较平稳的情况下，压力计上限值应为被测最大压力的 4/3 倍；在压力波动较大的测量场合，压力计上限值应为被测压力最大值的 3/2 倍。为了保证测量准确度，所测压力的数值不应太接近仪表的下限，一般被测压力的最小值应不低于仪表量程的 1/3。

（3）仪表准确度等级的选择　在仪表量程确定之后，应根据生产过程对压力测量所能允许的最大误差来决定仪表应有的准确度等级，据此从产品系列中选用。常用压力表的准确度等级为 1.0 级、1.6 级、2.5 级和 4.0 级。

案例分析

某压力容器内介质的正常工作压力范围为 0.4～0.6MPa，用弹簧管压力表进行检测。要求测量误差不大于被测压力的 5%，试确定该压力表的量程和准确度等级。

解：由题意可知，被测对象的压力比较稳定，设弹簧管压力表的量程为 A，则根据压力计上限值应大于被测压力最大值的 3/2 倍，可得

$$A > 0.6\text{MPa} \times 3/2 = 0.9\text{MPa}$$

根据被测压力的最小值应不低于仪表量程的 1/3，有

$$A < 0.4\text{MPa} \div 1/3 = 1.2\text{MPa}$$

故根据仪表的量程系列，可选用量程范围为 0～1.0MPa 的弹簧管压力表。

由题意可知，被测压力允许的最大绝对误差为

$$\Delta p_{\max} = 0.4\text{MPa} \times 5\% = 0.02\text{MPa}$$

仪表准确度等级的选取应使其最大引用误差不超过允许测量误差。对于测量范围为 0～1.0MPa 的压力表，其最大引用误差为

$$\gamma_{\text{bmax}} = 0.02\text{MPa} \times 100\% \div 1.0\text{MPa} = 2\%$$

故应选取 1.6 级的压力表。

2. 压力计的安装

压力计的安装是否正确，将直接影响到测量结果的准确性及仪表的寿命。一般应注意以下事项：

1）取压点的设置必须有代表性，应选在能正确且及时反映被测压力实际数值的地方。例如，设置在被测介质流动平稳的部位，不应太靠近有局部阻力或其他受干扰的地方。取压管内端面与设备连接处的内壁应保持平齐，不应有凸出物或毛刺，以免影响流体的平稳流动。

2）测量蒸汽压力时，应加装冷凝管，以避免高温蒸汽与测压元件接触，对于有腐蚀性或黏度较大、有结晶、沉淀等介质，可安装适当的隔离罐，罐中充以中性隔离液，以防腐蚀或堵塞导压管和压力计，如图 1-79 所示。

3）取压口到压力计之间应装有切断阀，以备检修压力计时使用，切断阀应装设在靠近取压口的地方。需要进行现场检验或经常冲洗导压管的地方，切断阀可改用三通阀。

4）当被测压力较小，而压力计与取压口又不在同一高度上时，对由此高度引起的测量误差，应进行修正。

5）当被测压力波动剧烈和频繁（如

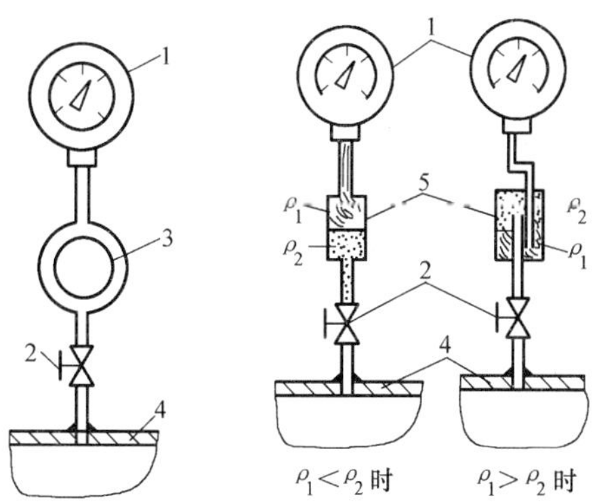

a) 测量蒸汽压力时　　b) 测量有腐蚀性等介质

图 1-79　压力计安装示意图

1—压力计　2—切断阀　3—凝液管　4—取压容器　5—隔离罐

泵、压缩机的出口压力）时，应安装缓冲器或阻尼器。

做一做：压力变送器的认识和校验。

1. 训练目的

通过实验，熟悉压力变送器的具体结构，进一步明确各部件的作用，巩固和加深压力变送器的工作原理及整机特性的理解。掌握压力变送器零点、量程的调整方法，零点迁移方法和精度测试方法。了解压力变送器的安装及使用方法。

2. 仪器设备

压力变送器、电流表、直流稳压电源。

3. 训练指导

1）压力变送器的主要技术指标。

测量范围：　0～6kPa　　　输出电流；4～20mA

负载能力：　250～300Ω　　工作电源：DC 24(1±5%)V

2）注意事项。接线时，应注意电源极性。完成接线后，应检查接线是否正确，并请指导教师确认无误后，方能通电。没通电、不加压；先卸压、再断电。进行量程调整时，应注意调整电位器的调整方向，并分清楚调零电位器和满量程电位器。小心操作，切勿生扳硬拧，严防损坏仪表。一般仪表应通电预热15min后再进行校验。如果压力变送器的安装位置与取压点不在一个水平位置上，应对压力变送器进行零点迁移。

4. 训练内容

1）校验压力变送器，压力变送器是两线制，应串入24V直流电源。

2）压力变送器的零点及量程调校。

零点调整：在水箱没水时，观察输出电流表的读数是否为4mA；如果不对，则调整调零电位器，直至读数为4mA。

满量程调整：待零点调好后，给水箱加水，增加到测量范围上限值（450mm）时，观察电流表的电流是否为20mA；如果不对，则调整满量程电位器，直至输出电流为20mA。

满量程调整后会影响零点，因此零点、满量程需反复多次调整，直至满足要求为止。

3）填写实验数据记录表（见表1-16）。

表1-16　压力变送器实验数据记录表

输入	输入信号刻度分值		0	25%	50%	75%	100%
输出	输出信号标准值 $I_{o标}$/mA						
	输出信号实测值 $I_{o实}$/mA	正行程					
		反行程					
误差	实测引用误差(%)	正行程					
		反行程					
	($I_{o正}-I_{o反}$)/mA						
	实测基本误差(%)						
	实测变差(%)						
	实测准确度等级						

（三）流量检测元件及仪表的选择

流量检测元件及仪表的选用会因工艺条件和被测介质的差异而有所不同，且检测要求也不一样，要使一类流量检测元件及仪表满足所有的检测要求是不可能的。为此，全面了解各类检测元件及流量仪表的特点和正确认识它们的性能，是合理选用检测元件及仪表的前提。常用流量检测元件及仪表与被测介质特性的关系见表1-17。

各种流量检测元件及仪表可依据流量刻度、测量范围、工艺要求、流体参数变化、安装要求、价格、被测介质或对象的不同进行选择。

表1-17 流量检测元件及仪表与被测介质特性的关系

仪表种类		介质											
		清洁液体	沾污液体	蒸汽或气体	黏性液体	腐蚀性液体	腐蚀性浆液	含纤维浆液	高温介质	低温介质	低流速液体	部分充满管道	非牛顿流体
差压式流量计	孔板	○	●	○	●	◎	×	×	○	●	×	×	●
差压式流量计	文丘里管	○	●	○	●	●	×	×	●	●	●	×	×
	喷嘴	○	●	○	●	●	×	×	○	●	●	×	×
	弯嘴	○	●	○	×	◎	×	×	○	×	×	×	●
电磁流量计		○	○	×	×	○	○	○	●	×		●	
漩涡流量计		○	●		●	◎	×	×	◎	◎	×	×	×
容积流量计		○	×	○	○	●	×	×	◎	◎	◎	×	×
靶式流量计		○	◎	○	◎	◎	●	×	◎	●	×	×	●
涡轮流量计		○	●	○	◎	◎	×	×	●	◎	●	×	×
超声波流量计		○	●	×	●	●	×	×	×	●	●	×	×
转子流量计		○	●	○	◎	◎	×	×	◎	×	◎	×	×

注：○表示适用；◎表示可以用；●表示在一定条件下可以用；×表示不适用。

做一做：流量计的认识。

1. 训练目的

通过拆装，熟悉流量计的结构组成，了解其工作过程，认识其结构形式；通过对流量计的测试和校验，掌握流量计校验方法，理解其相关特性及性能指标含义；了解电磁流量计的基本工作原理。

2. 仪器设备

电磁流量传感器、电磁流量转换计、调节阀、水泵、电流表、管道配件。

3. 注意事项

仪表安装、接线后，正式投入运行之前，应严格检查安装、接线是否正确。将传感器前后阀门打开，让传感器测量管内充满被测介质。

4. 工作步骤

1）将传感器和转换计导线连接正确。

2）让传感器中充满介质。

3）通电预热15min。

4）打开水泵，改变调节阀的开度，分别记录流量转换计显示数据，记录其输出电流。完成表1-18，画出输出流量-电流曲线图。

表 1-18　流量计线性测试

流量	0	10%	20%	30%	40%	50%	60%	70%	80%	90%	100%
电流											

5）观察曲线可看出流量计的线性情况。

做一做：为加热炉控制系统选择控制器及测量仪表。

我们已了解控制器的参数设置和各种仪表的选型，每个小组的同学根据加热反应炉的控制要求及特点，结合查找的资料，选择控制器和测量仪表，填入表 1-19 中。

表 1-19　控制器及测量仪表选型表

班级、组别及成员：			
名称	型号	数量	
控制器			
温度测量仪表			
液位测量仪表			
流量测量仪表			
压力测量仪表			
小组签字确认		日期	

【项目实现】

学生活动（小组活动）：

1）分组进入实训工作区进行实际操作。

2）在教师指导下先把元器件选好，并列出明细。

3）画出系统接线图进行硬件设计。

4）结合项目控制要求及工艺要求，完成控制器、检测与变送装置及执行器的安装与管路连接，填写好项目实施记录。

一、过程控制系统工艺流程图的绘制

过程控制系统工艺流程图是用图示的方法把工业生产的工艺流程和所需的设备、管道、阀门、管件、管道附件及仪表控制点表示出来的一种图样，是设备布置和管道布置设计的依据，也是施工、操作、运行及检修的指南。根据工艺设计的不同阶段，工艺流程图可分为工艺方案流程图、物料流程图和施工流程图。其中施工流程图又称为带控制点的工艺流程图。

图 1-80 所示为物料残液蒸馏处理系统的施工流程图。由该图可以看出，施工流程图的绘制主要包括设备的画法及标注、工艺流程线的画法及标注、管件的画法及标注、仪表的画法及标注 4 个方面。

（一）识图基础

1. 设备的画法及标注

（1）设备的画法　它是根据工艺流程，从左至右用细实线画出各个设备、机器的示意

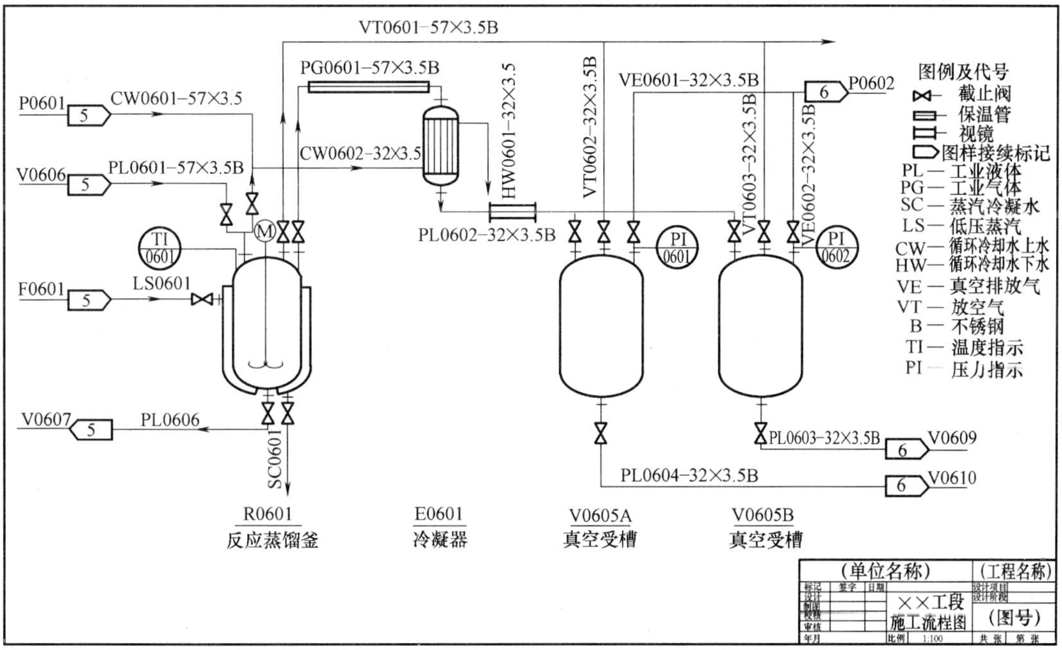

图 1-80　物料残液蒸馏处理系统的施工流程图

图。对标准中未规定的设备、机器的图形可根据实际外形简化绘制，同一设计中，同类设备的外形应一致。表 1-20 给出了工艺流程图中的常用设备、机器图例。

表 1-20　常用设备、机器图例

设备类别	分类号	图例	设备类别	分类号	图例
塔	T	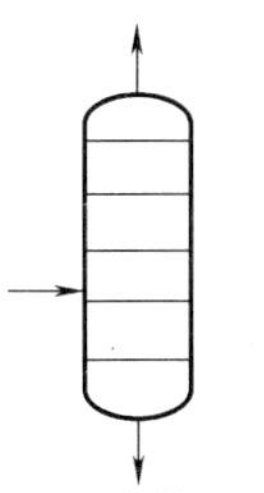 板式塔	反应器	R	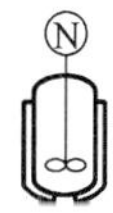 聚合釜  固定床反应器
换热器	E	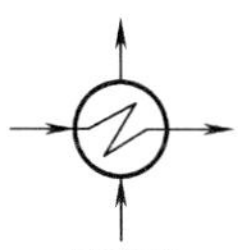 换热器 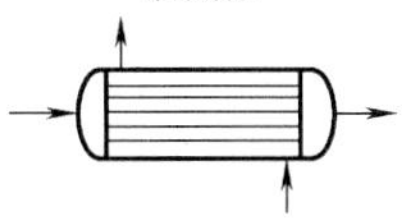 固定管板式	容器	V	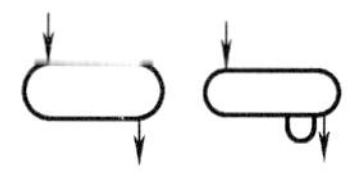 卧式槽 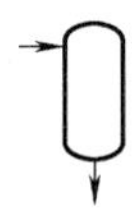 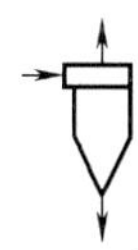 立式槽　旋风分离器   球罐　锥顶罐

（续）

设备类别	分类号	图例	设备类别	分类号	图例
压缩机、风机	C	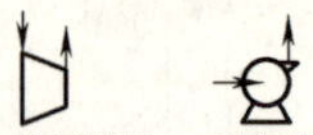 离心式压缩机　鼓风机	泵	P	 离心泵
工业炉	F	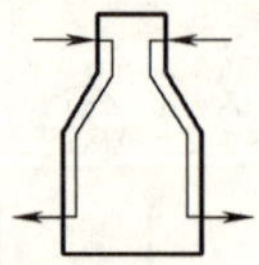 圆筒炉			

（2）设备的标注　画好各个设备、机器的示意图后，还应对每个工艺设备、机器进行标注，主要标注设备的位号和名称。标注格式如图 1-81 所示，标注形式类似分式，在分号的上方（分子）标注设备位号，在分号的下方（分母）标注设备名称。设备位号由设备分类号、车间或工段号、设备序号和相同设备的序号组成。其中，设备分类号见表 1-20；工段号用两位数字表示，从 01 开始编号；设备序号也采用两位数字表示；相同设备的序号用大写英文字母 A、B、C……表示，以区别同一位号的相同设备。

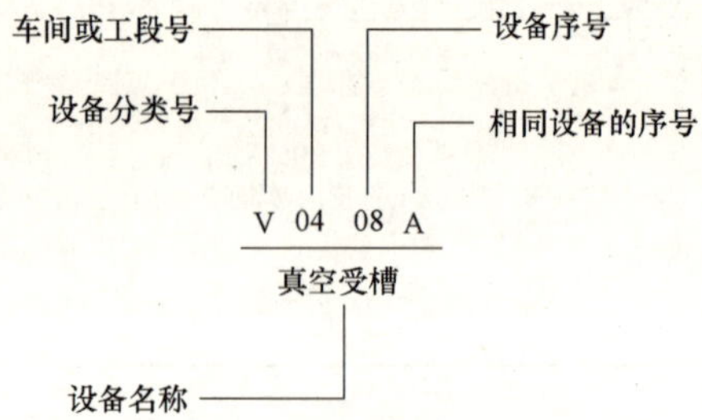

图 1-81　设备的标注格式

2. 工艺流程线的画法及标注

在工艺流程图中是用线段表示管道的，故常称为管线，又称工艺流程线。所有工艺流程线都应画出箭头，用于表示物料的流向。常用工艺流程线的画法见表 1-21。

表 1-21　常用工艺流程线的画法

名　称	图　例	说　明
主物料管道		粗实线 b(0.9mm)
辅助管道		中粗线 $b/2$(推荐 0.6mm)
仪表管道		细实线 $b/3$(推荐 0.3mm)
伴热(冷)管道		虚线 $b/2$(推荐 0.6mm)
管道隔热管		在适当位置画出
夹套管		可只画两端一小段

工艺流程图中一般应画出所有工艺材料和辅助物料的管道。当辅助管道比较简单时，可将总管绘制在流程图的上方，向下引支管至有关设备。一般情况下，主工艺物料管道用粗实线绘制，辅助管道用中粗线绘制，仪表及信号传输管道用细实线或细虚线绘制。

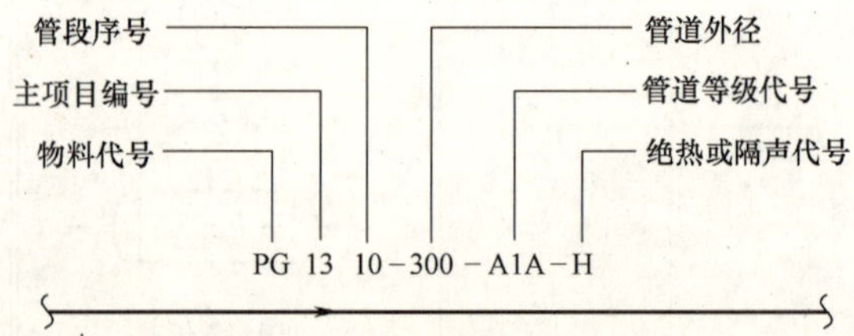

图 1-82　管线的标注格式示例

所有管线都必须进行标注，管线的标注格式如图 1-82 所示。物料代号、管道等级代号、绝热或隔声代号等可参见 HG/T 20519—2009 标准相关内容。

当工艺流程简单、管道品种规格不多时，则管道标注格式中的管道等级代号及绝热或隔声代号可省略。管道尺寸可直接填写管子的外径×壁厚，并标注工程规定的管道材料代号，如 PL 06 01-57×3.5B。

3. 管件的画法及标注

管道上的管件有阀门、管接头、三通、四通、法兰等。这些管件可连通、分流、调节、切换管道中的流体。常用管件的图形符号见表 1-22。

表 1-22　常用管件的图形符号

名称	图形符号	名称	图形符号
闸阀		隔膜阀	
截止阀		三通截止阀	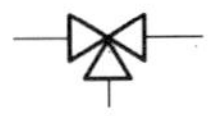
球阀		四通截止阀	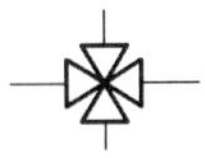
蝶阀	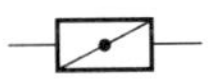	四通球阀	
文氏管	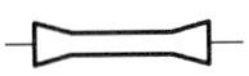	减压阀	
法兰连接		管端法兰	

4. 仪表的画法及标注

在施工流程图上要用细实线画出所有与工艺有关的检测仪表、调节控制系统的图形，并由图形符号和字母代号组合起来表达工业仪表所处理的被测变量和功能。

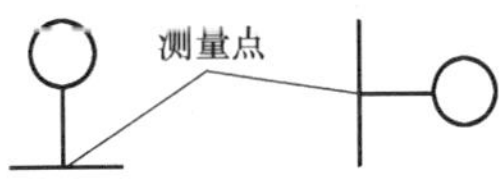

图 1-83　仪表的测量点

(1) 图形符号　仪表的测量点由过程设备轮廓线或管道线引到仪表圆圈的线的起点表示，如图 1-83 所示。仪表的图形符号是一个细实线圆圈，直径约 10mm。不同的仪表安装位置的图形符号见表 1-23。

表 1-23　仪表安装位置的图形符号

安装位置	图形符号	安装位置	图形符号
就地安装仪表	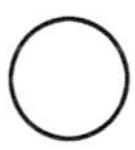	就地安装仪表（嵌在管道中）	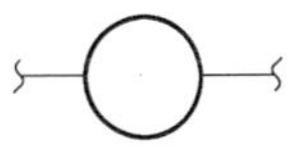
集中仪表盘面安装仪表	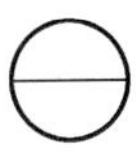	集中仪表盘面安装仪表	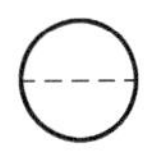
就地仪表盘面安装仪表	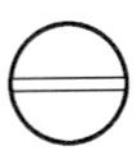	就地仪表盘面安装仪表	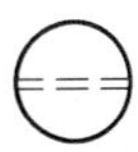

(2) 仪表的位号　仪表的位号由字母代号和数字编号两部分组成。其中，字母代号写在仪表圆圈的上半部，数字编号写在圆圈的下半部，如图 1-84 所示。

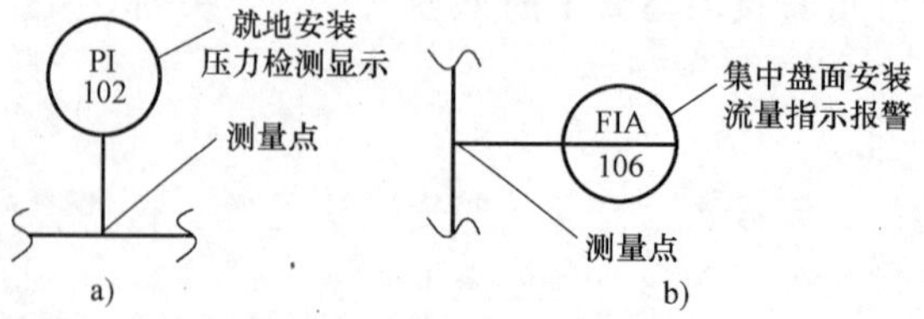

图 1-84　仪表的画法与标注

字母代号由表示被测变量的第一位字母和表示功能的后继字母组成。字母代号的含义见表 1-24。其中，修饰词一般作为首位的修饰，用小写字母表示，后继字母按 I、R、C、T、Q、S、A（指示、记录、控制、传送、积算、开关或联锁及报警）的顺序标注。同时具有指示和记录功能时，只标注字母代号"R"，而不标注"I"；同时具有开关和报警功能时，只标注字母代号"A"，而不标注"S"；当"SA"同时出现时，表示具有联锁报警功能。当后续字母是"Y"时，表示仪表具有继动器或计算器功能，此时，应在图形符号的外圈标注它的具体功能，常用继电器或计算器功能符号或代号见表 1-25。

数字编号由区域编号和回路编号组成，一般情况下，区域编号为一位数字，回路编号为两位数字。

表 1-24　字母代号的含义

字母	第一位字母		后继字母	字母	第一位字母		后继字母
	被测变量	修饰词	功能		被测变量	修饰词	功能
A	分析		报警	N	供选用		供选用
B	喷嘴火焰		供选用	O	供选用		节流孔
C	电导率		控制(调节)	P	压力或真空		试验点(接头)
D	密度或比重	差		Q	数量或件数	积分、累计	积分、累计
E	电压(电动势)		检测元件	R	放射性		记录或打印
F	流量	比(分数)		S	速度或频率	安全	开关或联锁
G	尺度(尺寸)		玻璃	T	温度		传送
H	手动(人工触发)			U	多变量		多功能
I	电流		指示	V	黏度		阀、风门
J	功率	扫描		W	重量或力		套管
K	时间或时间程序		操作器	X	未分类		未分类
L	物位		灯	Y	供选用		继电器或计算器
M	水分或湿度			Z	位置		驱动、执行

例如：图 1-85a 中，PI 表示压力指示仪表，102 表示 1 工段 02 号仪表；图 1-85b 中，FIA 表示流量指示报警仪表，106 表示 1 工段 06 号仪表。

表 1-25　常用继电器或计算器功能符号或代号

序号	符号或代号	含义	序号	符号或代号	含义
1	1　0 或 ON OFF	自动接通、断开或变换一个或多个线路	11	$\int$	积分(时间积分)
2	Σ 或 ADD	加或总计	12	X^n 或 $X^{1/n}$	n 或 $1/n$ 次幂
3	Δ 或 DIFF	减	13	F(X)	函数
4	±、+、-	偏置	14	1:1	功率放大
5	AVG	平均	15	> 或 H. S	高选:选择最高(较高)的被测变量
6	% 或 1:3 或 2:1(举例)	增益或衰减(输入:输出)	16	< 或 L. S	低选:选择最低(较低)的被测变量
7	×	乘	17	REV	反向
8	÷	除	18	E/P 或 P/I(举例)	表示输入/输出转换,E:电压;H:液压;I:电流;O:电磁或声;P:气压;R:电阻;F:频率
9	$\sqrt{}$ 或 SQ、RT	二次方根	19	D 或 d/dt	微分或速率
10	A-D 或 D-A	表示模-数转换或数-模转换	20	I/D	反微分

(二) 识图练习

1. 常用图形符号实例

常用图形符号实例见表 1-26。

表 1-26　常用图形符号实例

名称	安装方式	图形符号	名称	安装方式	图形符号
温度调节阀	就地安装	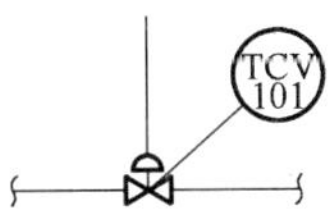	流量记录仪表(检测元件为文丘里管或喷嘴)	就地安装	
流量指示积算仪表	嵌入管道		液位指示报警仪表(带上、下限)	就地盘面安装	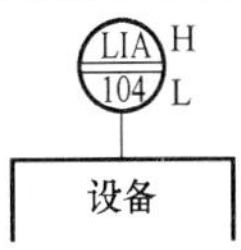
成分记录仪表(二氧化碳)	集中盘面安装	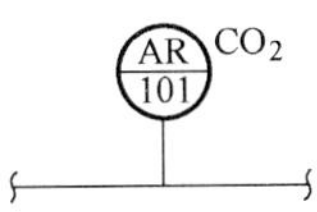	湿度指示控制系统(电磁阀)	就地安装	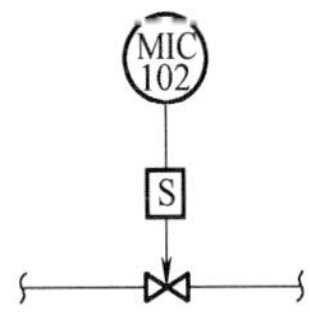
温度压力串级控制系统(S. P 表示设定点)	集中盘面安装	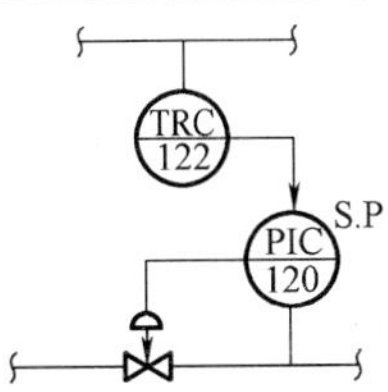	液位指示控制系统(气压信号控制)	就地盘面安装	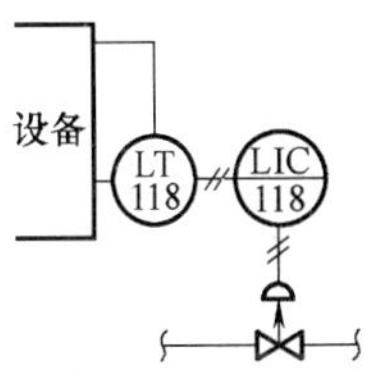

2. 脱乙烷塔工艺流程图

脱乙烷塔是乙烯生产过程中的重要设备，用于分离乙烷与丙烯及更重组分的精馏塔。塔顶出乙烷和更轻组分（如乙烯、甲烷），塔底出丙烯和更重组分。工艺流程图如图 1-85 所示。

塔顶压力控制系统中的 PIC-207，其中第一位字母 P 表示被测变量为压力，第二位字母 I 表示具有指示功能，第三位字母 C 表示具有控制功能。因此，PIC 的组合就表示一台具有指示功能的压力控制器，该控制系统是通过改变气相采出量来维持塔压稳定的。

回流罐液位控制系统中的 L1C-201 是一台具有指示功能的液位控制器，它是通过改变进入冷凝器的冷剂量来维持回流罐中液位稳定的。

塔下部温度控制系统中的 TRC-210 表示一台具有记录功能的温度控制器，它是通过改变进入再沸器的加热蒸汽量来维持塔底温度恒定的。

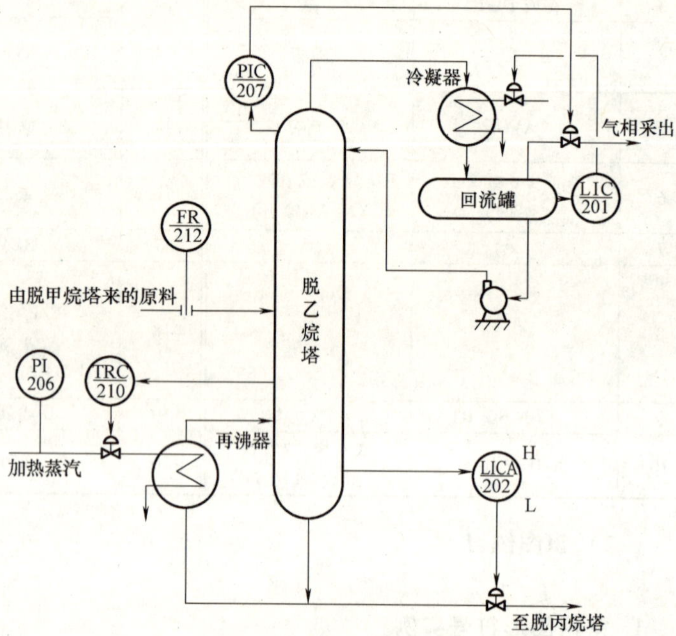

图 1-85　脱乙烷塔工艺流程图

塔底液位控制系统中的 LICA-202 表示一台具有指示、报警功能的液位控制器，它是通过改变塔底采出量来维持塔釜液位稳定的。

进料管道处的 FR-212 代表一台具有记录功能的流量计，用于监视进料量的多少，其检测元件为孔板。

加热蒸汽管道处的 PI-206 代表一台具有指示功能的压力表，用于监视蒸汽的压力。

做一做：绘制加热炉的工艺流程图。

想一想：加热反应炉控制系统还缺少什么？

二、执行器选型及安装

（一）调节阀的选择

选用调节阀时，一般要根据被控介质的特点（温度、压力、腐蚀性及黏度等）、控制要求、安装地点等因素，参考各种类型调节阀的特点合理地选用。选用时，一般应考虑以下几个主要方面。

1. 调节阀结构与特性的选择

调节阀的结构形式主要根据工艺条件，如温度、压力及介质的物理、化学特性（如腐蚀性、黏度等）来选择。例如，强腐蚀介质可采用隔膜阀，高温介质可选用带翅形散热片的结构类型。

调节阀的结构类型确定以后，还需确定调节阀的流量特性（即阀芯的形状）。一般是先按控制系统的特点来选择阀的希望流量特性，然后再考虑工艺配管情况来选择相应的理想流量特性，使调节阀安装在实际的管道系统中，畸变后的工作流量特性能满足控制系统对它的要求。目前使用比较多的是等百分比流量特性。

2. 气开式与气关式的选择

气动执行器有气开式与气关式两种形式。有压力信号时阀开、无压力信号时阀关的为气开式；反之，为气关式。由于执行机构有正、反作用，调节阀（具有双导向阀芯的）也有正、反作用。因此，气动执行器的气关或气开即由此组合而成。组合方式如图 1-86 所示，执行机构与调节阀的组合方式见表 1-27。

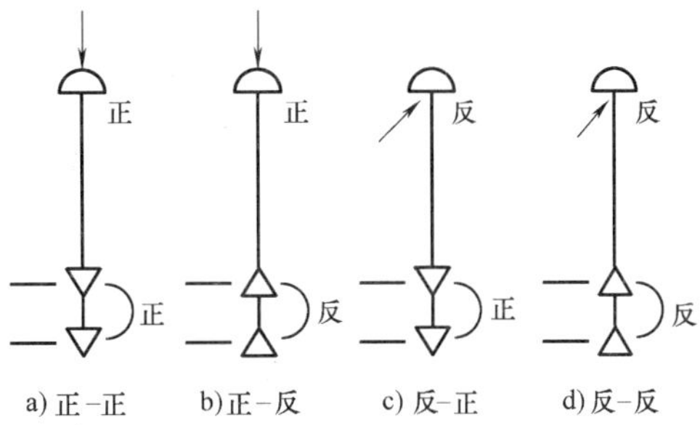

图 1-86　气开、气关组合方式

表 1-27　执行机构与调节阀的组合方式

组合方式	执行机构	调节阀	气动执行器
正-正	正作用	正作用	气关(正)
正-反	正作用	反作用	气开(反)
反-正	反作用	正作用	气开(反)
反-反	反作用	反作用	气关(正)

气开、气关的选择主要从工艺生产安全的角度出发。考虑的原则是：信号压力中断时，应保证设备和操作人员的安全。如果阀处于打开位置时危害性小，则应选用气关式，以使气源系统发生故障或气源中断时，阀门能自动打开，保证安全。反之，阀处于关闭时危害性小，则应选用气开式。例如，加热炉的燃料气或燃料油应采用气开式调节阀，即当信号中断时应切断进炉燃料，以免炉温过高造成事故；又如控制进入设备易燃气体的调节阀，应选用气开式，以防爆炸；若介质为易结晶物料，则选用气关式，以防堵塞。

3. 调节阀口径的选择

调节阀口径选择是否合适将直接影响到控制效果。口径过小，会使流经调节阀的介质达不到所需的最大流量。在干扰大的情况下，系统会因介质流量（即操纵变量的数值）的不足而失控，因而使控制效果变差，此时，若企图通过开大旁路阀来弥补介质流量的不足，将会使阀的流量特性产生畸变；口径过大，不仅会浪费设备投资，而且会使调节阀经常处于小开度工作，控制性能也会变差，容易使控制系统变得不稳定。

调节阀口径的选择是由调节阀流量系数 C 决定的。流量系数 C 的定义为：在给定的行程下，当阀两端压差为 100kPa，流体密度为 $1g/cm^3$ 时，流经调节阀的流体流量（以 m^3/h 表示）。例如，某一调节阀在给定的行程下，当阀两端压差为 100kPa 时，如果流经阀的水流量为 $40m^3/h$，则该调节阀的流量系数 C 为 40。

调节阀的流量系数 C 表示调节阀容量的大小，是表示调节阀流通能力的参数。因此，调节阀流量系数 C 亦可称为调节阀的流通能力。

对于不可压缩的流体，且阀前后压差 p_1-p_2 不太大（即流体为非阻塞流）时，其流量系数 C 的计算公式为

$$C=10Q\sqrt{\frac{\rho}{p_1-p_2}}$$

式中，ρ 是流体密度（g/cm^3）；p_1-p_2 是阀前后的压差（kPa）；Q 是流经阀的流量（m^3/h）。

调节阀全开时的流量系数 C_{100}（即行程为100%时的 C 值），称为调节阀的最大流量系数 C_{max}。C_{max} 与调节阀的口径大小有着直接的关系。因此，调节阀口径的选择实质上就是根据特定的工艺条件（即给定的介质流量、阀前后的压差以及介质的物性参数等）进行 C_{max} 值的计算，然后按调节阀生产厂家的产品目录，选出相应的调节阀口径，使得通过调节阀的流量满足工艺要求的最大流量且留有一定的裕量，但裕量不宜过大。

（二）气动执行器的安装和维护

气动执行器的正确安装和维护，是保证它能发挥应有效用的重要一环。对气动执行器的安装和维护，一般应注意以下几个问题：

1）为便于维护检修，气动执行器应安装在靠近地面或楼板的地方。当装有阀门定位器或手轮机构时，更应保证观察、调整和操作的方便。

2）气动执行器应安装在环境温度不高于60℃和不低于-40℃的地方，并应远离振动较大的设备。为了避免膜片受热老化，调节阀的上膜盖与载热管道或设备之间的距离应大于200mm。

3）阀的公称通径与管道公称通径不同时，两者之间应加一段异径管。

4）气动执行器应该是正立垂直安装于水平管道上。特殊情况下需要水平或倾斜安装时，除小口径阀外，一般应加支撑。即使正立垂直安装，当阀的自重较大和有振动场合时，也应加支撑。

5）通过调节阀的流体方向在阀体上有箭头标明，不能装反，正如孔板不能反装一样。

6）调节阀前后一般应各装一只切断阀，以便修理时拆下调节阀。考虑到调节阀发生故障或维修时，不影响工艺生产的继续进行，一般应装旁路阀，如图1-87所示。

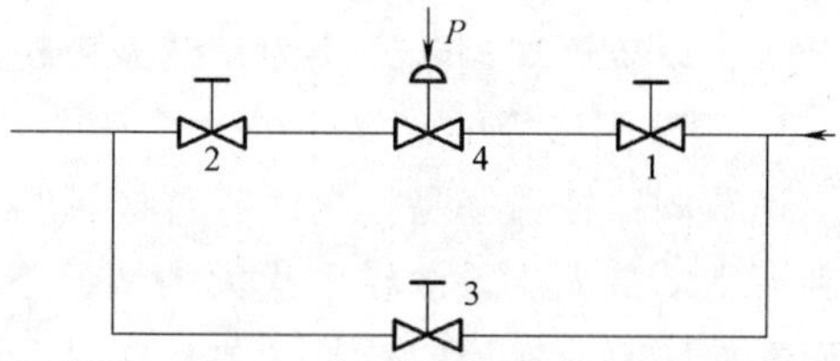

图1-87　控制阀安装示意图

1、2—切断阀　3—旁路阀　4—调节阀

7）调节阀安装前，应对管路进行清洗，排去污物和焊渣。安装后，还应再次对管路和阀门进行清洗，并检查阀门与管道连接处的密封性能。当初次通入介质时，应使阀门处于全开位置，以免杂质卡住。

8）在日常使用中，要对调节阀经常维护和定期检修。应注意填料的密封情况和阀杆上下移动的情况是否良好，气路接头及膜片是否漏气等。检修时，重点检查部位有阀体内壁、阀座、阀芯、膜片、密封圈及密封填料等。

（三）电动调节阀的安装和使用注意事项

1）电动调节阀最好是正立垂直安装在水平管道上，特殊需要时也可任意安装（除使电动调节阀倒置外）。在阀自重较大和有振动场合倾斜安装时应加支承架。

2）安装时，应使介质的流通方向和阀体标定箭头方向一致，电动调节阀一般应设置旁通管路。阀的口径与管路直径不一致时，应采用渐缩管件。电动调节阀的安装地点应留有足够的空间，以便调试与维修。

3）安装电动调节阀时，应避免给阀带来附加应力，当调节阀安装在管道较长的地方时，应安装支承架；安装在振动剧烈的场合时，应采取相应的避振措施。

4）在安装电动调节阀前，应清洗管道，清除污物，安装后使阀全开，再对管路、阀进行清洗及检查各连接处的密封性。

5）注意防潮，应防止灰尘加快阀杆与填料的磨损，引起填料处泄漏。另外，若安装在露天场合，应加装保护罩，以防暴晒雨淋。

6）打开电动执行机构外罩即可进行外部接线，在执行机构和阀开始工作之前，以及移开外壳之前，应切断执行机构的主电源。

7）将 AC 220V 电源相线连接到图 1-61 所示执行机构的“9”端，中性线连接到“10”端；接地线连接到接地端。

8）为避免冷凝水进入执行机构，在环境温度变化较大或湿度较大的情况下，需要安装加热电阻。

9）手轮操作：必须先断电源，再手动操作手轮。

10）在安装电动调节阀时，不要直接采用电焊，以免损坏内部电路。

（四）其他辅助仪表

在石油、化工等生产过程中，有许多场合对防爆有比较严格的要求，因此，气动执行器的应用最为广泛。当采用电动仪表或计算机进行控制时，就要配用电—气转换器或电—气阀门定位器，将电信号转换为标准气压信号，以便和薄膜式气动调节阀或活塞式气动调节阀配套使用。图 1-88a、b 分别为电—气转换器和电—气阀门定位器与气动执行器配用的框图。

电—气转换器用于将 DC 4 ~ 20mA 转换成 20 ~ 100kPa 的标准气压信号，以便使气动执行器能接收控制器送来的统一标准信号。电—气阀门定位器除了能够将 DC 4 ~ 20mA 转换成 20 ~ 100kPa 的标准气压信号外，还能从调节阀推杆位移取得反馈信号，使输入电流与调节阀位移之间有良好的线性关系。电—气阀门定位器反应速度快、线性好，能克服较大的阀杆摩擦力，可消除由于传动间隙所引起的误差，因此，其用途十分广泛，尤其在阀前后压差较大的场合也能正常工作。

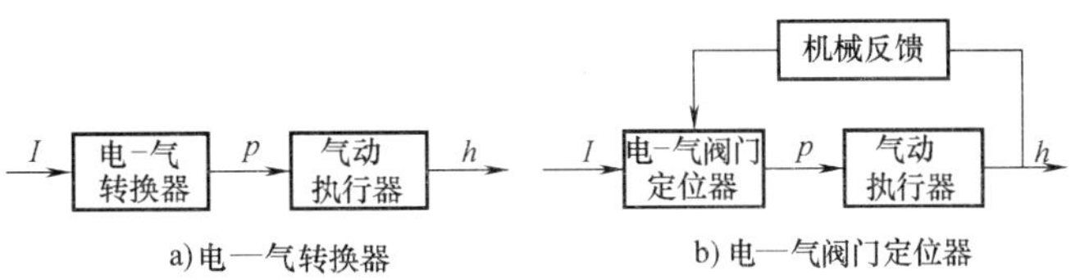

图 1-88　电—气转换示意图

1. 电—气转换器

图 1-89 所示为一种力平衡式的电—气转换器原理图。

其动作原理是：来自电动仪表的 DC 4～20mA 信号通入测量线圈中，测量线圈固定在杠杆上，并能在永久磁钢的空隙中自由地上下运动；当输入电流增加时，测量线圈的电流和磁钢的恒定磁场相互作用，产生电磁力，使杠杆绕十字簧片支承逆时针方向偏转，则挡板靠近喷嘴，使喷嘴的背压升高；喷嘴的背压经气动功率放大器放大后，即为输出信号 p，p 同时进入反馈波纹管中，产生一个使杠杆绕支承顺时针偏转的力矩；当电磁力产生的力矩与 p 产生的反馈力矩相平衡时，p 稳定在一个数值上，使输入电流成比例地转换为 20～100kPa 的气压信号。弹簧可用于调节输出零点。量程的粗调可左右移动波纹管的安装位置，细调可调节永久磁钢的磁分路螺钉。

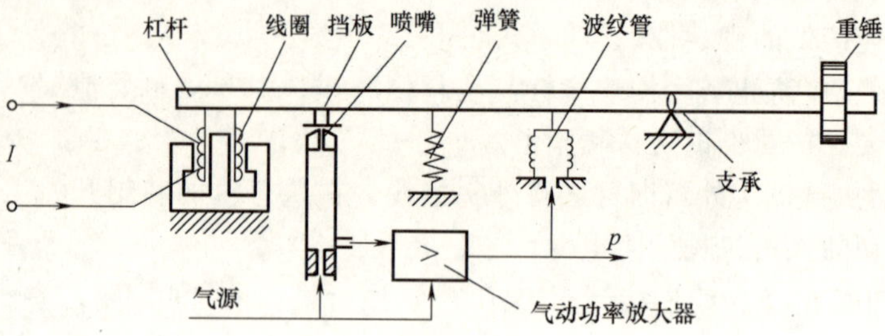

图 1-89　电—气转换器的原理图

2. 阀门定位器

阀门定位器是调节阀的主要附件，它与气动调节阀配套使用，接收调节器的控制信号，然后输出信号控制气动调节阀，当调节阀动作后，阀杆的位移又通过机械装置反馈到阀门定位器，如图 1-90 所示。

阀门定位器按其结构形式和工作原理的不同可分为气动阀门定位器、电—气阀门定位器和智能阀门定位器。此处重点介绍电—气阀门定位器。

（1）电—气阀门定位器的用途　电—气阀门定位器可与气动执行器组成闭环回路，其主要用途如下：

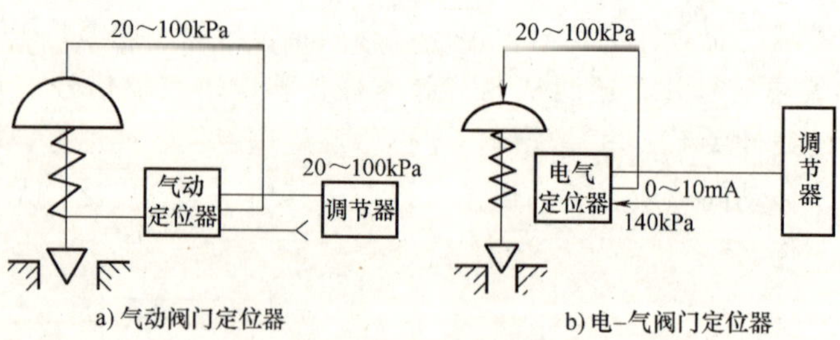

图 1-90　阀门定位器的作用图

1）用于高压差的场合。

2）用于高压、高温或低温介质的场合。

3）用于介质中含有固体悬浮物或黏性流体的场合。

4）用于调节阀口径较大的场合。

5）用于实现分程控制。

6）用于改善调节阀的流量特性。

（2）电—气阀门定位器的工作原理　电—气阀门定位器的工作原理如图1-91所示，它是根据力矩平衡原理工作的。

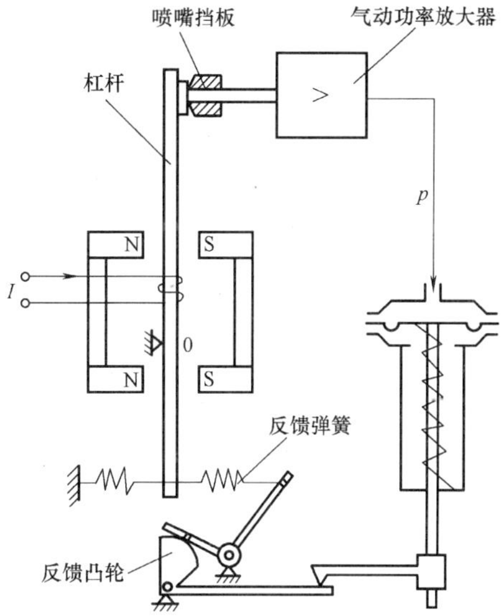

图1-91　电—气阀门定位器的工作原理

由调节器或操作端安全栅送来的4～20mA信号输入线圈后，位于线圈中的动铁（固定线圈的部分杠杆）磁化而产生磁场；同时，动铁又位于永久磁钢所产生的磁场之中。因此，两个磁场相互作用，使动铁产生以支点为中心的偏转电磁力矩。在动铁的一端固定有挡板，所以动铁的偏转改变了喷嘴与挡板之间的间隙，从而引起气动功率放大器背压的变化，背压的变化经气动功率放大器放大后，得到20～100kPa的气压信号，驱动气动薄膜调节阀的阀杆动作。利用调节阀推杆的位移，带动比例臂，使比例臂另一端的反馈凸轮轴转动，凸轮推动反馈杆，通过反馈弹簧给动铁以反馈力矩，使动铁达到力的平衡，从而实现输入电流与阀位的比例关系。调整调零螺钉就可以改变动铁的初始位置，从而实现调零。

（3）电-气阀门定位器的调校　阀门定位器调校连接图如图1-92所示。

以膜下弹簧的正作用式气动调节阀为例，其调校步骤如下。

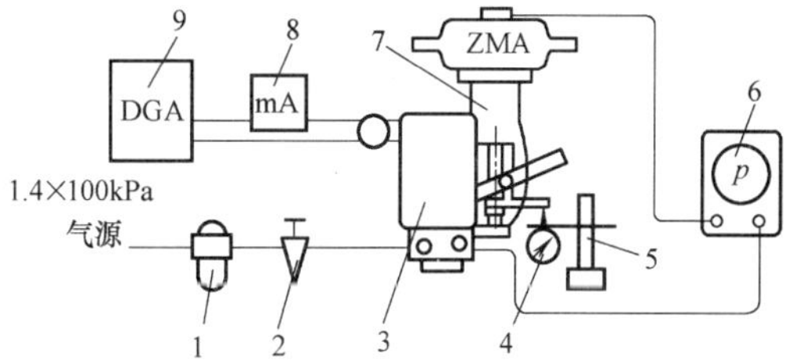

图1-92　阀门定位器调校连接图

1—过滤器　2—减压器　3—电—气阀门定位器　4—百分表　5—百分表架　6—0.5级压力表　7—气动薄膜调节阀　8—0.5级毫安表　9—恒流给定器（0～20mA）

1）校正比例臂位置。

① 将外调整螺母按执行机构的行程固定于比例臂相对应的刻度上，并将滚轮置于槽板内，使之能自由滚动，又不致脱出。槽板应水平安装。

② 校正好比例臂位置。将气源调节至1400kPa，给定12mA电流信号，使调节阀阀杆行程为50%，通过调整阀杆位置的升降，使比例臂处于水平位置。否则将出现线性不良，甚至产生故障。

2）零位调整和量程调整。

① 零位调整。给定信号电流4mA，通过顺时针（输出增大）或逆时针（输出减小）旋动调零螺钉，使输出压力为20kPa左右，或感觉阀杆有微小的位移即可。

② 量程调整。给定信号电流8、12、16、20mA，使阀杆行程对应值为25%、50%、75%、100%（观察百分表），或使输出压力值为0.4kgf/cm^2（1kgf/cm^2 = 0.098MPa）、0.6kgf/cm^2、0.8kgf/cm^2、1.0kgf/cm^{2}左右，若量程偏大或偏小，可通过移动外调整螺母左右位置来调整。往左移动，量程减小；反之，量程增大。每调整一次行程，零位需重新调整。

③ 通过几次零位和量程的反复调整，合格后输入给定信号，观察其稳定性和重复性，符合要求后，即可投入运行。

三、参数测量仪表安装

（一）仪表安装术语

自动化仪表要完成其检测或调节任务，其各个部件必须组成一个回路或组成一个系统。仪表安装就是把各个独立的部件即仪表、管线、电缆、附属设备等按设计要求组成回路或系统完成检测或调节任务。也就是说，仪表安装根据设计要求完成仪表与仪表之间、仪表与工艺管道、现场仪表与中央控制室、现场控制室之间的种种连接。这种连接可以用管道连接（如测量管道、气动管道、伴热管道等），也可以是电缆（包括电线和补偿导线）连接。通常是两种连接的组合和并存。

（1）一次点　一次点指检测系统或调节系统工程中，直接与工艺介质接触的点，如压力测量系统中的取压点、温度检测系统中的热电偶（电阻体）安装点等。一次点可以在工艺管道上，也可以在工艺设备上。

（2）一次部件　一次部件又称取源部件。通常指安装在一次点的仪表加工件，如压力检测系统中的温度计接头（又称凸台）。一次部件可能是仪表元件，如流量检测系统中的节流元件，也可能是仪表本身，如容积式流量计、转子流量计等，更多的可能是仪表加工件。

（3）一次阀门　一次阀门又称要部阀、取压阀。指直接安装在一次部件上的阀门。如与取压短节相连的压力测量系统的阀门，与孔板正、负压室引出管相连的阀门等。

（4）一次仪表　一次仪表是现场仪表的一种，是指安装在现场且直接与工艺介质相接触的仪表，如弹簧管压力表、双金属温度计、双波纹管差压计。热电偶与热电阻不称作仪表，而称为感温元件，所以又称一次元件。

（5）一次调校　一次调校通称单体调校，指仪表安装前后的校验。按《自动化仪表工程施工及质量验收规范》GB 50093—2013 的要求，原则上每台仪表都要经过一次调校。调校的重点是检测仪表的示值误差；调节仪表的比例度、积分时间、微分时间的误差，控制点偏差，平衡度等。只有一次调校符合设计或产品说明书要求的仪表，才能安装，以保证二次调校的质量。

（6）二次仪表　二次仪表是仪表示值信号不直接来自工艺介质的各类仪表的总称。二次仪表的仪表示值信号通常由变送器变换成标准信号。二次仪表接收的标准信号一般有三种：①气动信号，0.02～0.10kPa；②Ⅱ型电动单元仪表信号，DC 0～10mA；③Ⅲ型电动单元仪表信号，DC 4～20mA。也有个别的不用标准信号，一次仪表发出电信号，二次仪表直接指示，如远传压力表等。二次仪表通常安装在仪表盘上，按安装位置又可分为盘装仪表和架装仪表。

（7）现场仪表　现场仪表是安装在现场的仪表总称，是相对于控制室而言的。可以认为除安装在控制室的仪表外，其他仪表都是现场仪表，包括所有一次仪表，也包括现场的二次仪表。

（8）二次调校　二次调校又称二次联校、系统调校，指仪表现场安装结束，控制室配管配线完成且校验通过后，对整个检测回路或自动调节系统的检验，也是仪表交付正式使用前的一次全面校准。其校验方法通常是在测量外节上加一干扰信号，然后仔细观察组成系统的每台仪表是否工作在误差允许范围内，如果超出允许范围，又找不出准确的原因，要对组成系统的全部仪表重新调试。

(9) 仪表加工件　仪表加工件是指全部用于仪表安装的金属、塑料机械加工件的总称。也就是仪表之间，仪表与工艺设备、工艺管道之间，仪表与仪表管道之间，仪表与仪表阀门之间的配管、配线，及其附加装置之间金属的或塑料的机械加工件的总称，仪表加工件在仪表安装中占有特殊地位。

(10) 带控制点流程图　管道专业的图名是管道仪表图，它详细地标出仪表的安装位置，是确定一次点的重要图样。

(二) 仪表安装程序

自动化仪表系统按其功能可分为三大类型：检测系统、自动调节系统和信号联锁系统。从安装角度来说，信号联锁系统往往隐含于检测系统和自动调节系统之中。因此安装系统只有检测系统和自动调节系统两大类型。

不管是检测系统还是自动调节，除仪表本身的安装外，还包括与这两大系统有关的许多附加装置的制作、安装。除此之外，仪表为工艺服务这一特性决定着它与工艺设备、工艺管道、土建、电气、防腐、保温及非标制作等各专业之间的关系。它的安装必须与上述各专业密切合作，而这种配合，往往是自控专业人员需要主动，甚至为顾全大局，做出局部让步，才能最终完成自控安装任务。

仪表安装程序可分为三个阶段，即施工准备阶段、施工阶段和试车、交工阶段。

1. 施工准备阶段

施工准备是安装的一个重要阶段，它的工作充分与否，直接影响施工的进展乃至仪表试工任务的完成。

施工准备包括资料准备、技术准备、物资准备、表格准备及施工工具、机具和标准仪器的准备。

(1) 资料准备　资料准备是指安装资料的准备。安装资料包括施工图、常用的标准图、自控安装图册、《自动化仪表工程施工及质量验收规范》和质量验评标准以及有关手册、施工技术要领等。

施工图是施工的依据，也是交工验收的依据，还是编制施工图预算和工程结算的依据。一套完整的仪表施工图，应该包括下列内容：

图样目录、设计说明书、仪表设备汇总表、仪表一览表、安装材料汇总表、仪表加工件汇总表、仪表加工件（按工号）一览表、电气材料汇总表、仪表盘正面布置图、仪表盘背面接线图、供电系统图、电缆敷设图、槽板（桥架）定向图、信号及联锁原理图、供电原理图、电气控制原理图、调节系统原理图、检测系统原理图、设备平面图、一次点位置图、调节阀及节流装置计算书及数据表、仪表系统接地、复用图样、带控制点工艺流程图、设计单位企业标准和安装图册等。

上述图样是对常规仪表而言，集散控制系统没有仪表盘，而多了端子柜、输入输出装置、单元控制装置、报警联锁装置和控制中心部分（集散控制系统的介绍详见项目二）。

施工验收规范是施工中必须要达到和遵守的技术要求和工艺纪律。执行什么规范，一般在开工前，即在施工准备阶段必须同建设单位商定妥当。通常国家标准《自动化仪表工程施工及质量验收规范》GB 50093—2013 是设计、施工、建设三方面都接受的标准。但除化工单位外，有些部门、有些企业还有自行的验收标准，这在开工前必须确定。

对于引进项目，在签订合同时，应该明确执行什么标准以及执行标准的深度。若采用国外标准，还应弄清与国内标准（规范）的差异，便于在施工时掌握。

质量评定工作是施工过程中，特别是施工结束时必须完成的一个工作。一般情况下也执行《自动化仪表工程施工及质量验收规范》GB 50093—2013。对质量评定标准，各部门、各行业之间会有不同的要求，在施工准备阶段，必须同建设单位商定。

（2）技术准备　技术准备是在资料准备的基础上进行的。具体包括下列技术准备工作。

1）参与施工组织设计的编制。施工组织设计是施工单位拟建工程项目，全面安排施工准备，规划、部署施工活动的指导性技术经济文件。编制施工组织设计已成施工准备工作不可缺少的内容，并已形成了一项制度。工业和信息化部对编制施工组织设计，就编制内容、编制方法、编制职责、审批程序及权限、组织实施等做了统一规定，并于2014年发布《化工建设项目施工组织设计标准》HG 20235—2014。编制内容主要包括：①编制说明；②建设项目概况简述；③施工部署；④施工方法和施工机械选择；⑤施工总进度控制计划；⑥劳动力需用计划；⑦临时设施规划；⑧施工总平面图布置；⑨施工技术组织措施纲要；⑩各项需要量计划；⑪施工准备工作计划；⑫主要技术经济指标；⑬本工程所要用的主要标准、规程、规范编目；⑭其他项目说明。

2）施工方案的编制。施工方案按其内容的重要性决定了它的审批权限。施工方案分为三类。自控专业最重要的方案是中控室仪表的调校方案（集散系统），属于第三类方案。它由施工队自控专业技术负责人编写，项目部（或工程处）工程部自控专业技术负责人审核，项目部总工程师审批。其他方案，如仪表安装方案、单体调校方案、信号联锁系统高度方案等均属于一、二类方案，由施工队技术员编写，技术组长审核，项目部（工程处）自控专业技术负责人审批。有些更小的方案，如电缆敷设方案等只要施工单位审批，工程部备案即可。

一个完整的自控技术方案，应包括如下内容：①编制说明；②编制依据；③工程概况，包括主要的实物量；④工程特点；⑤主要施工方法和施工工序；⑥质量要求及质量保证措施；⑦安全技术措施；⑧进度网络计划或统筹图；⑨劳动力安排；⑩主要施工工具、机具，标准仪器一览表；⑪预计经济效益（几个方案比较中选取）。

主要施工方法和施工工序是方案的核心。质量要求和质量保证措施是方案的基础。这些是技术方案的重点。

施工方案和施工步骤要一步一步具体地写出来。以施工人员拿到方案后，能按照方案自行工作，解决技术问题，并能保证质量，为检验方案的标准。若施工人员拿到施工方案，不能自行施工，那么这个方案是失效的。主要施工方法要写出特色，有新意。若引用国家级、部级工法，要补充施工工艺和主要施工方法。工法（包括企业工作）虽是经过实践行之有效的一种施工方法，但略去了施工诀窍，略去了施工的核心部分。作为施工方案，必须把工法的“保密点”公开。

质量保证是方案得以实施的基础。没有安全技术措施的方案是不完善的施工方案，安全第一应贯穿始终。

3）两次会审。自控专业的技术准备工作，还包括两次重要的图样会审。一次是由建设单位牵头，以设计单位为主，施工单位参加的设计图样会审，主要解决设计存在的问题，特别是设备、材料的缺项和提供的图样、院标、作业指导书是否齐全。另一次图样会审是由施工单位自行组织。通常由技术总负责人（总工程师）牵头，主管工程技术的部门具体组织，各专业技术负责人和各施工队技术人员参加。自控专业在这个会审中解决的重点是其他专业可能会影响仪表施工的问题。这些问题要尽可能地提出来，在施工以前解决。

4）施工技术准备的三个交底，指设计交底、施工技术交底和技术员向施工人员的施工交底。

设计交底在施工准备初期进行。由建设单位组织，施工单位参加，设计单位向这两个单位做设计交底。一般由设计技术负责人主讲，然后按专业分别对口交底。设计交底主要是介绍设计指导思想、设计意图和设计特点。施工单位参加的目的是更好地了解设计，为以后施工中可能产生的种种问题的解决，提供一个明确的指导思想。

施工技术交底是由施工单位中负责施工、技术的部门组织，总工程师或工程处技术负责人向一线施工技术人员的技术交底。重点是对特定的工程项目，准备采用的主要施工方法，使用的主要施工机具，施工总进度的具体安排，质量指标、安全指标、效益指标的交底。

技术人员向施工人员的施工交底一般在施工中进行，严格地说不是施工准备的内容。这是以自控专业工程技术员主讲，具体实施施工人员参加的一个交底，要针对某一具体工序，向施工人员讲清楚工序衔接、施工要领的设想。也就是说，要交代清楚质量要求及执行规范的具体条款，此外还要交代清楚安全要求。这个交底可以是文字的，也可以是口头的，但必须要有记录。

5）划分单位工程。划分单位工程是施工准备的一个重要内容。具体操作是按项目要求，把项目划分成单项工程、单位工程、分部工程和分项工程。

单位工程划分的依据，各部门、各行业之间差别很大。单位工程的划分对下一步施工以及交工资料整理都有直接关系。比较好的做法是与甲方质量检查部门充分协商后划分。

单位工程划分完后，技术部门与质量管理部门一起要编制“选题控制点明细”或称“质量控制点一览表”。按分项工程、分部工程和单位工程的顺序，把每一工序质量检查都列出来，按重要性分为A、B、C三类。C类为班组自检；B类在自检基础上，工程处、项目部质量专职检查员检查认可；A类是在专职质检员认可基础上，通知建设单位，要有甲方认可。检查前要发质量共检单，作为交工资料的一个内容。

6）培训和特殊工、机具准备。技术准备还有一个重要内容是特殊工培训和特殊需要的工、机具的准备。随着工业自动化的飞速发展，施工图提供的设备一览表中新型自动化仪表不断出现，要掌握这些仪表，必须对人员进行必要的培训，要校准这些新仪表，必须配备必要的标准仪表及施工用的工、机具。工程仪表的高速发展必然导致标准仪表与施工工、机具的同步发展。

（3）物资准备　物资准备是施工准备的关键。物资准备包括施工图上提及的所有仪表设备和材料的准备，包括一次仪表、二次仪表、仪表盘（柜），材料表上所列的各种型钢、管材、电缆、电线、补偿导线、加工件、紧固件、垫片，也包括图上未提及的消耗材料、手工用料、临时材料及一些不可预计的材料与设备的准备。物资准备的重点是施工材料（主材和副材）和加工件。加工件包括仪表接头、法兰和辅助容器等。为保证施工进度和工程质量，在准备加工件的同时，也应准备好加工件保管仓库及保管人员，特别是数量不多的贵材料加工件，尤其应该建立严格的出入库制度。

（4）表格准备　对于施工单位来说，竣工时要向建设单位交付两部分内容，一部分是一套完整无缺能够按设计要求进行运转的装置，这是硬件；另一部分是按合同规范要求，交出一套完整的竣工资料，这是软件。现在对软件的要求越来越高，完整的资料是靠表格来反映的。因此，施工前表格资料的准备是一件重要的事。

表格资料主要分两类。一类是施工表格，是如实记录施工过程中工程施工情况的表格，一般由工程管理部门负责。另一类表格是质量记录表格，是如实记录施工过程中质量管理和质量情况的表格，一般由质量管理部门负责。

施工表格与《自动化仪表工程施工及质量验收规范》GB 50093—2013 配套使用。施工表格又可分为施工记录表格，如安装工程记录、节流装置安装记录、导压管吹扫、试压、脱脂、防腐、保温等，和仪表高度记录表格，如仪表单体调校记录和系统调试、信号联锁试验记录等。质量验评表格与国家标准《自动化仪表安装工程质量检验评定标准》GBJ131-1990 配套使用。这三类表格是相对独立的。由于行业之间理解深度不一、要求不等，因此与这两个国家标准配套使用的表格也各不相同，但一定要符合建设单位的要求。

（5）施工工具、机具和标准仪器的准备　施工进度的快慢在很大程度上取决于施工使用的工具和机具。在工期紧张时，尤其更强调工具和机具的使用。除常用的电动、液动工具，如电动套丝机、液压弯管机、开孔机、切割机、切管器等，对特殊施工还应准备相应的专用工具和机具。

标准仪表的准备同样重要。目前工程仪表向固体化、全电子化、无可动部件、高精度、高稳定性方向发展，因此对用于校验、检定的标准仪器的要求更高。另外要注意检定、校验用的标准仪表的有效期。这类用作量值传递的标准仪表是企业的工作标准，也可能是企业最高标准，它必须按《中华人民共和国计量法》的要求定期检定。超检定周期使用是不合法的，也是无效的。

2. 施工阶段

仪表工程的施工周期很长。在土建施工期间就要主动配合，要明确预埋件、预留孔的位置、数量、标高、坐标、大小尺寸等。在设备安装、管道安装时，要随时关心工艺安装的进度，主要是确定仪表一次点的位置。仪表施工的集中期一般是在工艺管道施工量完成 70% 时，这时装置已初具规模，几乎全部工种都在现场，会出现深度的交叉作业。

施工过程中主要的工作有：配合工艺安装一次部件；在线仪表安装；仪表盘、柜、箱，操作台安装就位；仪表桥架、槽板安装，仪表管、线配制，支架制作安装，仪表管路吹扫、试压、试漏；单体调试，系统联校及试验；配合工艺进行单体试车；配合建设单位进行联动试车。

其安装顺序大致如下：

1）仪表控制室仪表盘的安装与现场一次点的安装。仪表控制室的安装工作有仪表盘基础槽钢的制作、安装和仪表盘、操作台的安装，核对土建预留孔和预埋件的数量和位置，考虑各种管路、槽板进出仪表控制室的位置和方式。

2）进行工艺管道、工艺设备上一次点的配合安装及复核非标设备制作时仪表一次点的位置、数量、方位、标高，以及开孔大小能否符合安装需要。

3）对出库仪表进行一次校验。这项工作进行时间较为灵活，可以早到施工准备期，也可以早到系统调校前。

在现场要考虑仪表各种管路的趟和标高，以及固定它的支架形式和支架制作安装，保温箱保护箱底座制作，接线盒、箱的定位。

4）现场仪表配线和安装包括保护箱、保温箱、接线箱的安装，仪表槽板、桥架安装，保护管、导压管、气动管的敷设，控制室仪表安装和配线、校线。

5）仪表管路吹扫和试压。现场仪表安装完毕，现场仪表管路施工完毕，配合工艺管道进行吹扫、试压。为此节流装置不能安装孔板，调节阀在吹扫时必须拆下，用相同长度的短节代替，用临时法兰连接。

6）二次联校。安装基本结束，与建设单位和设计单位一起进行装置的三查四定㊀，检查是否完成设计变更的全部内容。

控制室进行二次联校、模拟试验，包括报警和联锁回路。

3. 试车、交工阶段

工艺设备安装就位，工艺管道试压、吹扫完毕，工程即进入单体试车阶段。试车由单体试车、联动试车和化工试车三个阶段组成。

单体试车阶段的主要工作是传动设备试运转时，只是应用一些检测仪表，并且大都是就地指示仪表，如泵出口压力指示，轴承温度指示等。大型传动设备试车时，仪表配合复杂些，除就地指示仪表外，信号、报警、联锁系统也要投入，还要通过就地仪表盘或智能仪表、可编程序控制器进行控制。重要的压缩机还要进行抗振、轴位移控制。单体试车由施工单位负责，建设单位参加。

联动试车是在单体试车成功的基础上进行的。整个装置的动设备、静设备、管道都连接起来。有时用水作介质打通流程，称为水联动。这个阶段，原则上所有自控系统都要投入运行。就地指示仪表全部投入，控制室仪表也大部分投入。自控系统先手动，系统平衡时转入自动。除个别液位系统外，全部流量系统、液位系统，压力系统、温度系统都投入运行。联动试车以建设单位为主，施工单位为辅。按《自动化仪表工程施工及验收规范》（GB 50093—2002）规定，联动试车仪表正常运行72h后，施工单位将系统和仪表交给建设单位。

化工试车是在联动试车通过的基础上进行的。顺利通过联动试车后，有些容器完成惰性气体置换后即具备了正式生产的条件。投料是试车的关键，仪表工应全力配合。建设单位的仪表工接替施工单位的仪表工进入试车，随着化工试车的进行，自控系统逐个投入，直到全部仪表投入正常运行。投料以后，施工单位仪表工仅作为保护人员参加化工试车，具体操作和排除可能发生的故障，全由建设单位的仪表工来完成。

仪表系统交给建设单位，这是交工的主要内容，也称为硬件。与此同时，也要把交工资料交给建设单位，这是软件。原则上，交工资料要与工程同时交给建设单位，但一般是在工程交工后一个月内把资料上交完毕。

一份完整的仪表专业交工资料，应有如下内容：①交工资料目录；②工程交接证书（或交工验收证书）；③中间交接证书（若有中间交接）；④仪表设备移交清单；⑤未完工程（项目）明细表；⑥隐蔽工程记录；⑦仪表管路试压、脱脂记录；⑧节流装置安装记录；⑨仪表（单体）调校记录；⑩仪表二次联校记录；⑪信号联锁系统调试、试验记录；⑫仪表电缆、电线、补偿导线敷设记录；⑬仪表电缆绝缘测试记录；⑭设备、材料代用通知单汇总；⑮设计变更、联络笺汇总；⑯竣工图；⑰其他。

㊀ 三查指查设计漏项、查工程质量及隐患、查未完工程量；四定指对检查出来的问题，定任务、定人员、定时间、定措施，限期完成。

对石化系统，仪表工程建设交工技术文件应按 SH/T 3503—2007 标准执行。对化工系统，也可参照这一标准。

（三）仪表安装技术要求

仪表安装应按照设计提供的施工图、设计变更、仪表安装使用说明书的规定进行。当设计无特殊规定时，要符合 GB 50093—2013《自动化仪表工程施工及质量验收规范》的规定。仪表和安装材料的型号、规格和材质要符合设计规定。修改设计必须要有设计部门签发的设计变更。

仪表安装中电气设备、电气线路、防爆、接地等要求要符合 GB 50093—2013《自动化仪表工程施工及质量验收规范》的规定。当 GB 50093—2013 规定不明或没有规定时，要符合现行国家标准 GB 50150—2006《电气装置安装工程　电气设备交接试验标准》中的有关规定。

仪表安装中导压管的焊接，应与同介质的工艺管道同等要求，要符合国家标准 GB 50236—2011《现场设备、工业管道焊接工程施工规范》中的有关规定。

仪表安装中供气系统的吹扫，供液系统的清洗，管子的切割方法，采用螺纹法兰连接的高压管的螺纹和密封面的加工以及管子的连接等，应符合国家标准 GB 50235—2010《工业金属管道工程施工规范》的规定。

待安装的仪表设备，要按其要求的保管条件分类妥善保管。仪表工程用的主要安装材料，尤其是特殊材料，应按其材质、型号、规格分类保管。管件与加工件应同样对待。

仪表安装总的要求是要强调合理，然后是美观，切忌气源带水、横不平、竖不直，要整洁、干净、利索。

（四）常用仪表施工机具及标准表

1. 常用仪表施工机具

台式钻床（13mm）、手电钻（6.5mm）、电动套丝机、手动切割机、砂轮切割机、角相磨光机、砂轮机、电锤、冲击电钻、电动弯管机或液压弯管机、手动弯管机、液压开孔机、自制弯管器、电动开孔机、无油润滑压缩机。

2. 常用校验标准表

压力校验器、氧气表校验器、活塞式压力计、0.4 级标准压力表、0.25 级精密台式压力表、0.1 级和 0.05 级数字压力表、数字万用表、数字电压表（DC 0～20mA）、多功能信号发生器、频率发生器、交直流稳压电源、温度仪表校验仪（包括水浴、油浴、管状炉）、100V 绝缘电阻表、接地电阻测定仪表、气动仪表校验仪。

四、简单控制系统的方案设计与实施

（一）简单控制系统的组成

简单控制系统是指由一个测量元件及变送器、一个控制器、一个控制阀和一个被控对象所构成的闭环负反馈的定值系统。

简单控制系统是实现生产过程自动化的基本单元。由于其结构简单、投资少、易于整定与投运，且能满足一般生产过程的自动控制要求，在工业生产中得到了广泛应用，尤其适用于被控对象的纯滞后时间短、容量滞后小、负荷变化比较平缓，或对被控变量的控制要求不高的场合。

图 1-93 所示是一个简单温度控制系统及其框图。该系统中，换热器是被控对象，温度是被控变量，温度变送器将检测到的温度信号送往温度控制器。控制器的输出信号送往控制阀，改变控制阀的开度使输入换热器的载热体流量发生变化以维持温度的稳定。

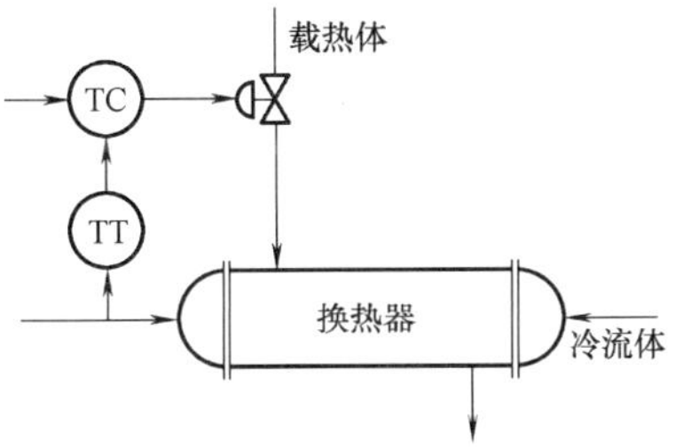

a) 系统示意图

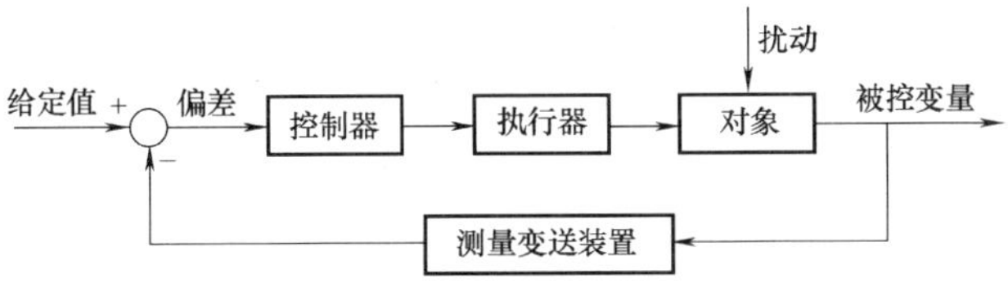

b) 框图

图 1-93　温度控制系统及其框图

对于不同的简单控制系统，虽然被控对象、被控变量不同，但都可以用相同的框图来表示，这是简单控制系统所具有的共性。在这些控制系统中，检测元件检测到被控变量，由变送器转换为标准信号，当系统受到扰动时，检测信号与设定值之间就有偏差，因此，检测变送信号在控制器中与设定值比较，其偏差值按一定的控制规律运算，并输出信号驱动执行机构改变操纵变量，使被控变量回复到设定值。

下面将从过程控制系统设计的主要内容及步骤、控制方案设计等几方面，介绍简单控制系统的设计思想和设计原则，包括被控变量和操纵变量的选取、被控变量的检测与变送、控制阀的选取、控制器控制规律的选取、控制器参数的整定和控制系统的投运等。

（二）简单控制系统控制方案的设计基础

在进行简单控制系统设计之前，必须对过程控制系统的设计有所了解。首先，要求自动控制系统设计人员在掌握较为全面的自动化专业知识的同时，还要尽可能多地熟悉所要控制的工艺装置对象；其次，要求自动化专业技术人员与工艺专业技术人员进行必要的交流，共同讨论确定自动控制方案；最后，一定要遵守行业相关的标准、行规，按照科学合理的程序进行。

1. 设计内容

一般来说，过程控制系统的设计主要包括以下内容。

（1）确定控制方案　首先，要确定整个系统的自动化水平，然后才能进行各个具体控制系统方案的讨论确定。对于比较大的控制系统工程，更要从实际情况出发，反复多方论证，以避免大的失误。控制系统的方案设计是整个设计的核心，是关键的第一步，要通过广泛的调研和反复的论证来确定控制方案，它包括被控变量的选择与确认、操纵变量的选择与确认、检测点的初步选择、绘制出带控制点的工艺流程图和编写初步控制方案设计说明书等。

(2) 仪表及装置的选型　根据已经确定的控制方案进行仪表及装置的选型，要考虑到供货方的信誉，产品的质量、价格、可靠性、准确度，供货的方便程度，技术支持以及维护等因素，并绘制相关的图表。

(3) 相关工程内容的设计　包括控制室设计、供电和供气系统设计、仪表配管和配线设计、联锁保护系统设计等，同时提供相关的图表。

(4) 工程安装与仪表调试　在过程控制系统中，仪表和电气设备的安装、信号线路的连接必须正确，这是保证控制系统正常运行的前提。系统安装完成后，还必须对每台仪表进行单独调校，对每个控制回路进行联动调校。

(5) 控制器参数的工程整定　设计系统时，不仅要使控制器起到控制作用，而且必须对控制器的参数进行整定，使控制系统运行在最佳状态。

2. 设计步骤

(1) 初步设计　初步设计的主要目的是上报审批，并为订货做准备。

(2) 施工图设计　这是在项目和方案获批后，为工程施工提供有关内容详细的设计资料。

(3) 设计文件和责任签字　包括设计、校核、审核、审定及各相关专业负责人员的会签等，以严格把关，明确责任，保持协调。

(4) 参与施工和试车　设计代表应该到现场配合施工，并参加试车和考核。

(5) 设计回访　在生产装置正常运行一段时间后，应去现场了解情况，听取意见，总结经验。

(三) 简单控制系统控制方案的设计

简单控制系统控制方案设计的主要内容包括：合理选择被控参数和控制参数，信息的获取与变送，控制阀的选择，控制器参数的整定及控制规律的选取等方面。

1. 被控变量的选择

被控变量的选择是控制系统设计中的关键问题。在实践中，该变量的选择以工艺人员为主，自控人员为辅，因为对控制的要求是从工艺角度提出的。但自动化专业技术人员也应多了解工艺，多与工艺人员沟通，从自动控制的角度提出建议。工艺人员与自动化专业技术人员之间的相互交流与合作，有助于选择好控制系统的被控变量。

在过程控制工业装置中，为了实现预期的工艺目标，往往有许多个工艺变量或参数可以被选择作为被控变量，也只有在这种情况下，被控变量的选择才是重要的问题。在多个变量中选择被控变量应遵循下列原则：

1) 尽量选择对产品的产量和质量、安全生产、经济运行和环境保护具有决定性作用的、可按工艺操作的要求直接测量的工艺参数（如温度、压力及流量等）作为被控变量。

2) 当不能用直接测量的参数作为被控变量时，可选择一个与直接测量的参数有单值函数关系、满足工艺合理性的间接参数作为被控变量。

3) 被控变量必须具有足够大的灵敏度且线性度好，滞后要小，以利于得到高精度的控制质量。

4) 必须考虑工艺流程的合理性和自动化仪表及装置的现状。

2. 操纵变量的选择

在选定被控变量之后，要进一步确定控制系统的操纵变量（或调节变量）。实际上，被控变量与操纵变量是放在一起综合考虑的。操纵变量的选取应遵循下列原则：

1）操纵变量必须是工艺上允许调节的变量。

2）操纵变量应该是系统中所有被控变量的输入变量中对被控变量影响最大的一个。控制通道的放大倍数 K 要尽量大一些，时间常数 T 要适当小些，滞后时间应尽量小。

3）不宜选择代表生产负荷的变量作为操纵变量，以免产量发生波动。

3. 控制规律及控制器作用方向的选择

在控制系统中，仪表选型确定以后，对象的特性是固定的；测量元件及变送器的特性比较简单，一般也是不可改变的；执行器加上阀门定位器可有一定程度的调整，但灵活性不大；主要可以改变的就是控制器的参数。系统设置控制器的目的，也是通过它改变整个控制系统的动态特性，以达到控制的目的。

控制器的控制规律对控制质量影响很大。根据不同的过程特性和要求，选择相应的控制规律，以获得较高的控制质量；确定控制器作用方向，以满足控制系统的要求，也是系统设计的一个重要内容。

（1）控制规律的选择　控制器控制规律主要根据过程特性和要求来选择。

1）位式控制。常见的位式控制有双位和三位两种。它一般适用于滞后较小，负荷变化不大也不剧烈，控制质量要求不高，允许被控变量在一定范围内波动的场合，如恒温箱、电阻炉等的温度控制。

2）比例控制。它是最基本的控制规律。当负荷变化时，克服扰动能力强，控制作用及时，过渡过程时间短，但过程终了时存在余差，且负荷变化越大，余差也越大。比例控制适用于控制通道滞后较小，时间常数不太大，扰动幅度较小，负荷变化不大，控制质量要求不高，允许有余差的场合，如储罐液位、塔釜液位的控制和不太重要的蒸汽压力的控制等。

3）比例积分控制。引入积分作用能消除余差，故比例积分控制是使用最多、应用最广的控制规律。但是，加入积分作用后要保持系统原有的稳定性，必须加大比例度（削弱比例作用），这就会导致控制质量有所下降，如最大偏差和振荡周期相应增大，过渡过程时间加长。对于控制通道滞后小、负荷变化不太大、工艺上不允许有余差的场合，如流量或压力的控制，采用比例积分控制规律可获得较好的控制质量。

4）微分控制。引入了微分，会有超前控制作用，能使系统的稳定性增加，最大偏差和余差减小，加快控制过程，改善控制质量，故比例微分控制适用于过程容量滞后较大的场合。对于滞后很小和扰动作用频繁的系统，应尽可能避免使用微分控制。

5）比例积分微分控制。微分作用对于克服容量滞后有显著效果，对克服纯滞后是无能为力的。在比例作用的基础上加上微分作用能提高系统的稳定性，加上积分作用能消除余差，又有 δ、T_I、T_D 三个可以调整的参数，因而可以使系统获得较高的控制质量。它适用于容量滞后大、负荷变化大、控制质量要求较高的场合，如反应器、聚合釜的温度控制。

（2）控制器作用方向的选择　对于一个闭环控制系统来说，要使系统稳定，必须采用负反馈。因此，在实际系统分析时，为了能保证构成负反馈控制系统，应首先考虑被控对象、控制阀、测量变送器等各环节的放大倍数是正还是负，再根据负反馈控制系统各环节放大倍数符号乘积必须为负的要求，确定控制器的正、反作用方向。

各环节放大倍数正负的确定方法是：若输入增加，输出也增加，则该环节放大倍数符号为正；若输入增加，输出减小，则该环节放大倍数符号为负。

对象的放大倍数可以是正，也可以是负，例如，在液位控制系统中，控制阀装在入口处，对象的放大倍数是正的，如图 1-94a 所示；如果装在出口处，则对象的放大倍数是负的，如图 1-94b所示。在控制阀中，气开控制阀的放大倍数是正的；气关控制阀的放大倍数是负的。

检测元件和变送器的放大倍数一般为正。

案例分析

案例 1：在图 1-94 所示的液位控制系统中，当操纵变量分别选择为进料量和出料量时，试确定控制器的正、反作用方向。

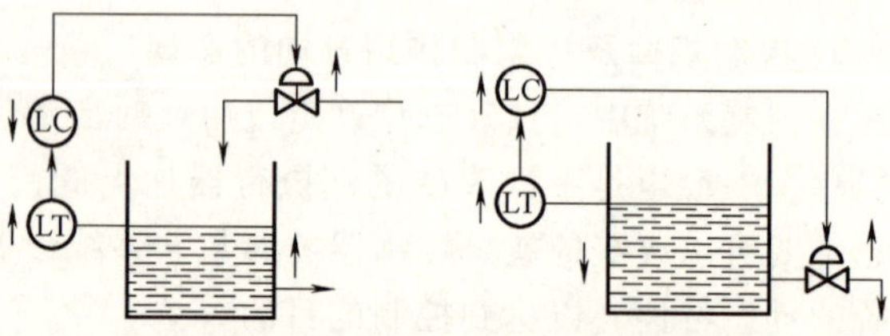

a) 反作用　　b) 正作用

图 1-94　液位控制系统正、反作用的选择

解：如果操作变量选择为进料量并选择气开阀，则进料阀开度增加，液位升高，因此对象的放大倍数为正；液位升高，检测变送环节的输出增加，则检测变送环节的放大倍数为正；控制阀选择为气开阀，则放大倍数也为正；为保证控制系统负反馈，则应选择控制器放大倍数为负，即反作用控制器，如图 1-94a 所示。

如果操作变量选择为出料量并选择气开阀，则出料阀开度增加，液位下降，因此对象的放大倍数为负；液位升高，检测变送环节的输出增加，则检测变送环节放大倍数为正；控制阀选择为气开阀，则放大倍数也为正；为保证控制系统负反馈，则应选择控制器放大倍数为正，即正作用控制器，如图 1-94b 所示。

案例 2：图 1-95 为一冷却器出口物料温度控制系统，要求物料温度不能太低，否则容易结晶。试确定控制系统中控制阀的气开、气关形式和控制器的正、反作用。

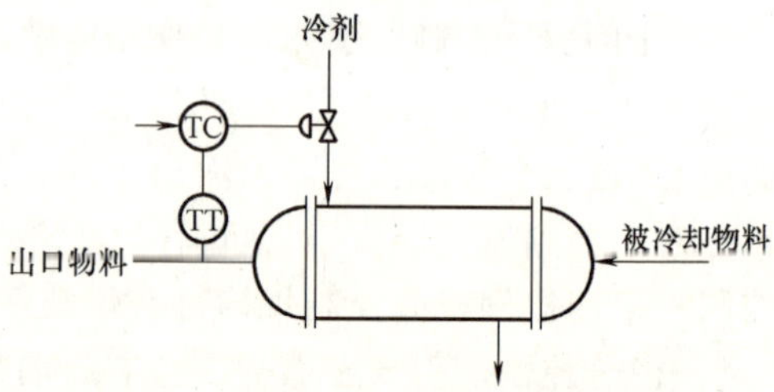

图 1-95　温度控制系统

解：由于被冷却物料温度不能太低，当控制阀膜头上气源突然中断时，应使冷剂阀处于关闭状态，以避免大量冷剂流入冷却器，所以应选择气开阀。当冷剂流量增大时，被冷却物料出口温度是下降的，故该对象为反作用方向的，而气开阀是正作用方向的，为使整个系统能起负反馈作用，故该系统中控制器应选正作用的。当出口温度增加时，控制器的输出增加，使控制阀开大，增加冷剂流量，从而自动地使出口温度下降，起到负反馈的控制作用，即控制器应选正作用。

控制器的正、反作用也可以根据对控制作用的要求确定。以上述冷却器出口物料温度控制系统为例，当温度突然升高超过设定值时，控制器将感受到正偏差，从控制的要求出发，需要把已经上升的温度调回来，必须开大控制阀门。由于控制阀是气开式的，因此必须增大控制阀膜头上的压力，亦即增大控制器的输出信号。很显然，要满足这一要求，控制器必须选择为正作用，因为只有当控制器是正作用时，才能在正偏差的输入信号下，控制器的输出信号增大，这与上述分析的结果是一致的。

案例 3：有一物料加热器在生产过程中，冷物料通过该加热器经蒸汽对其加热。工艺要求：被加热物料在加热器出口处的温度为某一定值，且不允许温度过高，否则会导致物料分解，试进行控制系统设计。

解：1）选择被控变量。根据生产工艺要求，被加热物料在加热器出口处的温度为一定值，故选择物料出口处的温度为被控变量。

2）选择操纵变量。在生产过程中，影响加热器出口温度的因素主要有：进入加热器的冷物料流量、初温，蒸汽的压力与流量等。在这些因素中，被加热物料的初温在某一段时间中变化不大，可近似认为不变。冷物料的流量变化对出口温度有较大影响，但该流量本身为生产过程中的负荷，不适合作为操纵变量。蒸汽压力在总管上常设计有压力恒值控制系统，因此，压力几乎不会影响出口温度。最终，选择蒸汽的流量作为操纵变量，通过调节蒸汽流量的大小来满足加热器出口温度恒定的要求。

3）制定系统控制方案。该系统采用单回路温度控制系统，其控制系统如图 1-96 所示。

4）选择控制器的控制规律。根据工艺要求，加热器出口温度为一定值，即无余差，则应选用比例积分控制规律。考虑到温度具有容量滞后的特性，则需要加入微分作用，即控制规律选择为比例积分微分控制。

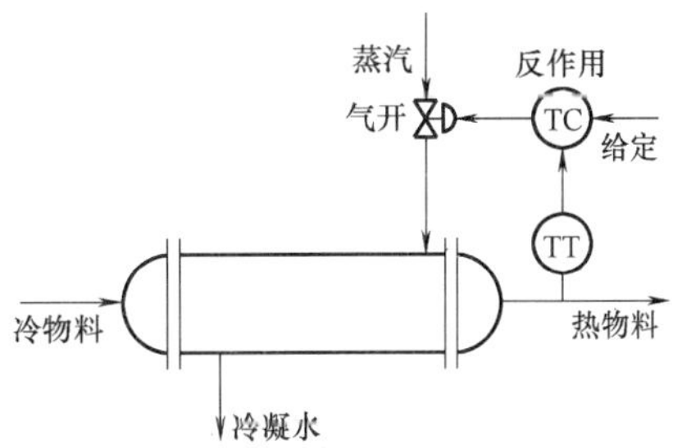

图 1-96　物料加热器控制方案

5）选择控制阀。控制阀的选择依据“执行器选型及安装”相关内容进行选择，正常时，控制阀打开供应蒸汽，当温度过高时，为避免物料分解，应关闭控制阀，因此选择气开式。

6）选择控制器的作用方向。该控制系统的控制阀为气开式，所以为正作用；对过程对象进行分析可知，当蒸汽量越大时，出口物料温度越高，因此，过程对象为正作用；设测量变送环节为正作用，为了保证系统为负反馈控制系统，控制器必须选择反作用方式。

整理总结

通过学习工艺流程图绘制、执行器选型及安装、参数测量仪表安装、简单控制系统方案设计与实施等内容，完成项目实现。总结项目实现过程，填写在表 1-28 中。

表 1-28　项目实现记录单

课程名称					总学时：
项目名称					学时：
班级及组别		团队负责人		团队成员	
人员分工及工作过程					
工作效果					
相关资料及资源					
标志成果					
注意事项					
心得体会					

【项目运行】

学生活动（小组活动）：

1）检查加热反应炉控制系统完成情况，分析不足。

2）在教师指导下进行调试与运行，发现问题及时解决，直到调试成功为止。

3）汇报学习、工作心得，展示工作成果。

4）对项目完成情况进行总结，完成项目报告。

想一想，控制电路安装完成了，在投运前还需要做些什么？

一、控制系统的投运

生产过程自动控制系统各个组成部分根据工艺要求设计好并已经完成仪表的安装和调校后，就要进行系统的投入运行（简称投运）。控制系统的投运就是将系统从手动工作状态切换到自动工作状态。

简单控制系统安装完毕或是经过停车检修之后，就要（重新）投入运行。在控制系统投入运行前必须要进行全面细致的检查和准备工作。

1. 投入运行前的准备工作

投运前，首先应熟悉工艺过程，了解主要工艺流程和对控制指标的要求，以及各种工艺参数之间的关系。熟悉控制方案，熟悉测量元件、控制阀的位置及管线走向，熟悉紧急情况下的故障处理。投运前的主要检查工作有如下几项。

1）对检测元件、变送器、控制器、显示仪表及控制阀等各仪表进行检查，确保仪表能正常使用。

2）对各连接管线、接线进行检查。检查管线是否接错及通断情况，是否有堵、漏现象，保证管线连接正确和线路畅通。例如，孔板上下游导压管与变送器高低压端的正确连接；导压管和气动管线必须畅通，中间不得堵塞；热电偶正负极与补偿导线极性、变送器、显示仪表的正确连接；三线制或四线制热电阻的正确接线等。

3）应设置好控制器的正反作用方式、手自动开关位置等，并根据经验或估算预置比例、积分和微分参数值，或者先将控制器设置为纯比例作用，比例度置于较大位置。

4）检查控制阀气开、气关形式的选择是否正确，关闭控制阀的旁路阀，打开上下游的截止阀，并使控制阀能灵活开闭。安装阀门定位器的控制阀时，应检查阀门定位器能否正确动作。

5）进行联动试验，用模拟信号代替测量变送信号，检查控制阀能否正确动作，仪表是否正确显示等；改变比例度、积分和微分时间，观察控制器输出的变化是否正确。采用计算机控制时，情况与采用常规控制器时相似。

2. 控制系统的投运

当控制器从手动位置切换到自动位置时，要求为无扰动切换。也就是说，从手动切换到自动的过程中，不应该破坏系统原有的平衡状态，即切换过程中不能改变控制阀的原有开度。

控制系统各组成部分的投运次序通常如下：

1）检测系统投运。温度、压力等检测系统的投运较为简单，可逐个开启仪表。对于采用差压变送器的流量或液位系统，应从检测元件的根部开始，逐个缓慢地打开根部阀、截止阀等。

2）阀门手动遥控。把控制器置于手动位置，改变手动操作器的输出，使控制阀处于正常工况下的开度，将被控变量稳定在给定值上。

3）控制器的投运。将控制器参数设定为合适的参数，通过手动操作使给定值与测量值相等（偏差为零）后，切入自动。观察系统过渡过程曲线，进行控制器参数调整，直到满意为止。

当系统正确投运、控制器参数整定好后，若其品质指标一直不能达到要求，则应考虑系统设计是否存在问题，如调节阀特性选择不当等。此时，应将系统由自动切换到手动，并研究解决方案。

二、控制器的参数整定

整定控制器参数的方法很多，归纳起来可分为两大类：理论计算整定法和工程整定法。

理论计算整定法要求已知过程对象的数学模型，再使用时域或频域的分析方法进行理论计算，这种方法工作量大，可靠性不高，因此多用于理论研究中进行各种控制方案的比较。

对于工程整定法，工程技术人员无须确切知道对象的数学模型，无须具备理论计算所必需的控制理论知识，就可以在控制系统中直接进行整定，因而比较简单、实用，在实际工程中应用广泛。常用的工程整定法有经验法、临界比例度法和衰减曲线法等。

1. 经验法

这种方法实质上是一种经验试凑法，是工程技术人员在长期生产实践中总结出来的。它不需要进行事先的计算和实验，而是根据运行经验，先确定一组控制器参数经验数据，见表1-29，并将系统投入运行，通过观察人为加入扰动（改变设定值）后的过渡过程曲线，再根据各种控制作用对过渡过程的不同影响来改变相应的控制参数值，如此进行反复试凑，直到获得满意的控制品质为止。

表1-29　控制器参数经验数据

被控变量	规律的选择	比例度 δ(%)	积分时间 T_I/min	微分时间 T_D/min
流量	对象时间常数小，参数有波动，δ 要大；T_I 要短；不用微分	40～100	0.3～1	
温度	对象容量滞后较大，即参数受干扰后变化迟缓；δ 应小；T_I 要长；一般需加微分	20～60	3～10	0.5～3
压力	对象的容量滞后一般，不算大，一般不加微分	30～70	0.4～3	
液位	对象时间常数范围较大。要求不高时，δ 可在一定范围内选取，一般不用微分	20～80		

由于比例作用是最基本的控制作用，经验整定法主要通过调整比例度 δ 的大小来满足品

质指标。整定途径有以下两条：

1）先用单纯的比例（P）作用，即寻找合适的比例度 δ，将人为加入扰动后的过渡过程调整为 4:1 的衰减振荡过程。

然后加入积分（I）作用，一般先取积分时间 T_I，为衰减振荡周期的一半左右。由于积分作用将使振荡加剧，在加入积分作用之前，要先减弱比例作用，通常将比例度增大 10% ~20 %。调整积分时间的大小，直到出现 4:1 的衰减振荡。

需要时，最后加入微分（D）作用，即从零开始，逐渐加大微分时间 T_D。由于微分作用能抑制振荡，在加入微分作用之前，可把比例度调整到比纯比例作用时更小些，还可把积分时间也缩短一些。通过微分时间的试凑，使过渡时间最短、超调量最小。

2）先根据表 1-29 选取积分时间 T_I 和微分时间 T_D，通常取 $T_D=(1/3\sim1/4)T_I$，然后对比例度 δ 进行反复试凑，直至满意为止。如果开始时 T_I 和 T_D 设置得不合适，则有可能得不到要求的理想曲线。这时，应适当调整 T_I 和 T_D，再重新试凑，使曲线最终符合控制要求。

经验法适用于各种控制系统，特别适用于对象扰动频繁、过渡过程曲线不规则的控制系统。但是，使用此法主要靠经验，对于缺乏经验的操作人员来说，整定所花费的时间较多。

2. 临界比例度法

所谓临界比例度法，是在系统闭环的情况下，用纯比例控制的方法获得临界振荡数据，即临界比例度 δ_k 和临界振荡周期 T_k，然后利用一些经验公式，求取满足 4:1 衰减振荡过渡过程的控制器参数。临界比例度法控制器参数计算表（4:1 衰减比）见表 1-30。具体整定步骤如下：

表 1-30　临界比例度法控制器参数计算表（4:1 衰减比）

控制规律	比例度 δ	积分时间 T_I	微分时间 T_D
P	$2\delta_k$		
PI	$2.2\delta_k$	$0.8T_k$	
PD	$1.8\delta_k$		$0.1T_k$
PID	$1.7\delta_k$	$0.5T_k$	$0.125T_k$

1）将控制器的积分时间设为最大值（$T_I=\infty$），微分时间设为最小值（$T_D=0$），比例度 δ 设为较大值后，使系统投入运行。

2）逐渐减小比例度，且每改变一次 δ 值时，都通过改变设定值给系统施加一个阶跃扰动，同时观察系统的输出，直到过渡过程出现等幅振荡为止，如图 1-97 所示。此时的过渡过程称为临界振荡过程，δ_k 为临界比例度，T_k 为临界振荡周期。

3）利用 δ_k 和 T_k 这两个试验数据，按表 1-30 中的相应公式，求出控制器的各整定参数。

4）将控制器的比例度换成整定后的值，然后依次加入积分时间和微分时间的整定值。如果加入扰动后，过渡过程与 4:1 衰减还有一定差距，可适当调整 δ 值，直到过渡过程满足要求。

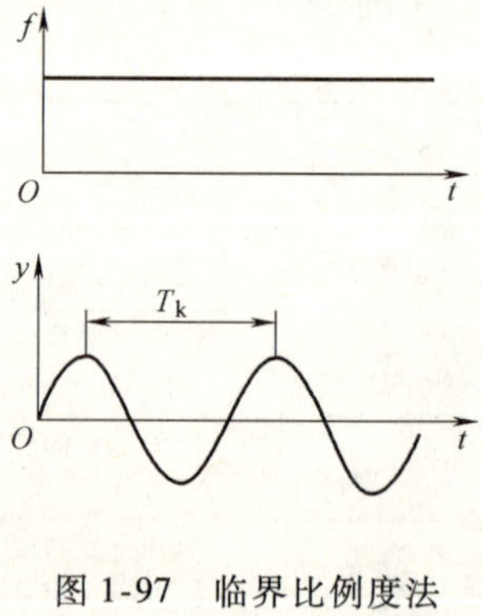

图 1-97　临界比例度法

临界比例度法应用起来简单方便，但必须注意以下几点：

1）此方法在整定过程中必定出现等幅振荡，因而限制了使用场合。对于工艺上不允许出现等幅振荡的系统（如锅炉水位控制系统），就无法使用该方法；对于某些时间常数较大的单容对象（如液位对象或压力对象），在纯比例作用下是不会出现等幅振荡的，因此不能获得临界振荡的数据，从而也无法使用该方法。

2）使用该方法时，控制系统必须工作在线性区，否则得到的持续振荡曲线可能是极限值，不能依据此时的数据来计算整定参数。

3. 衰减曲线法

该方法与临界比例度法的整定过程有些相似，也是在闭环系统中先将积分时间设为最大值，微分时间设为最小值，比例度设为较大值，然后使设定值的变化作为扰动输入，逐渐减小比例度 δ 值，观察系统的输出响应曲线。按照过渡过程的衰减情况改变 δ 值，直到系统出现 4:1 的衰减振荡，如图 1-98 所示。记下此时的比例度 δ_S 和衰减振荡周期 T_S，然后根据表 1-31 所示的相应经验公式，求出控制器的整定参数。

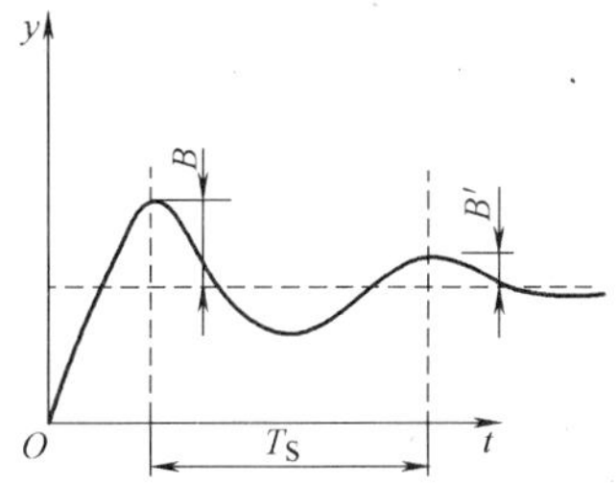

图 1-98　4:1 衰减曲线法

衰减曲线法对大多数系统均适用，且由于试验过渡过程振荡的时间较短，又都是衰减振荡，易为工艺人员所接受，故这种整定方法应用较为广泛。

表 1-31　衰减曲线法控制器参数计算表（4:1 衰减法）

控制规律	比例度 δ	积分时间 T_I	微分时间 T_D
P	δ_S		
PI	$1.2\delta_S$	$0.5T_S$	
PID	$0.8\delta_S$	$0.3T_S$	$0.1T_S$

应用衰减曲线法整定控制器参数时，需要注意以下几点：

1）对于反应较快的流量、管道压力及小容量的液位控制系统，要在记录曲线上认定 4:1 衰减曲线和读出 T_S 比较困难，此时，可用记录指针来回摆动两次就达到稳定来作为4:1 衰减过程。

2）在生产过程中，负荷变化会影响对象特性，因而会影响 4:1 衰减法的整定参数值。当负荷变化较大时，必须重新整定控制器参数值。

3）该方法对工艺扰动作用强烈且频繁的控制系统不适用，因为此时过渡过程曲线极不规则，无法正确判断 4:1 衰减曲线。

一般情况下，按上述几种方法即可调整控制器的参数。但有时仅从作用方向还难以判断应调整哪一个参数，这时，需要根据曲线形状做进一步判断并进行参数调整。为了便于调试人员进行 PID 参数整定，人们编写了 PID 调节的速记口诀，具体如下：

参数整定找最佳，从小到大顺序查。
先是比例后积分，最后再把微分加。
曲线振荡很频繁，比例度盘要放大。
曲线漂浮绕大弯，比例度盘往小扳。
曲线偏离回复慢，积分时间往下降。
曲线波动周期长，积分时间再加长。
曲线振荡频率快，先把微分降下来。

动差大来波动慢，微分时间应加长。

理想曲线两个波，前高后低四比一。

一看二调多分析，调节质量不会低。

虽然提供了速记口诀，但即使对同一条过渡过程曲线，由不同经验、不同水平的人来看，也可能得出不同的结论，因此，这种方法适用于现场经验丰富、技术水平较高的专业人员。

做一做：单闭环控制回路构建及运行

（一）压力单闭环控制回路构建及运行

1. 训练目的

掌握单回路控制系统的构成；学生可自行设计，构成单回路流量、单容液位、双容液位和温度控制系统；掌握用阶跃响应曲线法来辨识控制系统数学模型的特性参数 τ、T_0、K_0，用临界比例度法整定单回路控制系统的 PID 参数，熟悉 PID 参数对控制系统质量指标的影响，用调节器仪表进行 PID 参数的自整定和自动控制的投运，掌握调节器的参数设置和手动/自动切换的方法。

2. 训练设备

上、下水箱，调节器，变频器，电磁阀等。

3. 系统框图

供参考，如图 1-99 所示。

4. 训练步骤

学生参考系统框图绘制工艺流程图，连接设备导线。

1）将加热炉进、出水阀打开。

2）接通总电源和各仪表电源。

3）计算整定参数值：设定过渡过程的衰减比为 4:1，整定参数值可按表 1-32 进行计算。

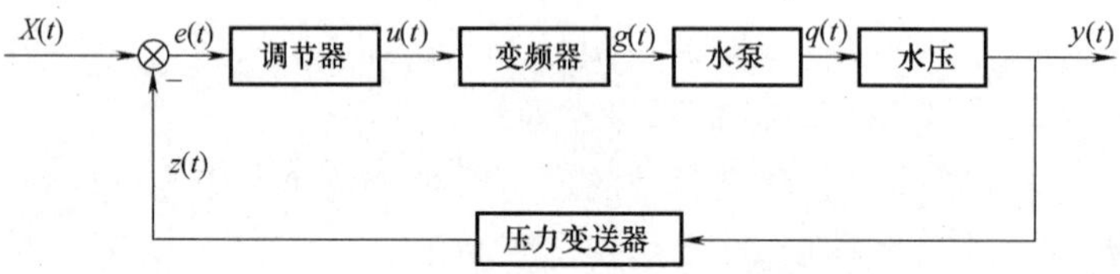

图 1-99　调节器控制压力单闭环控制系统框图

表 1-32　阶跃响应曲线整定参数表

控制规则	控制器参数		
	δ	T_I	T_D
P	δ_S		
PI	$1.2\delta_S$	$0.5T_S$	
PID	$0.8\delta_S$	$0.3T_S$	$0.1T_S$

4）将计算所得的 PID 参数值置于控制器中，系统投入闭环运行。加入扰动信号观察各

被测量的变化，直至过渡过程曲线符合要求为止。

5）对实验的记录曲线分别进行分析和处理，处理结果记录于表1-33。

表1-33　阶跃响应曲线数据处理记录表1

测量情况 \ 参数值	压力1			压力2		
	K_1	T_1	τ_1	K_2	T_2	τ_2
阶跃1						
阶跃2						
平均值						

5. 调节器的参数设置（供参考）

调节器选用上海万迅仪表有限公司的AI708、AI808。压力控制时，调节器能自整定出比较理想的参数，如将调节器参数设为Ctrl=2，则调节器进入自整定调节状态，调节完毕，Ctrl=3。

其他需要设置的参数如下（AI708）（未列出者用出厂默认值）：

M5=10（参考值）；P=6（参考值）；T=1（参考值）；Sn=33（1~5V电压输入）；Dip=0（小数点位数为零）；Dil=0；Dih=100；Sc=0；Op1=4；CF=2；Run=2；Loc=808。

（二）温度单闭环控制回路构建及运行

1. 训练目的

掌握单回路控制系统的构成；学生可自行设计、构成温度控制单回路系统，采用临界比例度法、阶跃反应曲线法来整定单回路控制系统的PID参数，熟悉PID参数对控制系统质量指标的影响，用调节器仪表进行PID参数的自整定和自动控制的投运。

2. 训练设备

上、下水箱，调节器，变频器，电磁阀等。

3. 系统框图

供参考，如图1-100所示。

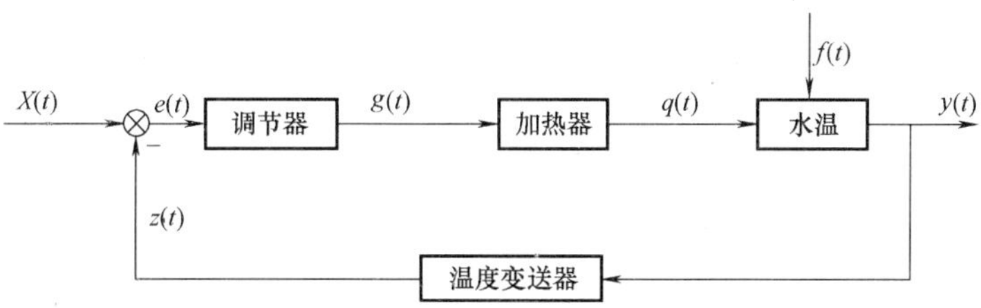

图1-100　调节器控制温度单闭环控制系统的框图

4. 训练步骤

学生参考系统框图绘制工艺流程图，连接设备导线。

1）接通总电源，各仪表电源。

2）将加热圆筒内注满水。

3）将加热炉进、出水阀打开，使水流量的9%~11%始终流入加热器内，以便散热。

4）整定参数值的计算。设定过渡过程的衰减比为4:1，整定参数值可按表1-32进行计算。

5）将计算所得的 PID 参数值置于控制器中。

6）打开加温电源，观察计算机上温度曲线的变化。

7）待系统稳定后，给温度加个阶跃信号，观察其温度变化曲线。

8）对记录曲线分别进行分析和处理，处理结果记录于表 1-34。

表 1-34　阶跃响应曲线数据处理记录表 2

参数值 / 测量情况	温度 1			温度 2		
	K_1	T_1	τ_1	K_2	T_2	τ_2
阶跃 1						
阶跃 2						
平均值						

5. 调节器的参数设置（供参考）

温度控制时，调节器能自整定出比较理想的参数，如将调节器参数设为 Ctrl = 2，则调节器进入自整定调节状态，调节完毕，Ctrl = 3。

其他需要设置的参数如下（AI708）（未列出者用出厂默认值）：

DF = 0. 3；M5 = 1. 8（参考值）；P = 195（参考值）；T = 43（参考值）；Ctrl = 5（参考值）；Sn = 20（Cu50 热电阻输入）；Dip = 0（小数点位数为 0）；Dil = 0；Dih = 100；Sc = 0；Op1 = 4；CF = 2；Run = 2；Loc = 808。

（三）液位单闭环控制回路构建及运行

1. 训练目的

通过实验掌握单回路控制系统的构成；学生可自行设计、构成单回路单容液位控制系统，并应用临界比例度法、阶跃反应曲线法来整定单回路控制系统的 PID 参数，熟悉 PID 参数对控制系统质量指标的影响，用调节器仪表进行 PID 参数的自整定和自动控制的投运。

2. 训练设备

上、下水箱，调节器，变频器，电磁阀等。

3. 系统框图

供参考，如图 1-101 所示。

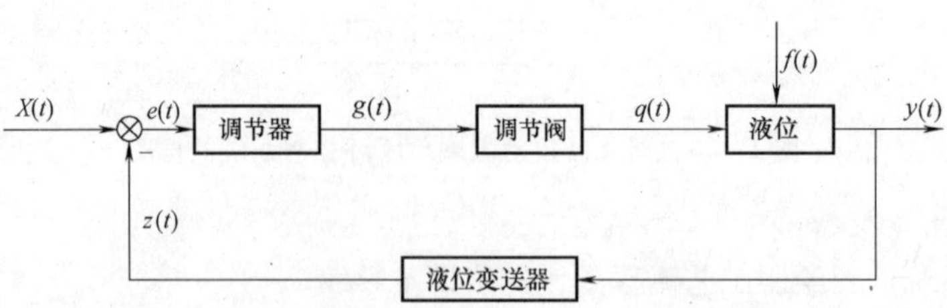

图 1-101　调节器控制液位单闭环控制系统框图

4. 训练步骤

学生参考系统框图绘制工艺流程图，连接设备导线。

1）接通总电源，各仪表电源。

2）将加热炉进、出水阀打开，其余阀门全部关闭。

3）整定参数值的计算。设定过渡过程的衰减比为4:1，整定参数值可按表1-32进行计算。

4）将计算所得的PID参数值置于控制器中。

5）使水泵在恒压供水状态下工作，观察计算机上水箱液位曲线的变化。

6）待系统稳定后，给系统加个阶跃信号，观察其液位的变化曲线。

7）再等系统稳定后，给系统加个干扰信号，观察液位变化曲线。

8）曲线的分析处理，对记录曲线分别进行分析和处理，处理结果记录于表1-35。

表1-35　阶跃响应曲线数据处理记录表3

测量情况 \ 参数值	液位1			液位2		
	K_1	T_1	τ_1	K_2	T_2	τ_2
阶跃1						
阶跃2						
平均值						

5. 调节器的参数设置（供参考）

温度控制时调节器能自整定出比较理想的参数，如将调节器参数设为Ctrl=2，则调节器进入自整定调节状态，调节完毕，Ctrl=3。

其他需要设置的参数如下（AI708）（未列出者用出厂默认值）：

M5=10；P=6；T=1；Ctl=5；Sn=33；Dip=0；Dil=0；Dih=450；Sc=0；Op1=4；CF=2；Run=2；Loc=808。

（四）流量单闭环控制回路构建及运行

1. 训练目的

通过实验掌握单回路控制系统的构成。学生可自行设计、构成单回路流量控制系统，并应用临界比例度法、阶跃反应曲线法来整定单回路控制系统的PID参数，熟悉PID参数对控制系统质量指标的影响，用调节器仪表进行PID参数的自整定和自动控制的投运。

2. 训练设备

上、下水箱，调节器，变频器，电磁阀等。

3. 系统框图

供参考，如图1-102所示。

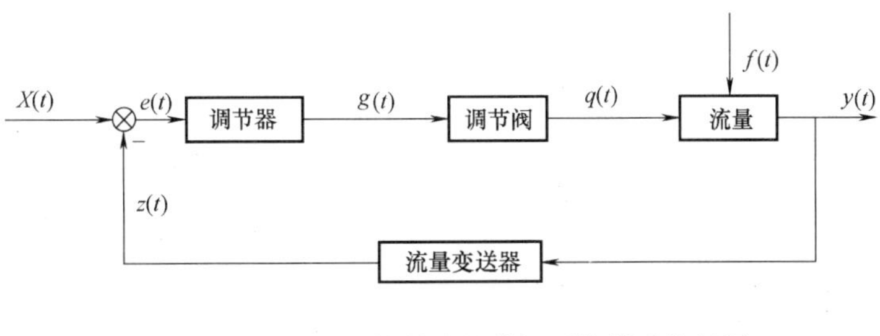

图1-102　调节器控制流量单闭环控制系统框图

4. 训练步骤

学生参考系统框图绘制工艺流程图，连接设备导线。

1）接通总电源，各仪表电源。

2）将加热炉进、出水阀打开，其余阀门关闭。

3）整定参数值的计算。

4）设定过渡过程的衰减比为4:1，整定参数值可按表1-32进行计算。

5）将计算所得的PID参数值置于控制器中。

6）使水泵在恒压供水状态下工作，观察计算机流量曲线的变化。

7）待系统稳定后，给系统加个阶跃信号，观察其流量变化曲线。

8）再等系统稳定后，给系统加个干扰信号，既改变泵的出口压力，观流量变化曲线。

9）曲线的分析处理，对记录曲线分别进行分析和处理，处理结果记录于表1-36。

表1-36　阶跃响应曲线数据处理记录表4

参数值 / 测量情况	流量1			流量2		
	K_1	T_1	τ_1	K_2	T_2	τ_2
阶跃1						
阶跃2						
平均值						

5. 调节器的参数设置（供参考）

由于流量响应速度过快，流量控制时调节器不能自整定出比较理想的参数，参数应根据控制效果手动调整。

其他需要设置的参数如下（818）:（未列出者用出厂默认值）

DF＝3；P＝200（参考值）；I＝10（参考值）；D＝0（参考值）；Cr＝10；Ctl＝1（参考值）；Sn＝33（1-5V电压输入）；Dip＝0（小数点位数为0）；Dil＝0；Dih＝100；Sc＝0；Op1＝4；CF＝2；Run＝2。

三、控制系统操作常见故障排除

自动控制系统运行以后及运行一个时期以后，可能会出现各种各样的问题，这时通常要从自动化装置和工艺两方面去寻找原因，工艺人员和仪表人员要密切配合，认真检查。

（一）自动控制系统的故障及判别方法

自动控制系统在线运行时，不能满足质量指标的要求，或者记录仪表上所标明的记录曲线偏离质量指标的要求，这说明方案设计合理的控制系统存在故障，需要及时处理，排除故障。一般来说，开工初期或停车阶段，由于工艺生产过程不正常、不稳定，各类故障较多。当然，这种故障不一定都出自控制系统和仪表本身，也可能来自工艺部分。自动控制系统的故障是一个较为复杂的问题，涉及面也较广，可从如下几方面进行分析判别。

1. 测量系统的故障及判别方法

自动控制系统在运行过程中，有时测量系统会出现各种故障，这时工艺人员若误认为是工艺有问题而对设备进行误操作，结果就会影响生产，甚至导致生产事故。所以在发现工艺参数的记录曲线出现异常情况时，首先要分析情况，判别原因，这是正常操作的前提之一。判别的方法可归纳为如下三点。

(1) 记录曲线的分析　记录曲线的异常情况一般有下列几种，若仔细分析比较，是不难找出其原因的。

1）记录曲线突变。一般来说，工艺参数的变化是比较缓慢的，有规律的。如果记录曲线突然变化到“最大”或“最小”两个极端位置上，则可能是仪表发生故障。

2）记录曲线突然大幅度变化。各个工艺参数往往是互相关联的。一个参数的大幅度变化一般总要引起其他参数的明显变化，如果其他参数并没有变化，则这个指示参数大幅度变化的仪表或有关装置可能有故障。

3）记录曲线出现不规则变化。一般说来，控制阀若存在干摩擦或死区，记录曲线则会产生图 1-103 中曲线 a 的现象；仪表记录笔若卡住，记录曲线则往往出现曲线 b 的现象；控制阀定位器若使用不当，产生跳动，记录曲线则产生有规律的自激振荡，如曲线 c 所示。

4）记录曲线出现等幅振荡。除了由于控制器参数整定不合适出现临界振荡外，其他因素也会使记录曲线出现等幅振荡；一般说来，控制阀阀杆滞涩，阀芯特性不好，阀门尺寸太大，工作在全行程的 1/3 以下会引起记录曲线呈现狭窄的锯齿状的并有较小时间间隔的振荡变化，如图 1-104 中曲线 a 所示；往复泵的脉冲，引起控制过程曲线呈现较宽的连续的有较大时间间隔的振荡变化，如图 1-104 中曲线 b 所示；有的控制系统在比例度还很大的时候，就产生虚假的临界振荡变化，如图 1-104 中曲线 c 所示。这种振荡是紧跟着直接有关的其他工艺参数的波动而产生的，这时，不要被假象所迷惑，它说明控制作用还很微弱，应把比例度大幅度减小。

5）记录曲线不变化，呈直线状（或圆状）。目前大多数较灵敏的仪表，对工艺参数的微小变化，多少总能反映出一些来。如果在较长的时间内，记录曲线是直线状，或原来有波动的曲线突然变成直线型（或圆形），就要考虑仪表可能有故障。这时可以人为地改变一点工艺条件，看仪表有无反应，如果没有反应，则说明仪表有故障。

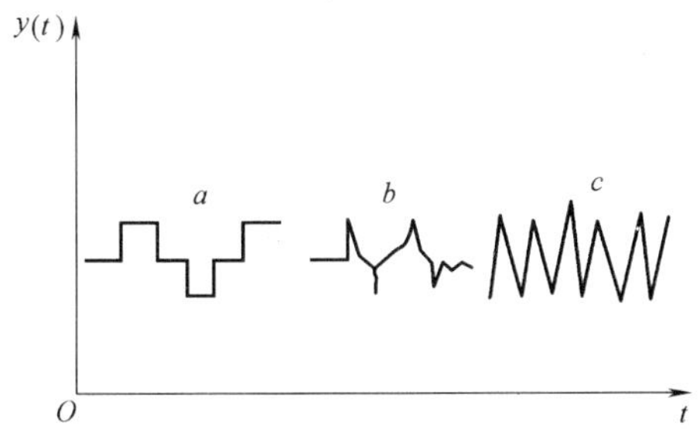

图 1-103　不规则变化的记录曲线

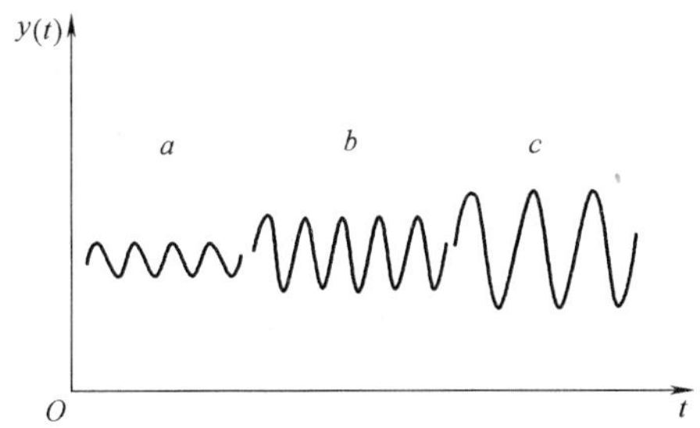

图 1-104　记录曲线的等幅振荡

(2) 控制室仪表与现场同位仪表比较　对控制室仪表指示有怀疑时，可以观察现场同位置（或相近位置）安装的各种直观仪表（如弹簧管压力表、玻璃管温度计等）的指示，看两者指示值是否相近（不一定要完全相等），如果差别很大，则说明仪表有故障。

(3) 两台仪表之间的比较　对一些重要的工艺参数，往往都是用两台仪表同时进行检查显示，以确保测量准确，又便于对比检查。如果两台仪表的指示值不是同时变化，且相差较大，则说明仪表有故障。

造成测量系统故障的原因很多，必须仔细分析，认真检查。例如开车时测量正常，但开车一段时间后发现测量不准确，或被控变量指示值变化不大，反应不灵敏，则必须检查测量元件是否被结晶或黏性物包住；孔板和引压管是否被结晶或粉末局部堵塞；仪表本身灵敏度是否变化等。另外，若引压管中不是单相介质，如液中带气或气中带液，而未及时排放，会造成测量信号失真。当由于长期高温或受局部损坏，致使热电偶或热电阻断开，记录曲线就会突变，指针会移向最大值或最小值，这是比较容易判断和处理的。

2. 控制系统运行中的常见问题

控制系统在正常投运以后，经过长期的运行，可能会出现各种问题。除了要考虑前面所讲的测量系统可能出现的故障以外，特别要注意被控对象特性的变化以及控制阀特性变化的可能性，要从仪表和工艺两个方面去找原因，不能只从一个角度去看问题。

1）控制系统间的相互关联及其克服的办法。随着自动化水平的提高，往往需要在同一设备上设置多套自控系统，这些系统之间就可能存在相互关联的问题。系统间如果存在着相互关联的情况，就要进行认真分析和慎重处理。如果系统间相互关联比较紧密，互相影响比较大而又处理不当，就会使系统无法运行，严重地影响控制质量。

对于一些并联运行的设备之间关联很大，例如一个负荷分配系统（见图 1-105），主管道与三个支管道是连通的，各支管上均有阀门。改变任一阀的开度都会影响主管道内的压力变化，而这又会影响进入其他支管内的流量；主管道口径越小，这种影响越明显。消除控制系统间关联的办法：一种是改进工艺，由于关联是因为主管管径过细所致，所以更换主管，扩大管径，使主管内压力几乎保持不变，于是消除对支管道的干扰；另一种是从控制系统方面考虑，把第二套控制系统改为手控，以减少第一套和第三套的影响（三个分支管道中的第一个、第二个、第三个对应的控制系统分别称为第一套、第二套、第三套）。

2）由于控制系统内各组成环节的特性对控制质量都有一定的影响，所以当控制系统中某个组成环节的特性发生变化时，系统的控制质量也会随着发生变化。首先要考虑对象的特性在运行中有无发生变化。例如所用催化剂是否老化或中毒；换热对象的管壁有无结垢而增大热阻降低传热系数；设备内是否由于工艺波动等原因使结晶不断析出或聚合物不断产生。以上各种现象的产生都会使被控对象的特性发生变化，例如时间常数变大、容量滞后增加等。为了适应对象特性的变化，一般可以通过重新整定控制器参数获得较好的控制质量。因为控制器参数值是针对对象特性而确定的，对象特性改变，控制器参数也必须改变。

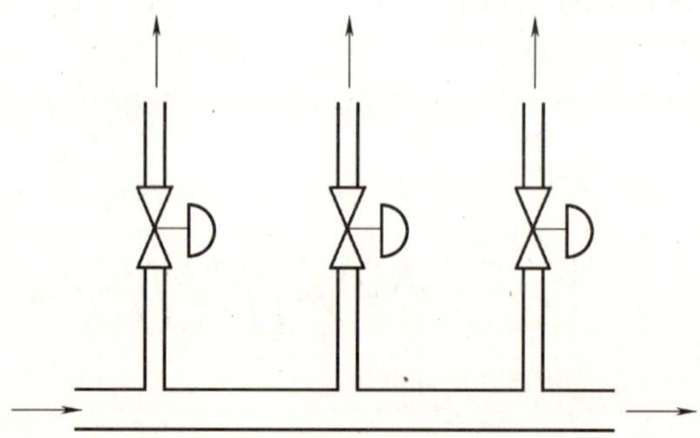

图 1-105　负荷分配系统

3）工艺操作的不正常，生产负荷的大幅度变化，不仅会影响对象的特性，而且会使控制阀的特性发生变化。例如控制系统原来设计在中负荷条件下运行，而在大负荷或很小负荷条件下就不适应了；又如所用线性控制阀在小负荷时特性变化，系统无法获得好质量，这时可考虑采用对数（等百分比）特性的控制阀，情况会有所改善。

4）控制阀本身在使用时的特性变化也会影响控制系统的工作。如有的阀，由于受介质腐蚀，使阀芯、阀座形状发生变化，阀的流通面积变大，特性变坏，也易造成系统不能稳定地工作。严重时应关闭截止阀，人工操作旁路阀，更换控制阀。其他如气压信号管路漏气、阀门堵塞等也是常见故障，可按维修规程处理。

5）自动控制系统的故障与控制器参数的整定是否恰当有关。众所周知，控制器参数不同，开环系统动、静态特性就发生变化，控制质量也就发生改变。控制器参数整定不当而造成控制系统的质量不高属于软故障一类。分析这方面的故障，需要一定的自动化基础知识。需要强调的是，控制器参数的确定不是静止不变的，当负荷发生变化时，控制对象的动、静态特性随着变化，控制器的参数也要调整。

（二）仪表自动系统常见故障

化工设备中，仪表测量所测量的参数有许多，但是一般情况下主要有以下几种：温度、液体或气体的流量、液位、压力、压强、振动、转速等。下文针对经常使用的压力测量仪、温度液位测量仪表、流量测量仪中经常出现的故障，进行具体全面的分析。

1. 压力测量仪出现的故障

对于压力测量仪来说，导压管的堵塞、内部的膜片的形变是该化工装置中常出现的故障，这些故障主要来自压力测量仪的工作原理，压力测量仪主要是将仪表内部的敏感元件在受到压力变化时产生的不同形变以标准电信号形式传送出去。目前，在化工装置仪表自控系统中，压力测量仪压力开关的触点必须要接触良好，因为这个仪表的工作主要由压力开关的操作来控制。所以，保持接线部分不出现松动是我们在应用这个仪器时的要点。还有机械传动部件是否有腐蚀、变形与否、锈迹的情况，也要仔细地检测，避免故障的出现。

2. 温度测量仪的故障

温度测量仪中常出现的主要是以下几个方面的故障：线路短路、接线腐蚀等。常见的温度测量仪主要有双金属温度计测量仪、热电偶测量仪、热电阻测量仪等。要想知道温度测量仪有没有出现故障，最常用的方法就是断开热电偶，由于导线材料在特性上与热电偶相近，在将其进行短接后，若温度测量仪能正常地显示此刻的室内温度，则表示回路是正常的。

3. 液位测量仪表的故障

由于液位测量仪表的种类比较多，按照仪表的设计原理可以分为浮力液位计以及超声波液位计等。所以，液位测量仪中有三类故障是最常出现的：液位波动过大、测量值过高和过低。我们可以通过视镜观察法排查液位测量仪的故障。

4. 流量测量仪的故障

就流量测量仪来讲，指示出现异常波动和指示偏大、偏小是这种仪表最常出现的故障。因为所使用流量测量仪表不同，所以出现故障的原因以及故障出现时表现的现象也千差万别。但究其主要原因，还是在于仪表设备的雷诺数、工艺的密度以及气体测量的温度、压力等存在偏差。此外，根据流量测量仪的工作原理，在测量仪器工作时容易出现导压管泄漏、电磁流量计处的管线振动等故障。因此，为了确保流量测量仪测量时更加精确，就要预防回路接线端的腐蚀、干扰、松动等情况的出现，避免漂移、膜盒变形或电路损坏等状况在测量仪表出现。

（三）仪表自控系统故障排除

由于仪表系统出现故障的种类不同，因此，对故障处理的方式也有所差异。我们结合故障出现的具体情况具体分析，选择出恰当的处理措施，但是最基本的故障处理方法有以下几个方面。

1. 从细节出发，对故障进行分析

化工生产中，根据仪表的工作原理以及流程分析故障产生的原因，一定要弄清楚化工仪表系统出现故障的具体部件，熟练掌握仪表生产的加工过程、仪表具体的使用性能以及其他相关的参数。并且，还应该从化工仪表自控系统的特点出发具体问题具体分析，就故障出现的原因进行判断。与被测介质直接接触的部位是仪表自控系统的故障检测的重点，除此之外，还有测量的传递回路、仪表的传输信号回路等。

如果大型装置仪表出现了故障，针对这些故障要从细节处出发，判断故障出现的原因。通过此刻仪表所表现出来的具体状况，对其故障发生前后的不同以及系统的信息显示进行分析。例如，如果化工装置仪表自控系统中的调节阀使用不正常，要分析出现不能正常操作这种现象的具体情况，因为阀门阀位的细微变化会对设备的工艺参数造成影响。分析现场的状况，我们就可以判断应该是当时系统的负荷比较低，影响到了阀门液（气）体的正常流通量，使得实际流量低于正常流量，此时，就要更换新阀门来解决这一故障。但是，我们仔细地分析仪表的显示在前后过程中所产生的变化，在小开度下出现这种变化如此大的现象是极其不可能的。此时就要进一步从细节出发对仪表的故障做出判断和分析，这时我们就会发现由磨损造成阀门间隙过大是故障产生的真实原因，这一故障影响了阀门反馈信号正常的传递，因此就出现了信号很小的情况下实际阀位的开度较大的现象。

2. 仪表设备的定期检测

仪表自控系统故障原因判断的准确性可以利用 DCS 等控制系统的信息来提高。尤其是现场仪表自控系统，采用 DCS 等控制系统，是对故障判断的最佳选择。DCS 能够利用很短的时间，分析出故障出现的原因，并能及时检测出故障发生的问题所在。同时，DCS 的报警系统、历史记录还提供了详细的资料和技术。

要定期对安装运行状况进行检查，只有对仪表进行合理的安装，才能使其检测和控制技术都能准确无误。因此，如果化工仪表自控系统出现故障，要仔细检查是否按照设计规范地安装了仪表自控系统中的各个工艺设备、管线及附属设备等。

3. 做好日常的维护工作

在日常的工作中还要维护好仪表自控系统，良好的维护才是预防仪表出现故障的最有效的方法。定期的巡检及保养可以确保仪表正常的运行并减少故障发生的概率。因为季节的不同，由环境产生的影响因素也会不相同，因此要随季节的不同做好相关的防护工作。

同时，还要定期做好化工装置各仪表的标定、校验以及排污工作。从根本上避免故障的发生。巡查时还要认真检查需要更换的备用仪表，避免投入使用时就出现故障。

案例分析

案例 1：某化工厂的流量自动控制系统，运行时发现二次表记录跑到最小值，如何判别故障在哪一部分？

解：按照图 1-106 所示的程序进行判断。

案例 2：若在上例的流量自动控制系统中，操作人员反映流量波动比较大，要进行改进，如何判断问题出在何处？

解：1）观察控制器偏差指示是否波动，若偏差指示稳定而显示仪表示值波动，则是显

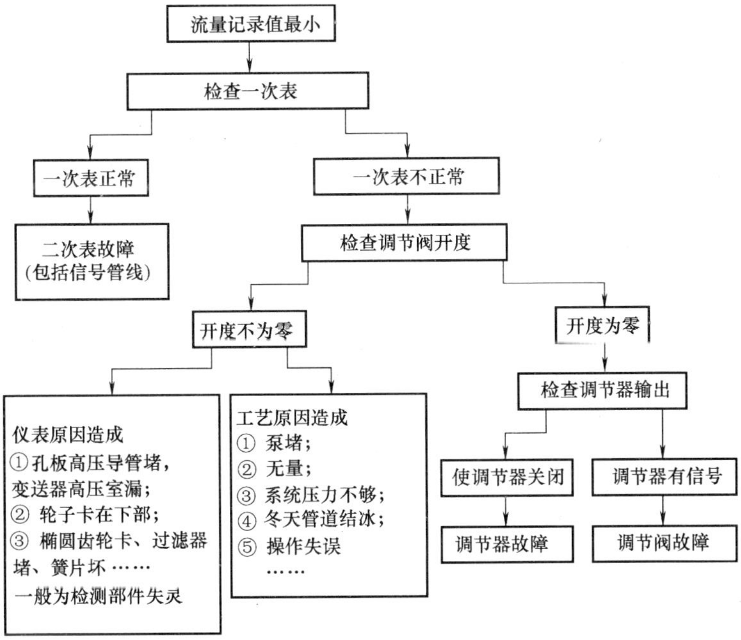

图 1-106　流量自动控制系统故障检查程序框图

示仪表故障。

2）若显示仪表示值和控制器偏差指示同时波动，则是变送器输出波动，这时控制器改为手动遥控，若此时示值稳定，则是控制器自控不稳定，控制器自控故障或参数需重新整定。

3）控制器改手动遥控，变送器输出仍波动，则应观察控制器的手动电流是否稳定，若不稳定，则是控制器手动控制故障；若稳定，应观察控制阀气压表；若示值波动，控制阀阀杆上下动作，则是电气转换器或电气阀门定位器故障；也可能它们受外来振动而使输出波动。

4）控制器改手动后，控制阀气压稳定，阀杆位置不变，变送器输出仍波动，这时应和工艺人员商量，使变送器停用。关闭二次阀，打开平衡阀，检查变送器工作电流是否正常，若正常，将变送器输出迁移到正常生产时的输出值。此时，观察其输出是否稳定，若不稳定，则是变送器故障，或变送器输出回路接触不良；若变送器输出稳定，此时取消迁移量，启动差压变送器后输出仍波动，则是变送器引压导管内有气阻或液阻，将气阻、液阻排除后，变送器输出仍波动，则是工艺流量自身波动，可与操作人员共同分析加以解决。

案例 3： 图 1-107 所示为一离心泵输出管线流量和压力控制系统并存的例子。由于这两套系统并存于同一输出管线上，当控制压力时，必然会影响到流量，当控制流量时又必然会影响到压力。两个控制系统之间存在关联，这种关联将使它们无法正常工作。试分析解决办法。

解：对于这种类型的系统，最简单的办法就是通过控制器参数整定，将两个系统的工作频率拉开，削弱两系统之间的动态联系，就有可能使相互关联的控制系统仍能正常工作。

在这两套系统中，如果流量是主要的，可以把压力控制器的比例度和积分时间都放得大一些，使压力控制系统的工作频率低一些。这样一旦扰动出现，流量系统立即工作，很快把流量调回到给定值；而压力控制系统则缓慢地逐渐把压力调回到给定值。反过来如果压力是主要的，则可以将流量控制器的比例度和积分时间放得大一些，使流量控制系统的工作频率低一些。这样一旦扰动发生，压力系统首先投入工作，很快将压力调回到给定值，而流量控制系统则缓慢地逐渐把流量调回到设定值。

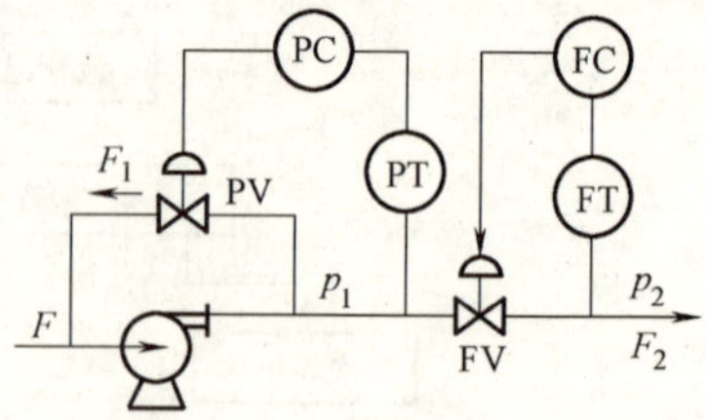

图 1-107　流量和压力控制系统

四、项目验收

观察项目运行情况，撰写项目报告，各小组推选一名主讲员上台讲解任务的完成情况及演示项目成果，老师同学填写评价表，见表 1-37。项目报告内容包括设计目的与要求、项目计划、项目内容、心得体会、主要参考文献等 5 项内容。具体报告见附录 C。

表 1-37　评价表

测评内容	配分	评分标准	得分	合计
选型	6	正确选择控制器(6 分)		
电路设计	9	控制器参数设计正确(3 分)		
		仪表设计正确(3 分)		
		调节阀设计正确(3 分)		
电路安装	40	1. 电路图绘制正确　(5 分)		
		2. 零部件无损伤(5 分)		
		3. 仪表接线正确(10 分)		
		4. 调节阀接线正确(10 分)		
		5. 安装步骤方法正确(5 分)		
		6. 螺栓按要求拧紧(5 分)		
电路连接	10	1. 接线正确(5 分)		
		2. 接线符合要求(5 分)		
电路调试	15	1. 控制器参数设置正确(5 分)		
		2. 通信正确(5 分)		
		3. 系统运行正常(5 分)		
故障检测	10	控制系统运行中的故障能正确诊断并排除(10 分)		
安全文明操作	10	遵守安全生产规程(10 分)		
合计总分				

【知识拓展】

复杂控制系统

简单控制系统是最基本、应用最广泛的一种控制形式。然而随着工业的发展、生产工艺的更新、生产规模的大型化和生产过程的复杂化，必然导致各变量间的相互关系更加复杂、对操作的要求更加严格；同时，现代化生产对产品质量的要求越来越高，对控制手段的要求也越来越高。为了适应更高层次的要求，在简单控制系统的基础上，出现了串级、均匀、比值、前馈、分程及选择等复杂控制系统以及一些新型控制系统。

（一）串级控制系统

在复杂控制系统中，串级控制系统是应用最早、效果最好及使用最广泛的一种。它的特点是将两个控制器串接，主控制器的输出作为副控制器的设定。这种系统适用于时间常数及纯滞后较大的被控对象。

1. 串级控制的目的

以精馏塔为例，保证精馏塔塔底产品的分离纯度是精馏塔的一项核心工作。而直接检测纯度是很难的，所以只能以与纯度有单值对应关系的塔底温度这个间接变量作为被控变量，以对塔底温度影响最大的加热蒸汽作为操纵变量组成单回路控制系统，如图 1-108a 所示。当负荷发生变化时，可通过温度变送器、控制器及控制阀组成的单回路控制系统去克服扰动的影响，保证塔底温度恒定。

但是，由于精馏塔温度滞后大，蒸汽流量的变化要经塔釜温度变化后，控制器才能做出反应，去控制蒸汽流量。而流量改变后，又要经过一段时间，才能影响塔底温度。这样，如果蒸汽流量频繁波动，控制器既不能及早发现扰动，又不能及时做出反应而影响了控制效果。所以这种方案并不十分理想。因此，使蒸汽流量平稳就成了一个非解决不可的问题，图 1-108b 就是保持蒸汽流量稳定的控制方案。这种方案克服了蒸汽流量波动这一点，应该说是很好的。对精馏塔而言，不仅要考虑蒸汽流量对塔底温度的影响，还要考虑其他因素对塔底温度的影响，如果能将二者结合起来，即将最主要、最强的扰动（蒸汽流量波动）以图 1-108b 的方式预先处理（粗调），稳定住蒸汽流量，以减少对塔底温度的影响，而其他扰动的影响最终用图 1-108a 的方式彻底解决（细调），即将温度控制器的输出串接在流量控制器的外给定上，使流量控制器随温度控制器的需要而动作。由于出现了信号相串联的形式，故称这种系统为串级控制系统，如图 1-108c 所示。

2. 串级控制系统的组成

由前面的分析可知，串级控制系统中有两个测量变送器，两个控制器；两个对象，一个控制阀。为了便于区分，用“主”“副”来对其进行描述，故有如下的常用术语。

1）主变量：工艺最终要求控制的被控变量，如图 1-108 中精馏塔塔釜的温度。

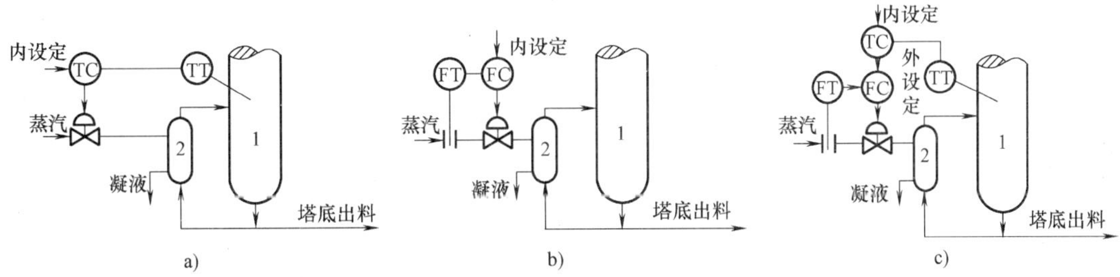

图 1-108　精馏塔温度控制系统

1—精馏塔塔釜　2—再沸器

2）副变量：为稳定主变量而引入的辅助变量，如图 1-108 中的蒸汽流量。

3）主对象：表征主变量的生产设备，如图 1-108 中包括再沸器在内的精馏塔塔釜至温度检测点之间的工艺设备。

4）副对象：表征副变量的生产设备，如图 1-108 中的蒸汽管道。

5）主控制器：按主变量与工艺设定值的偏差工作，其输出作为副控制器的外设定值，在系统中起主导作用，如图 1-108 中的 TC。

6）副控制器：按副变量与从主控制器来的外设定值的偏差工作，其输出直接操纵控制阀，如图 1-108 中的 FC。

7）主测量变送器：对主变量进行测量及信号转换的变送器，如图 1-108 中的 TT。

8）副测量变送器：对副变量进行测量及信号转换的变送器，如图 1-108 中的 FT。

9）主回路：是指由主测量变送器，主、副控制器，执行器和主、副对象构成的外回路，又叫主环或外环。

10）副回路：是指由副测量变送器、副控制器，执行器和副对象构成的内回路，又称副环或内环。

串级控制系统的组成框图如图 1-109 所示。

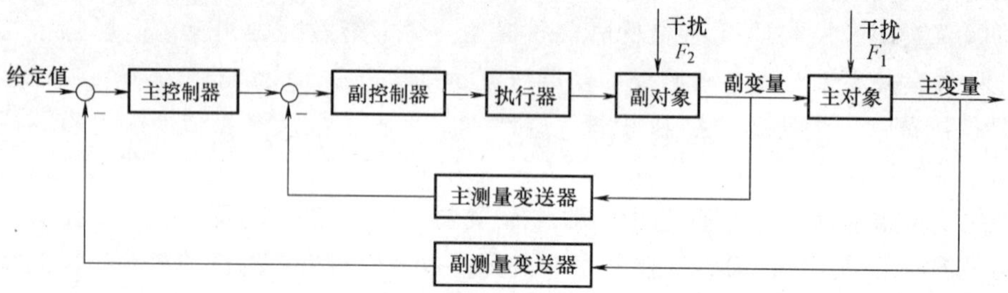

图 1-109　串级控制系统组成框图

3. 控制过程分析

正常情况下，进料温度、压力、组分稳定，蒸汽压力、流量也稳定，则塔底温度也就稳定在设定值；一旦扰动出现，上述平衡就会被破坏。下面以图 1-108c 为例，就扰动出现位置的不同进行分析。

（1）扰动进入副回路　如蒸汽流量（或压力）变化，该扰动首先影响副回路，使副回路的测量值偏离外设定值，流量控制系统依据这个偏差进行工作，改变执行器的开度，从而使流量稳定。如果扰动幅度较小，流量控制系统可以使主变量（塔釜温度）基本不受影响；若扰动幅度较大，由于副环的控制作用，即使对主变量有些影响，也是很小的，可以由主环进一步消除。

（2）扰动进入主回路　如进料温度变化。该扰动直接进入主回路，使塔釜温度受到影响，偏离设定值，它与设定值间的偏差使主控制器的输出发生变化，从而使副控制器的设定值改变。该设定值与副变量（蒸汽流量）之间也出现偏差，偏差可能很大，于是副控制器采取强有力的控制作用，使蒸汽流量大幅度变化，从而使塔釜温度很快回到设定值。因此，对于进入主回路的扰动，串级控制系统也要比简单控制系统的控制作用更快、更有力。

（3）扰动同时进入主、副回路　如果上述两种扰动同时存在，且作用方向相同，即蒸汽流量与进料温度的变化均使塔釜温度升高，此时，主控制器 TC 输出减小，而副控制器 FC 的测量值增加，因此，副控制器 FC 的输出会大大减小，使控制阀的开度大幅度减小，蒸汽流量大大减小，从而阻止蒸汽流量和塔釜温度上升的趋势；如果两种扰动的变化使塔釜的温度下降，则情况与上述过程类似，作用方向相反，最终使控制阀开度大幅增加，以增加蒸汽流量。通过主、副控制器的配合工作，会产生比简单控制系统大几倍甚至几十倍的控制作用，抗扰动能力更强，控制质量将得到极大的改善。另一种情况是：两种扰动的作用方向相反，即对主变量的影响一个增加、一个减小。这种情况是有利于控制的，在一定程度上扰动相互作用会抵消一部分，剩下未被抵消的一部分对主变量的扰动程度有所降低，此时只需控制阀稍加动作，即可使系统平稳。

综上所述，串级控制系统有很强的克服扰动的能力，特别是对进入副环的扰动，控制力度更大。

4. 串级控制的特点

1）主回路为定值控制系统，而副回路是随动控制系统。

2）结构上是主、副控制器串联，主控制器的输出作为副控制器的外设定，形成主、副两个回路，系统通过副控制器操纵执行器。

3）副回路对象时间常数小，动作迅速，但控制不一定精确，具有先调、粗调、快调的特点；主回路对象时间常数大，动作滞后，但主控制器能进一步消除副回路没有克服掉的扰动，具有后调、细调、慢调的特点。

4）抗扰动能力强，对进入副回路的扰动抑制力更强，控制精度高，控制滞后小。因此，特别适用于温度对象等滞后大的场合。

5. 串级控制系统控制方案的设计

（1）副变量的选择　串级控制系统中主变量和控制阀的选择与简单控制系统的被控变量与控制阀的选用原则相同。副变量的选择是设计串级控制系统的关键，在选择过程中应考虑以下原则：

1）副回路应包括尽可能多的扰动，尤其是主要扰动。

2）尽量不要把纯滞后环节包含在副回路中，以提高副回路的快速抗扰动能力。

3）主、副对象的时间常数不能太接近。副对象的时间常数应小于主对象的时间常数，一般主、副对象的时间常数之比为 3～10。

（2）主、副控制器控制规律的选择　串级控制系统主、副回路所发挥的控制作用是不同的。主控制器的控制目的是稳定主变量，主变量是工艺操作的主要指标，它直接关系到生产的平稳、安全或产品的质量和产量，一般情况下对主变量的要求是较高的，要求没有余差（即无差控制），因此，主控制器一般选择比例积分微分（PID）或比例积分（PI）控制规律。副变量的设置目的是稳定主变量，其本身可在一定范围内波动，因此，副控制器一般选择比例作用（P），积分作用很少使用，因为它会使控制时间变长，在一定程度上减弱副回路的快速性和及时性。但在以流量为副变量的控制系统中，为了保持系统稳定，可适度引入积分作用。副控制器的微分作用是不需要的，因为当副控制器有微分作用时，一旦主控制器输出稍有变化，就容易引起控制阀大幅度变化，这对系统稳定是不利的。

（3）主、副控制器正、反作用方式的选择　串级控制系统控制器正、反作用方式的选择依据也是为了保证整个系统构成负反馈，先确定控制阀的开关形式，再进一步判断控制器的正、反作用方式。副控制器正、反作用的确定同简单控制系统一样，只要把副回路当作一个简单控制系统即可。

确定主控制器正、反作用方式的方法是：首先，把整个副回路等效为放大倍数为正的环节，而主变送器的放大倍数一般为正，那么整个主回路中决定主控制器正、反作用的就是主对象的作用方向了。也就是说，若主对象为正作用，则主控制器为负作用；主对象为反作用，则主控制器为正作用。

案例分析

案例 1： 图 1-110 为一管式加热炉串级控制系统。工艺要求：加热炉出口温度不允许过高，否则物料会分解，甚至烧坏炉管。试确定主、副控制器的作用方向。

解：根据工艺要求，加热炉出口温度不允许过高，所以当气源中断时，应停止供给燃料，则执行器选气开阀，即正作用方向。当燃料量增加时，炉膛温度 θ_2（副变量）增加，副对象为正作用方向。为使副回路构成一个负反馈系统，副控制器 T_2C 选择反作用方向。当控制阀打开时，加热炉出口温度 θ_1（主变量）也增加，因此主对象为正作用，则主控制器 T_1C 为反作用方向。

案例 2： 图 1-111 为一冷却器串级控制系统。工艺要求冷却器出口温度不能过低。试确定主、副控制器的作用方向。

解：根据工艺要求，冷却器出口温度不允许过低，所以当气源中断，应停止供给冷剂，则执行器选气开阀，即正作用方向。当冷剂加大时，冷剂流量（副变量）增加，副对象为正作用方向。

为使副回路构成一个负反馈系统，副控制器 FC 选择反作用方向。当控制阀打开时，冷却器出口温度 θ（主变量）下降，因此主对象为反作用，则主控制器 TC 为正作用方向。

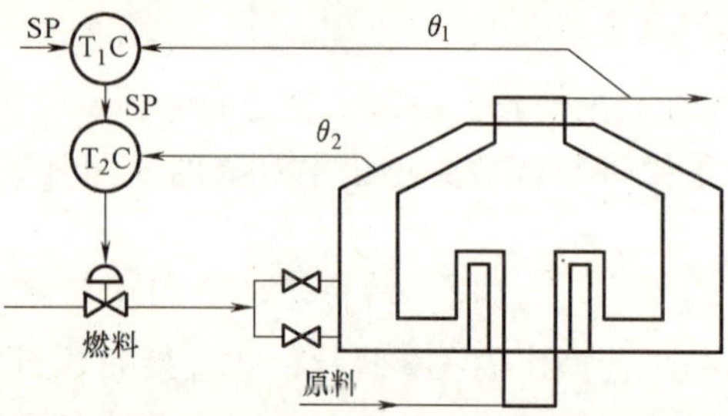

图 1-110　管式加热炉串级控制系统

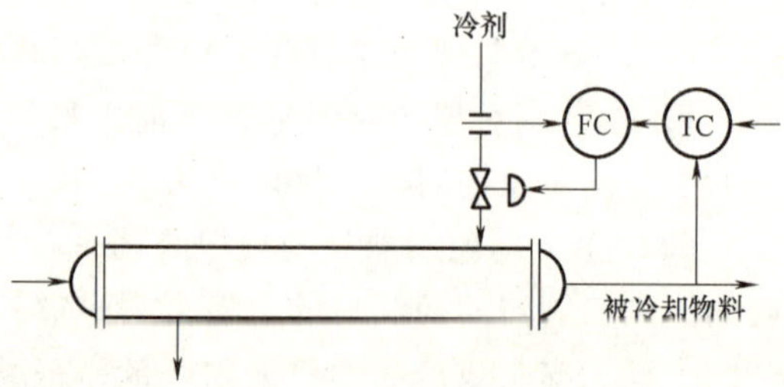

图 1-111　冷却器串级控制系统

6. 串级控制系统的参数整定

串级控制系统设计完成后，通常需要进行控制器的参数整定才能使系统运行在最佳状态。整定串级控制系统参数时，首先要明确主、副回路的作用，以及对主、副变量的控制要求。在实践中，串级控制系统的参数整定方法有两种：两步整定法和一步整定法。

（1）两步整定法　这是一种先整定副控制器，后整定主控制器的方法。当串级控制系统主、副对象的时间常数相差较大，主、副回路的动态联系不紧密时，应采用此法。

1）先整定副控制器。主、副回路均闭合，主、副控制器都置于纯比例作用，将主、副控制器的比例度 δ 放在 100% 处，用简单控制系统整定法整定副回路，得到副变量按 4:1 衰减时的比例度 δ_{2S} 和振荡周期 T_{2S}。

2）整定主回路。主、副回路仍闭合。副控制器比例度置于所求得的δ_{2S}值上，用同样的方法整定主控制器，求得按4:1衰减时主变量的比例度δ_{1S}和振荡周期T_{1S}。

3）依据两次整定得到的δ_{2S}、T_{2S}及δ_{1S}、T_{1S}的值，按所选的控制器类型利用表中的计算公式，算出主副控制器的比例度、积分时间和微分时间。

4）按“先副后主”“先比例后积分再微分”的整定顺序，设置主、副控制器的参数，再观察过渡过程曲线，必要时进行适当调整，直到过程的动态品质满意为止。

（2）一步整定法　两步整定法虽然能满足主、副变量的要求，但是在整定的过程中要寻求两个4:1的衰减振荡过程，比较麻烦。为了简化步骤，也可采用一步整定法。

一步整定法就是根据经验先将副控制器的参数一次性设定好，不再变动，然后按照简单控制系统的整定方法直接整定主控制器的参数。在串级控制系统中，主变量是直接关系到产品质量或产量的指标，一般要求比较严格；而对副变量的要求不高，允许在一定范围内波动。

在实际工程中，证明这种方法是很有效果的。经过大量实践经验的积累，总结得出不同的副变量情况下的副控制器比例度经验值，见表1-38。

表1-38　副控制器比例度经验值

副变量类型	温度	压力	流量	液位
比例度(%)	20~60	30~70	40~80	20~80

7. 串级控制系统的投运方法

串级控制系统的投运和简单控制系统一样，要求投运过程无扰动切换，投运的一般顺序是“先投副回路，后投主回路”。

1）主控制器置内给定，副控制器置外给定，主、副控制器均切换到手动。

2）在副控制器手动方式下，使主、副参数趋于稳定时，主控制器手动输出，使副控制器的给定值等于测量值，将副控制器切入自动。

3）主控制器手动调整设定值，当副回路控制稳定并且主参数也稳定时，将主控制器无扰动切入自动。

（二）均匀控制系统

1. 均匀控制的目的

工业生产设备都是前后紧密联系的，前一设备的出料往往是后一设备的进料。在图1-112中，脱丙烷塔（简称B塔）的进料来自脱乙烷塔（简称A塔）的塔釜。对A塔来说，需要保证塔釜液位稳定，故有图1-112中的液位定值控制系统。而对B塔来说，希望进料量稳定，故有图1-112中的流量定值控制系统。假设扰动使A塔塔釜液位变化，则液位控制系统会使控制阀1开度变化，以使A塔液位达到定值控制要求。但这一动作的结果却使B塔进料量出现了较大波动，如图1-113a所示。反之，若把

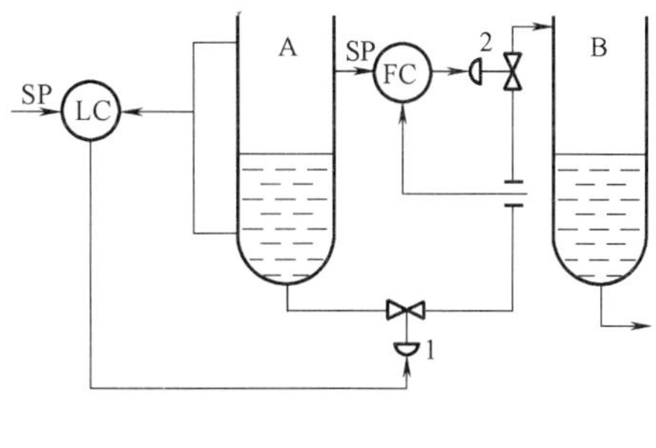

图1-112　前后精馏塔的供求关系

B 塔的进料量控制为比较稳定的状态，则流量定值控制系统又会使 A 塔的液位波动加大，如图 1-113b 所示。这样，两塔的供需就出现了矛盾。

解决这种前后工序的供求矛盾，使两个变量之间能够互相兼顾和协调操作，就是均匀控制的目的。均匀控制是按系统所要完成的功能命名的。

2. 均匀控制的特点

多数均匀控制系统都要求兼顾液位和流量两个变量，也有兼顾压力和流量的。其特点是：不是使被控变量保持不变（不是定值控制），而是使两个互相联系的变量都在允许的范围内缓慢变化。如图 1-113c 所示。

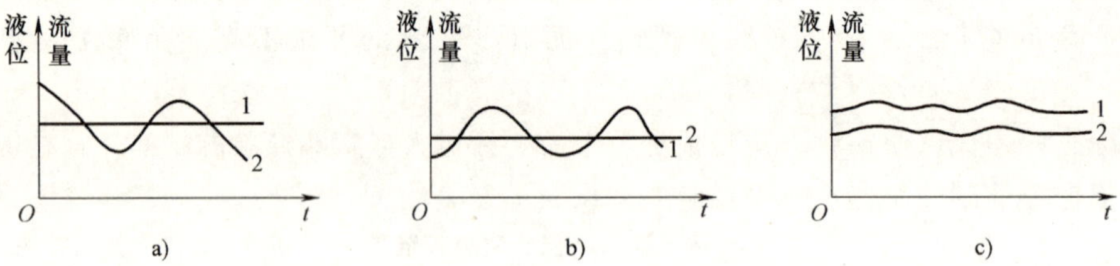

图 1-113　A 塔液位与 B 塔流量关系曲线

1—液位变化曲线　2—流量变化曲线

3. 均匀控制方案

（1）简单均匀控制系统　简单均匀控制系统如图 1-114a 所示，在结构上与一般的单回路定值控制系统是完全一样的，只是在控制器的参数设置上有所区别。为了使两个参数都均匀缓慢变化，控制器比例度应整定得大一些，一般在 100% 以上，以使系统过渡过程缓慢而无振荡地变化。

简单均匀控制系统的最大优点是结构简单、操作方便、成本低。但是，其控制效果较差。这种控制方案通常适用于扰动较小，对流量的均匀程度要求较低的场合。

（2）串级均匀控制系统　在上述例子中，塔压发生变化时，即使控制阀开度不变，流量也会随阀前后压差的变化而改变，等到流量的改变使液位发生变化后，液位控制器才会进行控制，显然，存在控制滞后的问题。所以，最好的办法就是构成串级均匀控制系统，如图 1-114b 所示。

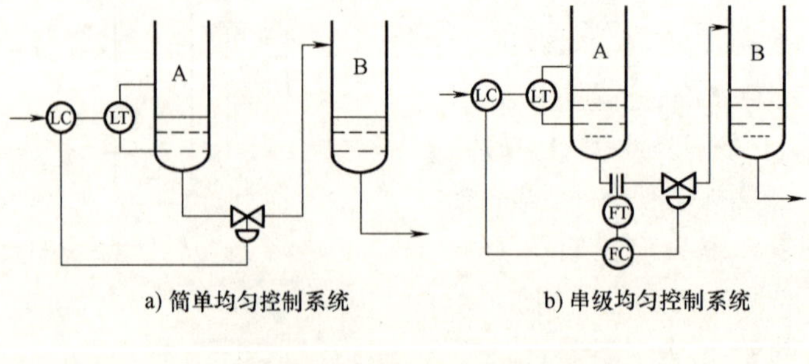

a) 简单均匀控制系统　b) 串级均匀控制系统

图 1-114　均匀控制的两种方案

串级均匀控制系统在结构上与前一节中的串级控制系统完全相同，但它不是用于提高塔釜液位的控制品质，而是尽可能使塔釜的流出流量平衡一些。串级均匀控制系统副控制器参数的整定原则与一般定值流量控制系统相同，主控制器参数则应按照均匀控制系统的整定方法进行整定。串级均匀控制系统能克服控制阀前后压差引起的扰动，使主、副参数变化均匀、缓慢、平衡，控制质量较高。所以，尽管系统结构较复杂，使用的自动化仪表较多，但在生产过程自动化中仍得到了广泛应用。

（三）比值控制系统

1. 比值控制系统概述

工业过程中经常要按一定的比例控制两种或两种以上的物料量。例如，燃烧系统中的燃料与氧气量；参加化学反应的两种或多种化学物料量。一旦比例失调，就会产生浪费，从而影响正常生产，甚至造成严重不良后果。而比例得当，则可以保证优质、高产、低耗。为此，控制工程师设计了比值控制系统。

凡是用来实现两种或两种以上物料按一定比例关系关联控制以达到某种控制目的的控制系统，称为比值控制系统。在比值控制系统中，需要保持比值关系的两种物料中必有一种处于主导地位，称此物料为主动量，通常用 F_1 表示，如燃烧比值系统中的燃料量；另一种物料称为从动量，通常用 F_2 表示，如燃烧比值系统中的空气量（氧含量）。比值控制系统就是要实现从动量 F_2 与主动量 F_1 的对应比值关系，即满足关系式：$F_2/F_2=k$，k 为从动量与主动量的比值。

2. 比值控制系统的类型

比值控制系统主要有单闭环比值控制系统、双闭环比值控制系统和变比值控制系统。

（1）单闭环比值控制系统　单闭环比值控制系统在结构上与单回路控制系统一样。常用的控制方案有两种形式：一种是把主动量的测量值乘以某一系数后作为从动量控制器的设定值，这种方案称为相乘方案，是一种典型的随动控制系统，如图 1-115a 所示；另一种是把主动量与从动量的比值作为从动量控制器的被控变量，这种方案称为相除方案，是典型的定值控制系统，如图 1-115b 所示。

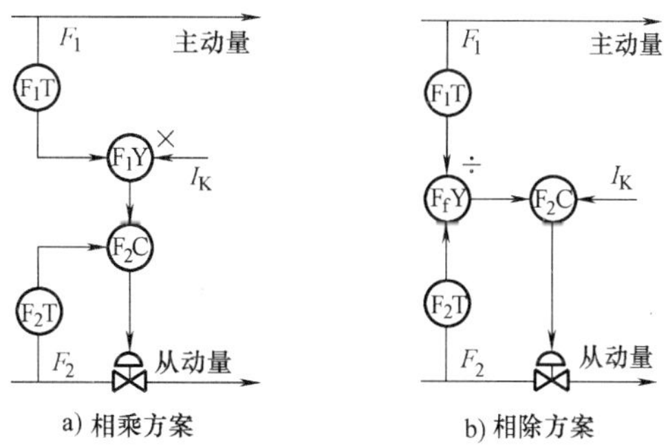

图 1-115　单闭环比值控制系统

（2）双闭环比值控制系统　由单闭环比值控制系统可知，系统中的主动量是开环的，没有受到控制。为了克服单闭环比值控制中主动量不受控、易受扰动的情况，设计了双闭环比值控制系统，如图 1-116 所示。图 1-116a 所示为相乘方案，图 1-116b 所示为相除方案。与单闭环比值控制系统相比，双闭环比值控制系统是由一个定值控制的主动量回路和一个跟随主动量变化的从动量控制回路组成。通过主动量控制回路可以克服主动量扰动，实现定值控制。从动量的控制与单闭环比值控制相同。这样，无论是主动量还是从动量，均比较稳定，系统运行相对平稳。因此，在工业生产过程中，当要求负荷变化较平稳时，可以采用这种控制方案。不过，该方案所用仪表较多，投资较高，而且投运也比较麻烦。

（3）变比值控制系统　单闭环比值控制和双闭环比值控制是实现两种物料流量间的定值控制，在系统运行过程中比值系数是不变的。但在有些生产过程中，常要求两种物料流量的比值随第三个参数的需要而变化，为了满足这种控制要求，开发了变比值控制系统。如图 1-117 所示，在这个燃料控制系统中，被控变量为烟道气中的氧含量，将它作为第三个参数，而燃料与空气的比值实质上是由氧含量控制器给出的，从结构上分析可以看出，这种方案是以比值控制系统为副回路的串级控制系统。

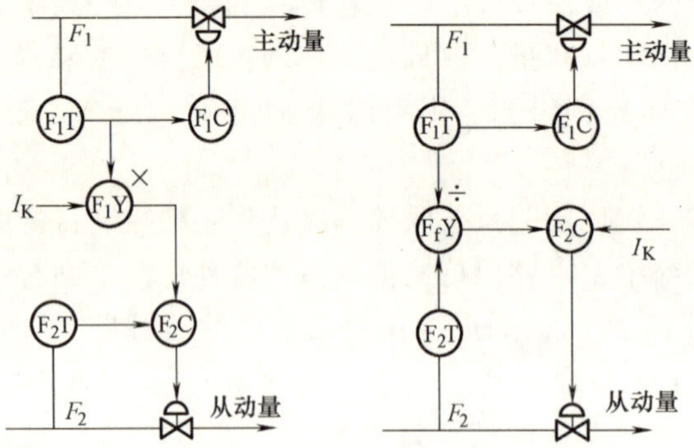

a) 相乘方案　　b) 相除方案

图 1-116　双闭环比值控制系统

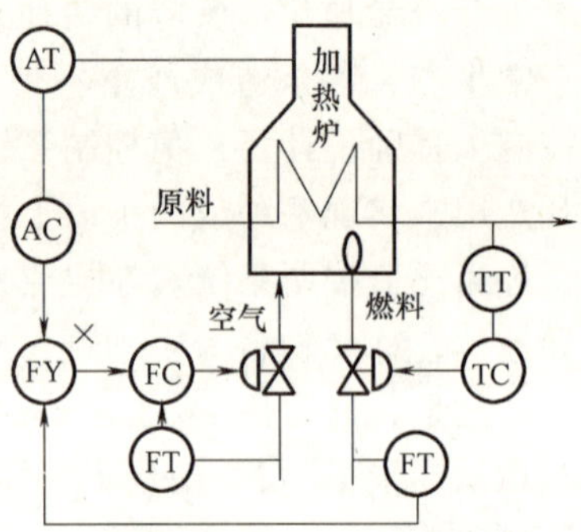

图 1-117　变比值控制系统

（四）前馈控制系统

1. 前馈控制系统概述

在控制系统中，反馈控制的特点是扰动作用于系统，对被控变量产生影响，测量值与给定值比较出现偏差之后，控制器才对被控变量进行控制来克服扰动对它的影响，所以反馈控制是根据偏差进行控制的。显然，这种控制方式的控制作用是落后于扰动作用的，即控制不及时。然而，在一般工业控制对象上总是存在一定的容量滞后或纯滞后，当扰动出现时，往往不能及时在被控变量上显现出来，需要一定的时间才能反应，然后控制器才能发挥控制作用，而控制通道同样也会存在一定的滞后，这就必然使被控变量的波动幅度增大，偏差的持续时间变长，导致控制的过渡过程变长，相关指标变差，因而不能满足生产的要求。

由此设想，当扰动一出现就开始控制，必然能提高控制速度。控制器直接根据扰动的大小和方向按照一定的规律进行控制，而不是等到扰动引起被控变量发生变化再控制，从而补偿扰动作用对被控变量的影响，这样的控制方式称为前馈控制。如果前馈控制作用选择得合适，理论上可以完全抵消掉扰动的影响。

图 1-118a 所示为换热器出口温度的单回路控制系统，它可以将换热器出口温度控制在某一数值，但它总是在扰动对出口温度产生影响之后才起作用，存在控制滞后的问题。而在图 1-118b 所示的控制系统中，在进料流量变化（如增加）的同时，使蒸汽阀门开大，靠加大蒸汽量抵消变化的冷物料的影响，将扰动克服在对出口温度产生影响之前，这就是前馈控制方案。但是，一种前馈只能克服一种扰动，而且控制的效果得不到检验。所以，常常将前

馈与反馈结合起来构成前馈—反馈控制系统，如图 1-118c 所示。它可以用前馈来克服主要扰动，而用反馈来克服其他扰动，并可检验控制效果。

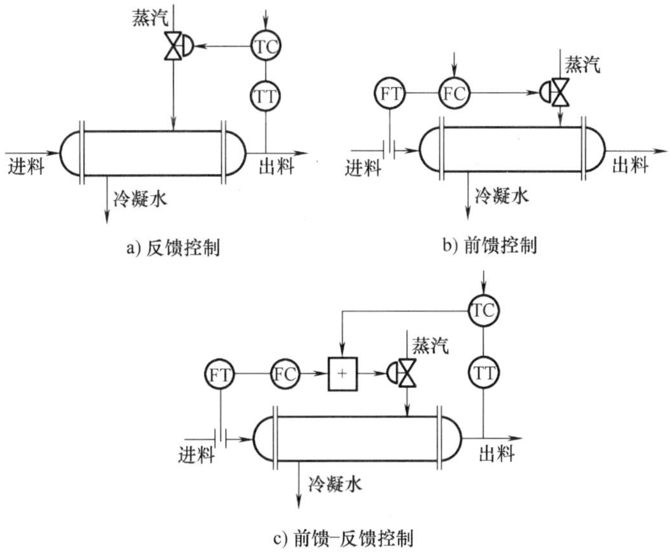

图 1-118　换热器的控制方案

2. 前馈控制的特点

1）前馈控制是按照扰动作用的大小和方向进行控制的，控制作用及时。表 1-39 是前馈控制和反馈控制特点的比较。

表 1-39　前馈控制与反馈控制特点的比较

控制形式	控制所依据的信号	检测信号	控制系统组态	控制作用发生的时间
反馈控制	被控变量的偏差大小	被控变量	闭环	偏差出现之后
前馈控制	干扰量的大小	干扰量	开环	偏差出现之前

2）前馈控制属于开环控制系统，这是前馈控制的不足之处。反馈控制系统是一个闭环控制系统，反馈控制能够不断地反馈控制结果，可以不断地修正控制作用，前馈控制却不能对控制效果进行检验。所以应用前馈控制，必须更加清楚地了解对象的特性，才能够取得较好的前馈控制效果。

3）前馈控制器是专用控制器，与一般反馈控制系统所采用的通用 PID 控制器不同，前馈控制使用的是根据对象特性而定的“专用”控制器，前馈控制器的控制规律为对象的扰动通道与控制通道的特性之比。

4）一种前馈作用只能克服一种扰动。前馈作用只能针对一个测量出来的扰动进行控制，对于其他扰动，由于该前馈控制器无法感知，因此，也就无能为力了。而在反馈控制系统中，只要是影响到被控变量的扰动都能被克服。

3. 前馈控制的应用

（1）前馈控制的应用场合

1）系统中存在频繁且幅值大的扰动，这种扰动可测但不可控，对被控变量影响比较大，采用反馈控制难以克服，但工艺上对被控变量的要求又比较严格，可以考虑引入前馈回路来改善控制系统的品质。

2）当采用串级控制系统仍不能将主要扰动包含在副回路中时，采用前馈—反馈控制系统，可获得更好的控制效果。

3）若对象的控制通道滞后大，反馈控制不及时，控制质量差，可采用前馈—反馈控制系统，以提高控制质量。

（2）通道特性对前馈控制的影响　由于被控对象的扰动通道和控制通道特性不同，采用前馈控制时，会产生不同的效果。

1）当扰动通道的时间常数明显小于控制通道的时间常数时，扰动会很快作用到被控变量，使得前馈控制器输出很快达到极值，但仍无法补偿大部分扰动的影响。这种情况下，前馈对控制质量的改善是有限的。

2）当扰动通道时间常数比控制通道的时间常数大时，反馈控制能获得较好的控制效果。

3）当两个控制通道的时间常数相近时，引入前馈可以大大改善控制质量。

【工程训练】

一、上、中水箱液位组成串级控制（调节器控制）

1. 目的

通过项目掌握串级控制系统的基本概念，掌握串级控制系统的组成结构，即主被控参数、副被控参数、主调节器、副调节器、主回路、副回路。

通过项目掌握串级控制系统的特点、串级控制系统的设计，掌握串级控制主、副控制回路的选择。掌握串级控制系统参数整定方法，并将串级控制系统参数投运到项目中。

2. 设备

水泵、压力变送器、变频器、调节器（708 型）、上水箱、上水箱液位变送器、调节器（708 型）、中水箱、中水箱液位变送器、主回路调节阀、调节器（818 型）。

3. 步骤

上、中水箱液位串级控制流程如图 1-119 所示。

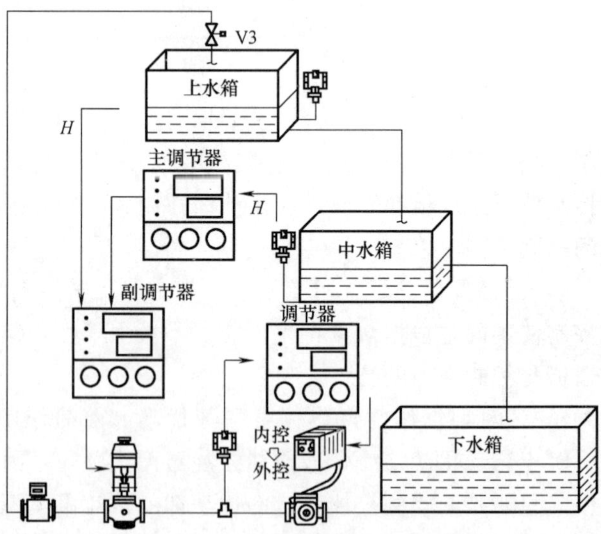

图 1-119　上、中水箱液位串级控制流程

1）选择控制系统的方案，上水箱液位和中水箱液位组成串级。

2）选择主被控参数、副被控参数，打开上水箱进水电磁阀 V3、上水箱排水电磁阀、中水箱排水电磁阀和下水箱手动排水阀。

3）选择主、副调节器，在恒压供水条件下工作，将上水箱和流量组成串级实验所用设备，按系统框图 1-120、图 1-121 接好导线。

注意：818 调节器作为副调节器使用，在 Sn = 32 参数下，1-2 端接 1 ~ 5V 输入，2-3 端接 0.2 ~ 1V 输入（2 为共地）。

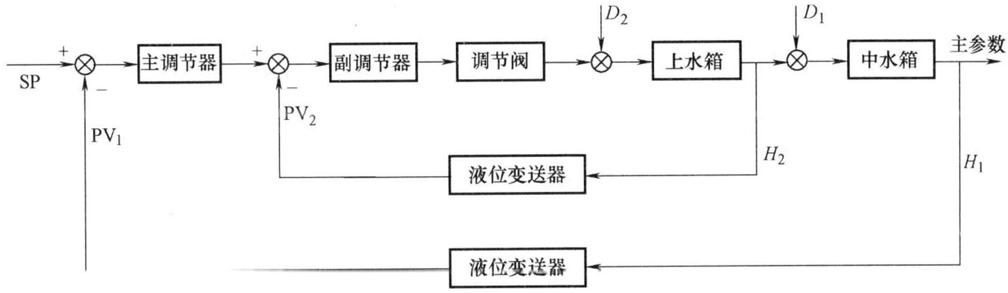

图 1-120　上、中水箱液位串级控制系统框图

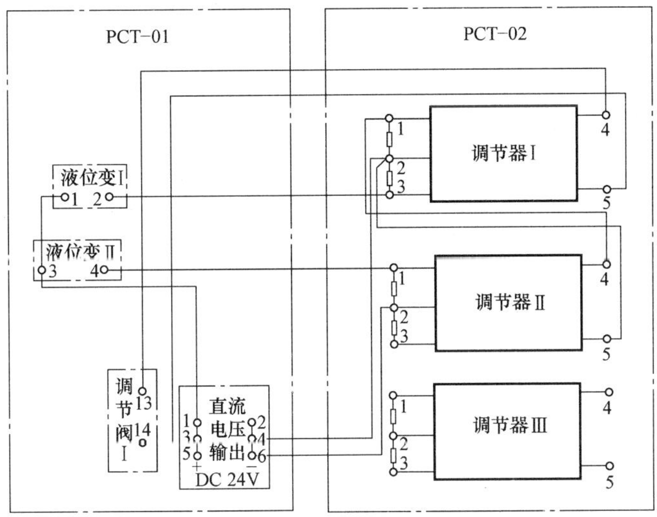

图 1-121　上、中水箱液位串级控制（调节器接线）

4）参数的整定，先自整定副回路上水箱液位系统。待系统稳定后再整定主回路下水箱液位系统，最后串在一起整定。待系统稳定后，下水箱液位给定值加个阶跃信号（幅度不要太大），观察计算机上流量和液位的曲线变化，并保存此曲线。

系统稳定后，分别为主、副回路加干扰信号，然后观察计算机上历史曲线的变化。

4. 调节器的参数设置

本参数适用于上海万迅仪表有限公司的 AI708 型、AI818 型。进行压力、温度、液位控制时，该型号的调节器能够自整定出比较理想的参数。设置调节器参数 Ctrl = 2，则调节器进入自整定调节状态。调节完毕，参数 Ctrl = 3。

AI708 型、AI818 型，需要设置的参数见表 1-40、表 1-41（本表未列出者一般不做改动，采用出厂默认值）。

表 1-40 AI708 型调节器下水箱液位控制

参数名	参数值	说明	参数名	参数值	说明
M5	45	保持参数	dIL	0	输入下限显示值
P	794	速率参数	dIH	300	输入上限显示值
t	102	滞后时间	Sc	0	主输入平移
Ctl	1	输出周期(s)	oP1	4	输出方式
Sn	33	输入规格	CF	2	系统功能选择
dIP	0	小数点位数	run	2	运行状态

表 1-41 AI818 型调节器上水箱液位控制

参数名	参数值	说明	参数名	参数值	说明
dF	1	回差(死区、滞环)	dIL	0	输入下限显示值
P	288	比例带	dIH	450	输入上限显示值
I	221	积分时间(s)	Sc	0	主输入平移
d	10	微分时间(s)	oP1	4	输出方式
Sn	32	输入规格	CF	8	系统功能选择
diP	0	小数点位数	run	2	运行状态

5. 项目报告

将衰减曲线调节器参数填写至表 1-42 中。

表 1-42 衰减曲线调节器参数计算表

数据 调节器	实验数据		查表计算值		最终整定法	
	δ_S(%)	T_s/min	δ_s(%)	T_i/min	$\delta_{终}$(%)	$T_{i终}$/min
主调节器						
副调节器						

整理并附上记录仪的下列过渡过程曲线：

1）整定副调节器时得到的 4:1 衰减曲线。

2）整定主调节器时得到的 4:1 衰减曲线。

3）主副调节器参数整定后，干扰作用于上水箱中，主变量 H_1 的过渡过程曲线。

4）主副调节器参数整定后，干扰作用于流量中，主变量 H_1 的过渡过程曲线。

填写表 1-43、表 1-44，比较控制质量。

表 1-43 串级控制系统控制质量的比较表

干扰的位置	最大偏差	过渡时间/min	评价质量并简析原因
干扰加入上水箱			
干扰加入流量中			

表 1-44 串级和简单控制系统控制质量的比较表

干扰位置	自控系统类型	最大偏差	过渡时间/min	评价质量并简析原因
干扰加入上水箱中	简单控制系统(PID)			
	串级控制系统			

二、流量比值控制系统（调节器控制）

1. 目的

加深了解比值控制系统的基本概念、比值控制系统的结构组成。掌握比值系数的计算，掌握比值控制系统的参数整定。

2. 设备

水泵、压力变送器、变频器、调节器（调节器 708 型两台、818 型一台）、主回路调节阀、主回路流量计、副回路调节阀、副回路流量计、比例器、上水箱、中水箱。

比例器使用方法：$I_{OUT}=K_1I_1-K_2I_2$

3. 步骤

流量比值控制系统流程如图 1-122 所示。

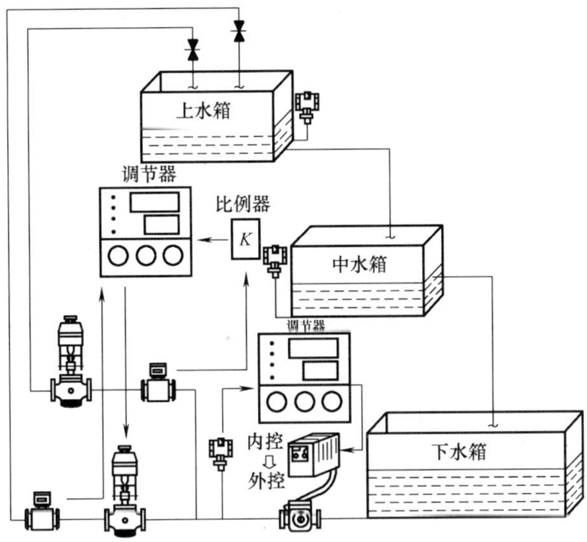

图 1-122　流量比值控制系统流程（调节器控制）

1）构成一个单闭环比值控制系统。

2）将流量比值实验所用设备，按图 1-123、图 1-124 连接导线。

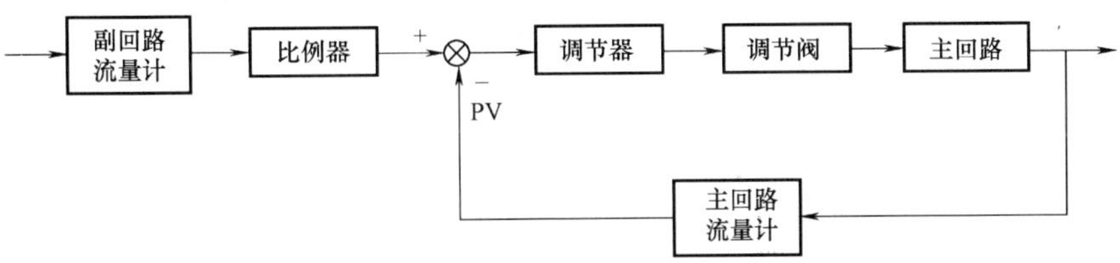

图 1-123　流量比值控制系统框图（调节器控制）

3）打开上水箱进水电磁阀、上水箱排水电磁阀、中水箱副回路进水电磁阀、中水箱排

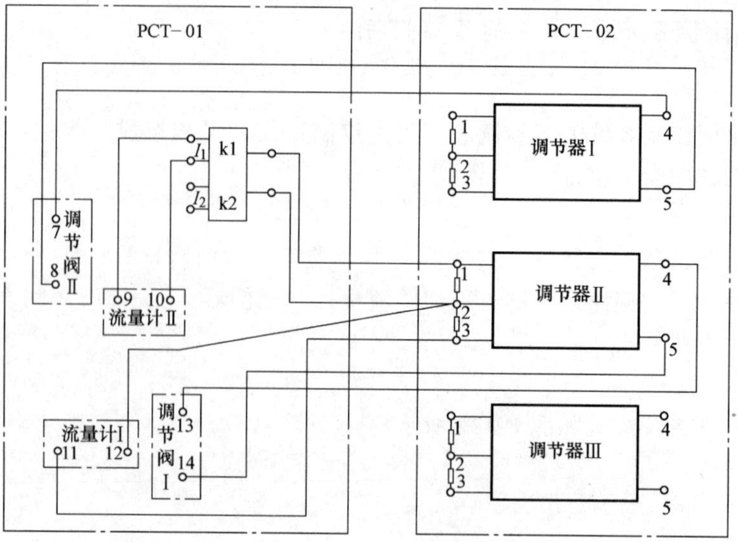

图 1-124　流量比值（调节器接线）

水电磁阀、下水箱手动排水阀。

4）接通总电源和各仪表电源。

5）调节控制台面板上电位器 K_1 可改变主副流量的比值，比值的范围是 0.1～1。

6）控制系统的参数整定，调节器的参数整定可按单回路或串级控制系统的整定方法进行。稳定后，改变副回路中流量的大小，观察主回路流量的变化。

7）观察计算机上历史曲线的变化。记录并处理历史曲线，计算机数据采集接线方法参考附录。

8）改变比例器的比例系数，观察流量的变化。整个过程需要恒压供水。

4. 调节器的参数设置

由于流量变化速度快，调节器不能整定出比较合理的参数，需根据曲线来人工调整。其需要设置的参数见表 1-45（AI818 型，未列出者用出厂默认值）：

表 1-45　AI818 型调节器比值控制参数设置表

参数名	参数值	说明	参数名	参数值	说明
dF	3	回差（死区、滞环）	dIL	0	输入下限显示值
P	50	比例带	dIH	100	输入上限显示值
I	8	积分时间（s）	Sc	0	主输入平移
d	0	微分时间（s）	oP1	4	输出方式
Sn	32	输入规格	CF	8	系统功能选择
diP	0	小数点位数	run	2	运行状态

5. 项目报告

报告附上记录曲线，分别为主、副流量的过渡过程曲线。

曲线的分析处理，对记录曲线分别进行分析和处理，处理结果记录于表 1-46。

表 1-46　阶跃响应曲线数据处理记录表

测量情况＼参数值	流量 1			流量 2		
	K_1	T_1	τ_1	K_2	T_2	τ_2
正向输入						
反向输入						
平均值						

项目二
反应釜控制系统的设计与调试

<table>
<tr><td>项目名称</td><td>反应釜控制系统的设计与调试</td><td>参考学时</td><td>48 学时</td></tr>
<tr><td>项目导入</td><td colspan="3">反应釜的广义理解即有物理或化学反应的容器，通过对容器的结构设计与参数配置，实现工艺要求的加热、蒸发、冷却及低高速的混配功能，广泛应用于石油、化工、橡胶、农药、染料、医药、食品，是用来完成硫化、硝化、氢化、烃化、聚合、缩合等工艺过程的压力容器，例如反应锅、分解锅、聚合釜等。反应釜的控制要求，除了保证物料、热量平衡之外，还需要进行质量指标的控制，以及设置必要的约束控制条件。反应釜的种类很多，控制上的难易程度也相差很大，较为容易的控制与一个换热器相似，而对一些反应速度快、热效应强烈的反应釜，控制难度就比较大。</td></tr>
<tr><td>项目目标</td><td colspan="3">通过完成项目，学生应具备以下能力：
1. 能陈述 DCS 的设计思想和体系结构。
2. 能识读、绘制带控制点的工艺流程图。
3. 能按照工艺要求确定控制方案。
4. 会统计 I/O 点，并填写 I/O 点表。
5. 会根据控制要求，进行 DCS 硬件配置。
6. 能利用 MACS 软件新建反应釜工程。
7. 能进行 DCS 设备组态、数据库组态、控制算法组态、报表组态和图形组态。
8. 能进行工程师站、服务器站、操作员站下装。
9. 能操作 MACS 监控软件。
10. 能配置和调试好 DCS 网络。
11. 能设置现场控制站各卡件的开关状态和端子接线方法。
12. 能修改组态参数并进行系统调试。
13. 能判断系统的故障原因并进行排除。
14. 能与团队合作，处理好系统运行过程中的问题和紧急事故。</td></tr>
<tr><td>项目要求</td><td colspan="3">本次项目中使用的反应釜称水热合成反应釜，用来模拟碘化反应，考虑安全因素，反应温度、压力均调整为安全范围内，温度控制在 50℃，压力 30kPa，用冷水模拟氢氧化钠物料，热水模拟碘酸钠。项目具体要求如下：
1. 实现碘化反应的综合控制。
2. 绘制工艺流程图，选择液位、流量、温度检测仪表及执行机构并安装。
3. 小组独立完成工程组态。
4. 调试并运行。</td></tr>
<tr><td>实施思路</td><td colspan="3">1. 构思：项目分析与知识准备。参考学时：8 学时。
2. 设计：设计项目方案。参考学时：10 学时。
3. 实现：进行硬件设计、安装，进行工程组态。参考学时：20 学时。
4. 运行：系统调试、运行及维护。参考学时：10 学时。</td></tr>
</table>

【项目构思】

项目来源于工业典型环节反应釜控制系统的设计与调试。

在本学习项目中，学生分小组进行活动，完成下列任务：

1）了解反应釜的功能、特点及典型控制方案。

2）讨论完成反应釜工艺流程图的绘制。

3）分析控制要求，找出控制系统涉及物理量。

4）小组分工，明确项目工作任务。团队成员讨论项目如何实施，进行任务分解。

5）学习完成项目所需的知识，设计并搭建反应釜控制回路。

建议教学方法采用项目引导法、小组教学法、案例教学法、启发式教学法和实物教学法。

教师首先下发项目工单，布置本项目需要完成的任务及控制要求，介绍反应釜在石油、化工等行业的作用、地位、重要性及应用的广泛性。再进行项目分析，学生小组分工，明确项目工作任务，团队成员讨论项目如何实施，进行任务分解。通过教学资源、网络等多种渠道分析反应釜作用、结构及工作过程，寻找反应釜典型控制方案。最后查找相关资料，制定项目实施工作计划，熟悉反应釜工艺流程并确定控制方案，熟悉项目实施流程。项目二项目工单见表 2-1。

表 2-1　项目二项目工单

<table>
<tr><td>课程名称</td><td colspan="4">工业现场控制系统的设计与调试</td><td>总学时:84</td></tr>
<tr><td>项目二</td><td colspan="4">反应釜控制系统的设计与调试</td><td>48</td></tr>
<tr><td>班级</td><td></td><td>团队负责人</td><td></td><td>团队成员</td><td></td></tr>
<tr><td>项目描述</td><td colspan="5">在本项目中,学生分小组进行活动,完成下列任务:
1. 熟悉反应釜工艺流程并确定控制方案。
2. 统计 I/O 点数并绘制带 I/O 点工艺流程图。
3. DCS 硬件配置。
4. MACS 软件安装。
5. 设备组态、数据库组态、控制算法组态、报表组态及图形组态。
6. 系统安装及接线。
7. 工程下装,系统调试、运行与维护。</td></tr>
<tr><td>项目目标</td><td colspan="5">通过完成项目,学生应具备以下能力:
1. 能陈述 DCS 的设计思想和体系结构。
2. 能识读、绘制带控制点的工艺流程图。
3. 能按照工艺要求确定控制方案。
4. 会统计 I/O 点,并填写 I/O 点表。
5. 会根据控制要求,进行 DCS 硬件配置。
6. 能利用 MACS 软件新建反应釜工程。
7. 能进行 DCS 设备组态、数据库组态、控制器算法组态、报表组态和图形组态。
8. 能进行工程师站、服务器站、操作员站下装。
9. 能操作 MACS 监控软件。
10. 能配置和调试好 DCS 网络。
11. 能设置现场控制站各卡件的开关状态和端子接线方法。
12. 能修改组态参数并进行系统调试。
13. 能判断系统的故障原因并进行排除。
14. 能与团队合作,处理好系统运行过程中的问题和紧急事故。</td></tr>
</table>

（续）

课程名称	工业现场控制系统的设计与调试			总学时:84
项目二	反应釜控制系统的设计与调试			48
班级		团队负责人		团队成员	
相关资料及资源	教材、视频录像、PPT 课件、仪表安装工艺及标准等。				
项目成果	1. 完成反应釜控制系统的设计与调试,实现控制要求。 2. CDIO 项目报告。 3. 评价表。				
注意事项	1. 在通电试车前,一定要经过指导教师的允许。 2. 安装调试完毕后,先断电源后断负载。 3. 严禁带电操作。 4. 安装完毕及时清理工作台,工具归位。				
引导性问题	1. 你采取什么措施来保证制作质量符合制作要求? 2. 你在安装和调试过程中,会使用到哪些工具?				

一、项目分析

（一）反应釜装置的组成

项目二的反应釜装置由被控对象和动力系统两部分组成。装置总图如图 2-1 所示。

被控对象由水箱、锅炉、滞后水箱及不锈钢管道组成，用来模拟液位、温度、流量及压力等 4 个常用热工参数的现场过程控制；检测装置主要有压力传感器、Pt100 热电阻和流量计等，安装在被控对象上或与其连接的管道上；执行机构有电动调节阀、变频器和加热调压模块等。

动力系统分 5 路，其中 4 路由水泵、电动调节阀、变频器、流量计及电磁阀等组成，用来抽冷水或热水，以模拟反应釜进料冷却系统机构；另一路由变频器、气泵等组成，以模拟反应釜保压机构。

本项目用反应釜装置来模拟碘化反应（即化合物中引入原子的反应）的生产过程，生产原理：$NaIO_3+Cl_2+3NaOH=Na_2H_3IO_6+2NaCl$。装置中间部分为本装置的主体部分，由反应釜及一些温度、压力等测量元器件组成，装置左边有液位系统、压力系统，右边有锅炉—滞后水箱组成的温度系统。

1. 反应釜本体

本体上表面有 5 个开孔，分别为进料孔、进气孔、排气孔、测温孔及压控孔，进料孔为物料的进口，本装置用冷水和热水模拟两种不同物料；进气孔为保压气体进口，保压气体一般为氮气，本装置用空气模拟；排气孔模拟尾气吸收装置等，废气检测合格后排出，进料完成后，此阀门可以关闭；测温孔和压控孔用以安装温度及压力传感器。

本体下表面及侧面也有 5 个开孔，分别为夹套进水孔、夹套出水孔、内胆出水口、夹套测温孔和测液位孔。可以抽热水或冷水通过反应釜的夹套进水孔（出水口）进入（或流出）其夹套内部以预热或冷却反应釜内胆，反应釜结构示意图如图 2-2 所示。

2. 液位系统

液位系统位于整个装置的左边，由有机玻璃水箱、储水箱 1、1#冷水泵、电磁流量计、

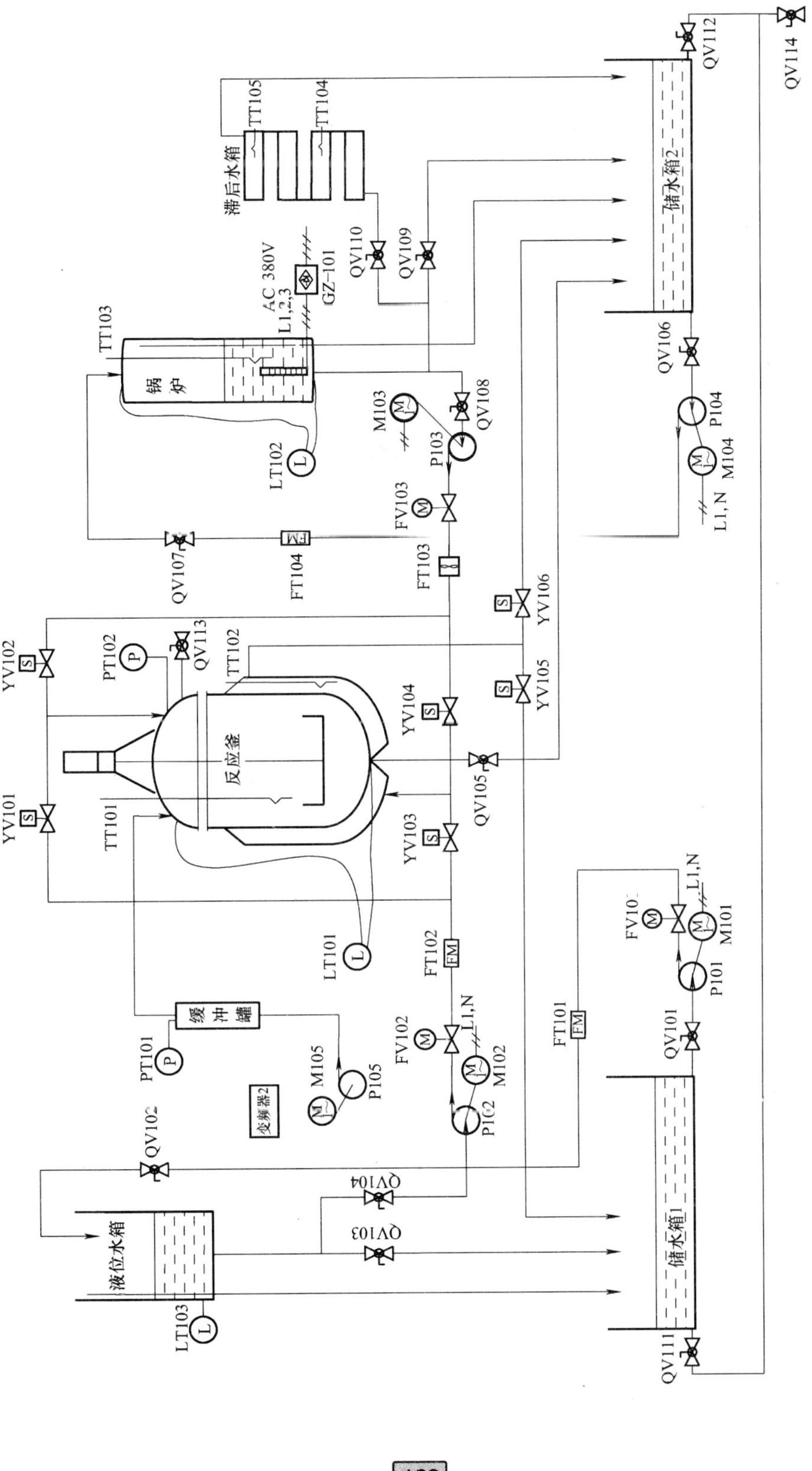

储水箱2
滞后水箱
TT105
TT104
QV112
QV114
QV110
QV109
AC 380V
L1,2,3
GZ-101
TT103
锅炉
LT102
M103
P103
QV108
QV106
P104
M104
L1,N
FV103
FT103
FT104
QV107
YV106
YV105
YV102
YV101
PT102
QV113
TT102
反应釜
YV104
YV103
QV105
TT101
LT101
FT102
FV102
M102
缓冲罐
PT101
M105
P105
变频器2
QV102
QV104
QV103
液位水箱
LT103
储水箱1
QV111
FT101
QV101
P101
FV101
M101

图 2-1　装置总图

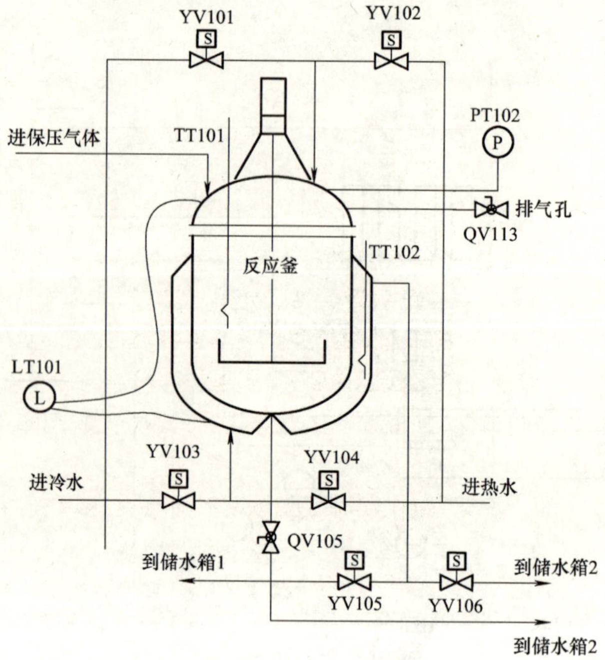

图 2-2　反应釜结构示意图

电动调节阀等组成，如图 2-3 所示。液位系统可完成单容水箱液位特性测试，也可作为反应釜综合系统的一部分（冷却和进料系统）。

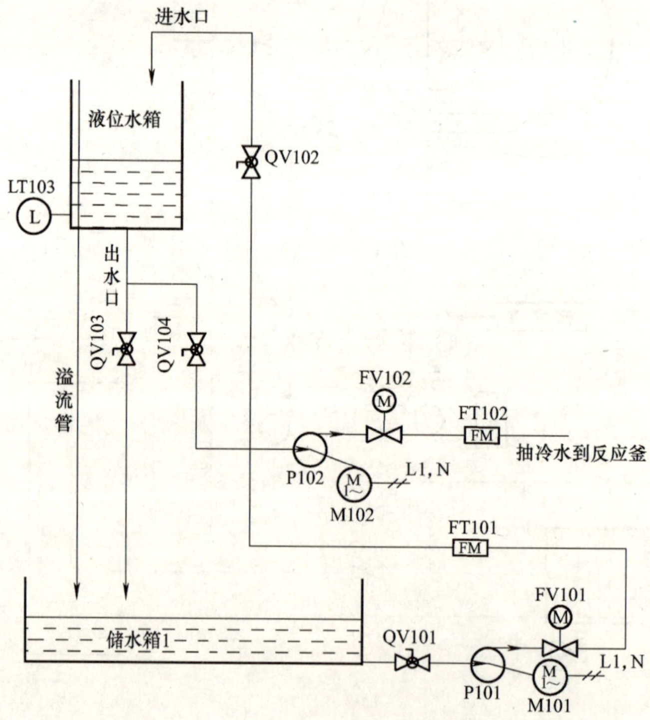

图 2-3　液位系统结构示意图

3. 压力系统

压力系统位于液位系统的右边，由变频器、气泵、气压缓冲罐等组成，如图 2-4 所示。压力系统部分可以完成压力测试及单回路实训，也可作为反应釜综合系统的保压系统。

4. 锅炉-滞后水箱温度系统

锅炉—滞后水箱温度系统位于整个装置的右边，由锅炉、滞后水箱、1#热水泵、2#热水泵、变频器、移相加热模块、液位及温度传感器等组成，如图 2-5 所示。锅炉把冷水加热后，其热水被锅炉出水口的热水泵抽至反应釜，以预热反应釜内胆或模拟反应釜进料。而且锅炉中的热水也可直接通过阀门 QV110 流到滞后水箱，以模拟温度纯滞后系统。

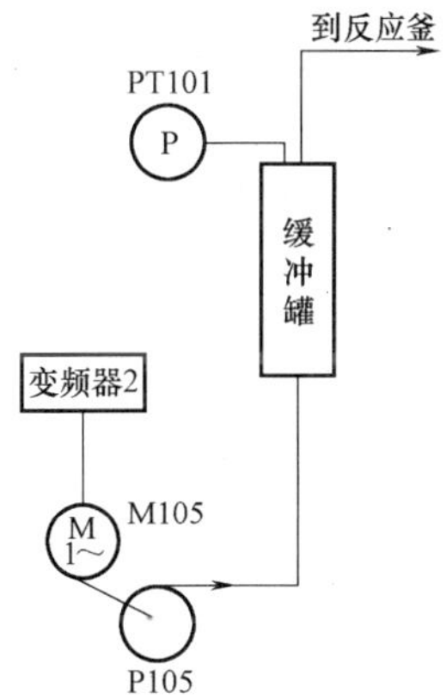

图 2-4　压力系统结构示意图

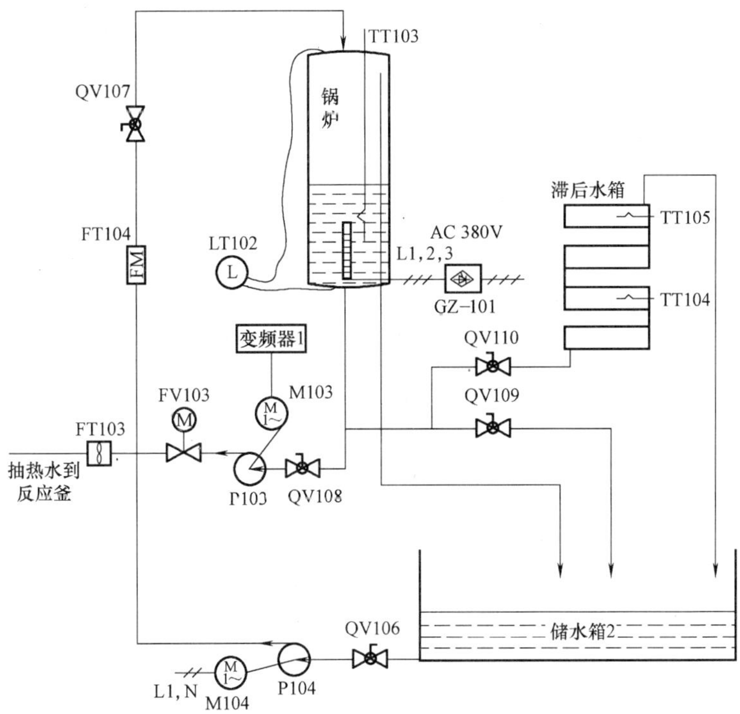

图 2-5　锅炉—滞后水箱温度系统结构工艺示意图

综上所述，项目二中反应釜装置各部分之间的关系如图 2-6 所示。

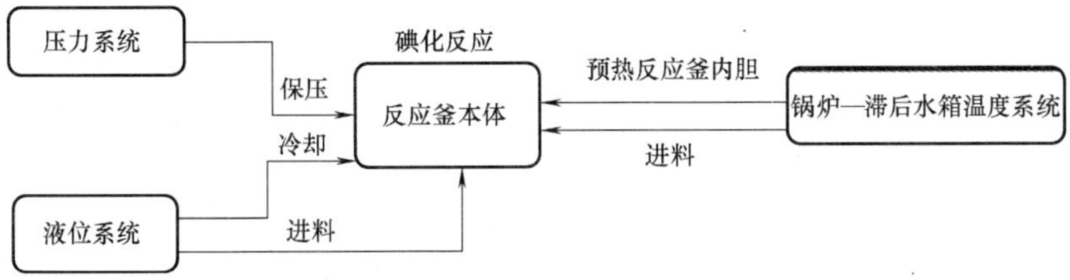

图 2-6　反应釜装置各部分之间的关系

想一想：通过分析反应釜的工艺流程，想想它对控制系统有哪些要求。

（二）控制要求

1. 反应釜压力控制

1）检测反应釜压力、空气缓冲罐压力。

2）根据工艺要求将阀 QV113 关至极小开度，自行选择相关阀门的启闭状态。

3）通过 DCS 自动调节控制气泵变频器，将压力控制在目标值。

2. 比值控制

1）检测变频器—磁力泵支路的流量 Q_1、电动阀支路的流量 Q_2。

2）根据工艺要求自行选择相关阀门的启闭状态。

3）通过 DCS 自动调节控制 1#水泵变频器，将 $K=Q_1/Q_2$ 控制在目标值。

3. 模拟碘化反应

1）检测反应釜压力、液位、内胆温度、夹套温度，锅炉液位、温度，水箱液位，系统各支路流量。

2）根据工艺要求自行选择相关阀门的启闭状态。

3）通过 DCS 自动调节控制系统中所有的电动调节阀、电磁阀，将反应釜内的温度、压力控制在目标值。

二、相关知识

（一）概述

1. 反应釜简介

反应釜的广义理解即有物理或化学反应的不锈钢容器。

反应釜是综合反应容器，根据反应条件对反应釜结构功能及配置附件的设计。从开始的进料→反应→出料均能够以较高的自动化程度完成预先设定好的反应步骤，对反应过程中的温度、压力、力学控制（搅拌、鼓风等）、反应物/产物浓度等重要参数进行严格的调控。

2. 反应釜的分类

1）按照加热/冷却方式，可分为电加热、热水加热、导热油循环加热、远红外加热、外（内）盘管加热等，以及夹套冷却和釜内盘管冷却等。

2）根据釜体材质，可分为碳钢反应釜、不锈钢反应釜、搪瓷反应釜和钢衬反应釜。

3）按照工作时内压，可分为常压反应釜、正压反应釜和副压反应釜。

4）按照搅拌形式，可分为桨叶式、锚桨式、框式、螺带式、涡轮式、分散盘式和组合式。

5）按照传热结构，可分为夹套式、外半管式、内盘管式和组合式。

3. 反应釜的结构

反应釜由传动机构、反应容器（釜体）、搅拌装置、传热装置、密封装置和反应釜成套设备附件等组成。

1）传动机构：由电动机、减速机、机架、联轴器、轴承、联接板等组成，如图 2-7a 所示。

2）反应容器（釜体）：根据容量大小及物料反应要求设计压力来确定板材厚薄；材质

一般为不锈钢，如图 2-7b 所示。

3）搅拌装置：有对桨搅拌、锚式桨搅拌、双螺旋桨搅拌、涡轮桨搅拌、分散盘、蝴蝶桨等形式，如图 2-7c 所示。

4）传热装置：有夹套、内盘管、外盘管等形式；采用有机热载体循环（导热油）或蒸汽、热水等方式加热；冷却水、冷冻水、冷导热油或自然风等方式冷却，如图 2-7d 所示。

5）密封装置：有机械密封、填料密封等形式，如图 2-7e 所示。

6）反应釜成套设备附件：一般有蒸馏柱、换热器、分水器等，如图 2-7f 所示。

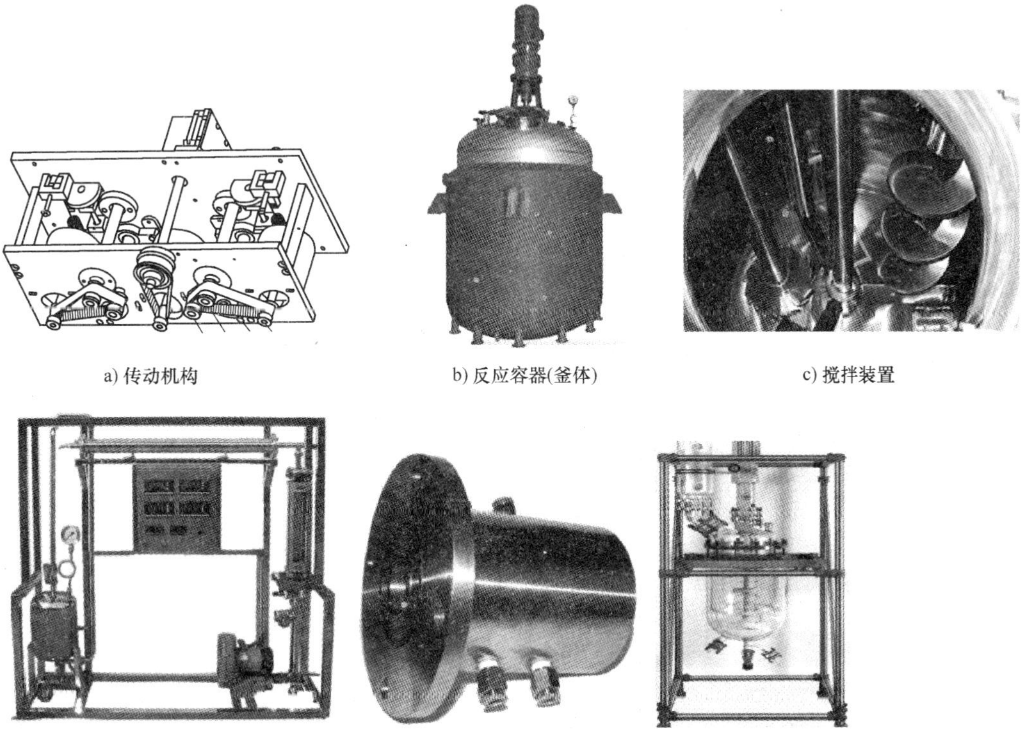

a) 传动机构　b) 反应容器(釜体)　c) 搅拌装置

d) 传热装置　e) 密封装置　f) 反应釜成套设备附件

图 2-7　反应釜的结构

（二）SAMA 图绘制

SAMA 全称为 Scientific Apparatus Makers Association，是美国科学仪器制造协会颁布的图例，是目前世界上广泛使用的控制工程图例之一。

1. SAMA 图例

SAMA 图例的特点是流程比较清楚，特别是对复杂回路画起来和读起来都较容易。国际上各大仪表公司多采用 SAMA 图设计控制工程，许多符号是国际通用的。常用的 SAMA 图例有 4 种，如下：

1）○：测量或信号读出功能，表示从现场传感器或变送器读出信息。

2）□：自动信号处理功能，表示控制站（柜）中仪表（或算法模块）的功能。

3）◇：手动信号处理功能，表示在操作站（器）的功能。

4）⏢：执行机构，表示安装在现场的电动、气动和液动等执行器。

常将一些符号画在一起，表示一个具体的模块（仪表）具有哪些功能，这样在 SAMA 图例清楚地表达了使用了多少功能模块。常见 SAMA 图例按功能进行分类，见表2-2～表2-8。

表 2-2 测量变送器类标准功能图例

图例	名称	图例	名称	图例	名称	图例	名称	图例	名称
FE	流量测量元件	TT	温度变送器	PT	压力变送器	FT	流量变送器	T	继电器线圈
ZT	位置变送器	ST	速率变送器	LT	液位变送器	AT	成分分析变送器	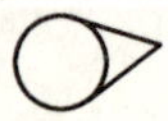	信号来源

表 2-3 信号转换类标准功能图例

图例	名称	图例	名称	图例	名称	图例	名称
I/V	电流-电压转换器	R/I	电阻-电流转换器	P/I	气压-电流转换器	V/I	电压-电流转换器
F/V	频率-电压转换器	⎍/⎍	脉冲-脉冲转换器	⎍/V	脉冲-电压转换器	I/P	电流-气压转换器
R/V	电阻-电压转换器	mV/V	热电动势-电压转换器	V/P	电压-气压转换器	D/L	数字-逻辑转换器
V/V	电压-电压转换器	P/V	气压-电压转换器	L/D	逻辑-数字转换器	C/L	触点-逻辑转换器
A/D	模-数转换器	D/A	数-模转换器				

表 2-4 报警限幅和选择类标准功能图例

图例	名称	图例	名称	图例	名称	图例	名称
≯	高限限制器	≮	低限限制器	H/	高限监视器	/L	低限监视器
HH/	高高限监视器	/LL	低低限监视器	≮≯	高、低限限制器	H/L	高、低限监视器
V≯	速率限制器	>	高值信号选择	<	低值信号选择	<>	中值信号选择

表 2-5 运算类标准功能图例

图例	名称	图例	名称	图例	名称	图例	名称
∫	积分控制器	Σ	加法器	Σ	积算器	×	乘法器
÷	除法器	±	偏置器（加或减）	△	比较器或偏差	d/dt	微分器
$F(t)$	时间函数发生器	$F(x)$	折线函数	K	比例控制器	/ \ URG	斜波信号发生器
Σ/n	均值器	√	开方器	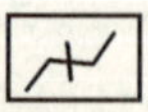	非线性控制器		

表 2-6　显示操作类标准功能图例

图例	名称	图例	名称	图例	名称	图例	名称
	指示灯	R	记录仪	I	指示器	T	自动手动切换器
	手操信号发生器		继电器常开触点		继电器常闭触点		气源
A/M	自动/手动切换开关	T	转换或跳闸继电器	TIM	时间继电器	S	电磁线圈驱动器
A	模拟信号发生器	TR	跟踪				

表 2-7　执行器类标准功能图例

图例	名称	图例	名称	图例	名称	图例	名称
MO	电动执行器	HO	液动执行器		气动执行器	$F(x)$	未注明执行器
	直行程阀		旋转球阀		三通阀		角行程阀

表 2-8　连接及信号线符号图例

图例	名称	图例	名称	图例	名称	图例	名称	图例	名称
A	本图内连接符号	1	本册图内连接符号	1	与逻辑图连接符号	→	模拟信号线	- →	逻辑电平信号线

2. SAMA 图功能

SAMA 图应体现信号处理、自动控制、控制系统手/自动切换、信号报警、联锁保护等基本功能。

信号处理功能指现场信号和控制室信号进行转换；对信号的质量进行检验，检验其是否在有效的范围之内；重要参数采用多点测量，综合处理；对测量信号补偿处理等功能。

自动控制功能指 SAMA 图能反映控制原理图的控制结构，反映控制器的动态规律，反映控制器作用方向。调节器输出对应的操作器切至手动时，对应调节器的输出应切至跟踪状态，以使系统实现无扰切换。

控制系统手/自动切换的基本原则是系统正常时，由操作员在操作器上通过按自动按键使系统投入自动状态；而在系统有故障或控制系统控制品质差时，控制系统应由自动状态自动地切换到手动状态。在系统手动时，控制系统的输出由操作员在操作器上通过“↑”“↓”按键操作输出。在控制系统中一般每一个执行器应配一个操作器；操作器可根据系统需要手/自动切换、手动操作及阀位显示、定值和测量值显示；一般操作器在操作器的输入和输出方向有信号异常，操作员在操作器面板上按手动按键，调节器的入口偏差过大或测量值越限，阀位和控制输出偏差大或阀位达限值等 5 种情况下应切至手动。

信号报警功能指对于关键参数，应根据工艺要求规定其高低报警值，通常设计的报警信号有测量值越限、调节器的入口偏差过大、阀位和控制输出偏差、测量质量差和阀位达限值等。

联锁保护系统是指当生产出现严重故障时，为保证设备、人身的安全，使各个设备按一定的顺序紧急停止运转或运转在某个特定的状态。

3. SAMA 图应用举例

图 2-8 是单冲量控制系统的 SAMA 图。图中符号具有不同的含义。其中：

1）(LT)/(TE)/(FE)分别是水位、温度和流量变送器，它们都是模拟输入量。

2）[Δ]和[H/]为偏差报警，即当测量值与给定值之差的绝对值超过某一设定值时，输出逻辑 1 信号，之所以用偏差报警，是因为在实际调节过程中被控量与给定值相差过大时，可能调节系统已经有问题了，这时要切掉自动，让输出保持自动时的最后数值，待测量值与给定值的差值恢复到正常范围内，再切回自动。这里的六边形〈1〉是与逻辑图连接符号，1 为连接编号。

3）菱形〈A〉为模拟信号发生器，它的输出作为 PI 调节器的给定值。

4）[⊀]和[⊁]用来对 PI 调节器的输出进行上、下限幅。

5）[TRACK]即跟踪，表示调节系统处于跟踪模式。

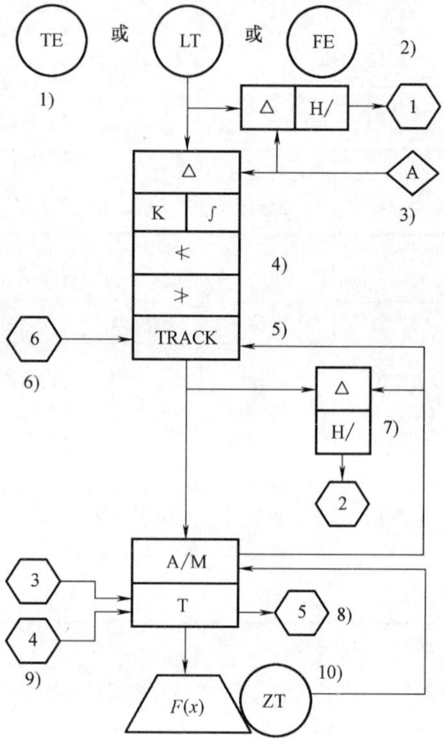

图 2-8　单冲量控制系统的 SAMA 图

6）〈6〉是跟踪状态，当其输出为逻辑 1 时，PI 模块的输出等于阀位反馈值（外跟踪信号），而当其输出为逻辑 0 时，PI 模块恢复正常运算，输出就是 PI 运算的结果。

7）[Δ]和[H/]也为偏差报警，即当 PID 算法的输出与阀位反馈值（实际现场执行器的输出）相差过大时，可能是手操器或现场执行机构有故障，这时报警信号送至〈2〉，通过逻辑电路将系统从自动切换到手动，输出保持不变或接受人为调整。

8）〈5〉是与逻辑图连接的符号，它表示手操器“手动/自动”状态。当〈5〉的状态为逻辑 0 时，表示手操器为手动状态，操纵变量有手动控制；当〈5〉的状态为逻辑 1 时，表示手操器为自动状态，系统的输出受 PI 模块控制。

9）〈3〉〈4〉是与逻辑图连接的符号。〈3〉是程控切手动；〈4〉是程控切自动。

10）(ZT)为实际的阀位反馈信号，可能是 4 ~ 20mA 的信号，也可能是 1 ~ 5V 的信号，它与手操器有关，如果不用手操器，也可直接引入 DCS 作为实际的阀位反馈信号。

做一做：绘制反应釜控制系统的 SAMA 图。

（三）认识集散控制系统（DCS）

DCS 是分布式控制系统（Distributed Control System）的英文缩写，在国内自控行业又称为集散控制系统。它综合了计算机、通信、显示和控制等 4C 技术，其基本思想是分散控制、集中操作、分级管理、配置灵活以及组态方便。

1. DCS 的发展历史

1975 年，美国最大的仪表控制公司 Honeywell 首次向世界推出了它的综合分散控制系统 TDC－2000（Toal Distributed Control-2000），立即引起美国工业控制界高度评价，称之为“最鼓舞人心的事件”。世界各国的各大公司也纷纷仿效，推出了一个又一个集散系统，从此过程控制进入了集散系统的新时期。随着计算机特别是微型计算机与网络技术的飞速发展，加上各制造商的激烈竞争，使 DCS 很快从 20 世纪 70 年代的第一代发展到 20 世纪 90 年代初的第三代 DCS。电子信息产业的开放潮流和现场总线技术的成熟与应用，造就了新的一代 DCS——第四代 DCS。

2. DCS 的结构

从结构上划分，DCS 分为过程级、操作级和管理级。过程级包括现场控制站、I/O 单元和现场仪表，是主要实施部分；操作级包括操作员站和工程师站，主要完成系统的操作和组态；管理级主要是指工厂管理信息系统（MES 系统），作为 DCS 更高层次的应用。

3. DCS 国内外主要厂家

国内主要有：和利时、上海新华、南京科远、杭州优稳、浙大中控、浙江威盛、自仪股份、鲁能控制、国电智深、上海华文、上海乐华、浙江中自等。

国外主要有：西屋公司、艾默生、FOXBORO、ABB、西门子、霍尼韦尔、横河、罗克韦尔、山武－霍尼韦尔公司、FISHER-ROSEMOUNT 公司等。

整理总结

通过学习反应釜分类及控制规律、SAMA 图绘制、集散控制系统基础知识等资料，小组讨论，制定完成反应釜控制系统的设计与调试项目的工作计划，填写在表 2-9 中。

表 2-9　工作计划单

<table>
<tr><td colspan="7">工作计划单</td></tr>
<tr><td colspan="3">项目</td><td colspan="3"></td><td>学时：</td></tr>
<tr><td colspan="3">班级</td><td colspan="4"></td></tr>
<tr><td>组长</td><td colspan="2"></td><td>组员</td><td colspan="3"></td></tr>
<tr><td>序号</td><td colspan="3">内容</td><td>人员分工</td><td colspan="2">备注</td></tr>
<tr><td></td><td colspan="3"></td><td></td><td colspan="2"></td></tr>
<tr><td></td><td colspan="3"></td><td></td><td colspan="2"></td></tr>
<tr><td></td><td colspan="3"></td><td></td><td colspan="2"></td></tr>
<tr><td colspan="2">学生确认</td><td colspan="3"></td><td>日期</td><td></td></tr>
</table>

【项目设计】

学生活动（小组活动）：

1. 学生通过教学资源、网络等多种渠道掌握被测变量、仪表代号、工艺流程图的识读及绘制方法；完成I/O点数统计并绘制带I/O点的工艺流程图。

2. 通过教学资源、网络等多种渠道掌握DCS体系结构，操作员站、工程师站、现场配置站及网络设备配置；完成DCS硬件配置。

3. 通过教学资源、网络等多种渠道掌握MACS软件组成、功能、使用步骤、安装方法；完成MACS软件安装。

4. 通过教学资源、网络等多种渠道掌握设备组态、数据库组态、控制器算法组态、图形组态及报表组态；完成设备组态、数据库组态及控制器算法组态；完成报表组态及图形组态。

5. 分组讨论设计项目控制方案，在教师的指导与参与下，学生从多个角度根据工作特点和工作要求所制定的方案计划中，讨论各方案的合理性、可行性与经济性，判断各个方案的综合优劣，进行方案决策，并最终确定实施计划，分配好每个人的工作任务，择优选取出合理的设计方案，完成项目设计方案。

6. 项目设计方案应包括如下几方面内容：

1）项目的目的与内容要求（写出该项目所要达到的目标和完成的内容）。

2）小组分工和成员贡献说明（设计时明确分工，待项目结束后，填写成员贡献说明）。

3）需求分析与功能设计（分析项目的背景及研究意义，项目的功能及应用，项目改造或扩展的可能性及方法）。

4）项目设计正文（项目设计包括方案设计、实施过程设计和系统调试等几部分）。

5）项目设计总结或结论［对项目设计方案的可行性进行论证得出的结论、技术难点及解决方法、项目作品特色与作品效果图、心得体会（主要对本项目开发过程进行归纳和总结，还应包括尚存在的问题，以及进一步开发的见解与建议）］。

6）参考文献（参考以下格式写）。

作者．著作名称．出版社．日期．

7. 填写讨论会议记录

本节将以国产品牌和利时的DCS软件HOLLiAS-MACS和K系列硬件为例，详细介绍反应釜控制系统的设计，主要讲解DCS体系结构、硬件和软件，并结合项目二来完成I/O点数统计、仪表选型、DCS体系结构及各硬件选型等工作。

一、I/O点数统计

根据系统控制要求，统计各类型点的数量（标明控制回路所用的信号）。物理量信号的总数量和性质决定DCS规模，而硬件也与物理量点数量和性质有直接关系。

物理点是指工业控制现场有对应设备的位号或测点。

做一做：按照给出的 I/O 点统计表，确定所需模块的个数及型号。

如前所述的 DCS 的概念和反应釜工艺设计及控制要求，请每个小组根据项目资料，确定控制点数，并根据设计要求将相应 I/O 点加到工艺流程图中。统计好的 AI 点、RTD 点、AO 点、DI 点、DO 点见表 2-10 ~ 表 2-15。

表 2-10　AI 点统计表

点名	测点说明	信号类型	量程下限	量程上限	量纲	报警高高限	报警高限	报警低限	报警低低限
PT101	缓冲罐压力	4 ~ 20mA	0	300	kPa	250	100	—	—
PT102	反应釜压力	4 ~ 20mA	0	300	kPa	250	100	—	—
LT101	反应釜液位	4 ~ 20mA	0	50	cm	45	40	10	5
LT102	锅炉液位	4 ~ 20mA	0	50	cm	45	40	10	5
LT103	液位水箱液位	4 ~ 20mA	0	50	cm	30	25	10	5
FT101	1# 冷水泵出水流量	4 ~ 20mA	0	2.4	m^3/h	2.3	0.5	—	—
FT102	2# 冷水泵出水流量	4 ~ 20mA	0	10	m^3/h	1.2	0.5	—	—
FT103	2# 热水泵出水流量	4 ~ 20mA	0	1.2	m^3/h	1.1	0.5	—	—
FT104	1# 热水泵出水流量	4 ~ 20mA	0	0.96	m^3/h	0.95	0.85	—	—

表 2-11　RTD 点统计表

点名	测点说明	信号类型	量程下限	量程上限	量纲	报警高高限	报警高限	报警低限	报警低低限
TT101	反应釜内胆温度	PT100_RTD	0	400	℃	95	85	—	—
TT102	反应釜夹套温度	PT100_RTD	0	100	℃	95	85	—	—
TT103	锅炉温度	PT100_RTD	0	100	℃	95	85	—	—
TT104	滞后水箱长滞后温度	PT100_RTD	0	100	℃	95	85	—	—
TT105	滞后水箱短滞后温度	PT100_RTD	0	100	℃	95	85	—	—

表 2-12　AO 点统计表

点名	测点说明	信号类型	量程上限	量程下限
TV101	锅炉加热温度调节给定	4 ~ 20mA	100%	0
PV101	压力罐气压调节给定	4 ~ 20mA	100%	0
FV101	1# 冷水泵出水流量调节给定	4 ~ 20mA	100%	0
FV102	2# 冷水泵出水流量调节给定	4 ~ 20mA	100%	0
FV103	2# 热水泵出水流量调节给定	4 ~ 20mA	100%	0
FV104	1# 热水泵出水流量调节给定	4 ~ 20mA	100%	0

表 2-13　DI 点统计表

点名	测点说明	信号类型	报警属性
DI101	锅炉防干烧保护	DI	状态“1”报警
DI102	反应釜防干烧保护	DI	状态“1”报警

表 2-14 DO 点统计表

点 名	测点说明	信号类型
DO101	1#冷水泵起停	无源常开触点
DO102	2#冷水泵起停	无源常开触点
DO103	2#热水泵起停	无源常开触点
DO104	反应釜搅拌电动机起停	无源常开触点
DO105	1#电磁阀起停	无源常开触点
DO106	2#电磁阀起停	无源常开触点
DO107	3#电磁阀起停	无源常开触点
DO108	4#电磁阀起停	无源常开触点
DO109	5#电磁阀起停	无源常开触点
DO110	6#电磁阀起停	无源常开触点

表 2-15 测点数量统计表

测点合计	AI	RTD	AO	DI	DO	模块总数
	9	5	6	2	10	6

想一想：按照反应釜控制要求，如何选择检测传感器、执行器？

二、仪表选型

为项目二进行检测传感器、执行器选型，见表 2-16。(供参考)

表 2-16 检测传感器、执行器选型

序号	类别	参 数	数量/个
1	温度检测传感器	温度仪表，PT1OO 热电阻(三线)	6
2	压力液位变送器	电容式压力液位变送器,精度 ±0.25%	3
3	磁翻板液位变送器	液位范围:0～600mm;输出信号:4～20mA	1
4	压力变送器	电容式压力变送器:0～0.25MPa,精度 ±0.25%	1
5	电磁流量计	流量范围:0～2m^3/h;测量精度:0.5%;输出信号:DC 4～20mA 或 DC 1～5V(带液晶就地显示)	1
6	涡轮流量计	流量范围:0～2m^3/h;带就地数显测量精度:0.5%;输出信号:DC 4～20mA 或 DC 1～5V	1
7	电动调节阀	输入控制信号:DC 4～20mA 或 DC 1～5V;重复精度:≤ ±1%;DG20-dg10	1
8	电磁阀	双位双通电磁阀	22

三、DCS 硬件设计与选型

(一) MACS-K 系统结构

MACS 软件与 K 系列硬件共同构建的 DCS MACS-K 系统是和利时公司面向过程自动化应用的大型分布式控制系统，采用全冗余、多重隔离等可靠性设计，并吸收了安全系统的设计理念，为系统的长期稳定运行提供保障。

MACS-K 系统的系统结构如图 2-9 所示，由网络和各种“站”组成。

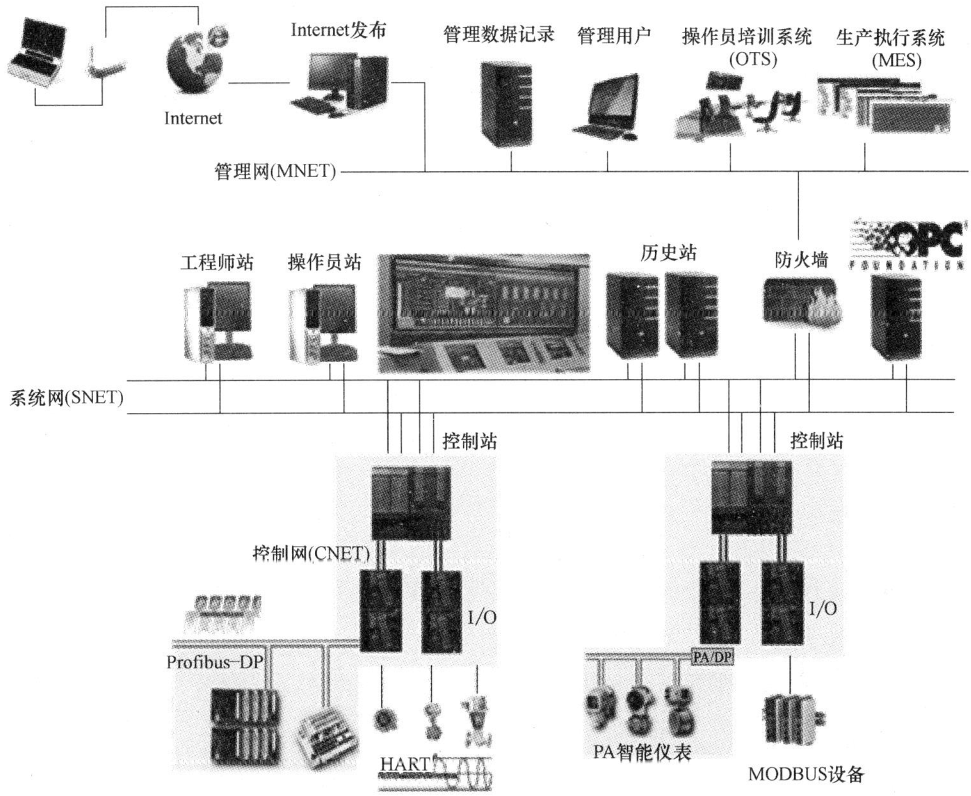

图 2-9　MACS-K 系统结构

1. 网络

由管理网（MNET）、系统网（SNET）和控制网（CNET）三层构成。

管理网为可选网络层，用于和厂级生产管理系统（如 MES）、第三方管理软件等进行通信，并可通过 Internet 实现信息发布，实现数据的共享和高级管理，如物联网、云服务。系统网用于连接操作员站、工程师站、历史站和现场控制站，采用 TCP/IP 的通信协议，通信媒介采用 5 类屏蔽双绞线（即网线）或光纤；系统网通常冗余配置，默认使用 128、129 两个网段。控制网用于连接现场控制站的控制器和各 I/O 模块，采用 Profibus-DP 的通信协议，通信媒介采用屏蔽双绞线或光纤，它是现场控制站内部的网络。

2. “站”

主要包括工程师站（ES）、操作员站（OPS）、历史站（HIS）和现场控制站（FCS）。

操作员站用于对现场工艺进行监视和控制，站号范围为 80 ~ 111、208 ~ 239，通常从小到大进行选择。工程师站用于完成所有离线功能的组态，包括控制站组态、操作员站组态、图形组态、报表组态、公用信息组态等，工程师站站号和操作员站一样。历史站是用于历史数据库、实时数据库、报表打印报警和 I/O 服务的计算机，一般冗余配置。历史站站号和操作员站一样。现场控制站由机柜、电源模块、I/O 模块、控制器等硬件构成，实现现场各种电信号的采集和输出，运行控制器中的控制方案。现场控制站站号范围围为 10 ~ 73。

3. 系统指标

（1）系统规模一个项目最多支持 15 个域，即 15 个工程，每个工程都需要给其分配域号，域号范围是 0 ~ 14。每个域最多设置 64 台操作员站，64 台现场控制站。

（2）单个现场控制站规模 I/O 模块数：100 个；I/O 点数：1600 点；模拟量控制回路数：128 个。

（3）配置系统结构的注意事项

1）操作员站 IP 地址的配置（以 80 号 OPS 为例）

OPS80 IP 地址：

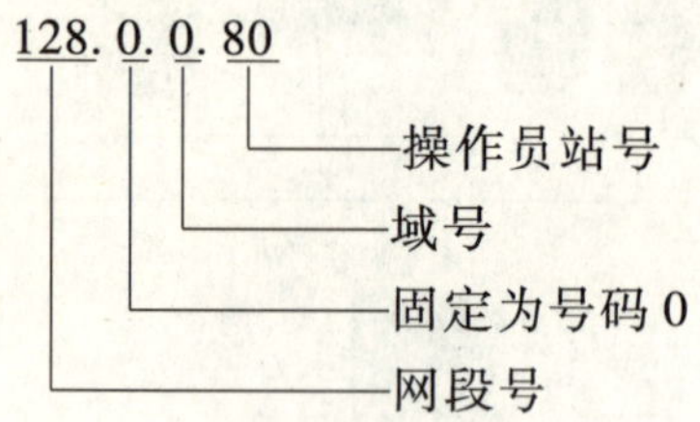

129. 0. 0. 80（意义同上）

2）工程师站 IP 地址的配置和操作员站相同。

3）历史站 IP 地址的配置和操作员站相同。

4）现场控制站 IP 地址的配置（以 10 号 FCS 为例）：现场控制站中冗余配置的控制器 A 和控制器 B，它们都需要配置 IP 地址。

FCS10 IP 地址 ：

控制器 A ：128. 0. 0. 10　　　　　　129. 0. 0. 10

控制器 B ：128. 0. 0. （10 + 128）　　129. 0. 0. （10 + 128）

5）具体项目配置系统结构时，需考虑操作员站的数量及站号、历史站的配置、现场控制站的数量及站号、通信媒介的选择；不同的计算机角色需要安装相应的功能软件，如工程师站，需要在对应计算机里安装工程师软件。

（二）K 系列硬件设备设计

1. 机柜

（1）系统主机柜系统主机柜用于安装 I/O 模块、控制器、通信模块、电源模块以及相配套的辅料等物资，各部分通过专用电缆、导线进行连接，每列最多安装 10 个 I/O 模块，系统主机柜布置图如图 2-10 所示。

1）参数指标。

① 机柜型号：KP104-A2。

② 尺寸规格：2200mm × 800mm × 800mm（高 × 宽 × 深），机柜高度含 2000mm 框架、90mm 底座、10mm 绝缘垫、100mm 风扇帽。

③ 颜色：RAL7035。

④ 材料：九折型材。

2）机柜布置方案。

① 机柜正面上部：配置控制器背板、控制器、通信模块，查询电源分配模块 K-PW21，

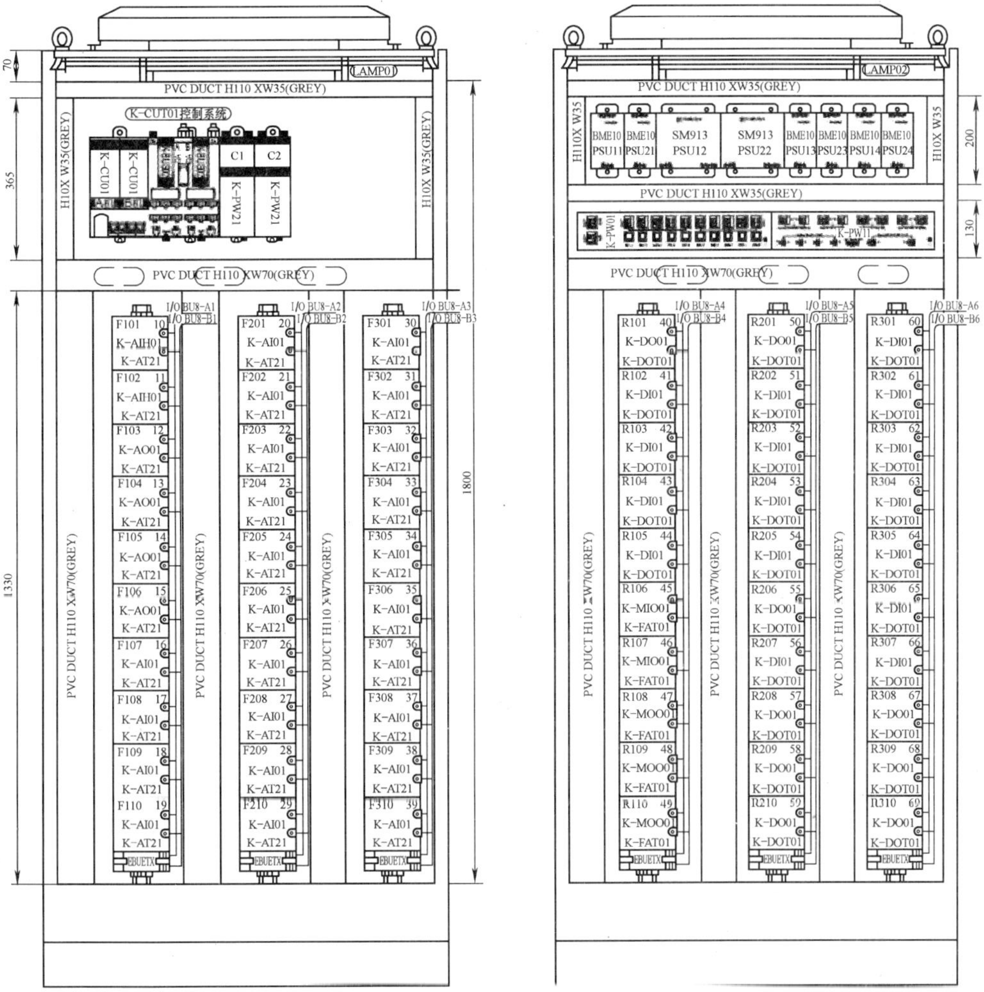

a) 机柜正面(无门)　　　　b) 机柜背面(无门)

图 2-10　系统主机柜布置图

右边空间预留给导轨式交换机、导轨式光纤收发器，控制器及通信模块必须冗余配置。

② 机柜背面上部横向第一排：配置电源模块，为 DCS 提供电源，电源必须冗余配置，此空间可安装 3 对 SM910（5A）电源及 1 对 SM913（10A）电源。

从左向右各电源作用：第 1 对 SM910 电源为各列 I/O 模块提供系统电源（最多可提供 6 列）；第 2 对 SM913 电源为第 1～4 列 I/O 模块提供现场电源；第 3 对 SM910 电源为第 5、6 列模块提供现场电源；第 4 对 SM910（DC24V）或 SM920（DC48V）电源为本机柜中的 DI 模块提供查询电源（选择模块 K-DI01，使用 SM910；选择模块 K-DI11，使用 SM920）。

③ 机柜背面上部横向第二排：配置电源分配模块，K-PW01 为交流配电模块，K-PW11 为直流冗余分配模块，此两种模块为 I/O 柜必配项。

④ 机柜正、背面的下部：配置 I/O 模块，此区域高度为 1330mm，标准 I/O 模块底座高度 120mm，冗余底座高度 240mm，最多可安装 6 列，各列最多安装 10 个 I/O 模块和 1 个终端匹配器模块，每个 I/O 柜最多可安装 60 个模块，超过 60 个 I/O 模块的项目，应增加相应

的扩展机柜。

⑤ 特殊说明：第 1 对 SM910 系统电源为必配置项，若项目超过 4 列模块，应再配置 1 对 SM910 电源提供现场电源；机柜中若有 DI 模块，应独立配置 1 对 SM910（DC24V）或 SM920（DC48V）作为查询电源；K-PW21 只能接 16 路 DI 模块，超过 16 个 DI 模块时需再增加 1 个 K-PW21；受总线电缆及每列总电流熔丝的限制，每列 16 通道的 AI 模块或 DO 模块不允许超过 5 块（冗余时可以配置 10 块）；1 个现场控制站最多可配置 100 个 I/O 模块，常规项目配置 80 个模块，超过 80 个模块，需要根据负荷计算后确定模块数量；受控制器间对时连接线长度的限制，远程站之间距离超过 200m，如果要对时，需要使用 FM1202 光电转换器进行连接。

（2）网络柜　网络柜主要用于放置 DCS 需要的网络产品，主要有交换机、光纤收发器、熔接盒、防火墙、GPS 等产品，如图 2-11 所示。

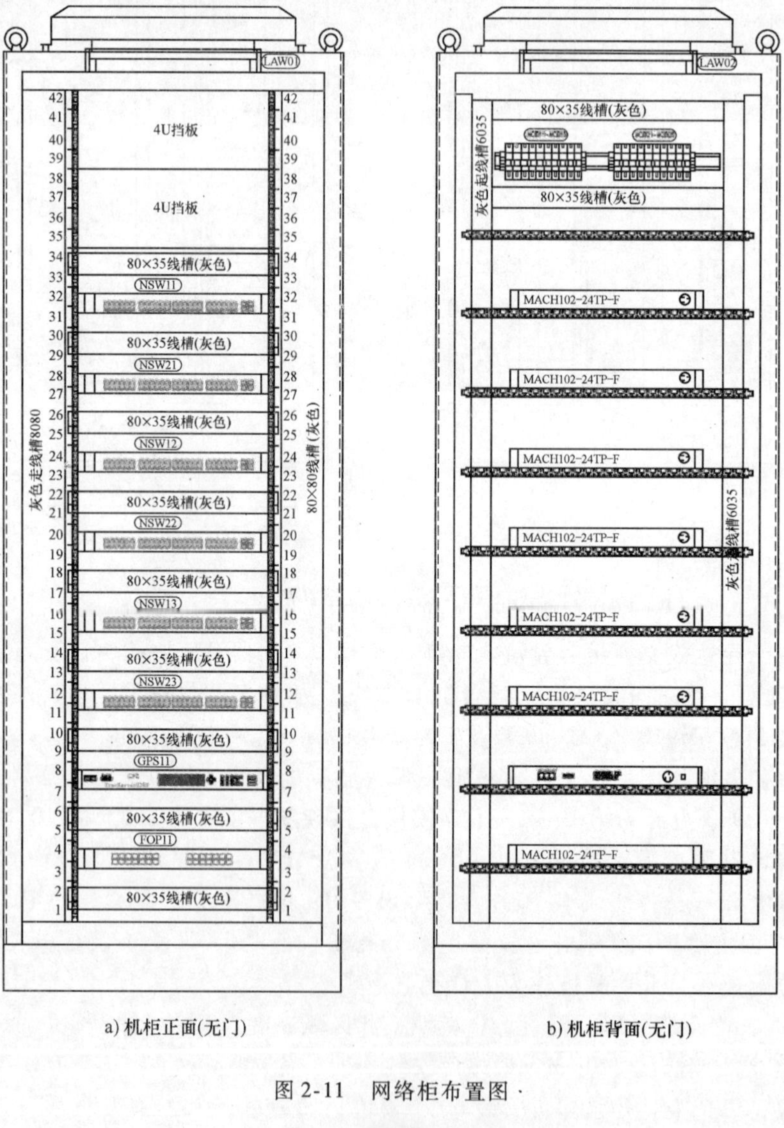

a) 机柜正面(无门)　　b) 机柜背面(无门)

图 2-11　网络柜布置图

1）参数指标。

① 机柜型号：KP602-A2。

② 尺寸规格：2200mm × 800mm × 800mm（高 × 宽 × 深），机柜高度含 2000mm 框架、90mm 底座、10mm 绝缘垫、100mm 风扇帽。

③ 颜色：RAL7035。

④ 材料：九折型材。

2）机柜布置方案。

① 机柜正面为 19in 安装架，共 42U（1U = 44.45mm）空间，前面集中安装交换机、光纤盒、光纤收发器、防火墙等设备，此空间最多可安装 6 个交换机（AC220V），2 个 1U 光纤架。

② 机柜背面上部为电源进线和配电断路器。

3）常用交换机：和利时 GM010-ISW-24L 交换机。

GM010-ISW-24L 交换机采用 1U 机架，尺寸为 444mm × 300mm × 44mm（长 × 深 × 宽），支持端口故障隔离、环回检测以及风暴限制功能，24 口 10/100Base-TX。

2. 控制器 K-CU01

K-CU01 是系统的核心控制部件，主要工作是收集 I/O 模块转换的数字量数据，实时运行控制方案对现场工艺的控制，同时负责与上层操作员站实时通信。

1）冗余功能。控制器采用 1:1 冗余配置以保证系统运行的可靠性，冗余控制器安装在 4 槽控制器底座中，一个控制器处于工作状态（主机），另一个则处于备用状态（从机）。两个控制器同时接收网络数据，同时做控制运算，但只有一个运算结果输出。主机与从机周期性交互同步数据，当主机出现致命故障时，则自动进行主从无扰切换，该过程不会影响系统运行。

2）主从切换条件。

① 电源故障：系统电源，现场电源，掉电，电压跌落过低，短路。

② 模块没有插好。

③ 通信双网故障：双网均故障，断线，短路。

④ 控制器（主机）有新故障或拔掉控制器（主机）。使用时应注意不要随意插拔控制器。

3）掉电保护。控制器在运行过程中自动保存工程以及需掉电保护的关键数据，当控制器突然掉电时，以上数据会在后备电池的支持下保存。后备电池位于控制器下盖上“BAT”电池仓，通过电池盒、电缆与控制器连接，图 2-12 所示为整体件，更换时要整体更换。后备电池的有效工作时间不少于 3 年，当电池容量不足时，控制器会上报电池容量不足的报警信息，此时，需要在出现报警后的 3 个月内完成电池更换，更换后备电池时，可带电更换，也可不带电更换，若不带电更换，掉电保护的数据将会丢失，但工程会保留。参数指标见表 B-1。

K-CU01 面板上的状态指示灯，用来显示控制器的电源、工程、网络、主从等工作状态，以增强维护工作的效率，状态指示灯说明见表 2-17。

图 2-12　电池仓

表 2-17　K-CU01 状态指示灯

灯名称	颜色	状态	含　义
RUN	绿	亮	正常运行
		灭	停止运行
STANDBY	黄	亮	主控单元为从
		灭	主控单元为主
ERROR	红	亮	主控故障或未完成初始化
		灭	主控单元正常运行
PROJECT	黄	亮	主控有工程
		闪	主机正在被下装工程,从机正在被冗余工程
		灭	主控没有工程
SYNC	绿	亮	同步通路正常
		闪	同步数据正常
		灭	同步通路故障(单主控)
Snet1	黄	亮	系统网 1 链接正常
		闪	系统网 1 链接正常并处于数据交流
		灭	系统网 1 故障
Snet2	黄	亮	系统网 2 链接正常
		闪	系统网 2 链接正常并处于数据交流
		灭	系统网 2 故障
CnetA	黄	亮	控制器 A 网节点正常
		闪	控制器 A 网节点正常且有数据交换
		灭	控制器 A 网点故障
CnetB	黄	亮	控制器 B 网节点正常
		闪	控制器 B 网节点正常且有数据交换
		灭	控制器 B 网点故障

3. 控制器底座 K-CUT01

K-CUT01 是 4 槽控制器底座模块，从左到右依次可安装 2 个控制器、2 个 IO-BUS 模块，如图 2-13 所示。

K-CUT01 底座作为控制器与其他外部部件的连接接口，具备供电、电源检测、连接 IO-BUS 总线、连接上层系统网、连接时钟同步信号、设置 IO-BUS 地址、控制站地址、域地址等功能。

1）冗余电源接口（11，13）：给冗余控制器和冗余 IO-BUS 提供 DC 24V 电源。

2）电源检测接口（12）：电源状态检测。

3）跳线（16，17）：实现 IO-BUS 模块地址设定，IO-BUS 模块地址针脚号含义如图 2-14所示，IO-BUS 模块地址由偏移地址（范围 2～7）和基地址（0 或 110）组成。偏移地址通过针脚号跳线短接实现，基地址通过 ON/OFF 针脚短接实现：OFF 针脚短接基地址为 0，ON 针脚短接基地址为 110。模块的地址 = 偏移地址 + 基地址，其范围是 2～7、112～117。

例如：设置 IO-BUS 地址 =3，则短接 3 号针脚、短接 OFF 针脚，如图 2-15a 所示；设置 IO-BUS 地址 =114，则短接 4 号针脚、短接 ON 针脚，如图 2-15b 所示。

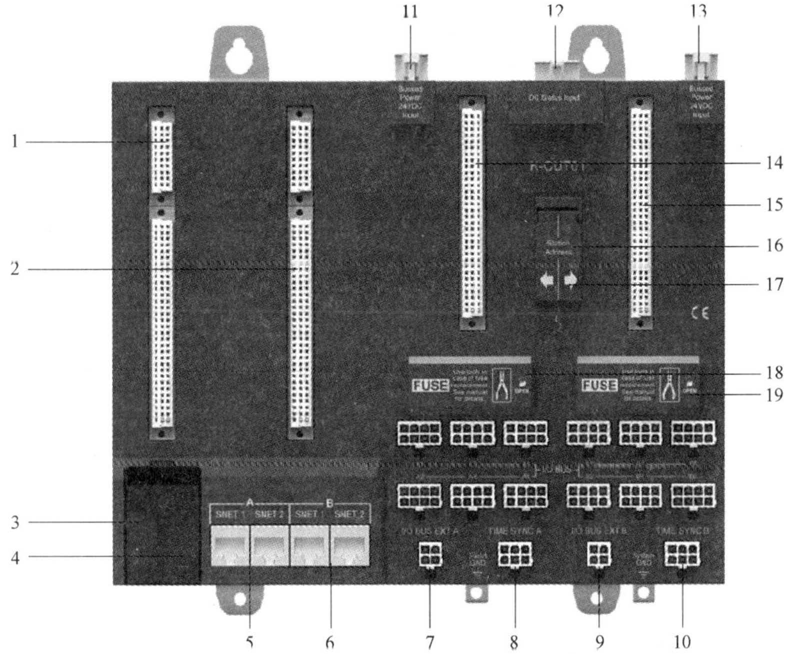

图 2-13　K-CUT01 底座

1—主控制器 A 插槽　2—主控制器 B 插槽　3—站地址设置仓　4—域地址设置仓　5—控制器 A 以太网插槽　6—控制器 B 以太网插槽　7—A 网柜间级联接口　8—A 网校时总线连接器接口　9—B 网柜间级联接口　10—B 网校时总线连接器接口　11—电源输入接口　12—电源检测接口　13—电源输入接口　14—IO-BUS A 模块插槽　15—IO-BUS B 模块插槽　16—IO-BUS A 模块站地址设置仓　17—IO-BUS B 模块站地址设置仓　18—A 网电源熔丝仓　19—B 网电源熔丝仓

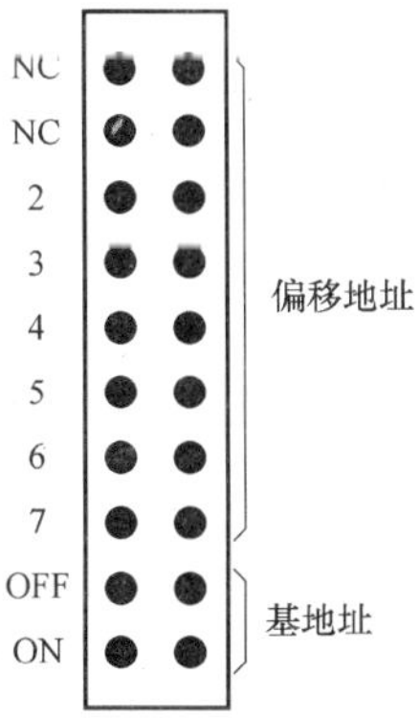

针脚号	符号	定义
NC	NC	保留
NC	NC	保留
2	STATION2	2号地址
3	STATION3	3号地址
4	STATION4	4号地址
5	STATION5	5号地址
6	STATION6	6号地址
7	STATION7	7号地址
OFF	STATION110_OFF	基地址为0
ON	STATION110_ON	基地址为110

图 2-14　IO-BUS 模块地址针脚号含义

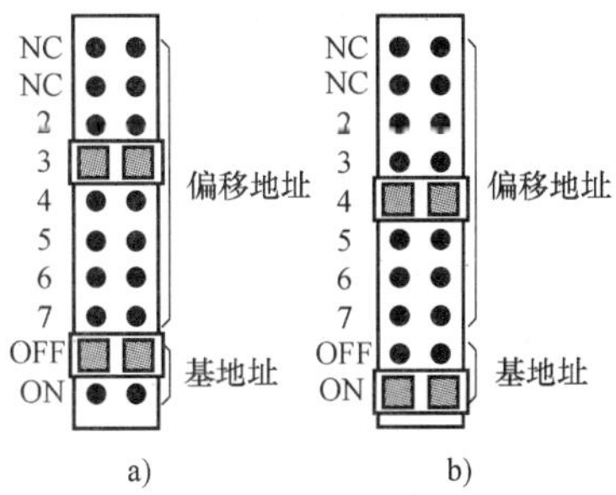

图 2-15　IO-BUS 模块地址设定

4）控制站拨码开关：实现控制站站号的设定，拨码开关引脚号定义见表 2-18。

当拨码开关的某位位于 ON 时，对应的数值为 0；位于 OFF 时，对应的数值为 1。7 位拨码开关的数值从高位到低位排列，组成一个二进制数，该二进制数对应的十进制数就是控制站的站号，如图 2-16 所示。

例如：拨码开关从高位（第 7 位）到低位（第 1 位）依次设定为 0001010，对应十进制数 10 就是控制站的站号，如图 2-17 所示。

表 2-18　控制站拨码开关引脚号定义

引脚号	信号定义	说　明	
1	STATION0	站地址第 1 位	ON 为 0 OFF 为 1
2	STATION1	站地址第 2 位	
3	STATION2	站地址第 3 位	
4	STATION3	站地址第 4 位	
5	STATION4	站地址第 5 位	
6	STATION5	站地址第 6 位	
7	STATION6	站地址第 7 位	
8	Unusel	保留	

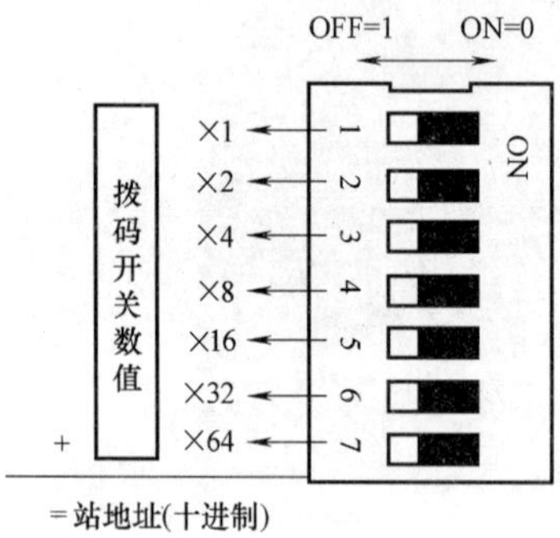

图 2-16　拨码开关

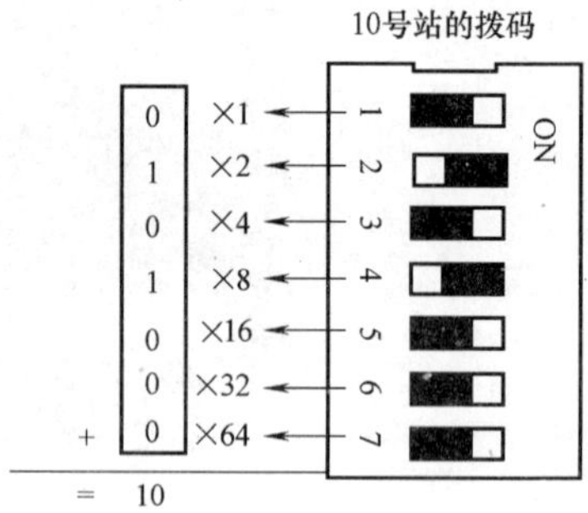

图 2-17　拨码开关示例（10 号站）

5）域地址拨码开关：实现域地址、掉电保护、固件模式、网络结构状态等设定，拨码开关定义见表 2-19。域地址使用拨码开关 DN 的前 5 位，具体方法参照控制站站号拨码开关；拨码开关的第 7 位为掉电保护开关，拨至 ON，则有效，否则无效。

表 2-19　域地址拨码开关定义

管脚号	信号定义	说　明	
1	DOMAIN0	域地址第 1 位	ON 为 0 OFF 为 1
2	DOMAIN1	域地址第 2 位	
3	DOMAIN2	域地址第 3 位	
4	DOMAIN3	域地址第 4 位	
5	DOMAIN4	域地址第 5 位	
6	NC	无连接	
7	BAT_CON	掉电保持开关，ON 为使能	
8	Download	分别下装	

6）系统电源、现场电源接地点。

7）冗余 RJ45 接口（5，6）：提供2路100Mbit/s以太网与上位机通信，如图2-18所示。

8）校时总线 RS485 接口（8，10）：实现多个控制站之间的校时，如图2-19所示。

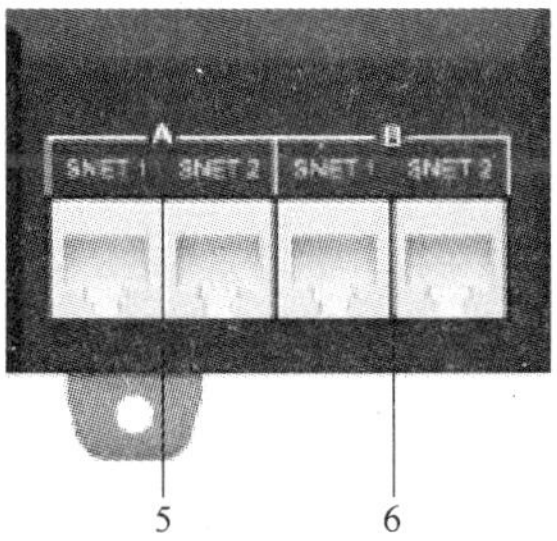

图 2-18　冗余 RJ45 接口

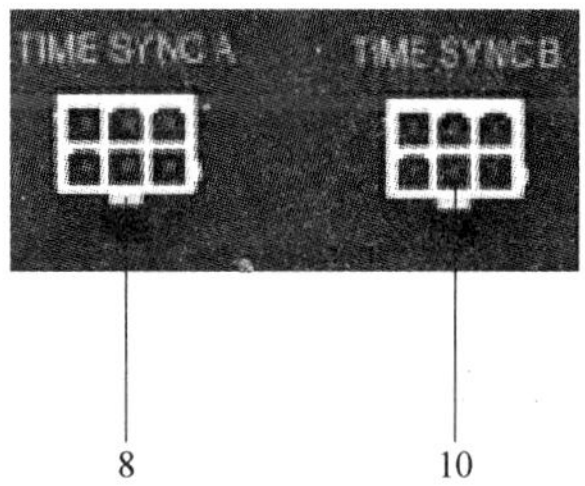

图 2-19　校时总线 RS485 接口

9）柜间级联接口：实现 IO-BUS 总线的柜间级联，如图2-20所示。

10）6路8个本地口：实现 IO-BUS 总线由总线型转为星形，将现场电源、系统电源、IO-BUS 总线信号输出到各列 I/O 模块上，如图2-21所示。

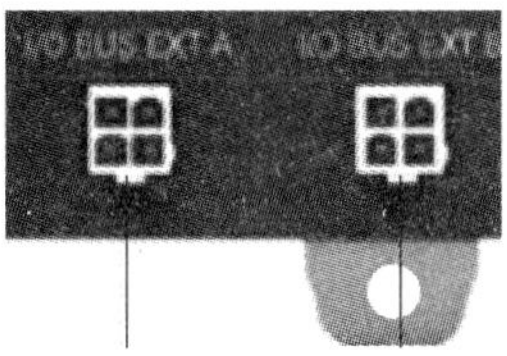

图 2-20　柜间级联接口

图 2-21　IO-BUS 本地口

4. IO-BUS 模块 K-BUS02

K 系列硬件模块采用 A、B 两根冗余的专用多功能总线电缆连接控制器和各个 I/O 模块，提供双现场、双系统、双多功能总线供模块工作，控制总线采用 Profibus-DP 协议。控制总线通过 IO-BUS 模块扩展方式与 I/O 模块连接，可扩展 6 个本地口和一个扩展口 EXT，如图2-22所示。

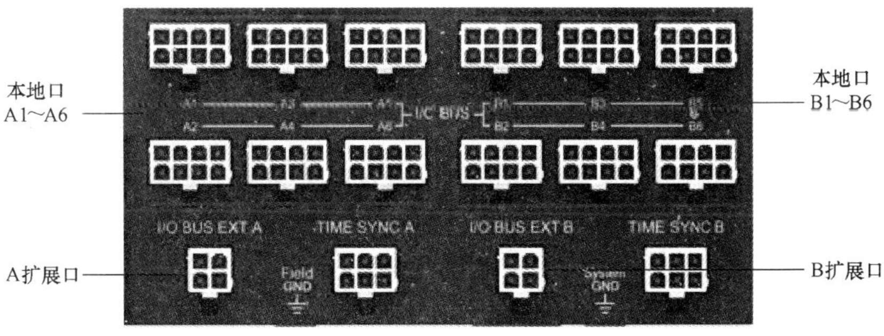

图 2-22　IO-BUS 接口

K-BUS02 模块是 K 系列 8 通道星形 IO-BUS 模块，将直流电源状态、IO-BUS 链路故障、机柜温度等信息上报给控制器。通过 K-BUS02 模块可改变 IO-BUS 网络的拓扑结构，实现网络拓扑结构由总线型到星形等复杂网络结构的转变，并预留柜外扩展口。

K-BUS02 模块有 6 个本地口，可连接 6 列模块，最多可连接 60 个 I/O 模块，同时支持柜外扩展，再连接 40 个远程 I/O 模块，最多连接 100 个模块，最多 3 级级联。

K-BUS02 模块支持带电插拔，支持冗余配置，支持多种故障检测功能，能够检测出 8 通道总线的断路、总线差分线之间短路等故障信息，并上报控制器，且某一通道故障不影响其他通道通信，通信状态指示灯可表示各总线段的工作状态，并为网络诊断提供参考。

K-BUS02 模块支持机柜温度检测，测温范围为 -20 ~ 60℃，温度数据上报控制器；另支持查询 10 个 AC/DC 电源模块输出电压稳定性功能，默认前 6 个通道处于使能状态，其余 4 个通道处于关闭状态。

K-BUS02 模块的外观及状态指示灯含义如图 2-23 所示。

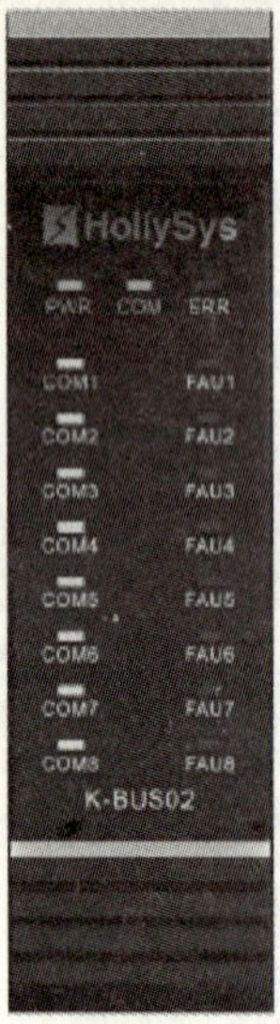

序号	名称	颜色	状态	含义
PWR	系统电源灯	绿	亮	模块电源正常
			灭	模块电源不正常
COM	DP通信灯	绿	亮	与控制器DP通信正常
			灭	与控制器DP通信异常
			慢闪	模块硬件自检正常,但组态配置不正常
ERR	模块故障指示灯	红	亮	模块板级故障
			灭	模块板级工作正常
COM1～COM8	通道DP通信灯	黄	灭	DP通信通道回路正常,无数据流
			快闪	通道网络交换数据
FAU1～FAU8	通道DP通信故障灯	红	灭	DP通道回路正常
			灭	DP通道断路故障、差分线断路故障、总线差分线信号长时间逻辑0故障

图 2-23　K-BUS02 模块的外观及状态指示灯含义

状态指示灯有 4 种状态：亮；灭；慢闪：0.5s 亮，1.5s 灭；快闪：0.5s 亮，0.5s 灭。

K-BUS02 模块通过 64 针欧式连接器与控制器底座 K-CUT01 进行连接，如图 2-24 所示。两个 K-BUS02 模块中，左边的 K-BUS02 用于扩展多功能总线 A，右边的 K-BUS02 用于扩展多功能总线 B，多功能总线 A 和 B 互为冗余，独立接线，互不影响。

1）多功能总线扩展：IO-BUS 是通过 K-BUS02 模块扩展后，再与 I/O 模块连接，K-BUS02模块整体总线扩展如图 2-25 所示。

2）IO-BUS 连接：每个机柜正反面可分别安装 3 列导轨，每列导轨最多安装 10 个 I/O 模块。对于星形拓扑结构，每列导轨就是一个总线段分支。控制器端的终端匹配（TR）固化在控制器底座内部，各列 I/O 的终端匹配器为 K-BUST02。

以多功能总线 A 为例（总线 B 同 A)，如图 2-26 所示，8 孔连接器的 CH1 ~ CH6，连接 1 ~6 列 I/O 模块，CH7 内部连接控制器，CH8 为 4 孔连接器的 EXT 扩展口，其中，CH7 和 CH8 电气隔离。

K-BUS02 模块内部构建星形结构，每个本地口末端需连接一个 K-BUST02 终端匹配器，这种连接方式适用于模块数量较多的大/中型工程项目。

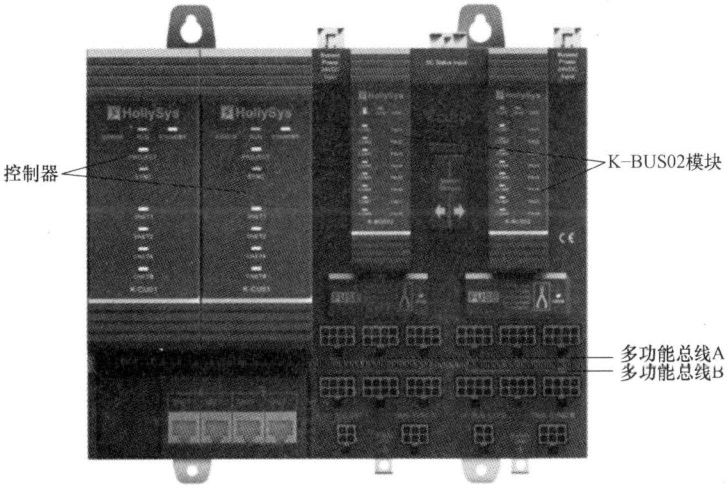

图 2-24　K-BUS02 与 K-CUT01 连接

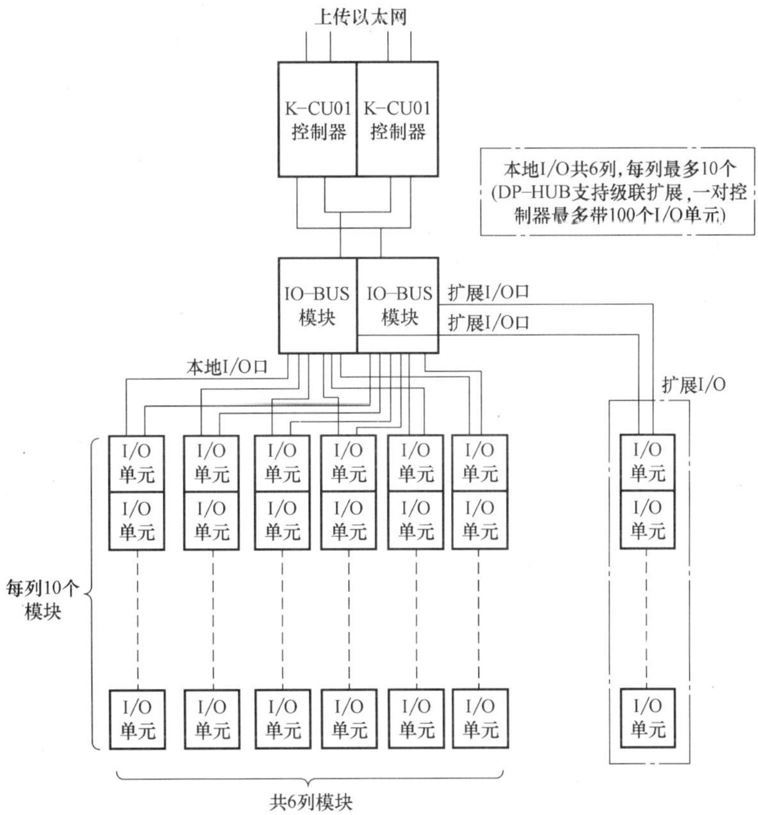

图 2-25　K-BUS02 模块整体总线扩展

3）多功能总线电缆：多功能总线电缆的两头是 8 孔连接器，一头插在底座的 IO-BUS 分支口（A1～A6、B1～B6 或扩展口），另一头插在 K-BUST02（星形 IO-BUS 终端匹配器）

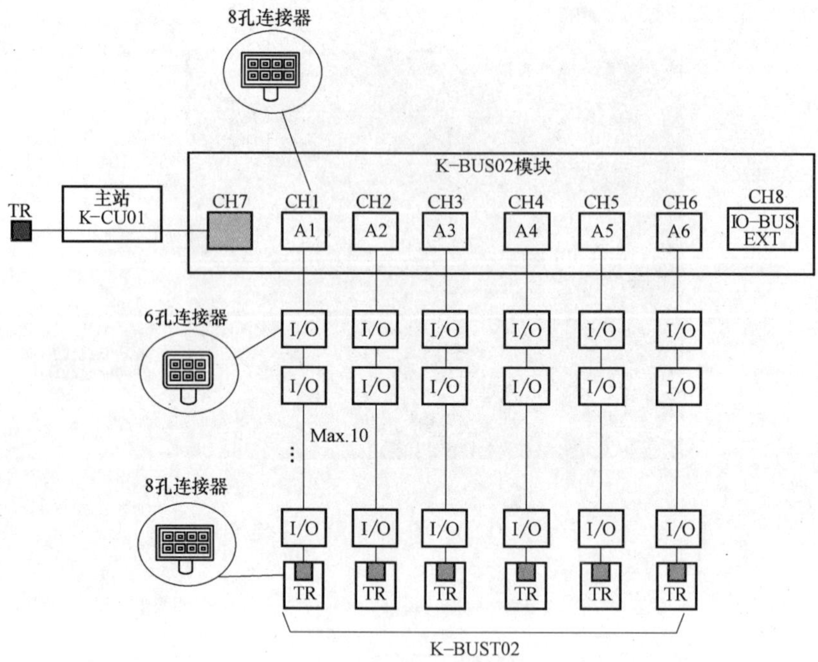

图 2-26　多功能总线 A

上。多功能总线电缆中间有 10 个（或 6 个）6 孔连接器，顺次插在导轨列上的 I/O 模块上。K-BUS02 模块通过预制电缆连接各列 I/O 模块。

4）整体模块的多功能总线连接方式如图 2-27 所示。

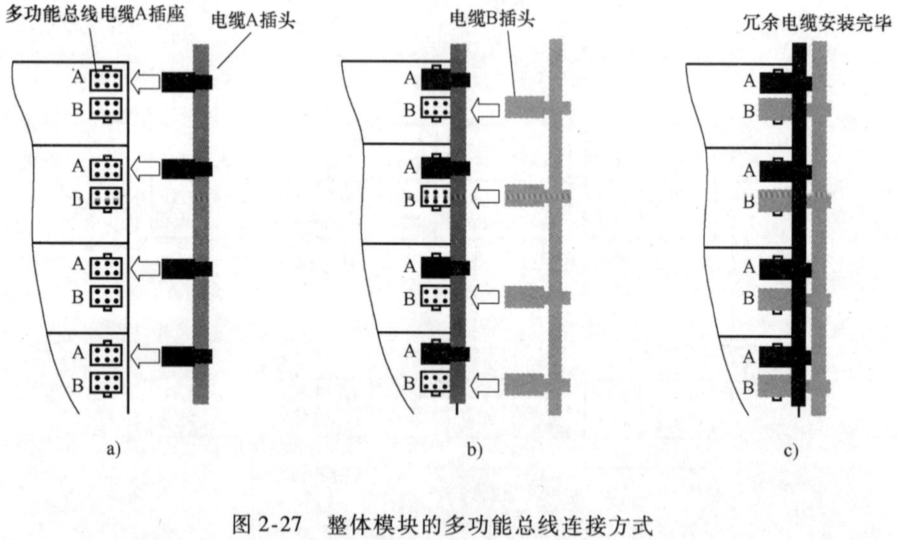

图 2-27　整体模块的多功能总线连接方式

5）K-BUST02 总线终端匹配器：K-BUST02 模块有两个 8 孔连接器，用来连接总线 A 和 B，该模块只提供电缆进线，不提供出线，安装在每列末端，作为终端匹配电阻，如图 2-28 所示。

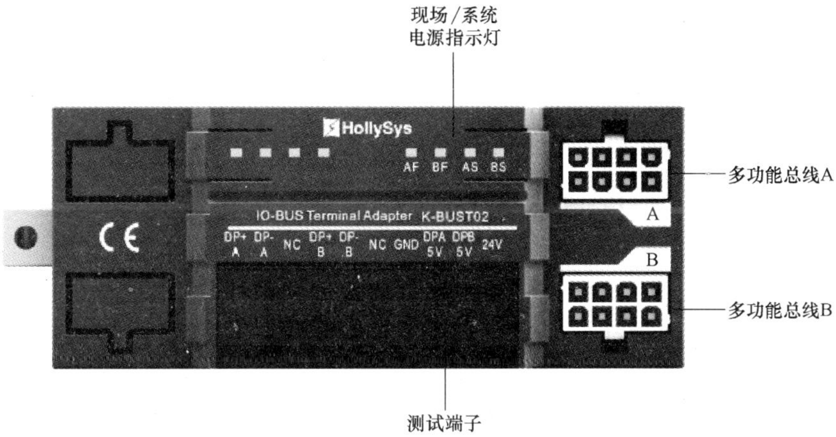

图 2-28　K-BUST02 总线终端匹配器

K-BUST02 具有多功能指示灯，当模块上电时，面板上的状态灯指示各路电源的状态，指示灯的含义见表 2-20。

表 2-20　K-BUST02 指示灯含义

序号	名称	颜色	状态	含　义
1	AF	绿	亮	现场电源 A 工作正常
			灭	现场电源 A 工作异常
2	BF	绿	亮	现场电源 B 工作正常
			灭	现场电源 B 工作异常
3	AS	绿	亮	系统电源 A 工作正常
			灭	系统电源 A 工作异常
4	BS	绿	亮	系统电源 B 工作正常
			灭	系统电源 B 工作异常

5. 电源模块

在 K 系列中，现场控制柜接入两路独立的 AC 220V 电源构成冗余：UPS 和厂用保安段电源进行电源转换，过程如图 2-29 所示。

图 2-29　电源转换过程

（1）K-PW01 交流电源配电板　一般安装在机柜背面，接入外部电源时，通过“交流电源冗余分配模块”（内置断路器），实现双路 AC 220V 输入，每路分配 5 路 AC 220V 输出转换，且每路输出可单独控制并具有单路输出指示功能，如图 2-30 所示，参数指标见表 B-2。

图 2-30　K-PW01 交流电源配电板

（2）SM910 DC24V（120W）电源模块　SM910 是 DC24V 电源模块，实现 DC220V 到 DC24V 输出的转换，输入与输出隔离，具有输出短路保护功能，故障消除后电源自动恢复。

SM910 用来提供 DC24V 系统电源、现场电源及查询电源，参数指标见表 B-3。

（3）SM913 DC24V（240W）电源模块　SM913 是 DC24V 电源模块，实现 DC220V 到 DC24V 输出的转换，输入与输出隔离，也具有输出短路保护功能，故障消除后电源自动恢复。

SM913 用来提供 DC24V 现场电源，参数指标见表 B-4。

（4）SM920 DC48V（120W）电源模块　SM920 是 DC48V 电源模块，实现 DC220V 到 DC48V 输出的转换，输入与输出隔离，同时具有输出短路保护功能，故障消除后电源自动恢复。

SM920 用来提供 DC48V 查询电源，参数指标见表 B-5。

（5）K-PW11 直流电源配电板　K-PW11 直流电源配电板实现直流电源冗余，4 组输入，2 组输出。将 1 组（2 路）DC24V 系统电源冗余并联输出，2 组（每组 2 路）DC24V（120W/240W）现场电源冗余并联输出，1 组（2 路）DC24V/48V 辅助（查询）电源冗余并联输出，并检测各输入电源的电压状态。一方面通过预制电缆给底座提供系统/现场电源，另一方面将输入低电压报警信号输出给 IO-BUS 模块，再就是给查询电源分配板提供输入查询电源。参数指标见表 B-6。

（6）K-PW21 查询电源分配板　K-PW21 是查询电源分配板，为 DI 模块提供 DC24V/DC48V 查询电源，有两路冗余（DC24V/DC48V）输入，16 路（DC24V/DC48V）输出，并有单路输出短路保护和 LED 指示功能，每路输出串接一个自恢复熔丝（750mA），在输出短路的情况下，熔丝断开保护电源，LED 灯指示，故障排除后，熔丝恢复导通。参数设置见表 B-7。

注意：每个 I/O 控制机柜，最多只能配置 2 个查询电源分配板。

6. I/O 模块及底座概述

K 系列 I/O 单元由 I/O 模块和 I/O 底座组成。I/O 模块实现模-数转换、信号调理等功能，I/O 底座负责连接现场仪表和其他辅助功能（冗余、防误接 AC220V、DB37 电缆接口等）。K 系列模块全系列特点如下：采用双冗余多功能总线、双冗余供电工作方式，任意断开一根多功能总线，都不会影响系统工作；现场电源和系统电源隔离供电，仪表由现场电源供电，数字电路和通信电路由系统电源供电，因此现场干扰不影响数字电路和通信；支持带电热插拔。完整的 I/O 单元在系统机柜中的安装位置如图 2-31 所示。

I/O 模块能否正常通信处理数据，取决于模块 I/O 接口底座。I/O 底座包括 IO-BUS 电缆插头、模块防混销、现场信号接线端子或 DB37 针连接器、I/O 模块地址仓和熔丝仓，如图 2-32 所示。

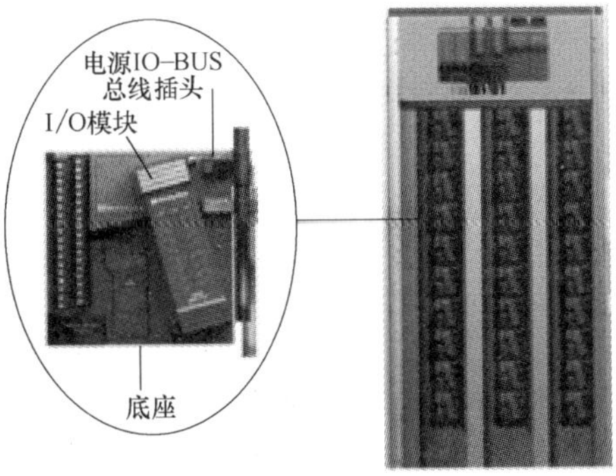

图 2-31　I/O 单元安装位置

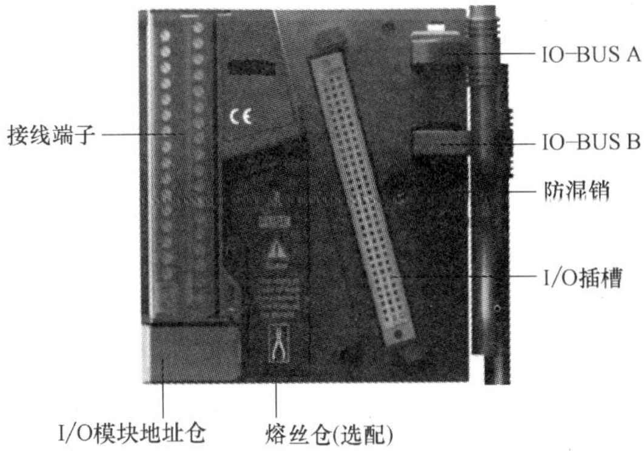

图 2-32　模块的外观接口图

7. 接口

(1) IO-BUS 接口　IO-BUS 接口位于模块的配套端子底座上，采用 6 针插座针孔接入，并用线卡固定，如图 2-33 所示，如前所述，系统采用双冗余 IO-BUS 通信总线和双冗余供电工作方式。

IO-BUS 内有 3 组两芯电缆，外壳带绝缘胶皮，提供了双现场、双系统和双 IO-BUS 电源总线供模块工作。模块通过 A、B 两根 IO-BUS 总线电缆与主控制器通信，以实现系统的冗余机制。

(2) 模块的防混销设计　为防止插错槽位损坏模块，I/O 模块单元设置了防混销，位于模块和底座上，如图 2-34 所示。模块上的防混销为阴模，每类电气兼容的模块编码唯一且出厂固定，不可更改；底座上的防混销为阳模，可以旋转，1～8 共八位，可提供 8 个编码位置，按照机械吻合原理，将对应模块插入对应底座。

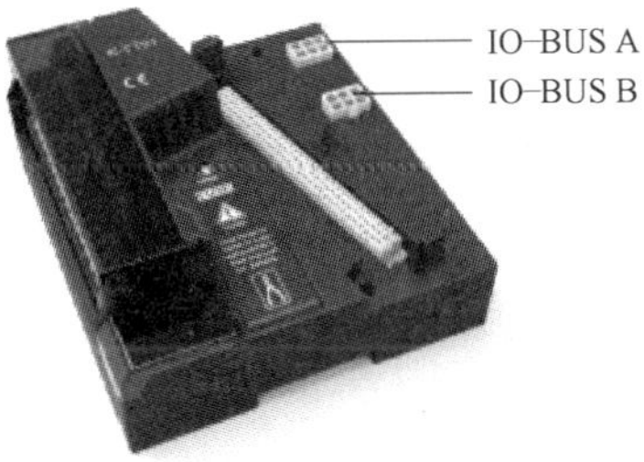

图 2-33　IO-BUS 总线接口图

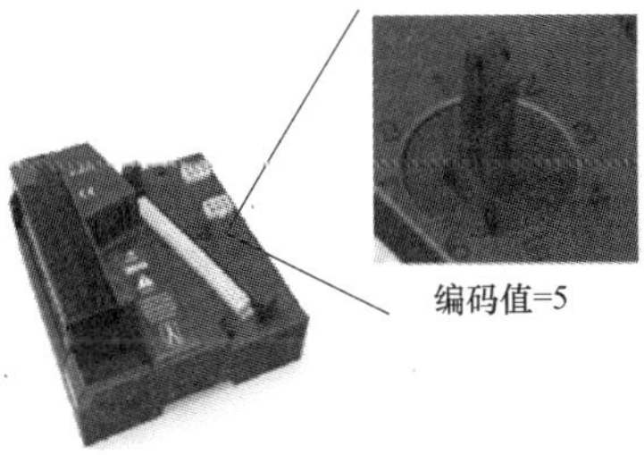

图 2-34　防混销

(3) 地址跳线　I/O 模块采用十进制地址拨码跳线，用于设置模块地址。模块地址设置分十位和个位，取值范围为 10（默认）～109，其中上排双列跳线代表十位数字，从左至右依次为 1～10；下排双列跳线代表个位数字，从左至右依次为 0～9，如图 2-35 所示。

图 2-35 I/O 模块地址仓

例如：模板地址为 106，可将十位代表数字 10 的跳线短接，将个位代表数字 6 的跳线短接，如图 2-36 所示。

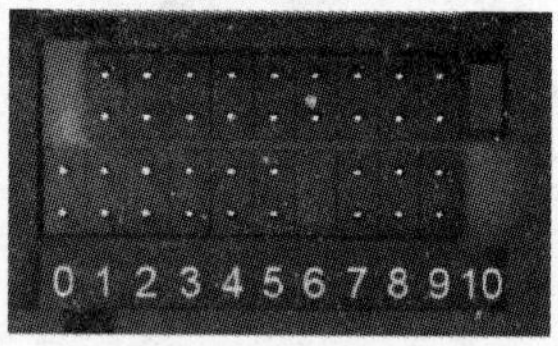

I/O模块地址=106

图 2-36 模块地址跳线

8. I/O 模块

从 DCS 角度将 I/O 模块分为：模拟量输入（AI）模块、模拟量输出（AO）模块、开关量输入（DI）模块、开关量输出（DO）模块，及特殊类模块，如脉冲量输入（PI）模块。下面结合具体信号类型分类介绍。

（1）模拟量输入模块及底座　模拟量输入模块用于将工业过程现场输入的模拟量信号数字化，一般有三类：热电阻（RTD）、热电偶（TC）和变送器（DC0 ~ 22.7mA），统称为模拟量输入信号。K 系列对应的模块型号分别是：

K-RTD01　8 路热电阻输入模块

K-TC01　8 路热电偶输入模块

K-AI01　8 路电流输入模块

K-AIH01　8 路电流模拟量输入 HART 功能模块

1）K-RTD01 8 路热电阻输入模块。K-RTD01 为 K 系列 8 通道热电阻通道隔离输入模块，支持两线制、三线制、四线制 RTD 信号，其最大测量范围如下：Pt10：-200 ~ 850℃；Pt100：-200 ~ 850℃；Cu10：-50 ~ 150℃；Cu50：-50 ~ 150℃；Cu100：-50 ~ 150℃；BA1：-200 ~ 650℃；BA2：-200 ~ 650℃；G53：-50 ~ 150℃。

K-RTD01 模块配套的 8 通道端子底座，用于连接现场信号线缆。接线端子底座有 36 位，其中 32 位用于连接现场设备信号电缆线，每 4 个接线端为 1 通道，可连接两线制、三线制或四线制 RTD 信号；最后 4 位是测试接线端子，提供测试点。为保证信号质量，现场至底座建议使用带屏蔽层的电缆线，具体接线如图 2-37 所示。

2）K-TC01 8 路热电偶输入模块。K-TC01 为 K 系列 8 通道热电偶与毫伏输入模块，最大测温范围为 -270 ~ 1372℃，既可以测量热电偶信号，也可以测量现场 mV 级信号，支持 K、E、J、S、R、B、N、T 型热电偶和 mV 级信号。K-TC01 模块可以配套 K-TT01 底座使用，通过电缆连接构成完整的热电偶测量模块单元。

根据热电偶测温原理，需要进行冷端温度补偿，K-TC01 提供两种方法：

方法 1：Pt100 测定冷端温度补偿。模块利用底座内置的 Pt100 来测量冷端温度，并进行补偿上报于控制器，使用内置算法进行补偿，不需再行组态。

方法 2：组态设定冷端温度补偿，利用内置算法自动进行运算补偿。

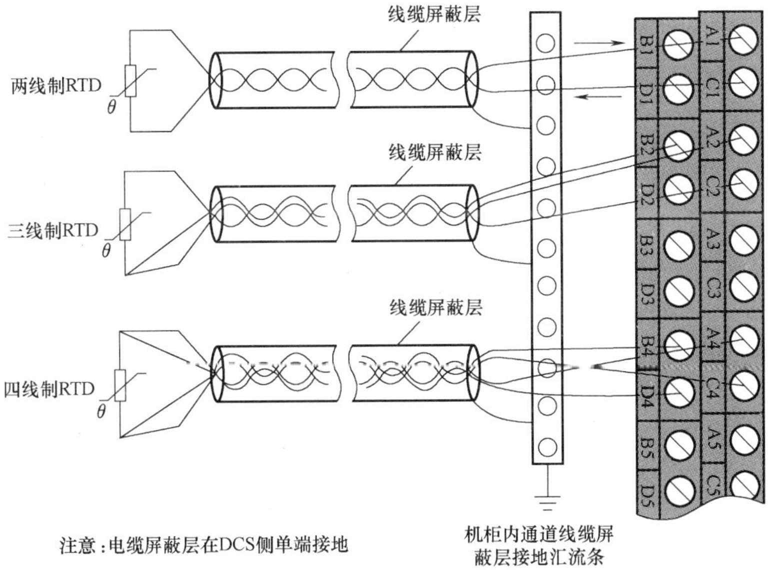

图 2-37　K-RTD01 模块二线制、三线制和四线制接线示意图

两种方法中，优先选择方法 1，方法 2 作为备用方案。在方法 1 失效时系统自动使用方法 2。

冷端温度补偿框图如图 2-38 所示。

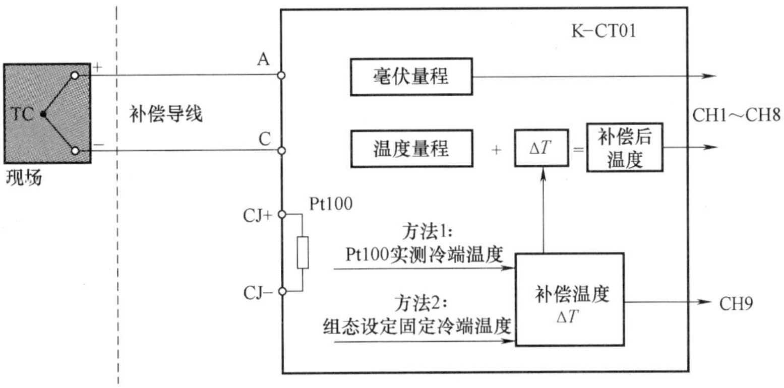

图 2-38　冷端温度补偿框图

K-TC01 模块配套 8 通道的端子底座，用于连接现场信号线缆。接线端子底座有 36 位，其中 32 位用于连接现场设备信号电缆线，每 4 个接线端为 1 通道；最后 4 位是测试接线端子，提供测试点。现场接线如图 2-39 所示。

3）K-AI01 8 路电流输入模块。K-AI01 为 K 系列 8 通道模拟量通道隔离输入模块，测量范围为 0～22.7mA 模拟信号（默认出厂量程为 4～20mA），可冗余配置，无需跳线就可设置为有源或无源工作方式，可以接二线制或四线制仪表信号。K-AI01 模块可以配套 K-AT01 底座使用，当冗余配置时，则选择 K-AT21 底座，通过电缆连接构成完整的测量模块单元。

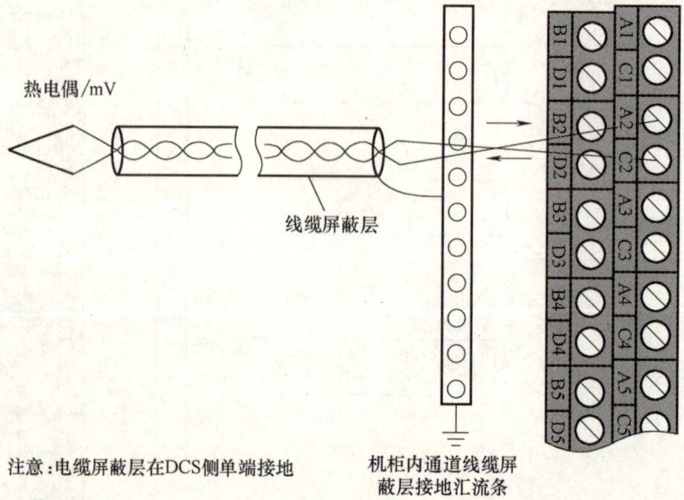

图 2-39　K-TC01 模块毫伏信号端子接线图

K-AI01 模块可冗余配置，顺序上电时，先上电的模块为主模块；若模块同时上电，则系统将自动分配主、从模块。当主模块故障或信号通道故障时，冗余模块自动切换。冗余模块的地址设置为：$2N$，$2N+1$（$N=5\sim54$）。

K-AI01 模块各通道提供了强大的过电流、过电压防护功能，通道误接 DC ±30V 和 AC220V、现场设备短路或误接大地，模块都不会损坏。故障消除后通道将自动恢复到正常状态。

K-AI01 模块配套 8 通道的端子底座，用于连接现场信号线缆。接线端子底座有 36 位，其中 32 位用于连接现场设备信号电缆线，每 4 个接线端为 1 通道；最后 4 位是测试接线端子，提供测试点。现场接线如图 2-40 所示。

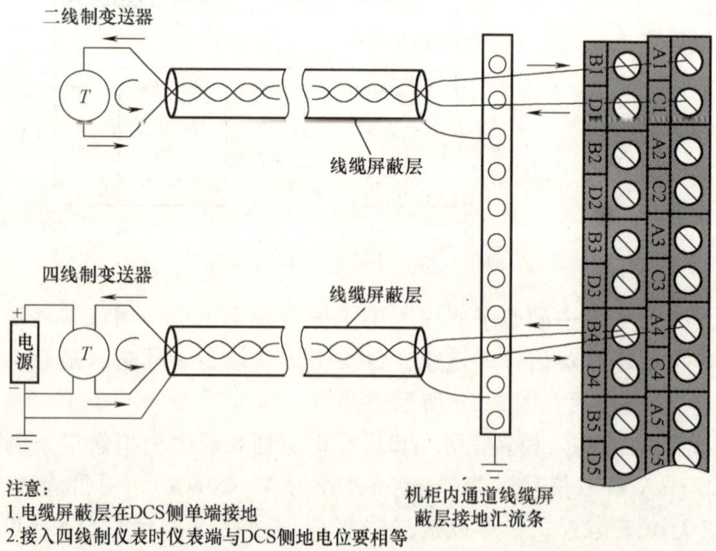

图 2-40　K-AI01 二线制、四线制的端子接线示意图

4）K-AIH01 8 通道带 HART 模拟量输入模块。K-AIH01 为 K 系列 8 通道模拟量通道隔离输入模块，支持 Profibus-DP 协议、HART 协议。可以接二线制仪表或四线制仪表，测量范围为 0～22.7mA 模拟信号（默认出厂量程为 4～20mA），同时与现场 HART 智能仪表执行器进行通信，以实现现场仪表设备的参数设置、诊断和维护等功能。可以按 1∶1 冗余配置。

K-AIH01 模块可以配套 K-AT01 底座使用，当需要冗余配置时，可以选择 K-AT21 底座使用，通过电缆连接构成完整的电流测量模块单元。冗余模块的地址设置为 $2N$，$2N+1$（$N=5\sim54$）。K-AIH01 模块冗余配置时，功能具体参考 K-AI01 模块。

K-AIH01 模块配套 8 通道的端子底座，用于连接现场信号线缆。接线端子底座有 36 位，其中 32 位用于连接现场设备信号电缆线，每 4 个接线端为 1 通道。最后 4 位是测试接线端子，提供测试点。现场接线如图 2-41 所示。

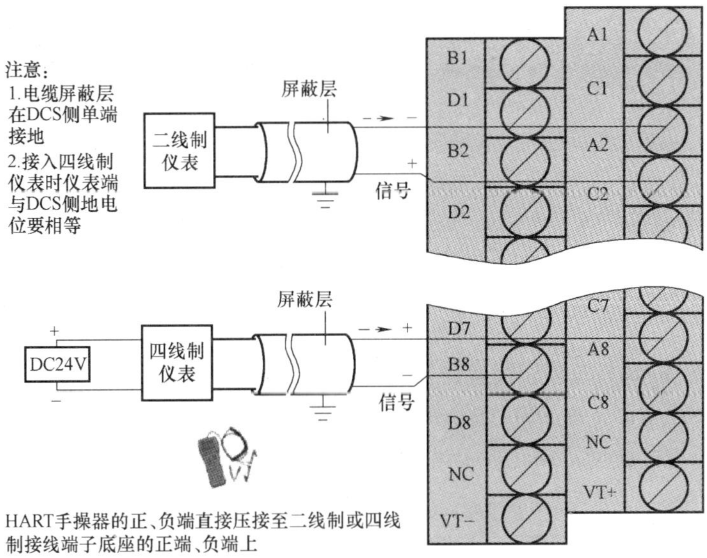

图 2-41　K-AIH01 现场端子接线示意图

（2）模拟量输出模块及底座　模拟量输出设备用于将数字量转换为模拟量输出，控制执行器动作。和利时 K 系列与此对应的模块型号为 K-AO01 8 通道模拟量输出模块。K-AO01为 8 通道模拟量通道隔离输出模块，最大输出范围为 0～22.7mA 模拟信号（默认出厂量程为 4～20mA）。K-AO01 可按 1∶1 冗余配置，实现冗余 AO 输出，增加系统的可靠性。

K-AO01 模块也具备强大的过电流、过电压保护功能，误接 DC ±30V 和过电流都不会损坏。同时，配合增强型底座还可以做到现场误接 AC 220V 不损坏。K-AO01 模块每个输出通道单独进行故障输出组态，可在主控模块通信中断或发生通道输出故障时，保持上一周期数据或输出预设安全值，以适应不同的现场需求。

K-AO01 可以配套 K-AT01 底座使用。如果需要冗余配置，可以和增强型底座 K-AT21 配合使用。K-AO01 每通道预留 4 位接线端子接入现场信号，使用其中 2 位端子连接现场设备，如图 2-42 所示。

（3）开关量输入模块及底座

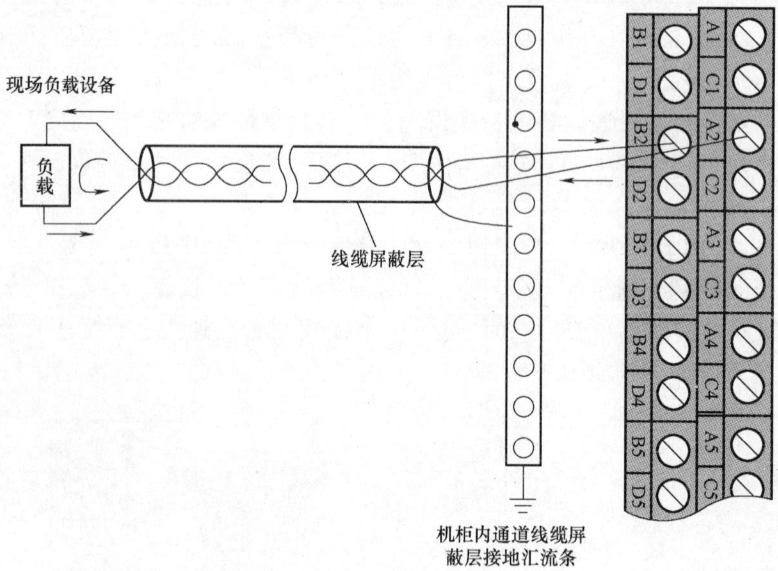

图 2-42　K-AO01 现场端子接线示意图

1）K-DI01 16 通道 DC24V 数字量输入模块。K-DI01 为 K 系列 16 通道 DC24V 数字量输入模块。可以按 1:1 冗余配置，可接有源触点和无源触点。K-DI01 模块与 K-DIT01 底座配套使用。

K-DI01 模块与 K-DIT01 底座配套使用可以接入来自现场的干触点和湿触点。当接入干触点时，需要接入查询电源，在 DI01 模块的底座（K-DIT01）上，有 4 位电源接线端子，作为现场电源和查询电源的接线端，以适应 DI 信号查询电源不同的接线需求，端子定义见表 2-21。

表 2-21　底座接线端子信号定义

接线端子	信号定义
24V +	现场电源输出正端
24V −	现场电源输出负端
VI +	查询电源输入正端
VI −	查询电源输入负端

方便模块检测 DI 测点状态，我们给干触点串入一个电源，使其构成一个回路，此电源成为查询电源。底座的现场电源不直接为模块通道供电。若需要现场电源供电，则短接 24V + 和 VI +、短接 24V − 和 VI −，将现场电源连接到模块，为通道提供查询电源。也可以连接外部查询电源，K 系列的查询电源独立于系统电源和现场电源，从机柜内的查询电源

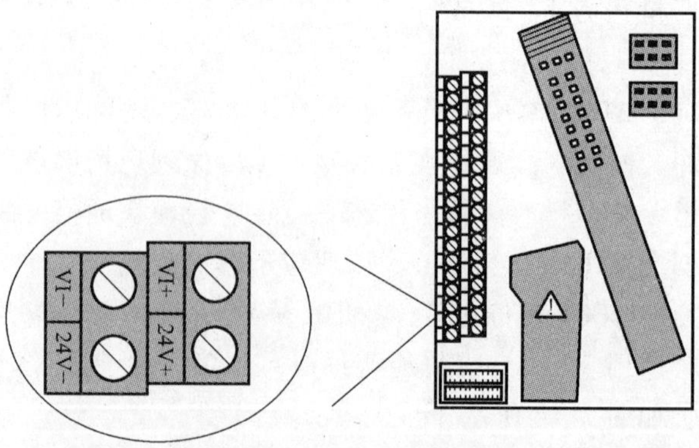

图 2-43　底座电源接线端子

分配板引出，如图 2-43 所示。

内部和外部供电的干触点和两线制接近开关端子（位移传感器）接线图如图 2-44 所示。

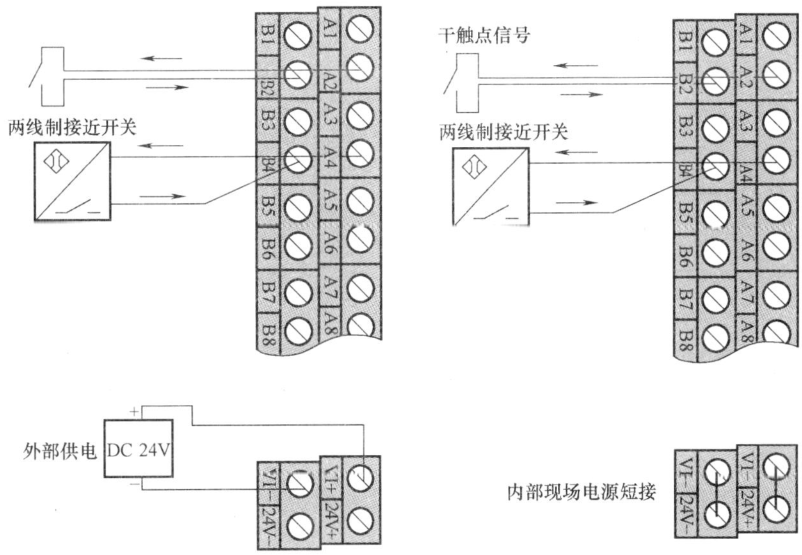

图 2-44　内部和外部供电的干触点和两线制接近开关端子接线图

湿触点和三线制 PNP 接近开关端子接线图如图 2-45 所示。

2）K-DI11 16 通道 DC 48V 数字量输入模块。K-DI11 为 K 系列 16 通道 DC 48V 数字量输入模块。可以按 1:1 冗余配置，也可以接有源触点和无源触点。此模块与 K-DI01 区别在于它的查询电源是 48V，其他特性和用法是一样的，读者可参照 K-DI01 的说明。

3）K-SOE01 16 通道 DC 24V SOE 输入模块。SOE 是英文 Sequence Of Event 的缩写，意思为事件顺序。在生产现场，为追查事故发生的原因，需明确事件发生前后顺序，就需要采集记录事件发生的时间，以分析是哪个事件导致的，记录各个事件时间的记录集合就称为事件顺序记录。

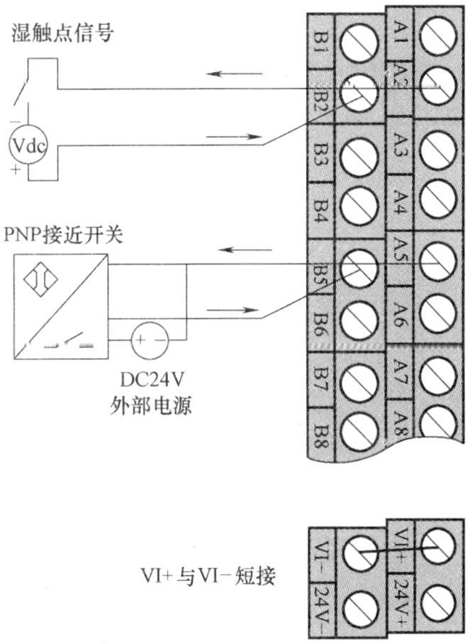

图 2-45　湿触点和三线制 PNP 接近开关端子接线图

为了精确地分辨出各个事件的先后顺序，SOE 采集周期记录必须达到 1ms 甚至更小的时间分辨率。K 系列 16 通道 DC 24V SOE01 输入模块，支持 Profibus 协议。模块采用螺钉固定在端子底座的安装方式，通过 64 针欧式连接器可以与配套的端子底座 K-

DIT01 连接，通过冗余 IO-Bus 总线与控制器通信和向冗余电源供电，实现 SOE 信号的采集信号和校时信号。K-SOE01 模块支持触点型或电平型信号。

底座有 36 位接线端子，其中 32 位用于连接现场设备 SOE 信号电缆线，且每个通道有 2 位接线端子；剩余 4 位接线端子用于现场电源，以驱动光耦合器。为了保证现场与系统隔离，现场 DC24V 电源应单独配置，不能和系统电源共用。底座电源接线示意图如图 2-46所示。

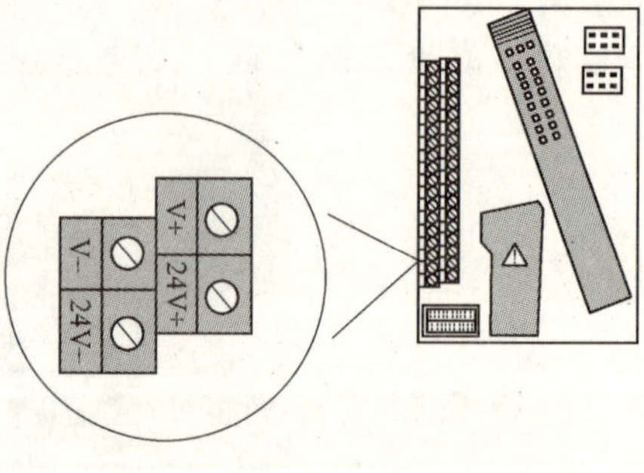

图 2-46　底座电源接线示意图

底座接线时，需注意以下问题：底座的现场电源不能为模块的通道供电；接收的信号必须分辨现场供电情况和端子接线。现场供电情况有三种：触点型系统内部提供查询电压、触点型外部提供查询电压和电平型 DC 24V 电平输入。

触点型信号输入，内部提供查询电压。当 K-SOE01 模块接收触点型（干触点）信号且内部提供查询电压时，A、B 端子接入触点型信号，而 24V + 与 V +、24V- 与 V- 分别短接，以从内部链接现场电源作通道查询电源。底座的接线图如图 2-47 所示。

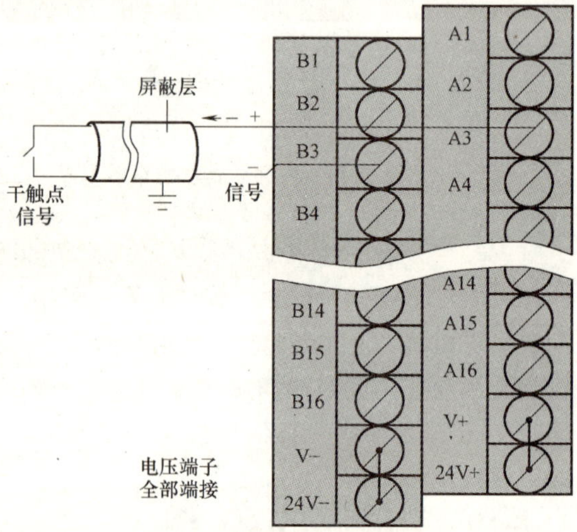

图 2-47　底座的接线图

当 K-SOE01 模块接收触点型（干触点）信号且外部查询电压供电时，A、B 连接触点型信号，而 V + 与 V- 连接外部查询电压，24V + 与 24V- 不接线，此时系统的查询电源由机柜机笼背板的查询电源分配板引出，以与系统电源和现场电源独立。底座的接线如图 2-48 所示。

当电平型（湿触点）信号输入时，必须将 24V 电源串联在回路中，A、B 连接电压信号（A 为负，B 为正），而 V + 与 V- 短接，24V + 与 24V- 不接线。底座接线如图 2-49 所示。

K-SOE01 模块对时有两种方式：一种是冗余控制器间硬校时，另一种是控制器与 SOE 模块通过 Profibus-DP 协议方式对时。

当 GPS 作为时钟源时，整个校时的过程如图 2-50 所示：历史站、OPS 向 GPS 对时，控制器向 OPS 对时，不同控制器的时钟进行 NTP 校时，SOE 模块向控制器对时。在系统初始状态下，历史站、OPS 可选择在线的某个控制器并设定初始时间，其他控制器与该控制器通过 NTP 网络校时，依靠“硬校时线”发送整分信息，分辨率可达 1ms；控制器与 SOE 模块之间通过 DP 协议的方式进行对时。

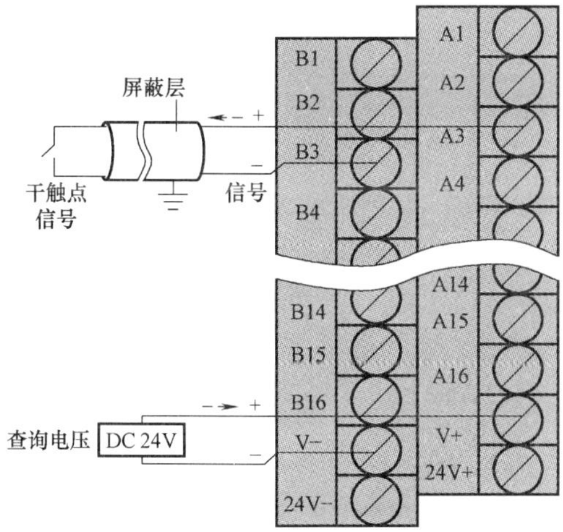

图 2-48　外供电触点型信号接线示意图

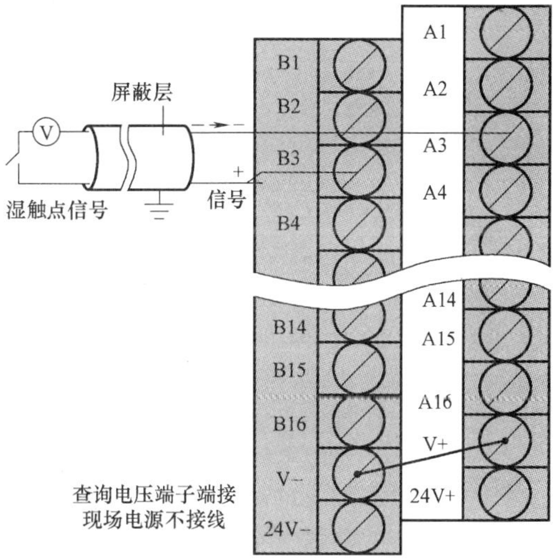

图 2-49　电平型信号接线示意图

系统是否对时，取决于工程需求。当工程有多个 K-SOE01 模块时要求对时，需保证控制器时钟与所有 SOE 模块时钟一致。

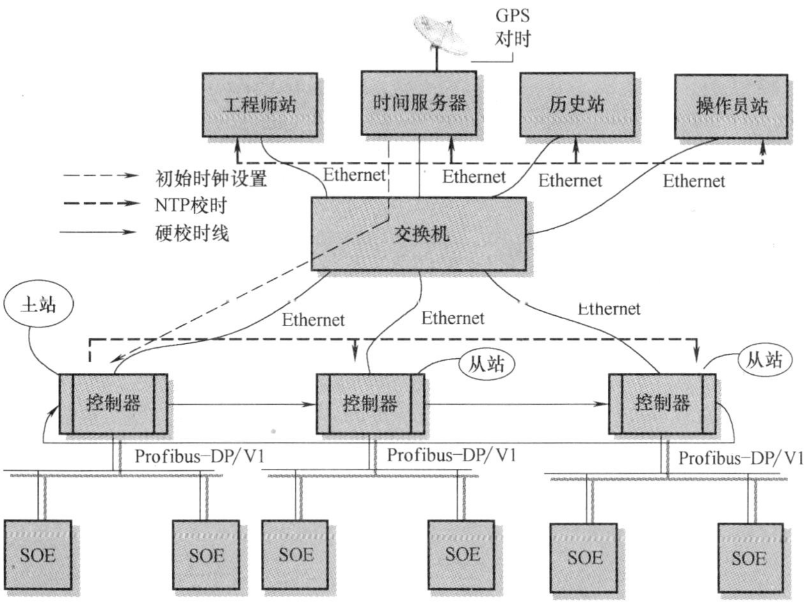

图 2-50　整个校时的过程示意图

（4）开关量输出模块及底座　DO 设备用于输出闭合或断开指令，K 系列的开关量输出模块为 K-DO01 16 通道 DC 24V 数字量输出模块。K-DO01 模块是 16 通道 DC 24V 数字量输出模块，与继电器端子板 K-DOR01 相连，输出 16 路继电器开关量信号驱动现场设备。K-DO01 模块、K-DOT01 底座及端子板的配套使用接线如图 2-51 所示。

K-DO01 模块配套 K-DOT01 底座使用，与端子底座 K-DOR01 连接构成完整的开关量输

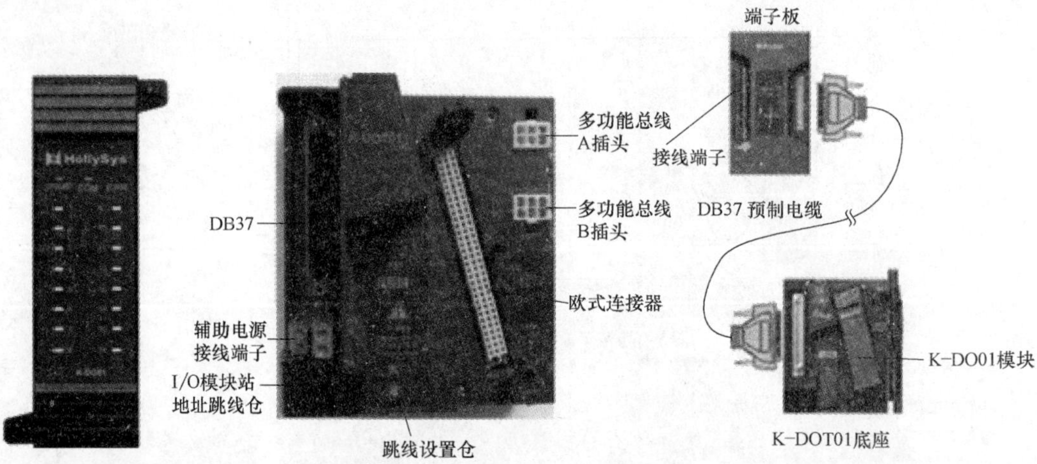

图 2-51 K-DO01 模块、K-DOT01 底座及端子板的配套使用接线

出模块单元。模块插在模块底座上，模块底座的 DB37 插座连接到继电器端子板，端子板上的接线端子负责连接现场控制设备。端子板可配置成干触点输出，也可通过接查询电源后配置成湿触点输出。

现场信号接线说明：

K-DO01 模块可以输出现场信号干触点常开或常闭，也可以输出配辅助电源后湿触点常开或常闭。干触点端子接线示意图如图 2-52 所示，湿触点端子接线示意图如图 2-53 所示。

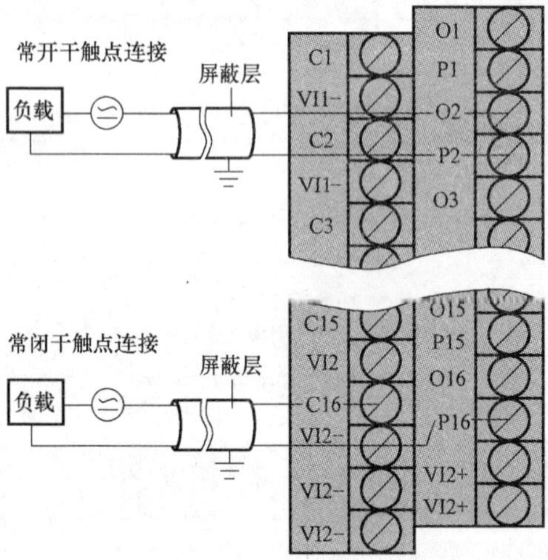

图 2-52 干触点端子接线示意图

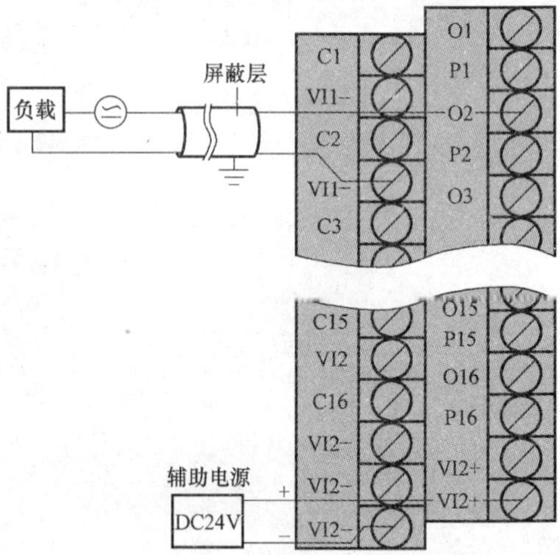

图 2-53 湿触点端子接线示意图

（5）特殊类模块——K-PI01 6 通道脉冲输入模块 K-PI01 是 K 系列 6 通道脉冲输入模块，与 K-POT01 底座配套使用。模块与底座通过 64 针欧式连接器连接，脉冲量信号通过底座上的双排接线端子输入，构成一个完整的脉冲量输入单元。通过组态设置，K-PI01能够测量 0.1 ~ 10kHz 的脉冲信号，并进行频率值或累积值的计算，通过 IO-BUS 上报给控制器。

9. 通信模块及底座

（1）K-MOD01 DP/Modbus 网桥通信模块 K-MOD01 模块为 K 系列中 Profibus-DP/Modbus 网桥通信模块，支持 Profibus-DP 总线协议与 Modbus 协议，通过 Profibus-DP 总线与控制器进行组态参数与数据交换，实现 DP 从站功能，同时通过 Modbus 通信协议获取或下发 Modbus 数据，从而实现 Modbus 设备与 DCS 的连接。

（2）底座 模块采用螺钉固定在端子底座的安装方式，通过 64 针欧式连接器与 K-PAT01连接使用，底座的 DB9 线缆和 Modbus 接线端子负责接入现场 Modbus 设备，再通过冗余的 IO-BUS 总线与 K 系列主控制器模块进行通信。

（三）K 系列硬件选型

根据前面的硬件介绍及相应的注意事项，为项目二选型配置。表 2-22 是简易的硬件选型表，表 2-23 是项目二的测点统计，据此进行系统规模、机柜、控制器、控制器背板、IO-BUS模块、电源模块、I/O 模块的选型配置。

表 2-22 简明硬件选型表格

序号	类别	型号	说明
1	控制器模块	K-CU01	控制器(运算调度周期最快 100ms)
2	常用 I/O 模块	K-AI01	8 通道模拟量输入模块
		K-AIH01	8 通道带 HART 模拟量输入模块
		K-TC01	8 通道热电偶与毫伏输入模块
		K-RTD01	8 通道热电阻输入模块
		K-AO01	8 通道模拟量输出模块
		K-DI01	16 通道 DC 24V 数字量输入模块
		K-DI11	16 通道 DC 48V 数字量输入模块
		K-SOE01	16 通道 DC 24V SOE 输入模块
		K-DO01	16 通道 DC 24V 数字量输出模块
		K-PI01	6 通道脉冲输入模块
3	常用功能模块	K-BUS02	8 通道星形 IO-BUS 模块
		K-BUST02	IO-BUS 总线终端匹配器
4	电源模块及配电板	SM910	DC 24V(120W)电源模块
		SM913	DC 24V(240W)电源模块
		SM920	DC 48V 电源模块
		K-PW01	交流电源分配板
		K-PW11	直流电源分配板
		K-PW21	查询电源分配板

表 2-23 测点统计

	AI	AO	PT100	TC	DI	DO
测点合计	9	6	5	0	2	10

1. 系统规模

（1）现场控制站的数量　此项目的总点数是32，所以选择一个现场控制站，站号定为10。

（2）操作员站的数量　根据项目实际需求来确定，但至少需有一台，此项目冗余配置，站号分别为80、81。

（3）历史站　冗余配置，分别配置在不同的操作员站上。

2. 机柜

（1）系统主机柜　1个（受物理点数和现场控制站数量限制），型号为KP104-A2。

物理点：实际工艺现场采集或控制的信号，通过电缆和模块进行连接。

中间点：参与逻辑运算的自定义点，不是工艺现场采集或控制的信号，无实际电缆连接。

（2）网络柜　1个（配置交换机GM010_ ISW_ 24L），型号为KP602-A2。

3. 控制器

1对，型号为K-CU01。

4. 控制器底座

1个，型号为K-CUT01。

5. IO-BUS 模块

1对。按照此项目的规模，我们可以选择星形或总线型，目前星形应用较多，所以选择这种类型配置控制网。型号为IO-BUS02。

6. I/O 模块及底座（此配置不是唯一配置，供参考）

参数见表2-24。

表2-24　I/O模块及底座选型

测点合计	AI	AO	Pt100	TC	DI	DO	统计
	9	6	5	0	2	10	
模块型号	K-AI01	K-AO01	K-RTD01		K-DI01	K-DO01	
数量	2	1	1		1	1	6
底座型号	K-AT01	K-AT01	K-TT01		K-DIT01	K-DOT01	
数量	2	1	1		1	1	6
继电器端子板型号						K-DOR01	
数量						1	1

7. 电源

电源选型要考虑到所有模块的功耗总和，且不能超过所选电源功耗的80%（请参照电源部分的说明），见表2-25。主要模块的技术指标见表2-26。

表2-25　电源选型

电源	交流电源配电板	K-PW01	1块
	直流电源配电板	K-PW11	1块
	查询电源分配板	K-PW21	1块
	DC 24V(120W)电源模块	SM910	1对
	DC 24V(240W)电源模块	SM913	1对

表 2-26 主要模块的技术指标

<table>
<tr><th colspan="2">模块型号</th><th>K-RTD01</th><th>K-TC01</th><th>K-AI01</th><th>K-AIH01</th><th>K-AO01</th><th>K-DI01</th><th>K-DI11</th><th>K-SOE01</th><th>K-DO01</th><th>K-PI01</th></tr>
<tr><td rowspan="4">模块电源</td><td rowspan="2">系统电源</td><td colspan="9">输入电压 DC 24V, ±10%</td><td>—</td></tr>
<tr><td colspan="7">功耗(Max)1W</td><td>功耗(Max)
1.8W</td><td>功耗(Max)
2.6W</td><td>—</td></tr>
<tr><td rowspan="2">现场电源</td><td colspan="7">输入电压 DC 24V, ±10%</td><td>输入电压
DC 18 ~
30V</td><td>输入电压
DC 24V,
±10%</td><td>—</td></tr>
<tr><td>功耗(Max)
0.8W</td><td>功耗(Max)
0.5W</td><td colspan="2">功耗(Max)
7W</td><td>功耗(Max)
5.8W</td><td colspan="3">功耗(Max)
2W</td><td>功耗(Max)
11W</td><td>—</td></tr>
<tr><td>输入通道</td><td></td><td colspan="4">8 路</td><td colspan="5">16 路</td><td>6 路</td></tr>
<tr><td>信号类型</td><td></td><td>Pt100
(-200 ~
850℃)
Cu50
(-50 ~
150℃)</td><td>热电偶
(J,K,T,
N,E,R,
S,B),
或毫伏级
电压信号</td><td colspan="2">4 ~ 20mA</td><td>电流输出</td><td colspan="2">无源触点
(干触点)、
有源触点
(湿触点)</td><td>触点型
(干触点)
电平型
(湿触点)</td><td>共负端达
林顿晶体
管输出</td><td>二线制:干
触点、电压
脉冲、电流
脉冲
三线制:
供电型
电压脉冲</td></tr>
</table>

四、DCS 软件设计与组态

(一) HOLLiAS-MACS 软件介绍

MACS 是一款集成软件，可根据实际项目需求选择相应的安装角色，以实现相应的功能，安装角色包括工程师站、操作员站、历史站、报表打印站。

1. 软件运行环境

为保证系统安全稳定的运行，推荐在以下环境安装软件。

(1) 工程师站和操作员站环境配置

1) 操作系统：Windows XP Professional + SP3，Windows 7 Professional 32 位。

2) 应用软件：Open Office 或 Microsoft Office 2007。

3) 计算机硬件：Intel Pentium® Dual-Core 3.2GHz，2GB 以上内存，250GB 以上硬盘，工程师站/操作员站显示器分辨率为 1680 × 1050。

4) 网卡：2 个 $100\text{Mbit}\cdot\text{s}^{-1}/1000\text{Mbit}\cdot\text{s}^{-1}$ 自适应网卡

实际配置情况应该与上述配置相当，或高于上述配置。

(2) 历史站环境配置

1) 操作系统：Windows Server 2003 R2, Windows Server 2008 R1, Windows XP Professional + SP3, Windows 7 Professional 32 位。

2) 应用软件：Open Office 或 Microsoft Office 2007。

3) 计算机硬件：Intel Pentium® Dual-Core 3.2GHz 以上，4GB 内存，CDROM，500GB 以上硬盘。

4) 网卡：2 个 $100\text{Mbit}\cdot\text{s}^{-1}/1000\text{Mbit}\cdot\text{s}^{-1}$ 自适应网卡。

实际配置情况应该与上述配置相当，或高于上述配置。

2. 软件安装

MACS 软件安装盘包括软件平台版、通用版、autorun 和帮助手册等，如图 2-54 所示。

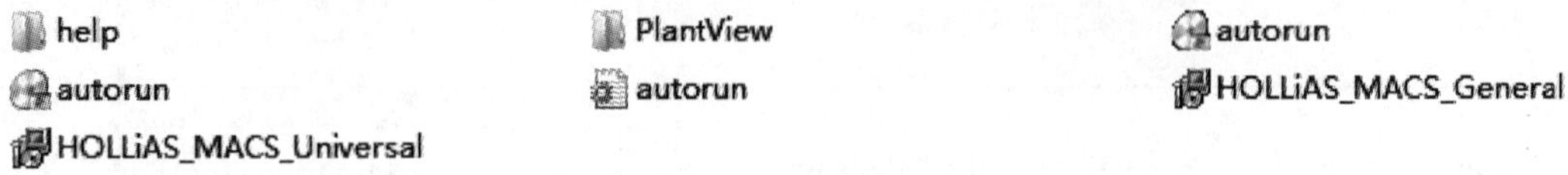

图 2-54　软件安装盘内容

安装步骤如下：

1）在安装盘目录下找到图标autorun，鼠标左键双击该图标，弹出如图 2-55 所示界面，进入安装向导；单击“安装”，弹出如图 2-56 所示界面，默认选择“中文（简体）”，单击“确定”，显示欢迎安装界面如图 2-57 所示。

2）鼠标左键单击“下一步”，进入“选择目标位置”，弹出如图 2-58 所示界面，系统默认路径是：<Windows 系统所在驱动器：\ HOLLiAS_ MACS \ >，单击“浏览”按钮，可以设置其他存储路径，此版本不支持含中文的安装路径。

图 2-55　安装向导

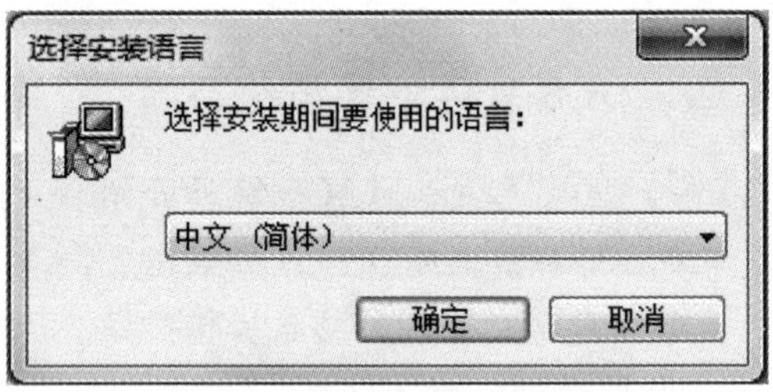

图 2-56　选择语言

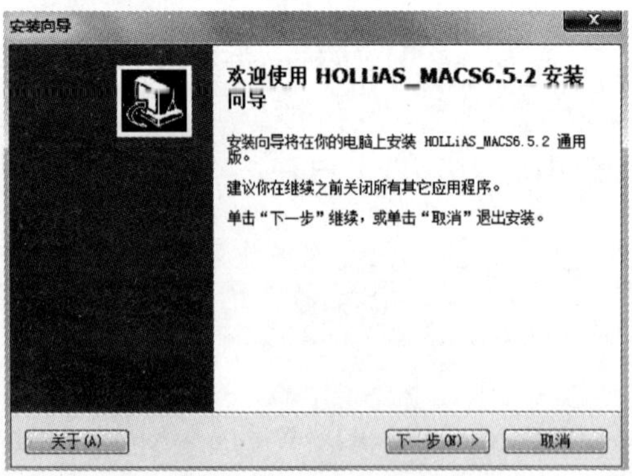

图 2-57　欢迎安装界面

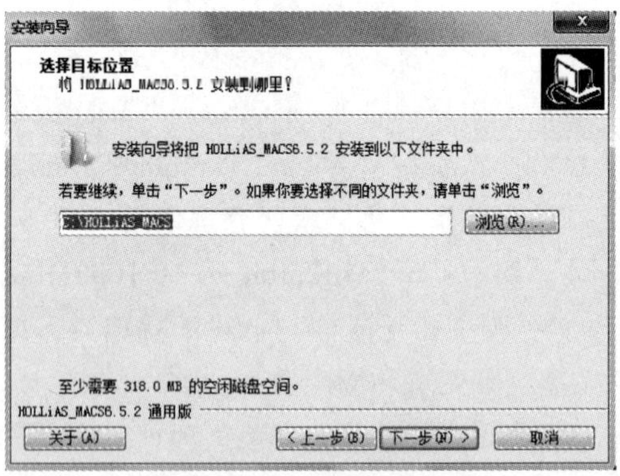

图 2-58　选择目标位置

3）鼠标左键单击“下一步”，进入“安装类型”设置对话框，安装程序提供“典型”“完全”两种安装类型，用户可根据不同需求选择不同的安装类型，如图 2-59 所示。

典型安装指根据需求选择相应的组件，组件包括工程师站、操作员站、历史站、报表打印服务和通信站（软件中称“通讯站”），如图 2-60 所示。

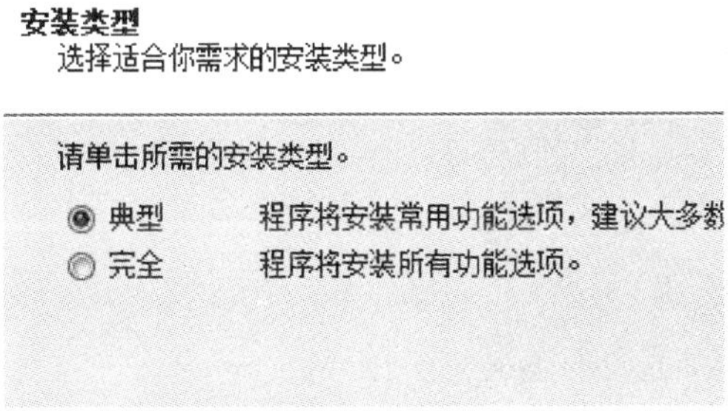

图 2-59　安装类型

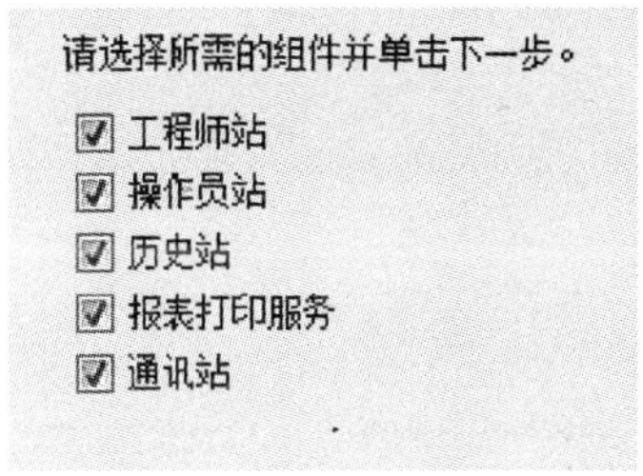

图 2-60　选择组件

完全安装指安装所有组件，即工程师站、操作员站、历史站、报表打印服务和通信站。

4）单击“下一步”，配置工程师站，如图 2-61 所示，若设置本机工程师站为“主工程师站”，设置后系统将自动共享 ENG 文件夹，作为协同组态的服务端。默认为选中状态，单击可以取消选择。

5）单击“下一步”，进入“历史数据存储路径”，如图 2-62 所示，默认路径是：<Windows 系统所在驱动器：\ HOLLiAS_ MACS \ HDBDATAS>，单击“浏览”按钮，可以设置其他存储路径，此版本不支持带中文的安装路径。

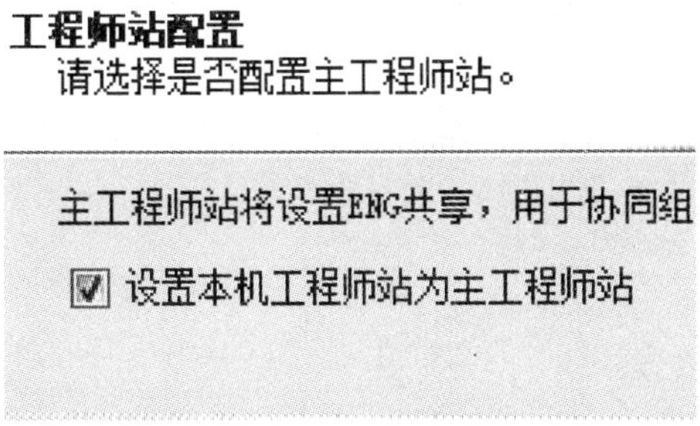

图 2-61　配置工程师站

图 2-62　历史数据存储路径

6）单击“下一步”，进入安装信息确认界面，如图 2-63 所示，准备安装。若发现有需要更改的地方，可以单击“上一步”回到相应的界面进行修改。确认安装信息无误后，单击“安装”按钮，进行安装。

7）安装完成后，弹出提示对话框，如图 2-64 所示，选择“是，立即重启电脑”，然后单击“完成”按钮。计算机重新启动，安装完成。

8）安装完成后，在“开始”→“所有程序”→“HOLLiAS_ MACS”菜单中生成如图 2-65 所示的快捷菜单。

其中“HOLLiAS_ MACS”项包含子目录分别如下：

1）工程总控：工程师站组态软件入口程序，运行时将同时加载“工程总控”“AutoThink”和“图形编辑”三个软件。

2）操作员在线：操作员站运行程序，启动监视/操作画面。

3）工具：包括“HSRTS Tool”“OPC 客户端”“版本查询工具”“操作员在线配置工具”“仿真启动管理”“离线查询（平台）”“离线查询（通用）”和“授权信息查看”。

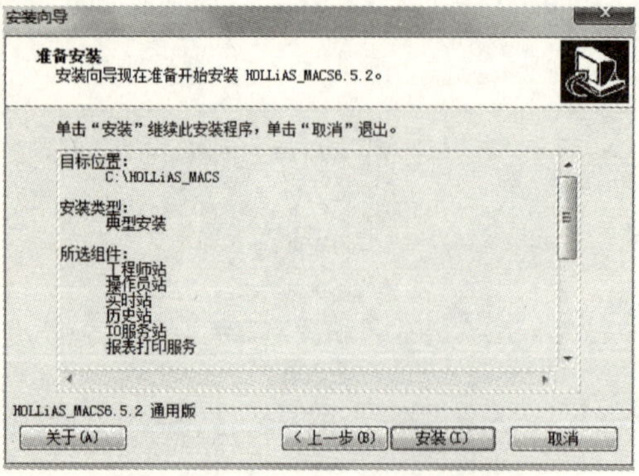

图 2-63　安装信息确认

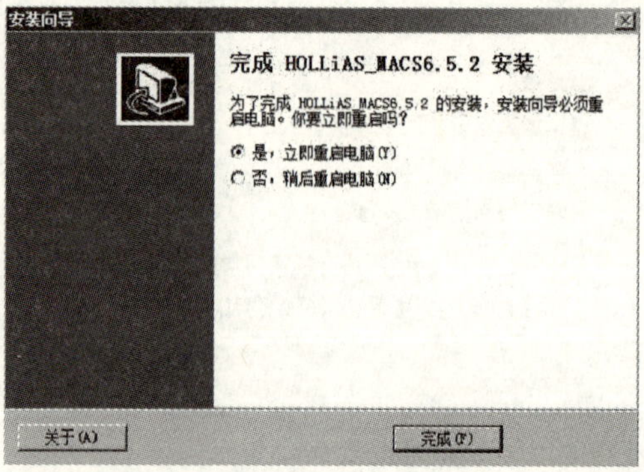

图 2-64　完成安装

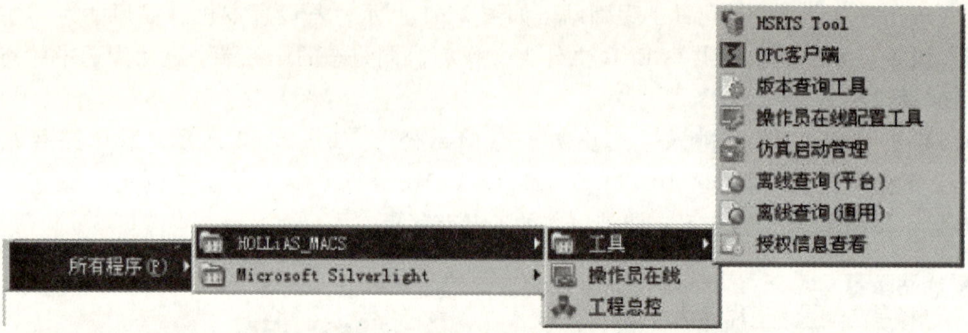

图 2-65　快捷菜单

HSRTS Tool：实现控制器版本查询，刷新控制器 RTS 程序。

OPC 客户端：启动 OPC 客户程序。

版本查询工具：当前安装软件版本及相关信息查询。

操作员在线配置工具：配置操作员在线的登录域号、专用键盘端口等信息。

仿真启动管理：仿真系统可以用于在单机上对组态完成的工程内容进行模拟运行。

离线查询（平台），离线查询（通用）：历史数据离线查询。

授权信息查看：加密狗及电子授权查看。

3. 软件卸载

卸载已经安装的 MACS 软件，可以在计算机的“控制面板”中找到该软件直接删除。

1）单击“开始”菜单，选择“设置”→“控制面板”→“添加或删除程序”。

2）在程序列表中找到“HOLLiAS_ MACS6. 5. 2”，分为平台和通用版，如图 2-66 所示。

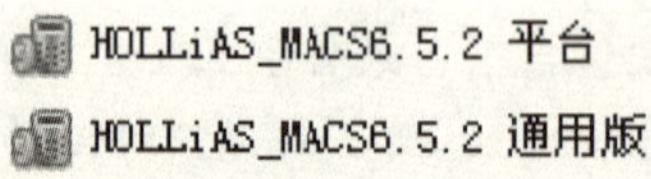

图 2-66　程序列表

3）选中“HOLLiAS-MACS6. 5. 2 通用版”，单击“删除”，如图 2-67 所示。

4）卸载完成后，弹出提示界面如图 2-68 所示，单击“确定”。

图 2-67　通用版删除界面

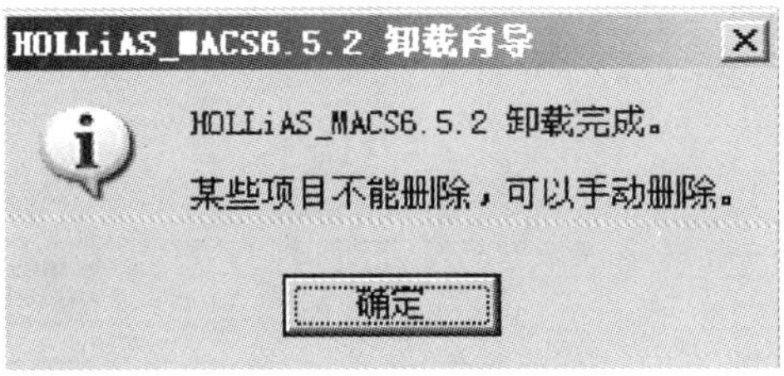

图 2-68　卸载向导

软件卸载完成后，只是删除了相应的注册信息以及执行文件，而相关的历史数据、下装文件、日志、图形以及用户组态的工程相关文件，依然保存在相关目录中。当再次安装系统软件后，这些数据也不会丢失。

若要完全删除所有文件，则需要手动到相应的安装目录下删除。

5）选中“HOLLIAS_ MACS6.5.2 平台”，单击“删除”，如图 2-69 所示。

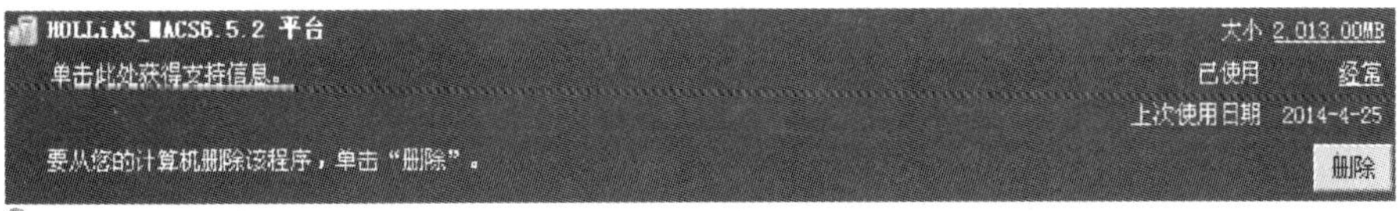

图 2-69　平台删除界面

6）删除完成后，弹出界面如图 2-70 所示，单击“是”，立即重启计算机。

图 2-70　卸载向导

7）手动删除安装目录下的相关文件，如图 2-71 所示。

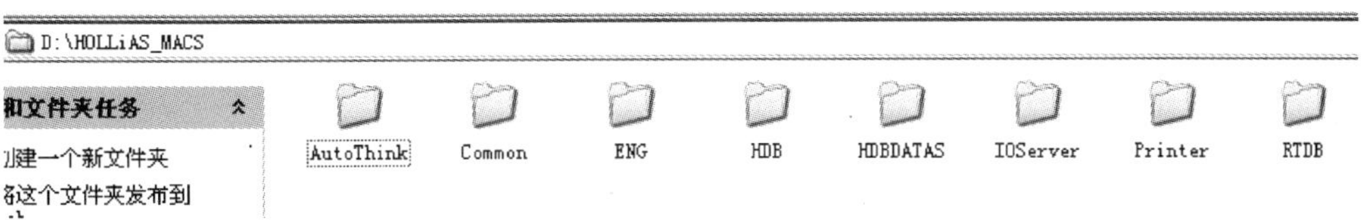

图 2-71　安装目录下的文件夹

4. 软件组态流程

一个应用工程通过工程师站组态软件实现，组态完成后，编译生成相关下装文件，通过工程师站将这些文件分别下装到现场控制站、操作员站、历史站、报表打印站，从而实现系统的运转，软件组态流程如图 2-72 所示。

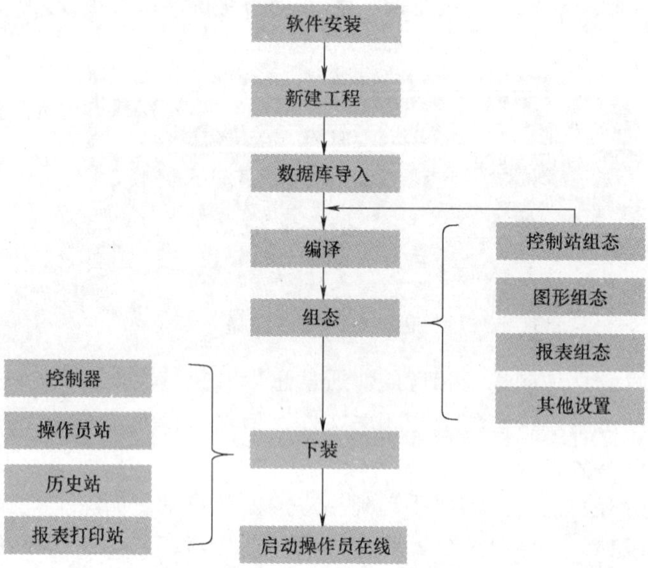

图 2-72　软件组态流程

（二）软件组态

为保证组态软件可以长期运行，必须使用加密狗或电子授权，即在相应的工程师站、历史站和操作员站上配备硬件设备加密狗，或使用电子授权码，确定对软件的使用权限。如果没有插上加密狗或使用电子授权码，软件启动时会提示“软件未授权”，并且软件进入试用状态，试用时间为 8h。在试用状态下，所有的组态功能开放，但是组态软件下装功能不可用。

1. 新建工程

新建工程是整个组态中的第一个步骤。在正式进行应用工程的组态之前，必须针对该应用工程定义一个工程名，目标工程新建后便建立了该工程的数据目录。

（1）启动工程总控通过下列途径启动工程总控：

1）通过开始菜单启动，单击“开始”→“所有程序”→“HOLLiAS”→“MACS”→“工程总控”，即可打开工程总控，进行组态。

2）双击桌面上的快捷图标。

工程总控打开后，界面如图 2-73 所示。

（2）新建工程途径　通过下列途径可以创建工程：

1）选择菜单命令“工程”→“新建”。

2）单击工具栏中的快捷图标，弹出界面“新建工程向导”，如图 2-74 所示。

新建工程需 5 步。

第 1 步：基本信息。

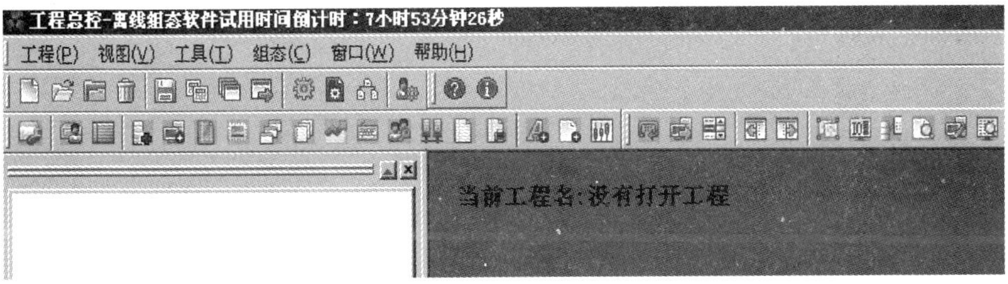

图 2-73　工程总控界面

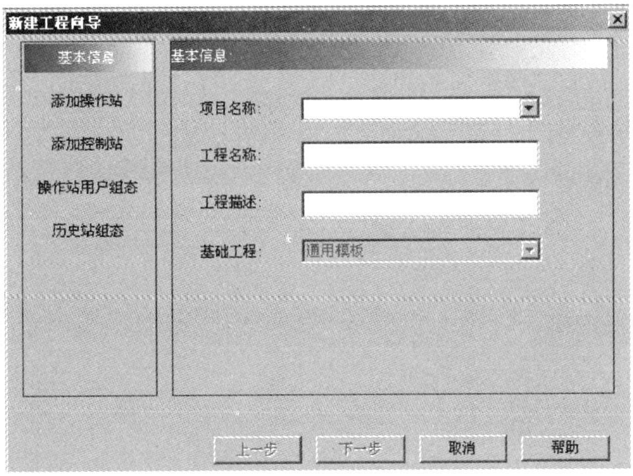

图 2-74　新建工程向导

① 项目名称。项目名称是工程所属的项目名称，工程必须属于一个项目，此项必须填写。只有创建项目后，才能进行工程的创建。项目名称可以是任意字符的组合，但是首尾不能是空格；项目名称的长度不能超过 64 个字符。

② 工程名称。工程名称是所创建工程的名称，是工程的必备属性，此项必填，工程名称只能是英文字母、数字下画线“_”的组合，英文字母不区分大小写；长度不能超过 32 个字符。工程名不得与已存在的工程名重复。

③ 工程描述。对创建工程所做的说明，用于解释工程的任务，可以为空。建议输入相关的语句，方便工程查阅。

项目与工程的关系如图 2-75 所示。

· 对于一个大型的系统，可以通过项目和域，将其分为若干部分，以便于管理、维护和运行。域等同于工程，即一个域对应工程总控中的一个工程，归属于一个项目，一个项目可以包含多个域，归属同一个项目的所有域可以相互访问数据，而项目之间不具备此功能；台操作员站可以对同一项目下的所有域进行监控，但每个域的内部组态、编译、下装需在对应的工程总控中进行。

· 必须给工程分配所属项目和域号，否则无法进行编译。

· 最多可以创建 32 个项目，每个项目最多可以添加 15 个工程，域号范围为 0 ~ 14。

基本信息填写示例如图 2-76 所示，填写完毕后，单击“下一步”

第 2 步：添加操作站。

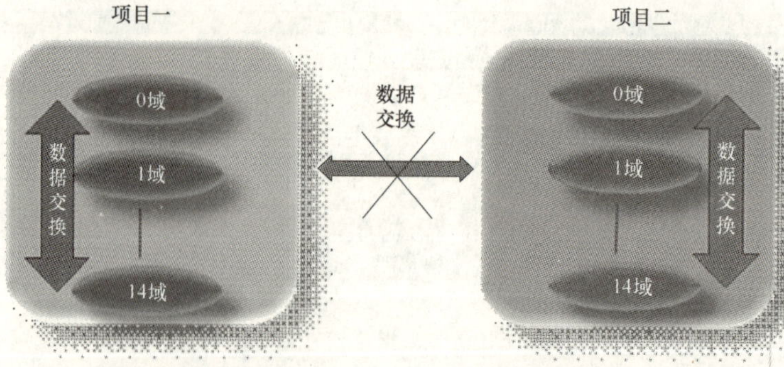

图 2-75　项目与工程的关系

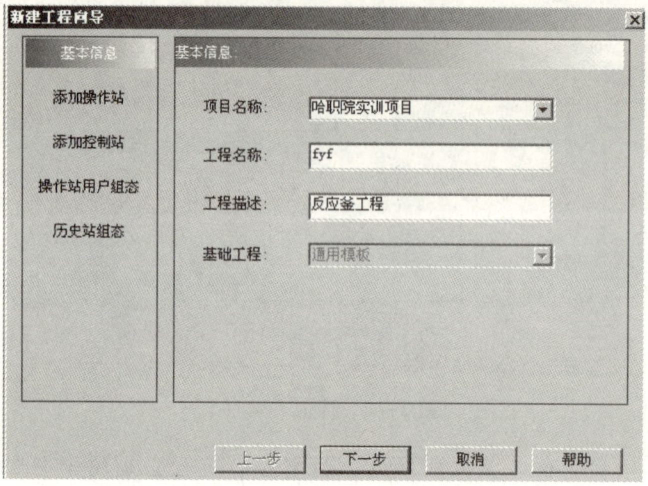

图 2-76　基本信息填写示例

默认情况下，新建的工程中包含了 80 号操作站和 81 号操作站，单击站号旁的加减按钮，修改操作站站号，或者直接在输入框中输入站号，然后单击“添加”按钮；选中操作站列表中的站号，单击“删除”按钮，则从操作站列表中删除该站。

根据项目二的需求，此处我们需要两台操作站，使用默认的站号：80，81，如图 2-77 所示。完成后，单击“下一步”。

第 3 步：添加控制站。

单击加减按钮，或者直接输入，修改控制站站号，控制站的站号范围标志在上方；单击向下箭头，选择需要添加的控制器型号。此处根据项目二的需求，增加一台控制站，型号选择“K-CU01”，如图 2-78 所示。完成后，单击“创建工程”。

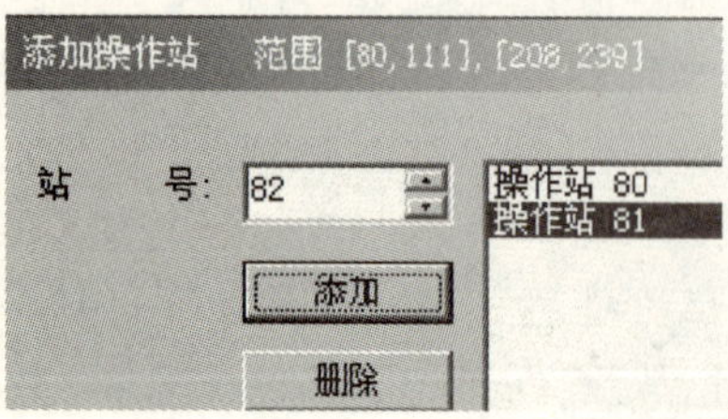

图 2-77　添加操作站

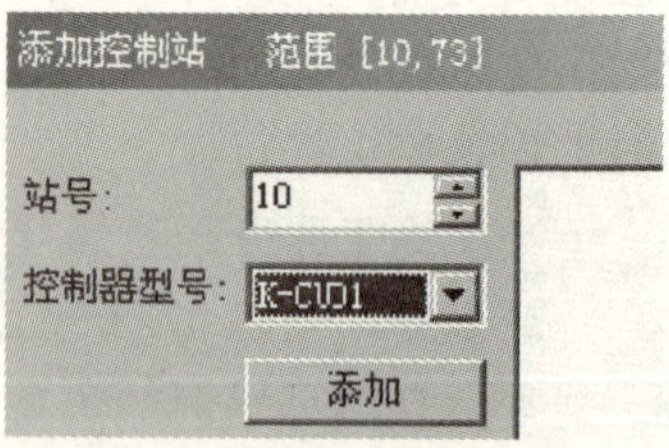

图 2-78　添加控制站

第 4 步：操作站用户组态。

操作站用户组态用来添加、删除、修改登录“操作员在线”的用户，共有四种级别的用户：监视级别、操作员级别、工程师级别和值班长级别。为了后续进行调试工作，此处我们增加一个工程师级别的用户，用户名为 AAAA，用户密码为 AAAA，示例如图 2-79 所示。完成后，单击“下一步”。

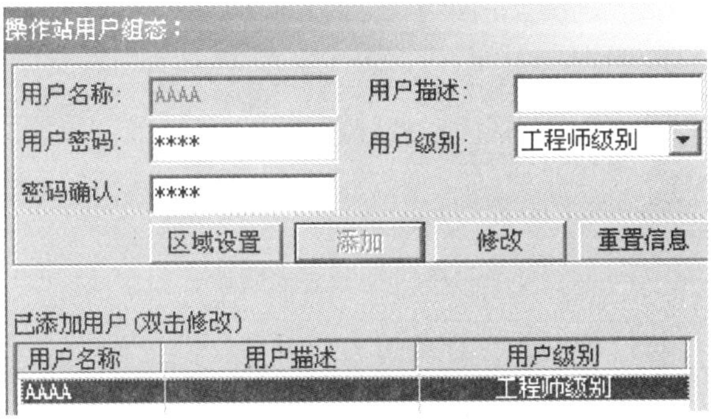

图 2-79　操作站用户组态示例

① 用户名称：长度为 48 个字符，由字母、数字、下画线组成，字母不区分大小写。

② 用户描述：长度不能超过 64 个字符，由字母、数字、下画线和汉字组成。

第 5 步：历史站组态。

分别配置“历史站 A”和“历史站 B”所在的操作站站号，如图 2-80 所示。配置结束后，单击“完成”，即完成了创建工程的任务，界面如图 2-81 所示。

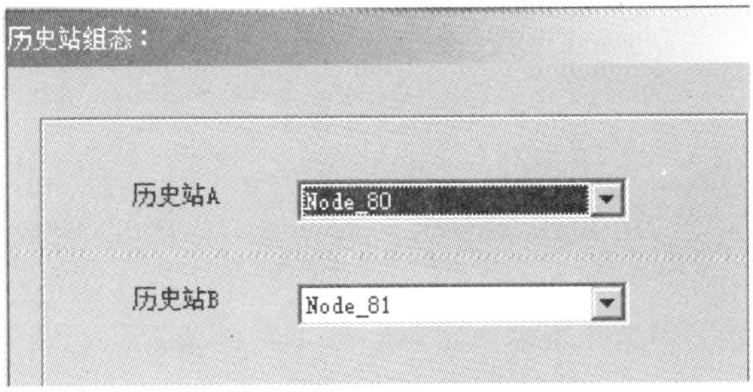

图 2-80　历史站组态

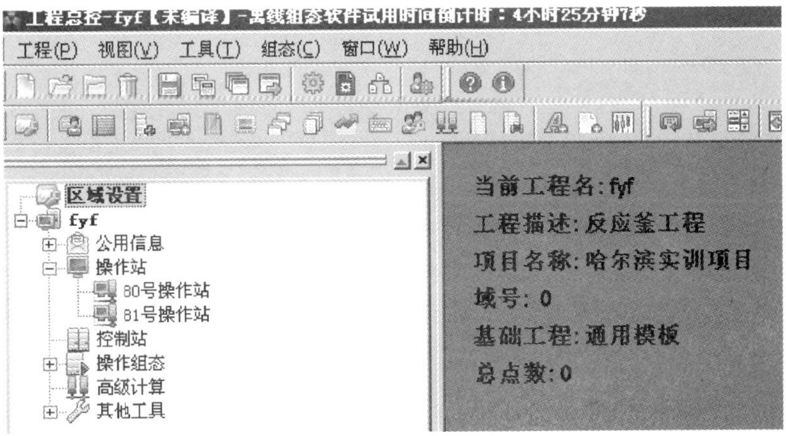

图 2-81　打开工程界面

(3) 与工程相关的操作

1）工程存放路径。工程创建成功后，在组态软件安装目录的“…HOLLiAS_ MACS \ ENG \ UESR \ ”文件夹下创建与工程名称同名的文件夹。一切组态产生、编译生成的数据都存储在该文件夹下。此处安装目录在 D 盘，路径如图 2-82 所示。

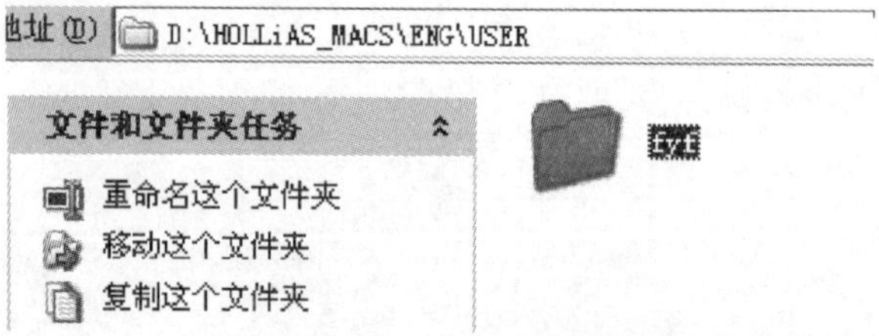

图 2-82　工程存放路径

2）工程备份。工程总控可以将工程备份为压缩文件“. PBP ”，备份后的文件只需要很小的空间。备份工程可以防止工程的随意修改或者文件偶然被删除、破坏等。

选择菜单命令“工程”→“备份”，选择备份路径，单击“备份”，如图 2-83 所示。

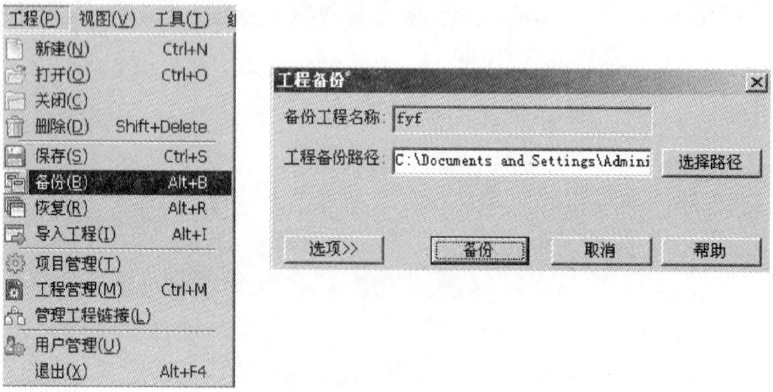

图 2-83　工程备份

3）工程恢复。恢复工程是在不需要重新组态工程的情况下，将已经备份的工程文件恢复，解压缩到安装盘目录的 uoor 文件夹下。

选择菜单命令“工程”→“恢复”，选择工程备份路径，单击“恢复”，如图 2-84 所示。

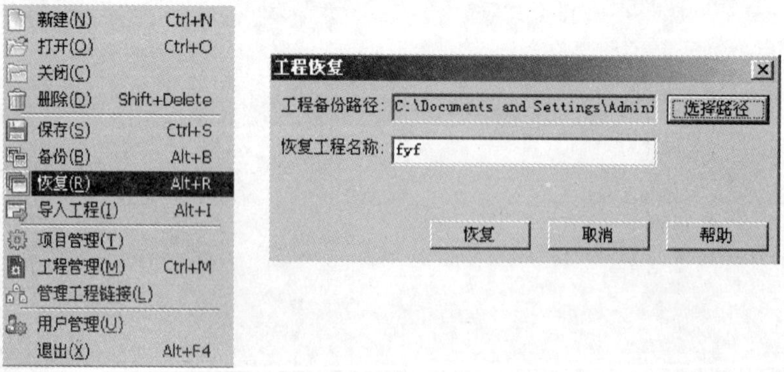

图 2-84　工程恢复

2. 数据库导入

数据库导入是批量添加 I/O 测点的方法，适用于现场 I/O 测点比较多的情况，这里我们先学习如何批量添加测点，后面的部分中会介绍如何逐个添加测点。用户需将 I/O 测点按软件格式要求添加到 Excel 文件或 Cacl 文件后，再进行导入操作。若第一次进行组态工作，没有对应的软件格式，可以先导出一个模板，按模板格式添加 I/O 测点。

（1）数据库导出　导出数据库模板格式，以 Excel 为例进行介绍。

1）选择菜单命令“工具”→“数据库导出”，弹出“导出数据库”窗口，如图 2-85 所示。

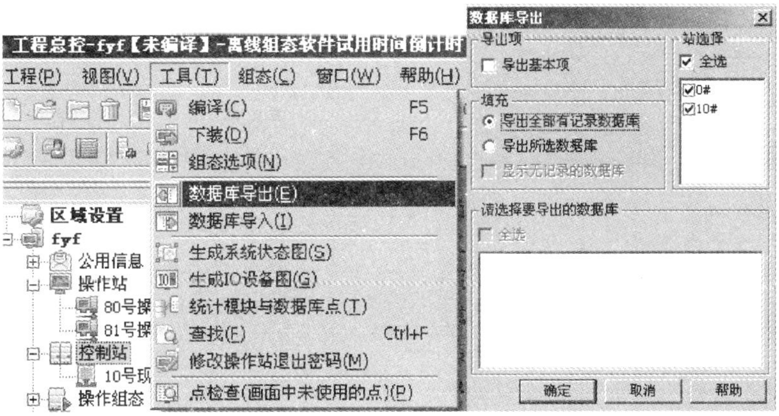

图 2-85　数据库导出

2）根据实际需求进行导出格式设置，这里我们选择“导出所选数据库”，并“显示无记录的数据库”，勾选“AI、AO、DI、DOV、RTD”，如图 2-86 所示，单击“确定”，弹出界面如图 2-87 所示，选择存储路径，新建文件名，单击“保存”即可。

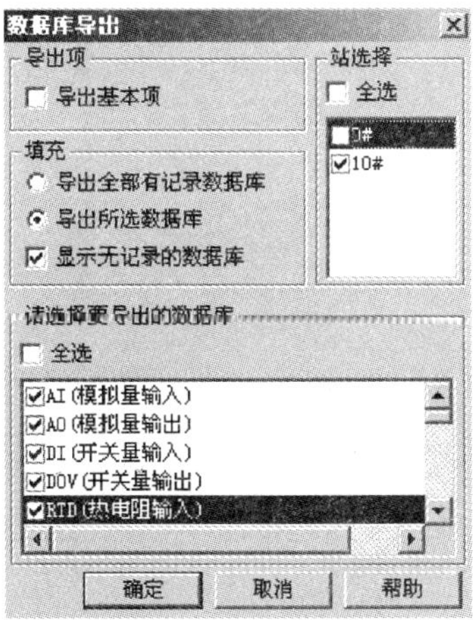

图 2-86　导出项选择

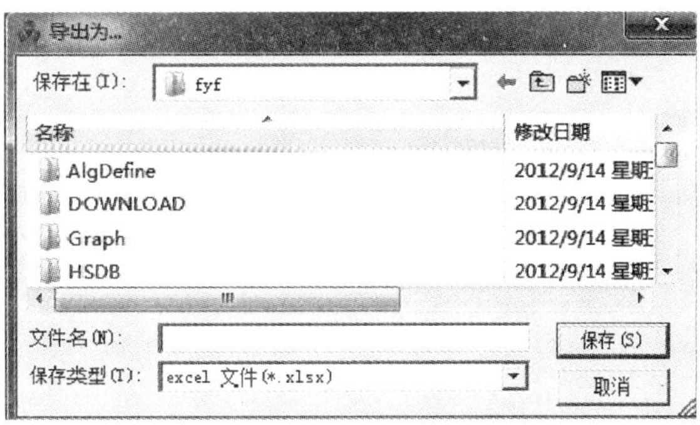

图 2-87　存储路径选择

3）导出的数据库格式见表 2-27。

第一行为 I/O 测点的项名，第二行为项名的中文描述（该行信息可以为空），从第三行开始为 I/O 测点相关信息。导入时，对照第一行的项名，导入第三行之后的所有测点信息。

每行表示一个测点，必填项为：PN、SN、DN、CN 和 MT，其他项根据项目需求选填。

① PN：I/O 测点点名，长度不超过 32 个字符，由字母、数字、下画线组成。

② SN：控制站站号，范围为 10 ~ 73。

③ DN：I/O 模块地址，MACS-K 系列模块地址范围为 10 ~ 109。

④ CN：通道号，8 通道为 1 ~ 8，16 通道为 1 ~ 16。

⑤ MT：模块类型。

表 2-27　数据库导出格式

	A	B	C	D	E	F	G	H
1	PN	DS	SN	DN	CN	MT	TP	WG
2	点名	点描述	站号	设备地址	通道号	模块类型	信号类型	增益
3								
4								
5								
6								
7								
8								
9								
10								

（2）数据库编辑　数据库模板导出后，可根据前述的 I/O 测点统计及 I/O 模块选型进行数据库的编辑，添加相应的信息，AI 类型示例见表 2-28，AO 类型示例见表 2-29，DI 类型示例见表 2-30，DO 类型示例见表 2-31，RTD 类型示例见表 2-32。

表 2-28　AI 类型示例

PN	DS	MU	MD	UT	OF	SIGTYPE	AH	H1	AL	L1	HH	H2	LL	L2	HISCP	SQRTOPT	MT	SN	DN	CN
点名	点描述	量程上限	量程下限	单位	显示格式	信号类型	报警高限	高限报警线	报警低限	低限报警线	报警高高限	高高限报警线	报警低低限	低低限报警线	采集周期	是否开方	模块类型	站号	模块地址	通道号
PT101	缓冲罐压力	300	0	kPa	2	S4_20mA	100	1			250	1			2		K-AI01	10	10	1
PT102	反应釜压力	300	0	kPa	2	S4_20mA	100	1			250	1			2		K-AI01	10	10	2
LT101	反应釜液位	50	0	cm	2	S4_20mA	40	1	10	1	45	1	5	1	2		K-AI01	10	10	3
LT102	锅炉液位	50	0	cm	2	S4_20mA	40	1	10	1	45	1	5	1	2		K-AI01	10	10	4
LT103	液位水箱液位	50	0	cm	2	S4_20mA	25	1	10	1	30	1	5	1	2		K-AI01	10	10	5
FT101	#1冷水泵液位	2.4	0	m^3/h	2	S4_20mA	0.5	1			2.3	1			2	1	K-AI01	10	10	6
FT102	#2冷水泵液位	10	0	m^3/h	2	S4_20mA	0.5	1			1.2	1			2	1	K-AI01	10	10	7
FT103	#2热水泵液位	1.2	0	m^3/h	2	S4_20mA	0.5	1			1.1	1			2	1	K-AI01	10	10	8
FT104	#1热水泵液位	0.96	0	m^3/h	2	S4_20mA	0.85	1			0.95	1			2	1	K-AI01	10	11	1
BYAI101102	备用	100	0	m^3/h	2	S4_20mA									2		K-AI01	10	11	2
BYAI101103	备用	100	0	m^3/h	2	S4_20mA									2		K-AI01	10	11	3
BYAI101104	备用	100	0	m^3/h	2	S4_20mA									2		K-AI01	10	11	4
BYAI101105	备用	100	0	m^3/h	2	S4_20mA									2		K-AI01	10	11	5
BYAI101106	备用	100	0	m^3/h	2	S4_20mA									2		K-AI01	10	11	6
BYAI101107	备用	100	0	m^3/h	2	S4_20mA									2		K-AI01	10	11	7
BYAI101108	备用	100	0	m^3/h	3	S4_20mA									2		K-AI01	10	11	8

表 2-29　AO 类型示例

PN	DS	MU	MD	UT	OF	HISCP	MT	SN	DN	CN
点名	点描述	量程上限	量程下限	单位	显示格式	采集周期	模块类型	站号	模块地址	通道号
TV101	锅炉加热温度调节给定	100	0	%	1	2	K-A001	10	12	1
PV101	压力罐气压调节给定	100	0	%	1	2	K-A001	10	12	2
FV101	#1冷水泵出水流量调节给定	100	0	%	1	2	K-A001	10	12	3
FV102	#2冷水泵出水流量调节给定	100	0	%	1	2	K-A001	10	12	4
FV103	#2热水泵出水流量调节给定	100	0	%	1	2	K-A001	10	12	5
FV104	#1热水泵出水流量调节给定	100	0	%	1	2	K-A001	10	12	6
BYAO101207	备用	100	0	%	1	2	K-A001	10	12	7
BYAO101208	备用	100	0	%	1	2	K-A001	10	12	8

表 2-30　DI 类型示例

PN	DS	E0	E1	DAMOPT	DAMLV	MT	SN	DN	CN
点名	点描述	置0说明	置1说明	报警属性	报警级	模块类型	站号	模块地址	通道号
DI101	锅炉防干烧保护	0	1	1	1	K-DI01	10	13	1
DI102	反应釜防干烧保护	0	1	1	1	K-DI01	10	13	2
BYDI101303	备用	0	1	1	1	K-DI01	10	13	3
BYDI101304	备用	0	1	1	1	K-DI01	10	13	4
BYDI101305	备用	0	1	1	1	K-DI01	10	13	5
BYDI101306	备用	0	1	1	1	K-DI01	10	13	6
BYDI101307	备用	0	1	1	1	K-DI01	10	13	7
BYDI101308	备用	0	1	1	1	K-DI01	10	13	8
BYDI101309	备用	0	1	1	1	K-DI01	10	13	9
BYDI101310	备用	0	1	1	1	K-DI01	10	13	10
BYDI101311	备用	0	1	1	1	K-DI01	10	13	11
BYDI101312	备用	0	1	1	1	K-DI01	10	13	12
BYDI101313	备用	0	1	1	1	K-DI01	10	13	13
BYDI101314	备用	0	1	1	1	K-DI01	10	13	14
BYDI101315	备用	0	1	1	1	K-DI01	10	13	15
BYDI101316	备用	0	1	1	1	K-DI01	10	13	16

表 2-31　DO 类型示例

PN	DS	E0	E1	MT	AREANO	SN	DN	CN
点名	点描述	置0说明	置1说明	模块类型	区域	站号	模块地址	通道号
DO101	1#冷水泵起停	停止	起动	K-DO01		10	14	1
DO102	2#冷水泵起停	停止	起动	K-DO01		10	14	2
DO103	2#热水泵起停	停止	起动	K-DO01		10	14	3
DO104	反应釜搅拌电动机起停	停止	起动	K-DO01		10	14	4
DO105	1#起停电磁阀起停	停止	起动	K-DO01		10	14	5
DO106	2#起停电磁阀起停	停止	起动	K-DO01		10	14	6
DO107	3#起停电磁阀起停	停止	起动	K-DO01		10	14	7
DO108	4#起停电磁阀起停	停止	起动	K-DO01		10	14	8
DO109	5#起停电磁阀起停	停止	起动	K-DO01		10	14	9
DO110	6#起停电磁阀起停	停止	起动	K-DO01		10	14	10
BYDO101413	备用	停止	起动	K-DO01		10	14	11
BYDO101414	备用	停止	起动	K-DO01		10	14	12
BYDO101415	备用	停止	起动	K-DO01		10	14	13
BYDO101416	备用	停止	起动	K-DO01		10	14	14
BYDO101417	备用	停止	起动	K-DO01		10	14	15
BYDO101418	备用	停止	起动	K-DO01		10	14	16

表 2-32　RTD 类型示例

PN	DS	MU	MD	UT	OF	SIGTYPE	AH	H1	HH	H2	HISCP	MT	SN	DN	CN
点名	点描述	量程上限	量程下限	单位	显示格式	信号类型	报警高限	高限报警线	报警高高限	高高限报警线	采集周期	模块类型	站号	模块地址	通道号
TT101	反应釜内胆	400	0	℃	2	PT100_RTD	85	1	95	1	2	K-RTD01	10	15	1
TT102	反应釜夹套	100	0	℃	2	PT100_RTD	85	1	95	1	2	K-RTD01	10	15	2
TT103	锅炉温度	100	0	℃	2	PT100_RTD	85	1	95	1	2	K-RTD01	10	15	3
TT104	滞后水箱长	100	0	℃	2	PT100_RTD	85	1	95	1	2	K-RTD01	10	15	4
TT105	滞后水箱短	100	0	℃	2	PT100_RTD	85	1	95	1	2	K-RTD01	10	15	5
BYAI101506	备用	100	0	%	2	PT100_RTD					2	K-RTD01	10	15	6
BYAI101507	备用	100	0	%	2	PT100_RTD					2	K-RTD01	10	15	7
BYAI101508	备用	100	0	%	2	PT100_RTD					2	K-RTD01	10	15	8

（3）数据库导入　在工程总控中将编辑好的 Excel 文件导入。

1）组态选项设置。导入之前，需先进行组态选项相关的设置。选择菜单命令“工具”→“组态选项”，进行“数据库导入”设置，如图 2-88 所示，建议设置：“导入方式”选择“清空”，“重名点处理”选择“覆盖”。

2）数据库导入。选择菜单命令“工具”→“数据库导入”，选择导入文件，如图 2-89

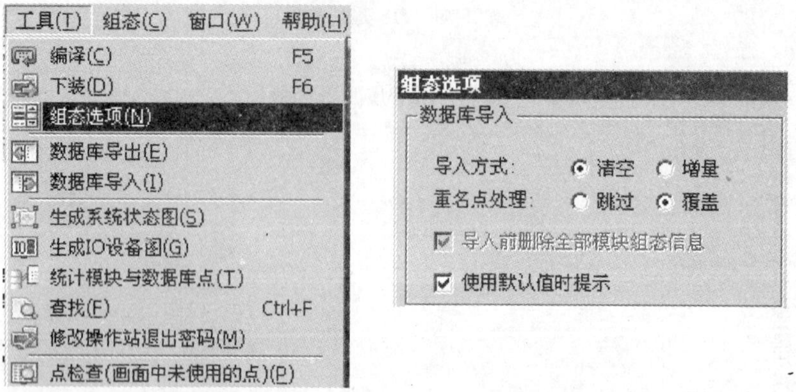

图 2-88 组态选项设置

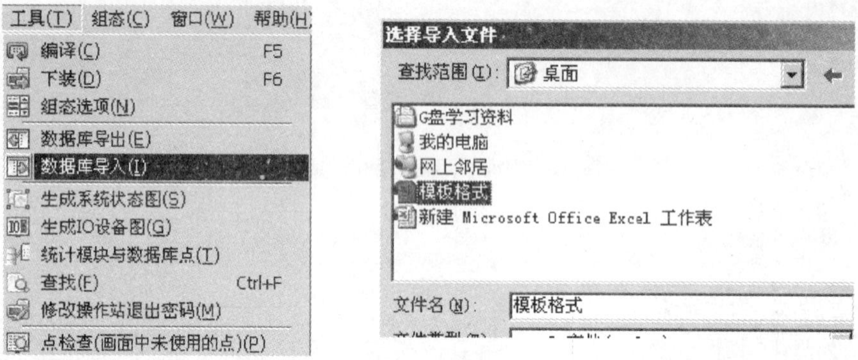

图 2-89 数据库导入

所示。

3. 编译

数据库导入完成后，需要对工程进行编译，此处编译的作用有两个：

1）检查组态的内容有没有错误。

2）生成控制站组态所需的相关文件。

选择菜单命令“工具”→“编译”，在界面的最下方，显示编译结果，如图 2-90 所示。

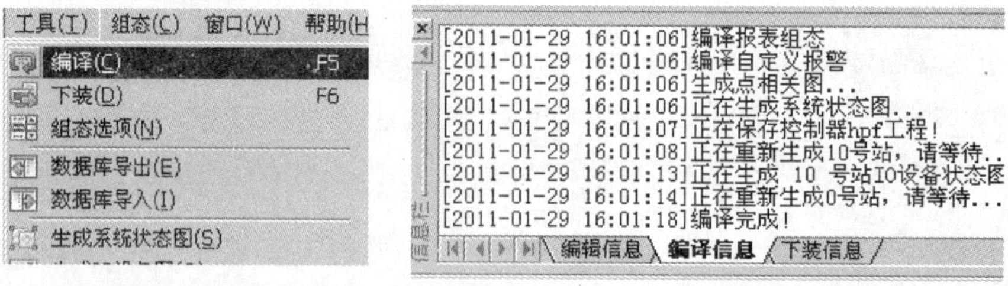

图 2-90 工程编译

4. 控制站组态

软件的控制站组态配置（控制器型号、模块型号、I/O 测点和地址）与实际现场控制站的配置应是一一对应的。

（1）控制站的增加和删除

1）控制站的增加：右击工程（图中为“fyf”）目录的子节点“控制站”，选择“增加现场控制站”，如图 2-91 所示。

2）控制站的删除：选中要删除的现场控制站，右击，选择“删除现场控制站”，如图 2-92 所示。

若进行了上述操作，需在工程总控界面进行编译，方可生效。

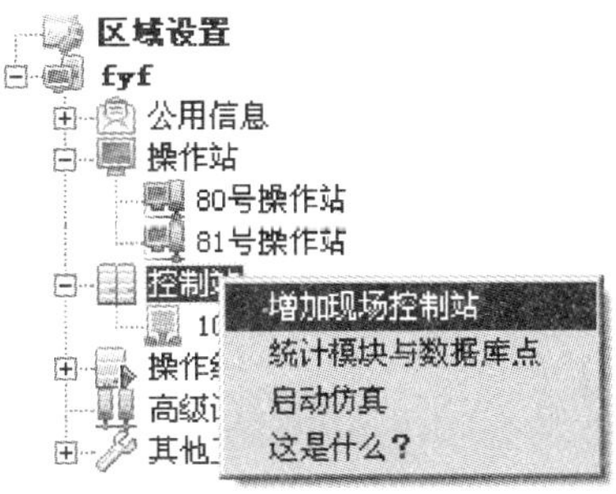

图 2-91　增加现场控制站

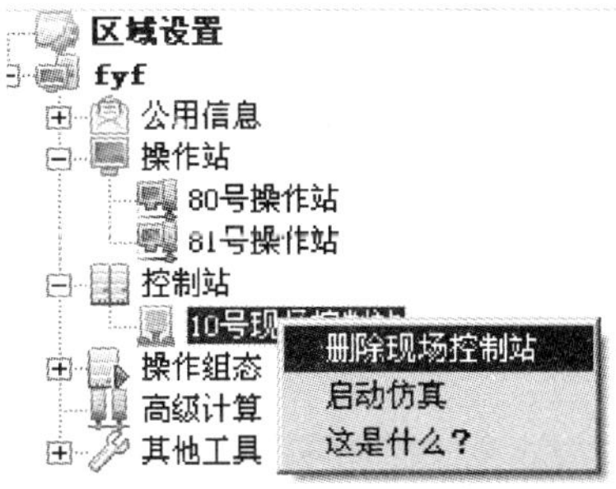

图 2-92　删除现场控制站

（2）控制器算法软件 AutoThink 介绍　AutoThink 是 MACS 的编程工具，用于编写算法程序，实现不同的控制方案，是我们学习的重点。

在工程总控界面上，鼠标左键双击控制站节点下对应的控制站子节点，便打开当前控制站所对应的 AutoThink 编程软件，如图 2-93 所示，这是 10#控制站的编程界面。

1）POU 介绍。

POU（Program Organization Uint）即程序组织单元，控制算法组态的过程就是按照设定好的控制方案，创建解决问题所需的一系列 POU，在 POU 中编写相应的控制程序。右击“用户程序”，选择“添加 POU”，即可增加一个 POU，如图 2-94 所示，POU 的命名规则为：只能使用字母、数字或者下画线的组合。

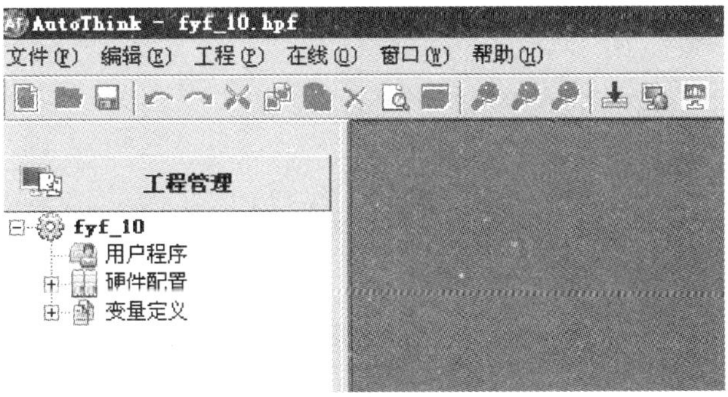

图 2-93　10#控制站对应的编程界面

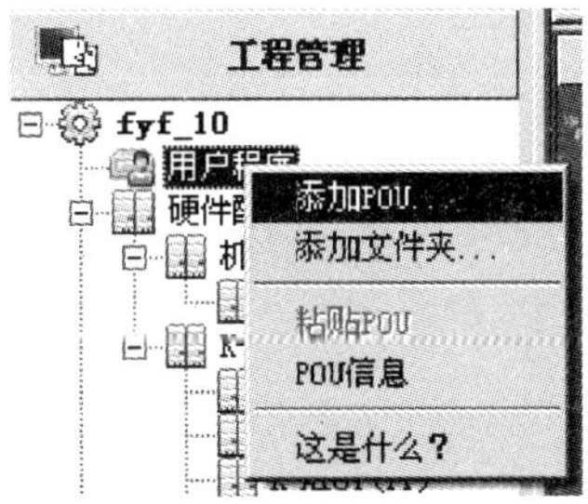

图 2-94　添加 POU

2）POU 语言。POU 语言即控制算法编程的语言，支持 4 种编程语言：CFC、ST、LD、SFC，如图 2-95 所示。

① 连续功能图（CFC）：使用最为广泛，是面向图形的编程语言，用图形化的功能块编制用于完成一定运算或控制功能的程序。该运算回路由功能块、连线、输入/输出端子组成，允许各运算回路连续放置。

② 结构化文本（ST）：包含一系列指令，由一系列关键字（IF，WHILE，CASE，FOR，Repeat）和相应操作指令完成。

③ 梯形图（LD）：一种专门用于基本逻辑控制的连续执行语言，由触点（常开、常闭、正传感、负传感、反转）、线圈（输出、单稳态、锁定、解锁、跳转）、功能元件（定时器、计数器、步序器）等元素通过水平和垂直线连接起来的平面网状图。触点、线圈可取反。

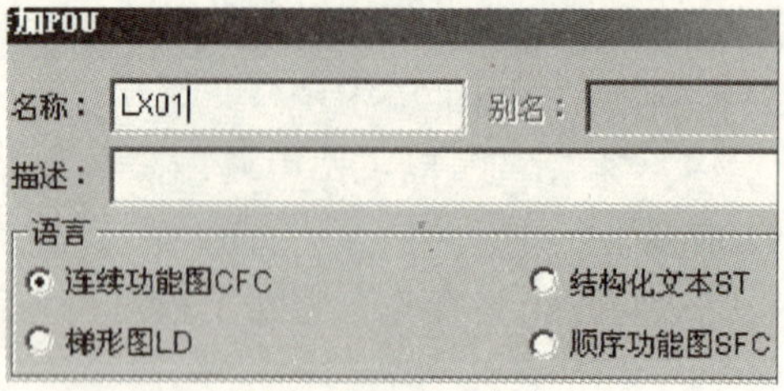

图 2-95 POU 语言

④ 顺序功能图（SFC）：具有连续控制/逻辑控制和输入输出监视功能，以描述和控制过程事件顺序操作，适合于需要多个状态控制的事件。一个 SFC 由一系列操作步（STEP）和转换（TRANSITION）组成，每个步包含一组影响过程的动作（ACTION）。

3）变量简介。控制运算的主要操作对象是数据，这些数据的值一般都是实时变化的，我们把这些变化的数据叫作变量。控制算法组态中所用到的变量的名称和数据类型必须是明确的，这就需要我们首先对用到的变量进行定义，这个定义过程叫作变量声明。

① 变量命名：必须以字母或者下画线开头，不能以数字开头。长度不超过 32 字符。变量名之间不能重名，不能和 POU 名重名。

② 变量类型：常用的数据类型如布尔型（BOOL）、整形（INT、BYTE、WORD 等）、实数型（REAL）、字符串型（STRING）、时间型（TIME）。

4）变量引用。引用 AI、输入型 AM 类型变量时，引用项为 AV；引用 AO、输出型 AM 类型变量时，引用项为 AI；引用 DI、输入型 DM 类型变量时，引用项为 DV；引用 DO、输出型 DM 类型变量时，引用项为 DI。

（3）硬件配置硬件配置包括机柜的配置、模块的配置、I/O 测点的配置，模块属于机柜内的一部分，而 I/O 测点又是模块上的一部分。

在“数据库导入”部分，我们已经根据项目二的需求，将相关硬件配置信息导入工程，可以在 AutoThink 里进行查看，如图 2-96 所示。

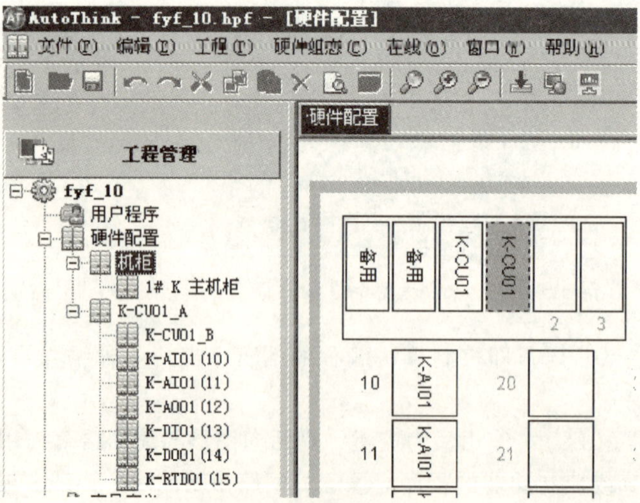

图 2-96 10#控制站硬件配置

1）添加 IO-BUS02 模块。此处需要我们手动添加 IO-BUS02 模块，右击模块地址号为 2、3 的空槽位，选择“模块添加”→“K 系列硬件”→“HUB（集线器模块）”→“K-BUS02（星形 IO-BUS 模块）”，如图 2-97 所示。

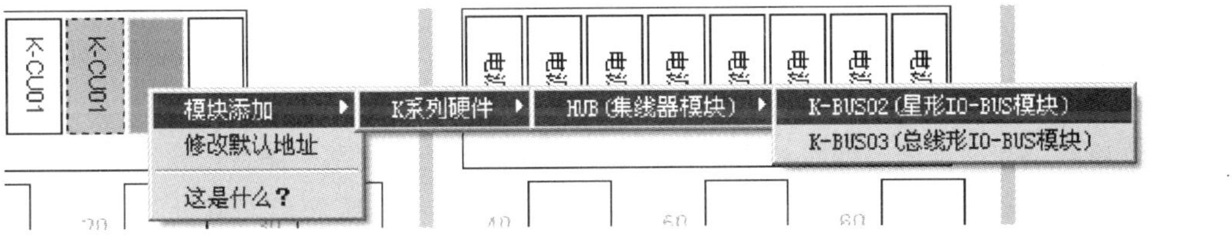

图 2-97　添加 IO-BUS02 模块

2）添加 I/O 模块。以添加 K-AI01 模块为例：右击“K-CU01”，选择“模块添加”→“K 系列硬件”→“AI（模拟量输入模块）”→“K-AI01（8 通道模拟量输入模块）”，如图 2-98 所示。

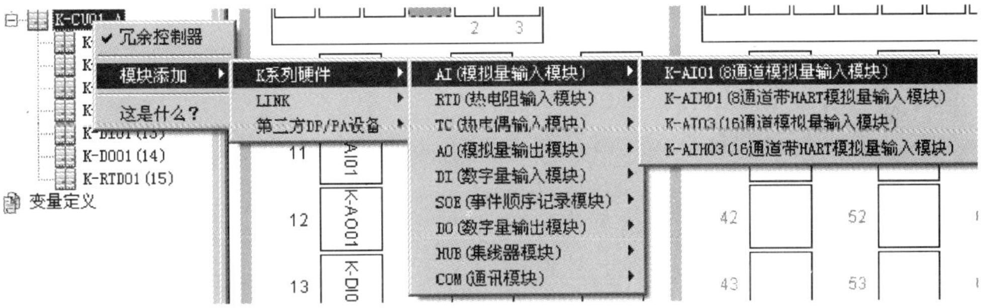

图 2-98　添加 K-AI01 模块

3）添加 I/O 测点。以添加一个 AI 类的测点 PN01 为例：双击该测点所在的 AI 模块，打开通道列表，选中 I/O 测点所在通道号，右击选择“增加变量”，填入该点的相关信息，过程如图 2-99 所示。

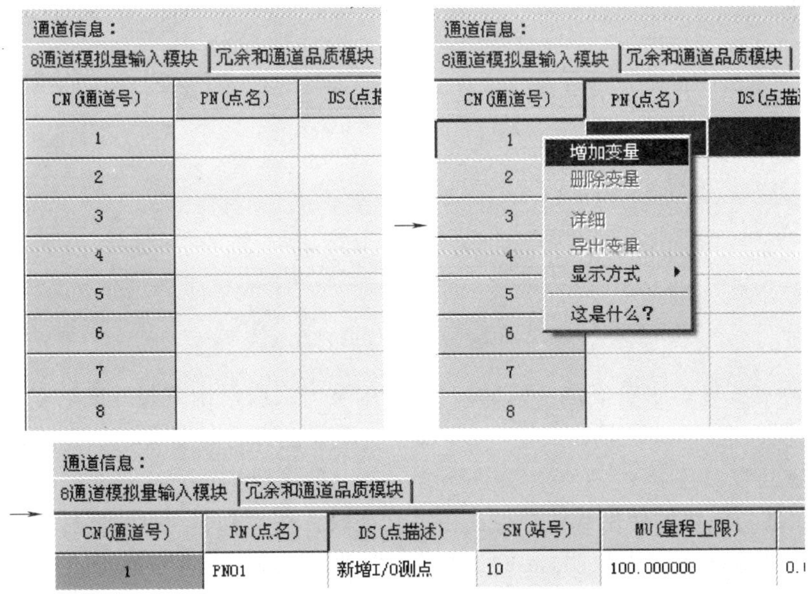

图 2-99　I/O 测点的添加

（4）控制算法组态　控制算法组态是 AutoThink 软件组态的核心部分，用户可根据实际项目的需求，编写相应的控制方案。该软件提供仿真调试功能，使用户在不具备真实控制器的情况下，调试控制方案，待确认无误后，再将其下装到控制器，实现对生产现场的自动控制。

结合项目二，此处我们需要实现的控制方案如下：

1）对象特性测试：包括液位性曲线测试、流量特性曲线测试、压力特性曲线测试、温度特性曲线测试和纯滞后特性曲线。

2）单回路控制：压力单回路控制、流量单回路控制、温度单回路控制和温度纯滞后控制。

3）串级控制：液位流量串级控制系统、温度串级控制系统和温度流量串级控制。

4）比值控制：流量单闭环比值和流量双闭环比值。

此处仅以液位单回路控制和流量串级控制为例介绍其实现过程。

（5）水箱液位单回路控制

1）方案要求。本任务的被控对象为液位水箱，其液位高度为被控制量，液位给定信号为一定值，要求被控制量液位在稳态时等于给定值。由反馈控制的原理可知，应把液位水箱的液位经传感器检测后的信号作为反馈信号，工艺流程如图 2-100 所示，控制框图如图 2-101 所示。为了实现方案在阶跃给定和阶跃扰动作用下无静差，调节器控制规律应为 PI 或 PID，可通过设定比例带、积分时间、微分时间来实现。

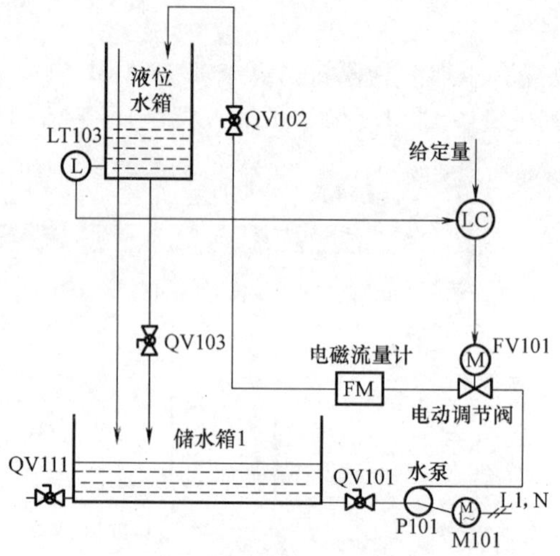

图 2-100　水箱工艺流程图

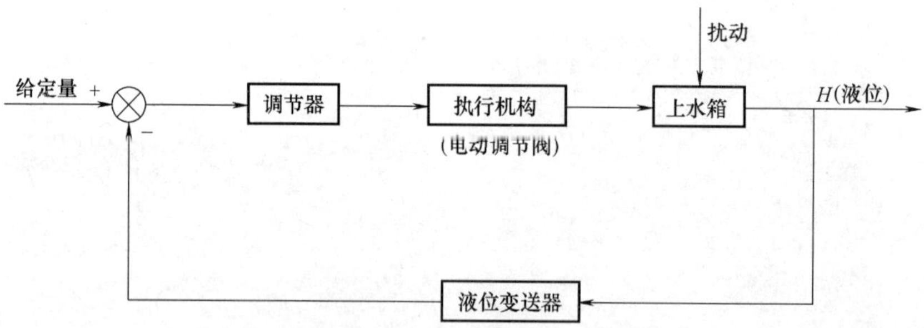

图 2-101　水箱液位控制方框图

2）I/O 测点统计。水箱液位：LT103；1#冷水泵出水流量调节阀开度给定：FV101。

3）功能块选定。SEL：输出二选一；PID：普通比例积分微分控制；FODLG：一阶惯性加纯滞后模型。

若想获取某功能块的使用帮助，可选中该功能块，按“F1”，即可调出相应使用说明。

① PID 功能块常用引脚说明。PV：过程测量值；TRKVAL：跟踪量点；TRKSW：跟踪开关；MODE：PID 运行方式；AUXMODE：副调节器的运行方式；AUXCOMP：副调节器的

过程输入值-输入补偿；OUT：输出指令。

② FODLG 功能块常用引脚说明。IN：输入信号；OUT：一阶惯性后的输出信号。

4）方案实施。在“AutoThink”→“用户程序”下，新增一个 POU，POU 名：SYS01，语言：CFC。编写控制方案，如图 2-102 所示。

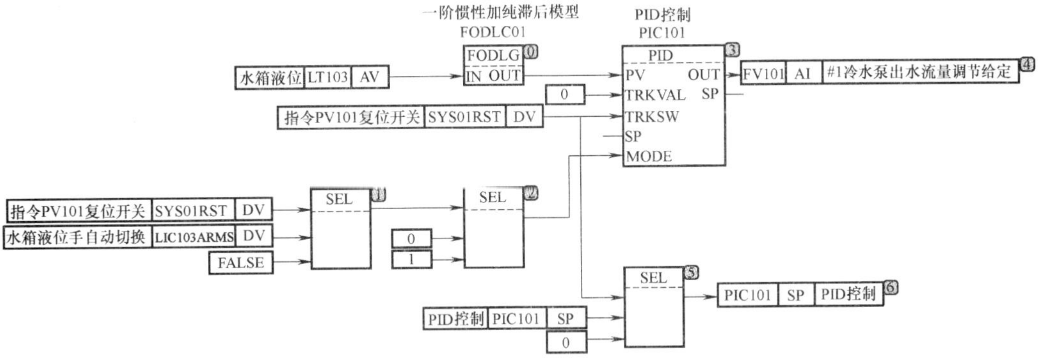

图 2-102　水箱液位定值控制方案

双击功能块弹出点详细面板，可根据实际需求进行相关参数的设定，PID 参数面板如图 2-103所示，FODLG 参数面板如图 2-104 所示。

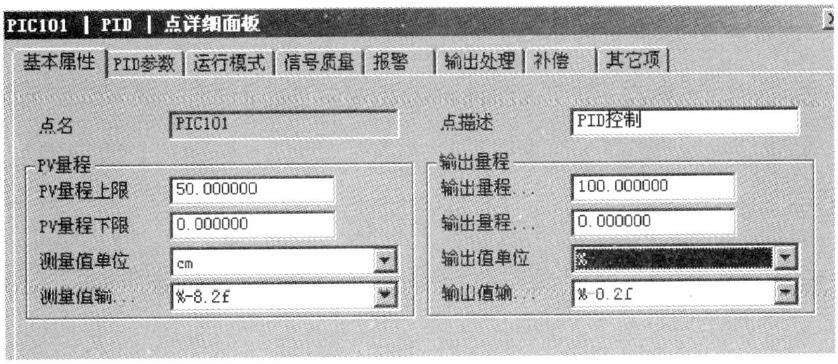

图 2-103　PID 参数面板

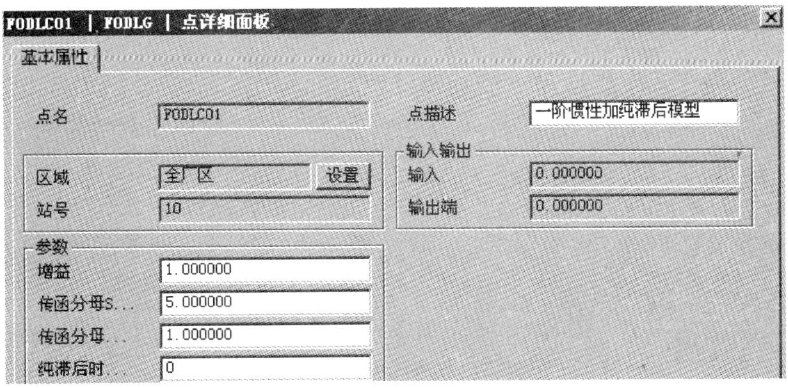

图 2-104　FODLG 参数面板

（6）液位-流量串级控制系统

1）方案要求。本任务的被控对象为液位水箱，主调量为水箱液位，副调量为电动调节阀支路流量，它是一个辅助的控制变量。系统由主、副两个回路所组成，主回路是一个恒值系统，使系统的主控制量液位等于给定值；副回路是一个随动系统，要求副回路的输出能正确、快速地复现主调节器输出的变化规律，以达到对主控制量液位的控制目的。工艺流程如图 2-105 所示，控制框图如图 2-106 所示。

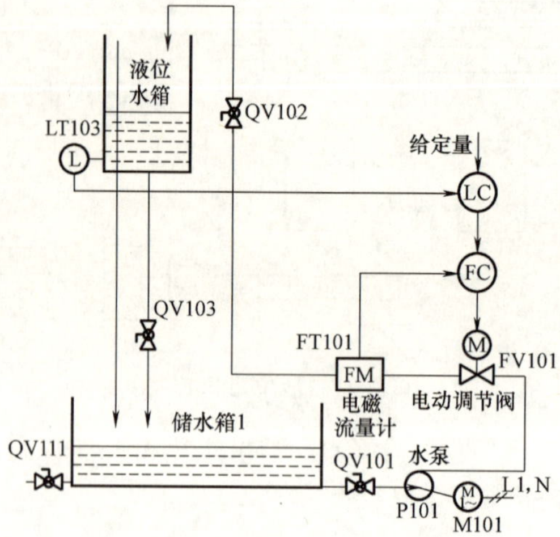

图 2-105　串级水箱工艺流程图

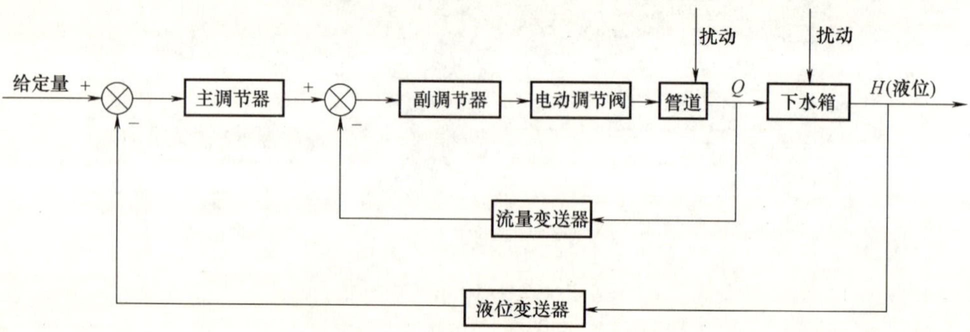

图 2-106　串级水箱液位控制方框图

2）I/O 测点统计。水箱液位：LT103；1#冷水泵出水流量：FT101；1#冷水泵出水流量调节阀开度给定：FV101。

3）功能块选定。SEL：输出二选一；PID：普通比例积分微分控制；FODLG：一阶惯性加纯滞后模型。

4）自定义功能块 PID_ RM。如图 2-107 所示。PL1：副调节器手动命令；PL2：副调节器自动命令；PL3：副调节器串级命令；RM0：副调节器工作

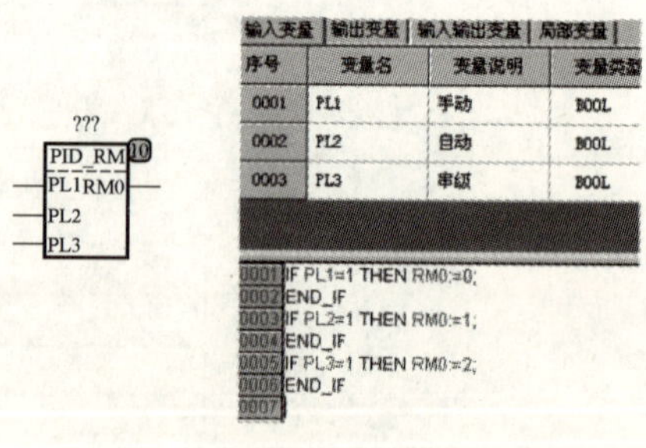

图 2-107　PID_ RM 功能块

方式。

5）方案实施。在“AutoThink”→“用户程序”下，新增一个 POU，POU 名：SYS02，语言：CFC。编写控制方案，如图 2-108 所示。

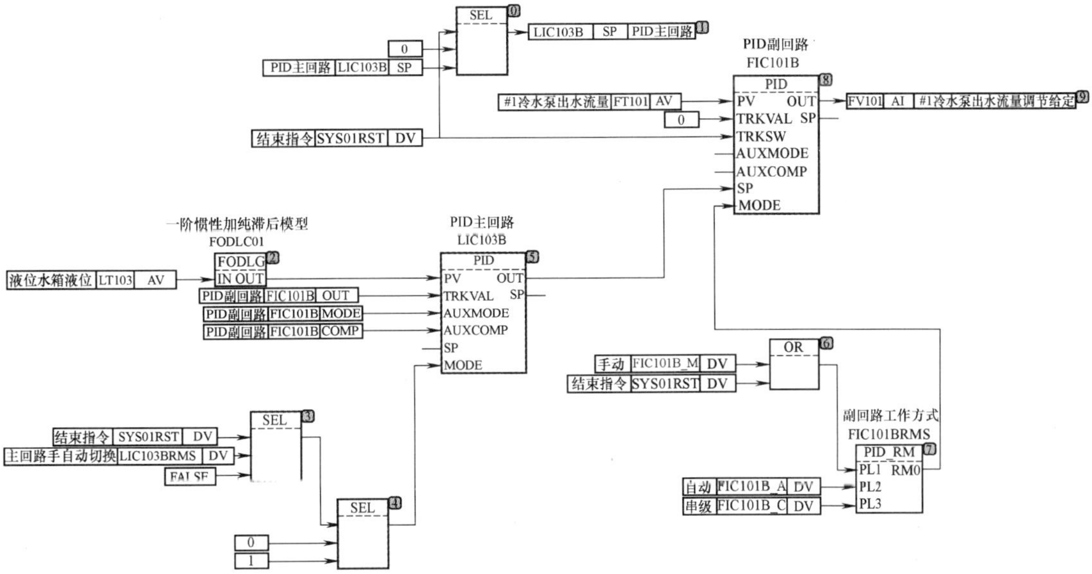

图 2-108　液位-流量串级控制方案

（7）保存　控制方案编写完成后，需要在 AutoThink 中进行保存，此处保存的作用有两个：

1）检测编写的控制方案有无错误。

2）生成相对应的算法文件。

在 AutoThink 界面，选择菜单栏“文件”→“保存”即可。

（8）仿真调试　仿真系统可以用于在单机上对组态完成的工程内容进行模拟运行，可以模拟控制器、历史站、操作员站。对于不具备历史站、控制器环境的人员在进行动态调试时，提供了极大的方便，仿真系统可以就调试方案、画面显示效果等进行模拟运行，对这些组态内容的正确性和合理性进行初步调试。

下面介绍如何启动仿真控制器，进行仿真调试。

1）启动仿真软件。通过开始菜单启动，单击“开始”→“所有程序”→“HOLLIAS_MACS”→“工具”→“仿真启动管理”，工程总控打开后，界面如图 2-109 所示。选择控制器域号，控制器站号，单击“启动”，在控制站前面会出现一个绿色的方框，即启动成功，如图 2-110 所示。

2）在线调试。打开 AutoThink 软件，选择菜单栏“在线”→“仿真模式”，使软件处于仿真模式；选择菜单栏“在线”→“下装”，将控制站算法组态下装至虚拟的控制器；选择菜单栏“在线”→“在线”，可登录虚拟的控制器进行在线调试，界面如图 2-111 所示。

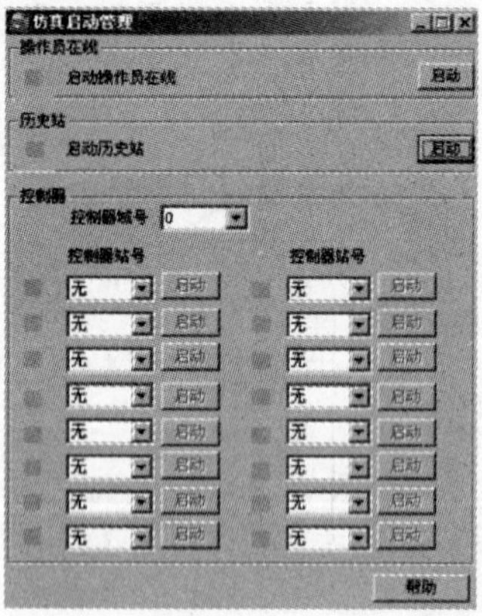

图 2-109 仿真启动管理

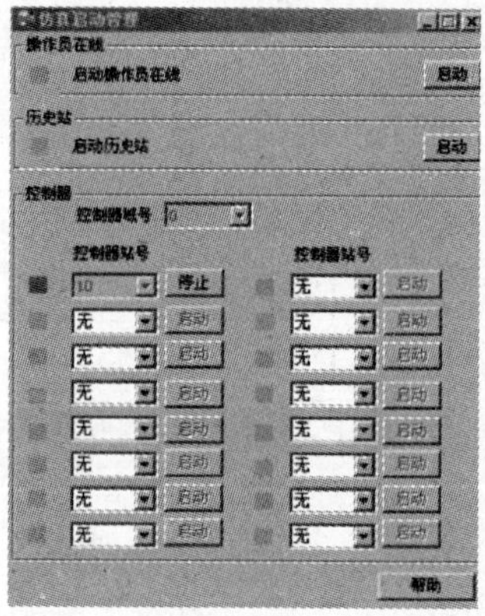

图 2-110 仿真启动界面

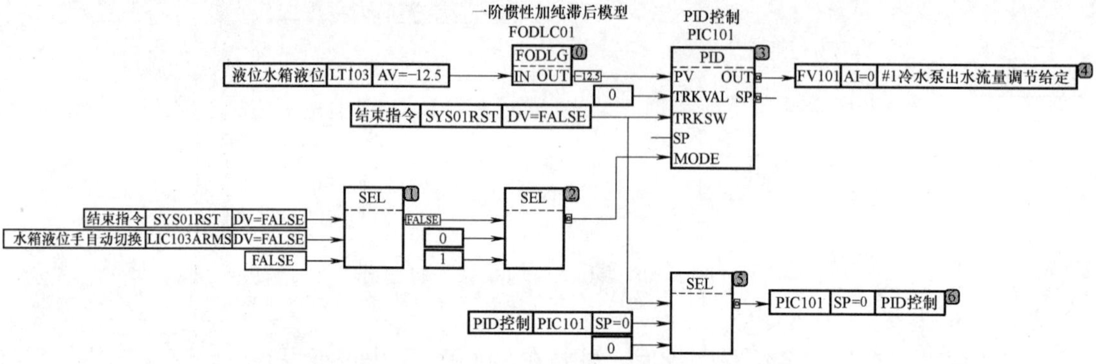

图 2-111 控制器在线调试界面

3）调试变量。若想对某一变量值进行调试，双击该变量，弹出调试变量窗口，如图 2-112所示。输入变量值框内填入调试的数值，单击右侧的写入或强制。物理量点及 AM、DM 类型调试时只能强制，不能写入。

写入与强制的区别如下：强制指被强制的值不会因为用户程序的执行而改变，即使 AutoThink 软件被关闭，或控制器断电，或与控制器的在线连接断开，强制的值都被保持在控制器中，直到用释放功能解除强制。写入指写入命令是用输入值直接替换当前值，即刻生效，在线时，给用户程序中的变量设置新的运算值，会因为用户程序的执行而改变。

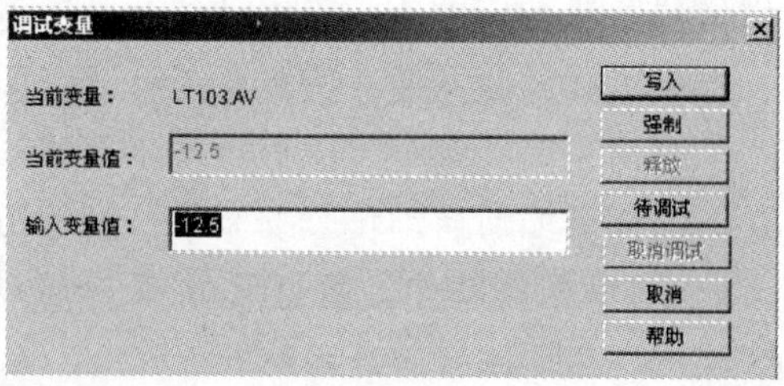

图 2-112 调试变量

（9）下装控制器 仿真调试确认控制算法组态没有问题之后，即可下装真实的控制器，打开 AutoThink 软件，选择菜单栏“在线”→“下装”即可。

（10）工程总控编译控制站算法组态完成之后，需要回到工程总控界面进行编译，将自定义的一些中间量点添加到数据中，以便后续图形、报表组态时使用。

5. 图形组态

图形组态用来绘制工艺流程图，以便对现场工况进行监控。工业控制流程图包括静态图形、动态特性及交互特性三部分。静态图形用来反映现场某一段工艺流程；动态特性用来反映现场工艺的运行情况，通过一系列的动态特性方便用户对现场进行监视；交互特性通过一系列的交互特性方便用户对现场进行控制。

（1）新建工艺流程图　打开工程总控，在 MACS 组态流程节点“操作组态”下双击子节点“工艺流程图”，在右侧弹出的界面上选择“新建”，如图 2-113 所示，画面名称必填，画面描述可以为空，进入图形编辑软件，或者双击已经存在的画面进入。图形编辑软件如图 2-114 所示。

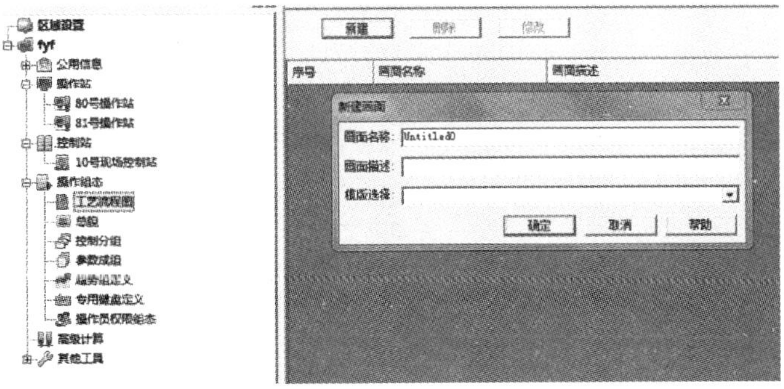

图 2-113　新建工艺流程图

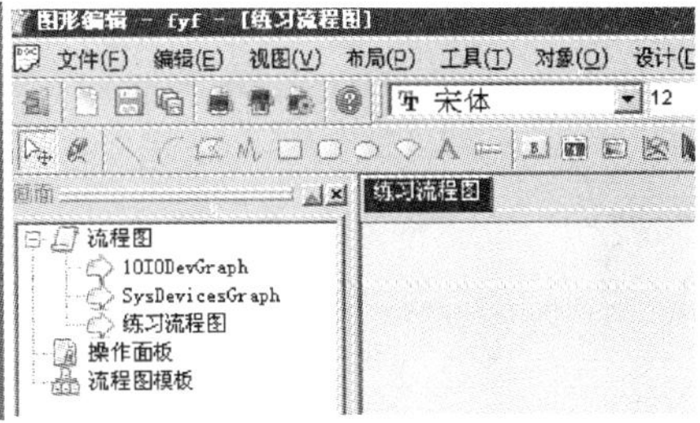

图 2-114　图形编辑软件

（2）静态图形绘制

1）绘图工具栏。提供绘图用到的各种图形对象，如图 2-115 所示，可由鼠标选中，并在图形编辑区域的任意位置绘制。

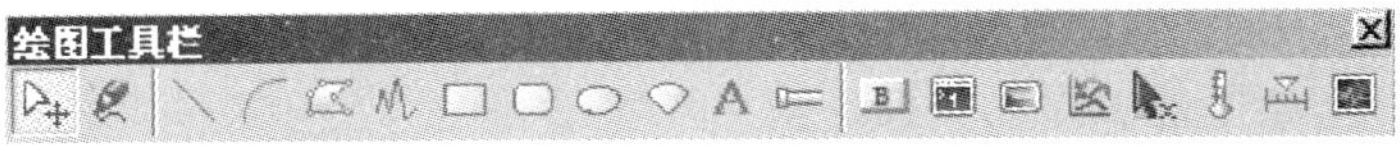

图 2-115　绘图工具栏

2）布局工具栏。提供对单个或多个图形对象在页面中的布局位置的调整功能，同时提供图形对象的 X 轴镜像、Y 轴镜像及阵列、圆阵列、旋转功能，如图 2-116 所示。

图 2-116　布局工具栏

3）符号库。符号库分成系统符号库和工程符号库，其中系统符号库是由系统提供的常用符号，而工程符号库是由用户根据需要自定义添加图形对象，用户可从中选择合适的对象，直接拖到右侧图标编辑区域即可。

系统符号库节点下的各个库分支不允许用户删除、改名和导入，且不能添加新的库。

4）绘制液位单回路控制静态流程图。

5）绘制液位-流量串级控制静态流程图。

（3）动态特性制作　动态特性就是用图形、数字或动画方式，来表现数据库中点值的变化，例如现场测量值的数值显示、设备的起停状态等。

双击欲添加动态特性的对象，弹出该对象的属性窗口，该窗口有三个选项卡：属性、动态特性编辑、交互特性编辑，切换到“动态特性编辑”选项卡，双击即可选中某个动态特性并打开参数编辑窗口，如图 2-117 所示。

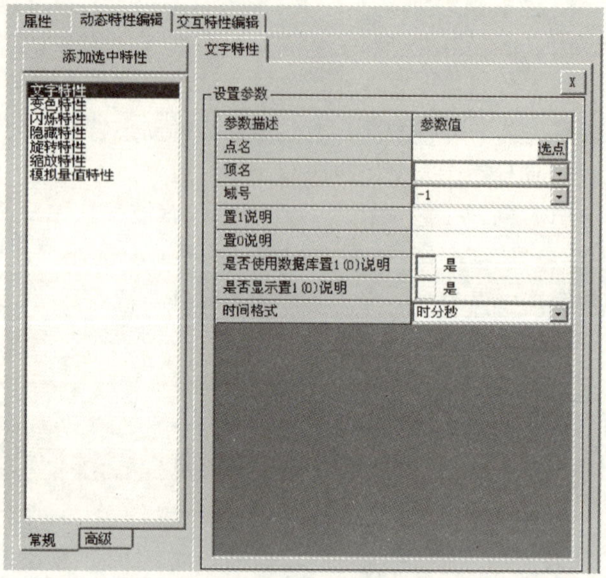

图 2-117　动态特性参数编辑窗口

动态特性编辑有“常规”和“高级”两类动态特性列表，通过窗口下部的选项卡名称进行切换。右侧窗口显示该对象的各个动态特性的相应的参数编辑窗口，未添加任何特性时显示为空，可以为一个对象添加最多 15 种动态特性。常规特性包括文字特性、填充特性、变色特性、闪烁特性、隐藏特性、旋转特性、缩放特性；这些特性会根据对象的不同有选择的显示。高级特性包括移动特性、显示时间特性、权限检查特性、操作使能特性、显示页面参数特性。

下面针对项目二介绍常用的一些动态特性。

1）变色特性。对象被定义变色特性后，该对象所对应的数据库点的实时值在满足设置的变化条件时会改变颜色。

以一个圆形状态指示灯的变色特性为例，设定当锅炉防干烧保护 DI101 为 TRUE 时，指示灯变红色，当 DI101 为 FALSE 时，指示灯变绿色。具体步骤如下：

首先在流程图上绘制静态对象：圆；双击对象“圆”，弹出其对应的属性窗口，切换至“动态特性编辑”；双击“变色特性”，打开变色特性对应的参数编辑窗口；进行参数编辑，详细内容如图 2-118 所示。逻辑条件是指设置变色特性的显示的各种触发条件以及各条件之间的逻辑关系。每个条件运算结果是表示真假的布尔量，条件之间通过“与”“或”运算形成一个总的结果，该结果即为动态特性触发的条件。

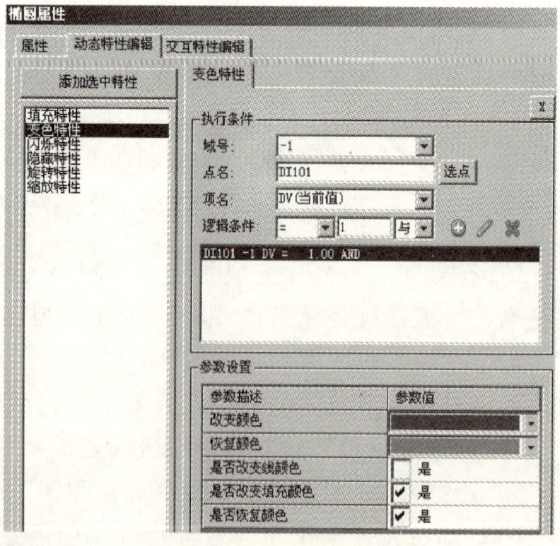

图 2-118　变色特性示例

2）填充特性。对象被定义填充特性后，该对象所对应的数据库点的实时值满足显示下限和显示上限之间的值时，按所设置的条件进行填充。

以显示 LIC103 水箱液位实时值为例，具体步骤如下：

首先在流程图上绘制静态对象：矩形条；双击对象矩形条，弹出其对应的属性窗口，切换至“动态特性编辑”；双击“填充特性”，打开填充特性对应的参数编辑窗口，设置参数如图 2-119 所示。

3）模拟量值特性。模拟量值特性是指按照数据库的格式，显示当前的模拟量的数值、单位。

以显示 LIC103 水箱液位实时值为例，具体步骤如下：

首先在流程图上绘制静态对象：文字 LIC103；双击对象“LIC103”，弹出其对应的属性窗口，切换至“动态特性编辑”；双击“模拟量值特性”，打开模拟量值特性对应的参数编辑窗口；设置参数如图 2-120 所示。

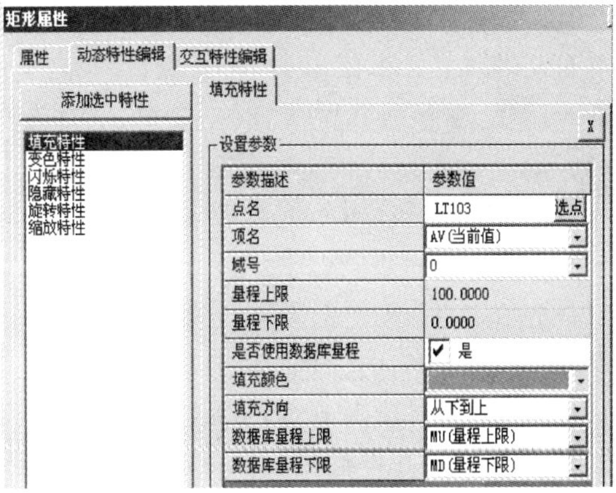

图 2-119　填充特性示例

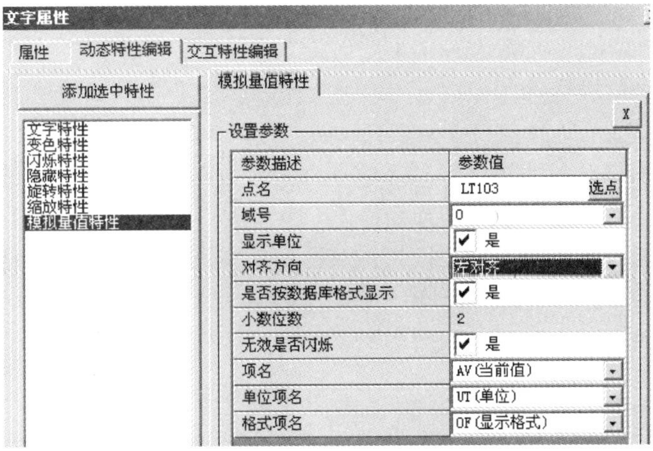

图 2-120　模拟量值示例

4）交互特性制作。交互特性用来组态人机交互的操作功能，通过交互特性，用户可以发出一些指令、修改参数等，包括增减值特性、设定值特性、开关反转特性、开关置位特性、弹出操作面板、打开模板、打开页面等。双击欲添加交互特性的对象，弹出该对象的属性窗口，切换到“交互特性编辑”选项卡，双击即可选中某个交互特性并打开参数编辑窗口。每个交互特性对应一个相应事件，表示在什么时候触发该交互特性，默认选择“鼠标左键抬起”。

下面针对项目二介绍常用的一些交互特性。

① 打开页面。当设置条件为真，切换到所选的目标页面，并以底图或者弹出形式打开页面。

以单击画面上的按钮，切换至页面“液位单回路控制系统设计”为例：

首先在流程图上绘制静态对象：按钮；双击对象按钮，弹出其对应的属性窗口，切换至“交互特性编辑”；选择“打开页面”，响应事件：默认，单击“添加”；选择已添加的交互特性，设置参数如图 2-121 所示。

② 设定值特性（数学键盘）。当事件触发时，可弹出数字键盘，在键盘输入数字后，按下回车键完成时，给某一变量的指定项赋值。

以设定功能块 PIC101 参数比例带 KP 为例，具体步骤如下：

首先在流程图上绘制需要的静态对象：文字 PIC101_SP；双击对象“PIC101_SP”，弹出其对应的属性窗口，切换至“交互特性编辑”；双击“设定值特性（数字键盘）”，响应事件：默认，单击“添加”；选择已添加的交互特性，设置参数如图 2-122 所示。

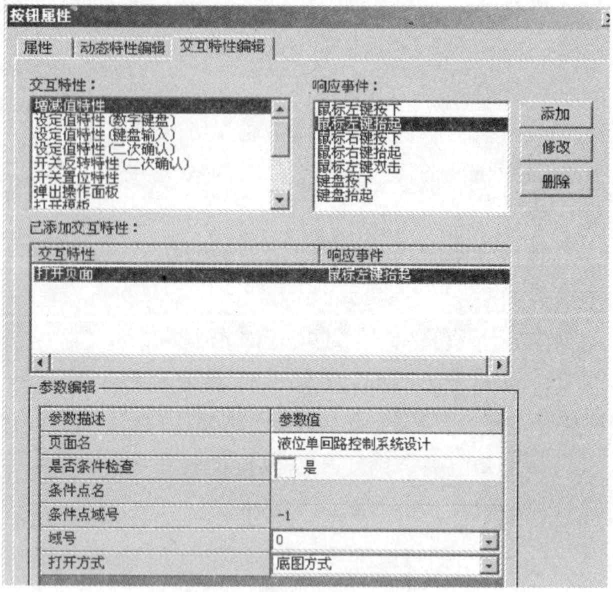

图 2-121　打开页面示例

③ 开关反转特性（二次确认）。当事件触发时，写入信号为 0 时，把指定的开关量值置为 1，且保持不变，并提供是否二次确认的功能；当写入信号为 1 时，把指定的开关变量值置为 0。

以水箱液位单回路控制手自动切换命令 LIC103ARMS 为例，步骤如下：

首先在流程图上绘制静态对象：按钮；双击对象按钮，弹出其对应的属性窗口，切换至“交互特性编辑”；双击“开关反转特性（二次确认）”，响应事件：默认，单击“添加”；选择已添加的交互特性，设置参数如图 2-123 所示。

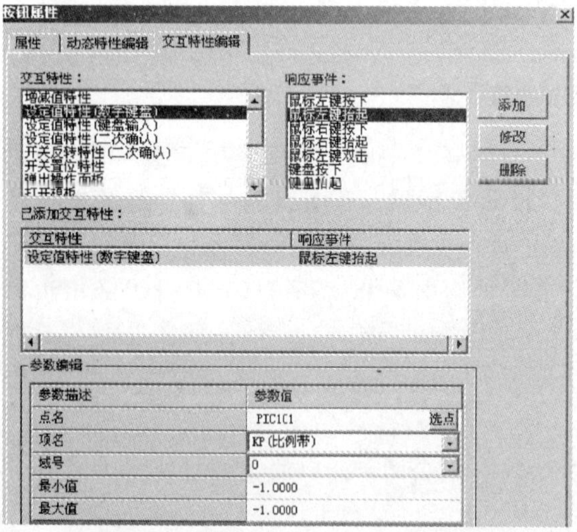

图 2-122　设定值特性（数字键盘）示例

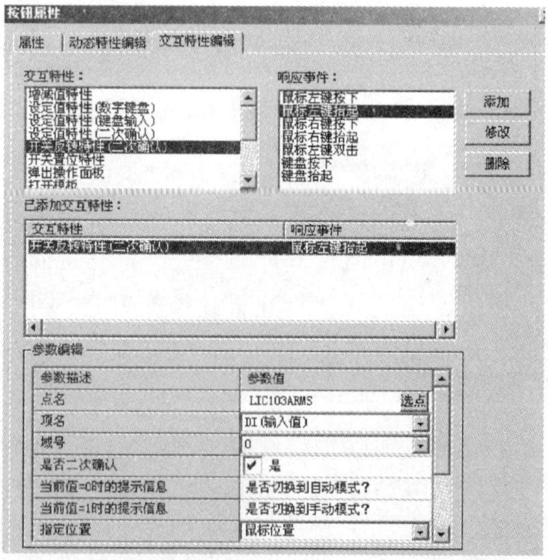

图 2-123　开关反转特性（二次确认）示例

④ 开关置位特性。当事件触发时，把定义的开关量值置为指定项，并提供是否二次确认以及输出方式相关属性的设置。

以水箱液位单回路控制结束指令 SYS01RST 为例，具体步骤如下：

首先在流程图上绘制静态对象：按钮；双击对象按钮，弹出其对应的属性窗口，切换至“交互特性编辑”；双击“开关置位特性”，响应事件：默认，单击“添加”；选择已添加的交互特性，设置参数如图 2-124 所示。

⑤ 弹出操作面板。仅针对具有操作面板的功能块有效，用于在线弹出功能块点名对应的操作面板。

以弹出功能块 PIC101 操作面板为例，具体步骤如下：

首先在流程图上绘制静态对象：调节阀；双击对象调节阀，弹出其对应的属性窗口，切换至“交互特性编辑”；双击“弹出操作面板”，响应事件：默认，单击“添加”；选择已添加的交互特性，设置参数如图 2-125 所示。

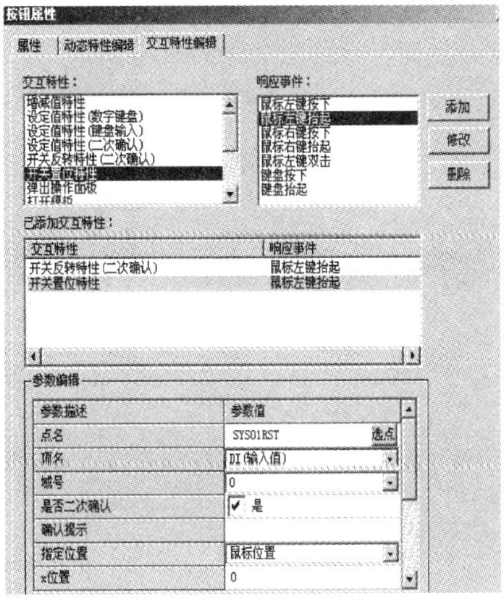

图 2-124　开关置位特性示例

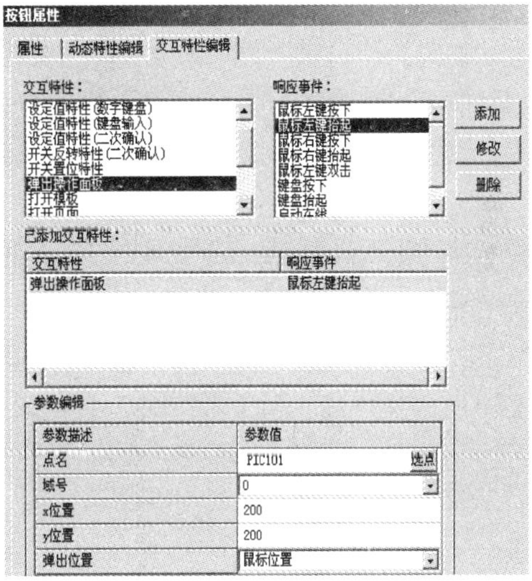

图 2-125　弹出操作面板示例

（4）液位单回路控制流程图　如图 2-126 所示。

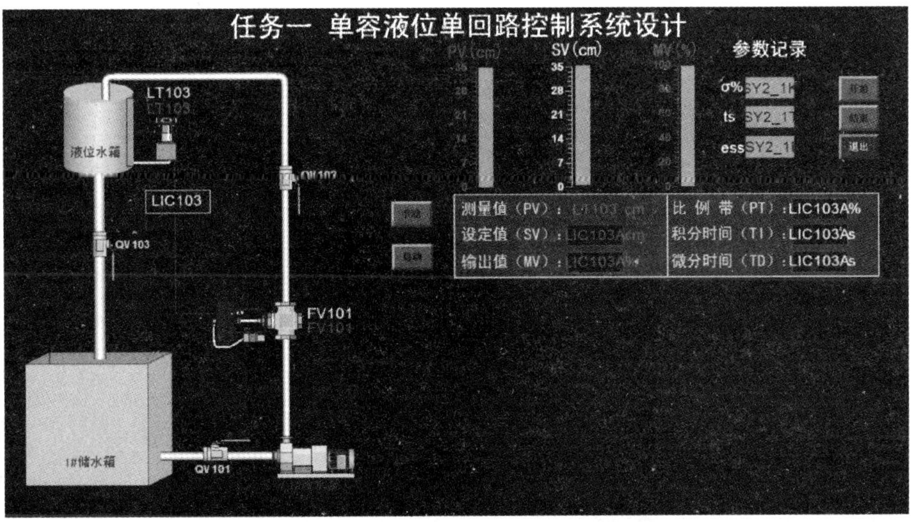

图 2-126　液位单回路控制流程图示例

（5）液位-流量串级控制系统流程图　如图 2-127 所示。

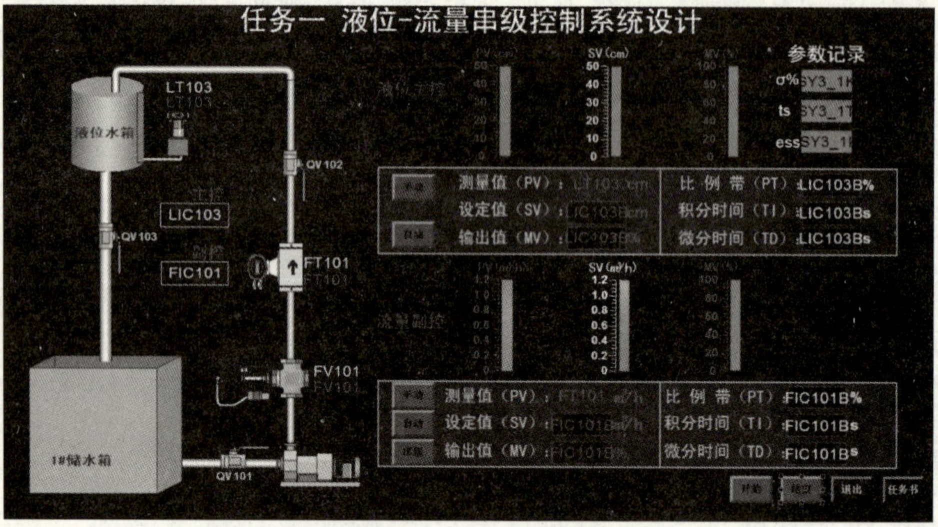

图 2-127　液位-流量串级控制流程图示例

（6）操作站下装　图形组态结束之后，我们需要将其下装到各个操作站，实现最终的监控功能。

在工程总控中，右击“操作站”节点，选择“下装”，弹出界面如图 2-128 所示。选择需要下装的操作站，单击“下装”按钮即可。具体见“项目实现”部分。

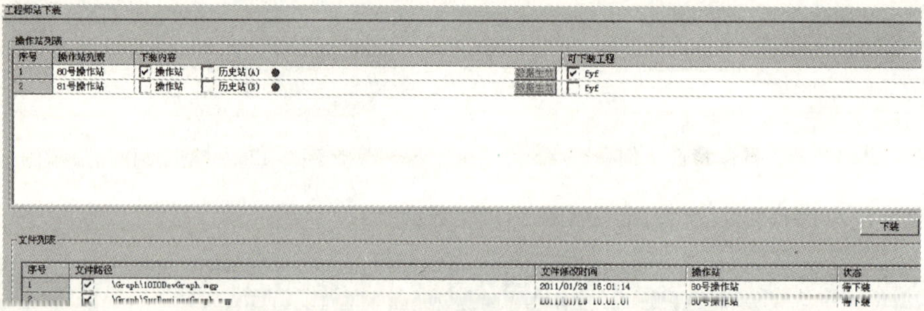

图 2-128　操作站下装

（7）启动操作站

启动操作站即可进行在线调试，此项内容我们将会在“项目实现”中具体学习，这里不做介绍。

【项目实现】

学生活动（小组活动）：

1）分组进入实训工作区进行实际操作。

2）在教师指导下先把元器件选好，并列出明细。

3）画出系统接线图进行硬件设计。

4）结合项目控制要求及工艺要求，完成控制器、检测与变送装置及执行器的安装与管路连接，填写好项目实施记录。

一、系统安装与接线

（一）搭建 DCS 结构

根据项目的 DCS 硬件和软件配置，按照 DCS 结构图（见图 2-129），选择相应的硬件设备，完成接线及相应设置工作。

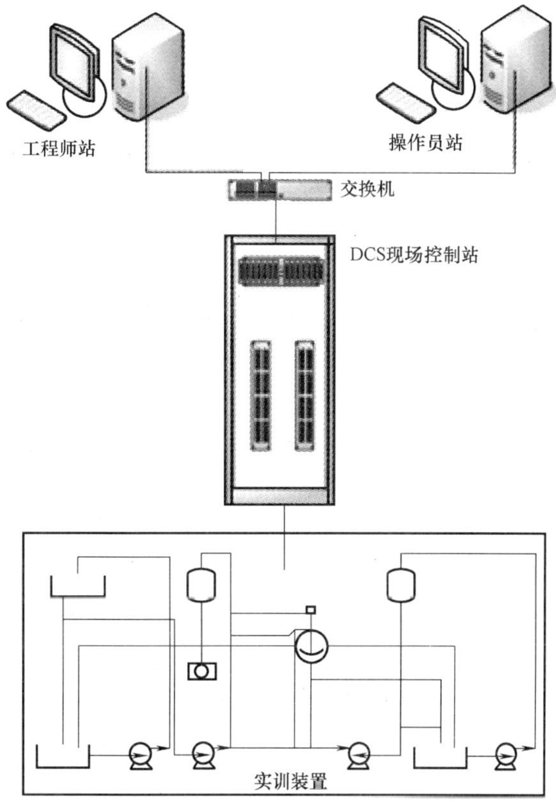

图 2-129 项目二的系统结构图

系统网络上主要有工程师站、操作员站、历史站、现场控制站等节点，在项目的实现阶段，需要根据前期项目设计来完成系统结构中各节点的安装、配置。网络节点配置见表 2-33。

下文中涉及的硬件物品或安装的尺寸均为参考示意图，应在工程实施中参考相应项目提供的设计或布置尺寸图样，根据实际工程资料进行相关操作。

（1）操作员站（工程师站）的安装 一般可将操作员站（工程师站）的主机、显示器、鼠标及专用键盘放置在操作台上。一个操作台对应一个操作员站（工程师站）。操作员站（工程师站）的安装步骤如下：

表 2-33 网络节点配置

节点	硬件	软件	IP 地址	备注
工程师站	PC（品牌待定）	HOLLiAS MACS V6（ENG/OPS/HIS 所需的组件）	128.0.0.80 129.0.0.80	历史站 A 配置在此计算机上
操作员站	PC（品牌待定）	HOLLiAS MACS V6（OPS/HIS 所需的组件）	128.0.0.81 129.0.0.81	历史站 B 配置在此计算机上
现场控制站	和利时 FCS（机柜、主控、背板、I/O 模块、电源、通信介质）	和利时 FCS 运行软件	128.0.0.10 129.0.0.10 128.0.0.138 129.0.0.138	

将显示器放置在操作台台面中央合适的位置；将操作员站的主机放入操作台中的隔板上；鼠标和专用操作键盘置于操作台上；将显示器的信号线插在主机的显示接口上；如果有本地打印机，用打印机信号电缆连接打印机和操作站主机；将专用操作键盘连接在主机的串行接口（COM1）上，将其电源线插头插入主机中电源板的电源接口上。如图 2-130 所示。将鼠标连接在主机的 PS/2 口或者 USB 口上；将敷设好的以太网线连接到相应的网卡接口上；将操作站主机、显示器、打印机或其他设备的电源线插在电源接线板上。

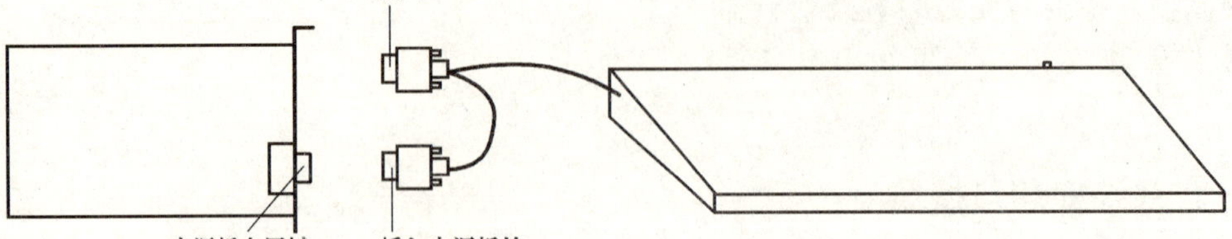

图 2-130　专用操作键盘接线图

如果采用 USB 接口的专用操作键盘和鼠标，则只需将键盘和鼠标上连接的唯一的 USB 接口插入主机的 USB 接口即可，通过该接口同时进行数据传输和供电。

（2）机柜的安装　主 I/O 柜的进线方式为下进线，即机柜底部进线。进线的类型有 AC 220V 电源线、现场信号电缆、通信线缆以及接地线，根据各自的特性，其各自的进线需要特别注意：

1）AC 220V 与弱电信号线进线时应分开。

2）AC 220V 交流配电板应靠近机柜进线部分，使交流电源线在柜内的长度尽量短。

3）DC 24V 电源线、通信线缆、现场信号电缆通过机柜底部接入机柜，通过绑线架固定，再剥去电缆外皮，现场信号电缆的屏蔽层接入屏蔽地，信号线进入机柜汇线槽。

4）接地线直接通过机柜底部进入机柜，就近接入机柜内的接地点。

5）如果现场需要布线光纤，且光纤与电源线走在一起时，要分别绑扎固定。

机柜可分别独立安装，也可密集安装。密集安装即多柜拼合安装，应去掉中间柜的两边侧板，只保留机柜两头的外侧侧板，并用并柜件固定螺栓（M8 ×25）将相邻两柜的机架连接起来。为保证系统的良好通风、便于开关柜门和操作员的工作，安装机柜时，与屋顶的距离应不小于 500mm，即屋顶距地面的高度不应小于 2700mm，机柜侧边距墙壁或物体的距离应不小于 1000mm，机柜前后距墙壁或物体的距离应不小于 1500mm，若机柜为前后排放置，两排机柜间的距离不应小于 2500mm。

n 个机柜密集安装排成一列所要求的控制室的长度为：$1000\times2+760n+4\times2$（mm），图 2-131、图 2-132 为 n 个机柜密集安装的示意图。

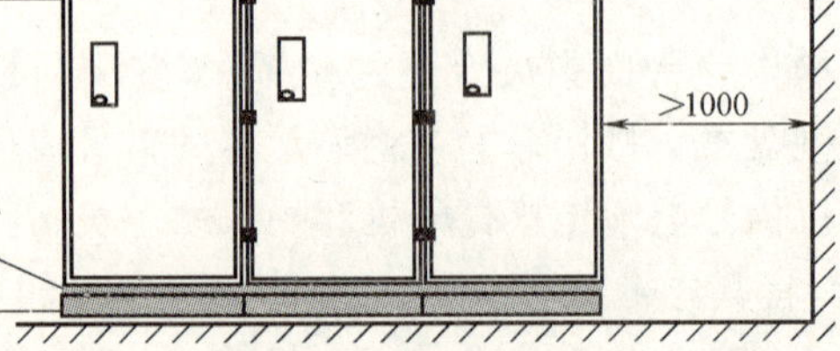

图 2-131　密集型安装机柜示意图

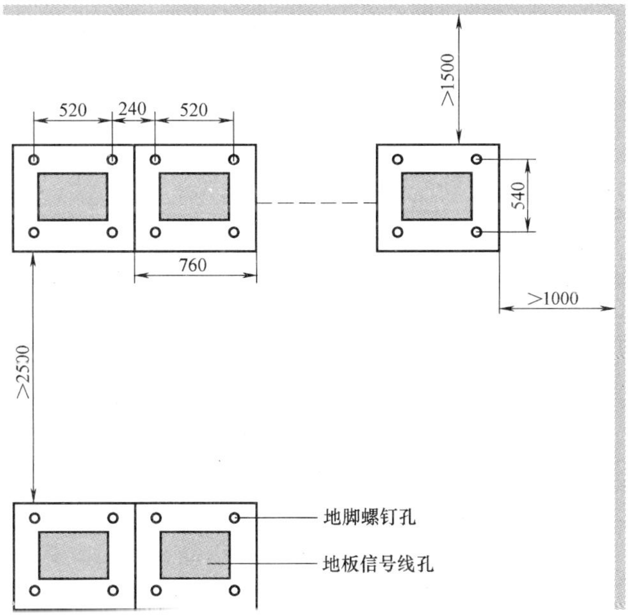

图 2-132 机柜密集安装平面布局图

若机柜为独立型安装，两柜间地角螺钉的距离应加上两侧挡板的厚度及两柜间的距离，至少应增加 40mm，如图 2-133 所示。n 个控制柜独立安装排成一列所要求的控制室的长度为：$1000 \times 2 + 800n +$ 两柜间距 $\times (n-1)$ (mm)。

（二）网络的配置

1. 系统网络的连接

在操作员站、工程师站、历史站、控制器内一般配置两块速率为 100Mbit/s 的网卡，用于完成冗余系统网络的通信功能。控制站的控制器通过主控底板冗余的 RJ45 接口，与系统网连接，用于完成历史站与主控模块的通信、完成主控模块中控制方案的调试和下装。整个系统网络连接图如图 2-134 所示。

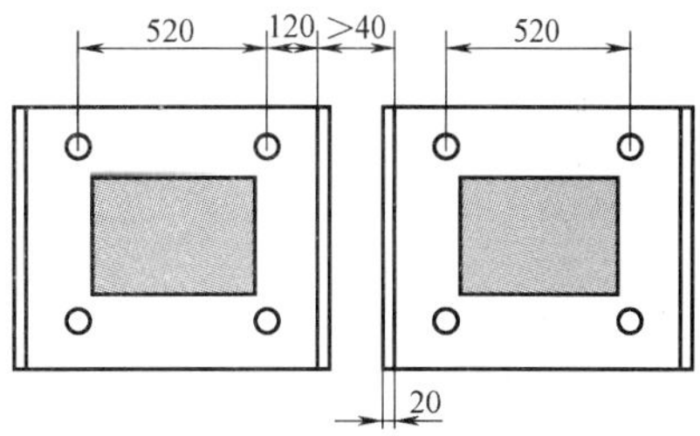

图 2-133 机柜独立安装尺寸

2. 控制网络连接——星形连接

MACS-K 系统的控制器与 IO-BUSHUB 模块连接，通过内部线路分出 12 个 8 针 IO-BUS 连接端口，柜内每列的末端增加 DP 终端匹配器，构成冗余控制网的星形连接，如图 2-135 所示。MACS-K 系统的控制网接口，置于主控底板上，将 12 个 8 针 IO-BUS 连接端口分为两组，以构成控制网冗余，完成控制器和 I/O 模块之间的数据交换。

二、工程下装

DCS 搭建安装完毕后，需要将组态好的工程下装到相应的位置进行调试。下面介绍工程下装及注意事项。

下装是将编译生成的下装文件，通过网络传输到历史站、操作员站和控制器的过程。下

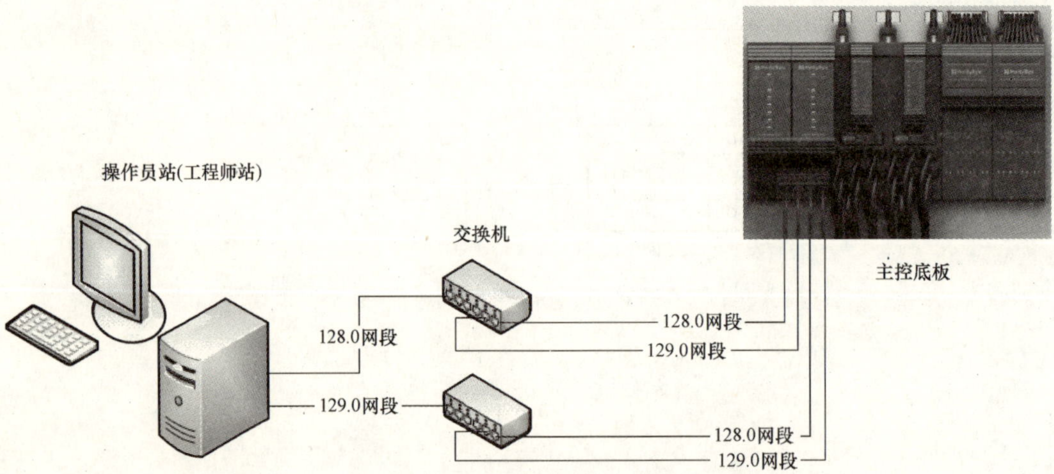

图 2-134　系统网络连接图

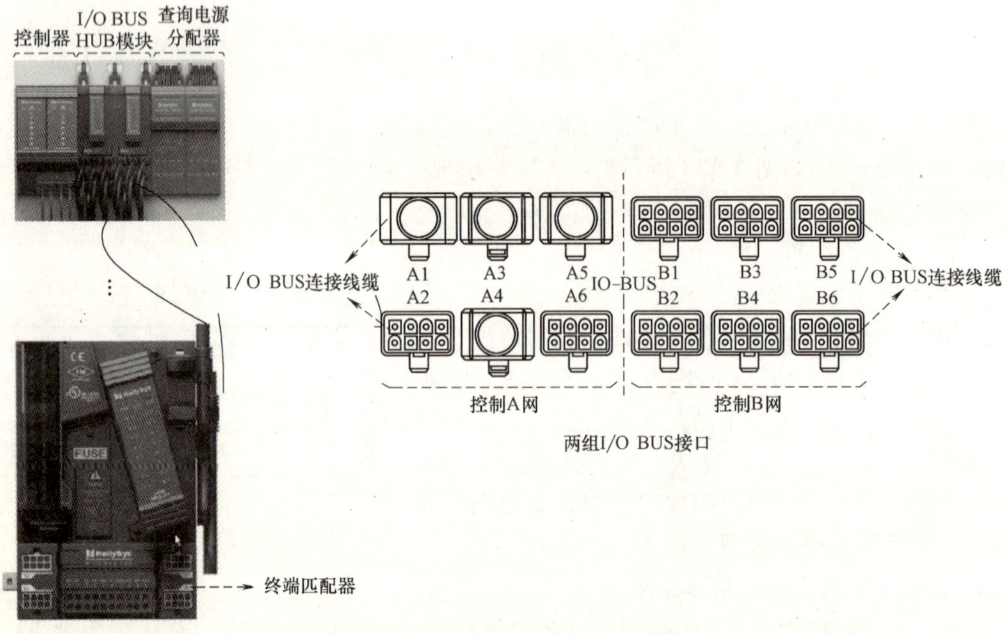

图 2-135　星形控制网络接口示意图

装分为控制器算法下装、操作站下装、历史站下装和报表打印站下装。

1. 控制器算法下装

具体介绍见第二部分“项目设计”的软件组态部分。

2. 操作站下装

操作站下装主要用于将工程师站的图形页面和其他离线组态文件下装至各个操作员站。将工程目录下的 Graph 文件夹中的文件（除去“bak”文件夹）下装至各操作员站安装目录下的 Start 文件夹中。如 ExamplePro 工程的图形相关文件（不包含”bak”文件夹）从C：\ HOLLiAS_ MACS \ ENG \ USER \ ExamplePro \ Graph 路径下，下装到 C：\ HOLLiAS_ MACS \ Ops \ Start 路径下。进行操作站下装的方法有三种：

1）单击工具栏中的快捷图标。

2）选择菜单命令“工具”→“下装”。

3）选中组态树上的“操作站”，右键菜单中选择“下装”命令。在工作区显示“工程师下装”操作界面，如图 2-136 所示。

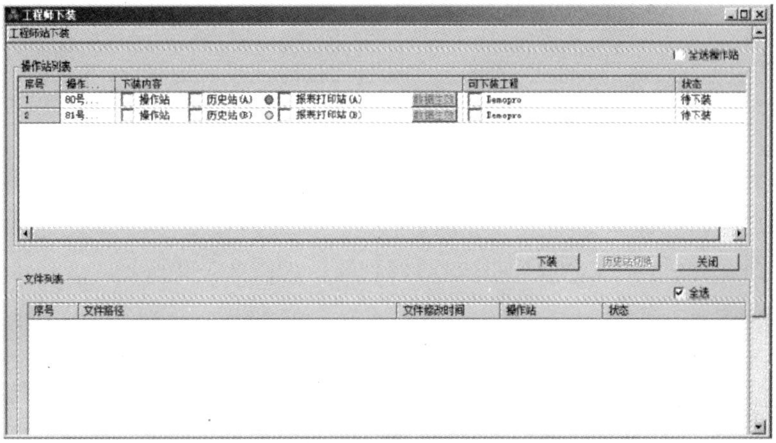

图 2-136 下装操作界面

操作站下装的具体操作过程如下：对编译后的工程，选择“下装”命令，在“工程师下装”窗口中显示“操作站列表”和“文件列表”。在“操作站列表”下的“下装内容”中勾选需下装的服务，在“可下装工程”列表中勾选需下装的工程；同时，“文件列表”框列举出所有的下装文件。在每条记录的选择框中打对勾，确认要下装的文件。设置完成后，单击“下装”按钮，进行下装，如图 2-137 所示。

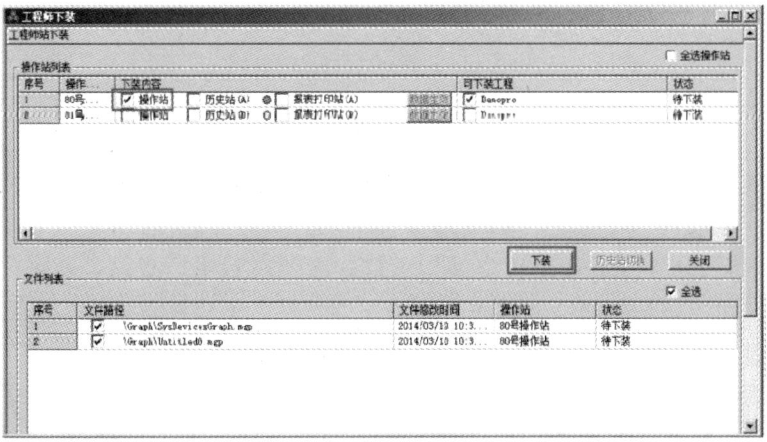

图 2-137 操作站下装

下装过程中，“状态”信息栏中将显示该操作站或文件的下装状态，下装进行中显示“正在下装....”，且右下角有进度条显示下装的进度，只有当选择的下装文件全部正确下装时，操作站的状态信息才显示“下装成功”，否则为“下装失败”。下装过程中，界面底端的信息栏会显示相应的下装信息：“开始下装……”“下装……完成”，如图 2-138 所示；下装失败时，红色字体标志“下装……失败”，并给出失败原因，如图 2-139 所示。

图 2-138　下装信息显示

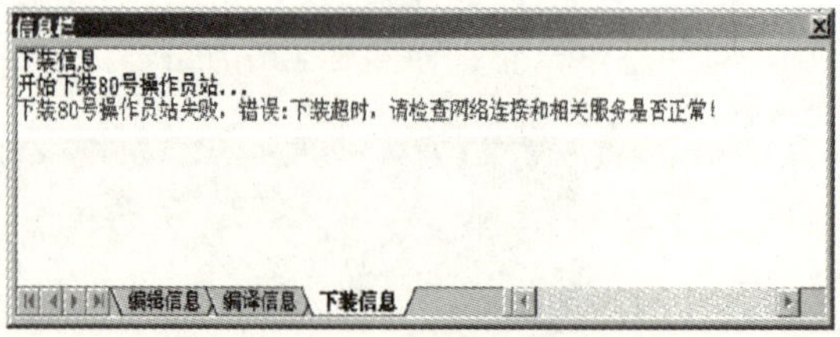

图 2-139　下装失败信息显示

下装成功后，即可选择“开始”→“所有程序”→“HOLLiAS_MACS”→ 操作员在线 运行。登陆操作员在线后，可以监控项目二的流程图，如图 2-140 所示。

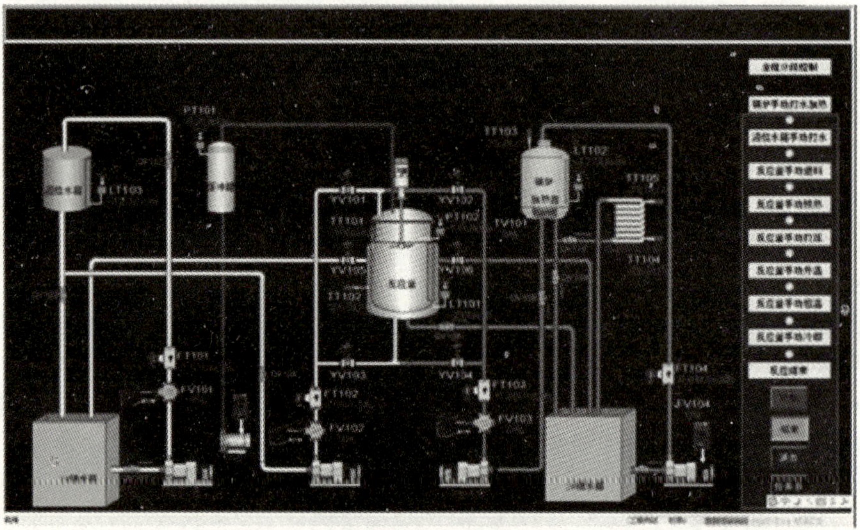

图 2-140　工艺运行监控画面

3. 历史站下装

历史站下装即给历史站下装各服务需要的离线组态的文件。具体操作如下：在“下装内容”中勾选“历史站 A”或者“历史站 B”，单击“下装”进行历史站下装，如图 2-141 所示。“下装内容”历史站后面是历史站指示灯，绿色表示主历史站，黄色代表从历史站，红色表示故障。历史站切换功能实现主从历史站的切换。下装过程中，“状态”信息中将显示该服务或文件的下装状态，下装进行中显示“正在下装...”，且右下角有进度条显示下装的进度，只有当对应历史站中选择的下装文件全部正确下装时，该历史站的状态信息才显示“下装成功”，否则为“下装失败”，并且“下装”按钮显示为“重新下装”字样。如果历史站未部署到任何一个操作站节点，“下装内容”中不会显示历史站的配置。

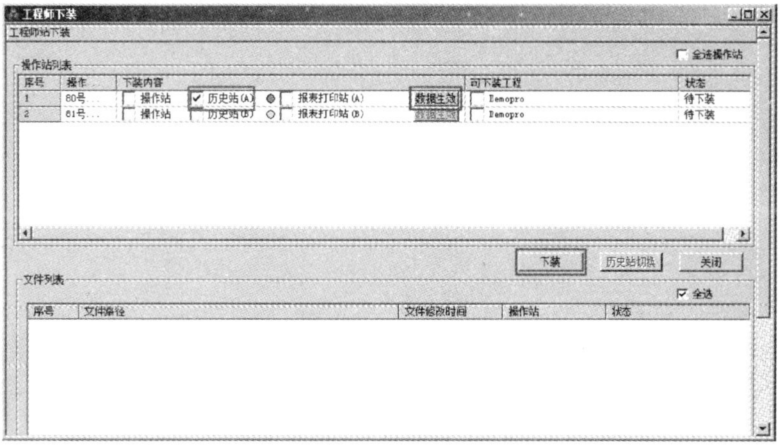

图 2-141　历史站下装

历史站下装完成，总控提供“数据生效”按钮，并显示历史站主从状态，当按下“数据生效”按钮时，节点所在服务任务若为从机，则自动重启服务进程，若不为从机，则提示用户二次确认，确认后自动重启服务进程，提示框如图 2-142 所示。

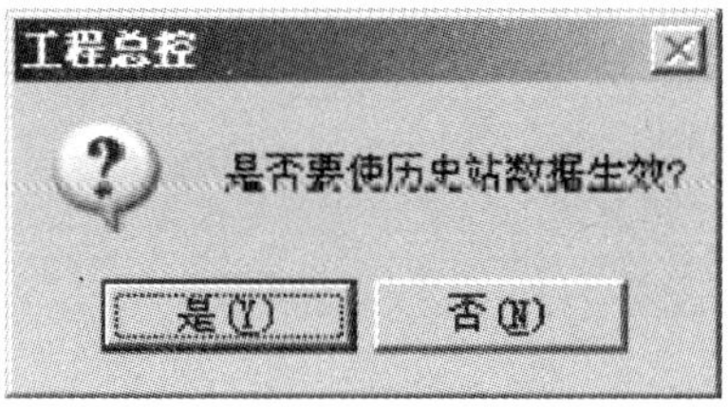

图 2-142　提示框

鼠标左键单击“是”按钮，确认执行“数据生效”命令。数据生效过程中，“状态”信息中将显示该历史站的数据生效状态，数据生效进行中显示“数据生效中…”，只有当对应历史站完全启动，该历史站的状态信息才显示“数据生效成功”，并且对应的历史站指示灯完成一次绿→红→绿的转变过程。如果数据生效失败，状态栏将会显示“数据生效失败”，这可能是由于通信异常造成。此时，需要重新进行“数据生效”操作。

4. 报表打印站下装

在“报表打印组态”中首次添加报表打印任务完成后，需要下装“报表打印站”，在“下装内容”中勾选“报表打印站（A）”或“报表打印站（B）”，单击“下装”即可，如图 2-143 所示。

下装报表打印服务后，在“安装盘符：\ HOLLiAS_ MACS \ Printer \ Start”文件夹中会出现同名的报表文件（. xls），如 D：\ HOLLiAS_ MACS \ Printer \ Start 路径下有 test 文件 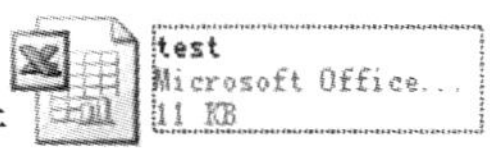

；如果在“报表打印组态”中后续增加了新任务，只需要下装“报表打印站”，且重启一次报表打印服务，切换至在线画面后，新增任务生效。

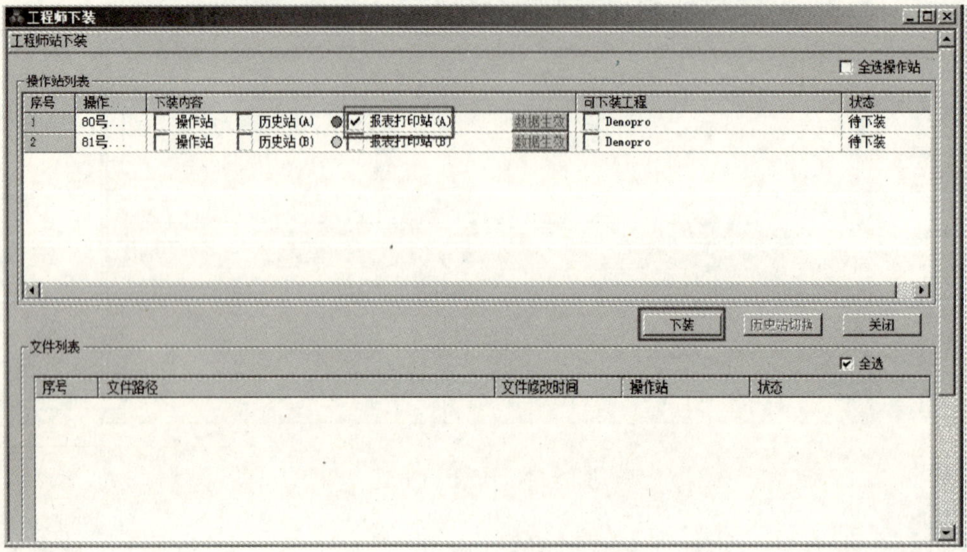

图 2-143　报表打印站下装

整理总结

总结项目实施过程，包括人员分工及工作过程、工作效果、相关资料及资源、标志成果、注意事项、心得体会，并填写在表 2-34 中。

表 2-34　项目实现记录单

课程名称					总学时：
项目名称					学时：
班级及组别		团队负责人		团队成员	
人员分工 及工作过程					
工作 效果					
相关资料 及资源					
标志成果					
注意事项					
心得体会					

【项目运行】

学生活动（小组活动）：

1）检查反应釜控制系统完成情况，分析不足。

2）完成系统调试与运行。在教师指导下进行调试与运行，发现问题及时解决，直到调试成功为止。

3）掌握常见故障判定及处理方法。

4）对现场进行巡检，完成系统维护。

5）汇报学习、工作心得，展示工作成果。

6）对项目完成情况进行总结，完成项目报告。

一、DCS 投运与调试

在系统调试之前，需要检查系统硬件设备的配置和接线是否符合前期的设计，确认无误后，可以上电调试。

（一）系统上电

1. 系统供电简要介绍

MACS-K 系统实现对现场信号的实时监测、记录，要求系统的电源必须保证连续不间断地供电。系统对电源的基本要求是：电压：单相 AC 220V $^{+10\%}_{-15\%}$；频率：(50 ± 2)Hz；波形失真率：小于 3%。

一般地，MACS-K 系统都配电源配电柜。现场提供两路电源进入配电柜，一路来自 UPS，一路来自厂区保安段，经分配后，分别提供给操作站和 I/O 控制站，如图 2-144 所示。

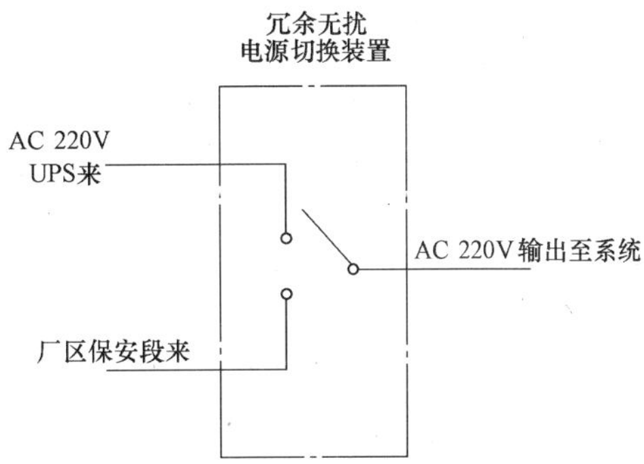

图 2-144　两路电源连接方式示意图

对于操作员站，电源配置柜通过专用的电源冗余切换装置为其供电；对于历史站，由于它在系统运行中的重要地位，所以对互为冗余运行的两台历史站分别采用 UPS 和厂用电供电；对于 I/O 控制站，需要将 UPS 和厂用电分别送给互为冗余的两个电源模块，经过冗余电源输出的 DC 24V/DC 48V 供给主控单元或者 I/O 模块使用。

2. 系统上电过程

1）确保系统交换机、计算机上电正常。

2）确保 UPS 或市电正常上电，UPS 如图 2-145 所示（在配电柜背门上）。

3）总电源断路器置于开位置，长按 UPS 的电源 ON 键 3s 即可打开 UPS（DCS 配电柜背门），电压表指示如图 2-146 所示。

配电柜断路器如图 2-147 所示（配电柜正面，断路器投上，配电柜引入 AC 220V）。

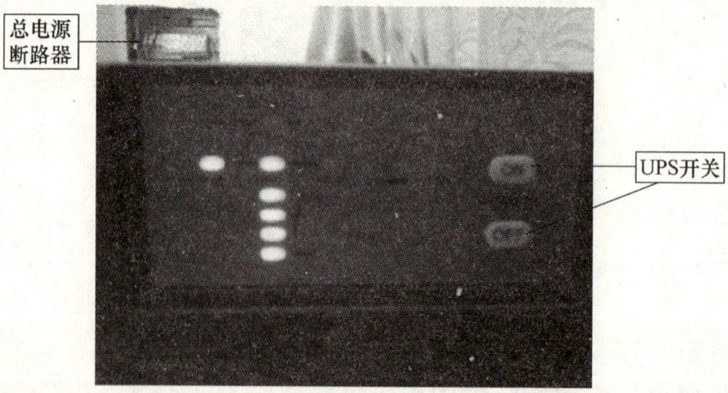

图 2-145　UPS

图 2-146　电压表指示

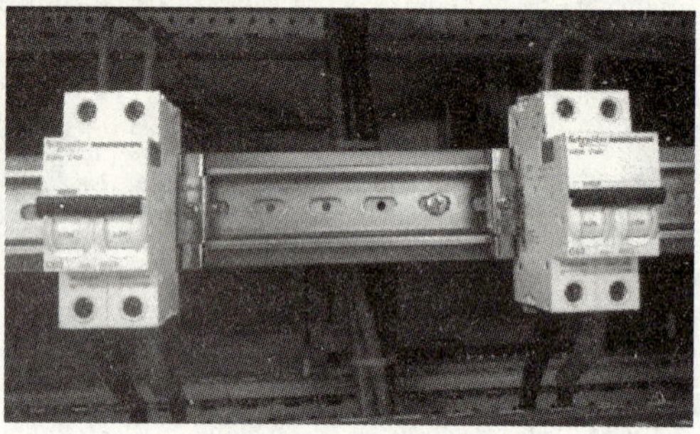

图 2-147　配电柜断路器

4）现场控制站断路器如图 2-148 所示（现场控制站正面上部，断路器投上，现场控制站引入 AC220V）。

5）现场控制箱上电。现场控制箱如图 2-149 所示，现场控制箱断路器置于开位置，按下起动或停止按钮起停设备。正常情况下，请将三相加热模块、水泵 1#、水泵 2#、水泵 3#、变频器 1#、变频器 2#等转换开关均置于开位置。注意将远程本地开关置于远程位置进行 DCS 控制（本地型位置为 PLC 控制），如图 2-150 所示（现场控制箱下部，变频器左侧）。

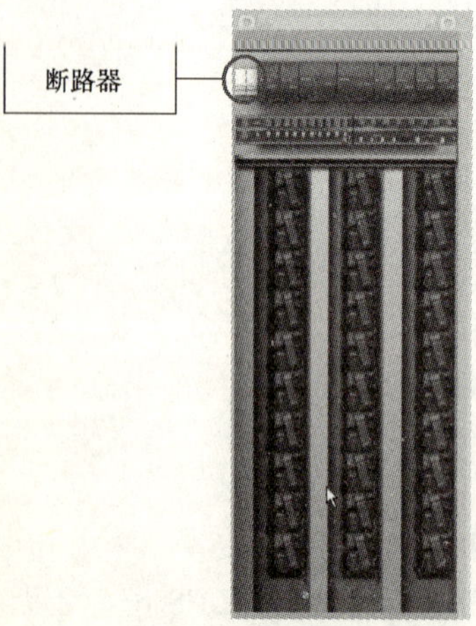

图 2-148　现场控制站断路器

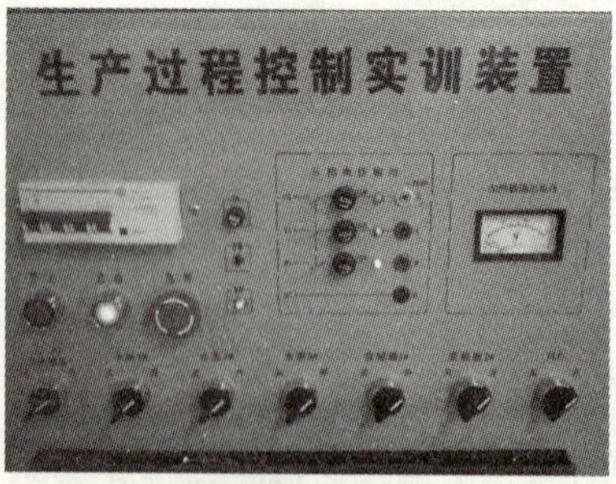

图 2-149　现场控制箱

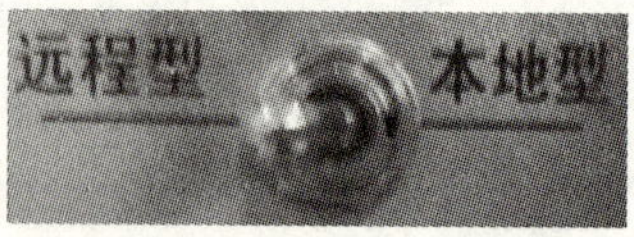

图 2-150　远程本地控制方式切换按钮

（二）工程师站登录

开机顺序遵照计算机的开机顺序，先启动外部设备，再启动主机，在操作系统运转正常情况下，单击鼠标左键，选择“开始”→“所有程序”→“HOLLiAS MACS”→“操作员在线”，或者从桌面的“操作员在线”快捷方式启动，可以登录配置界面，弹出窗口如图2-151所示。

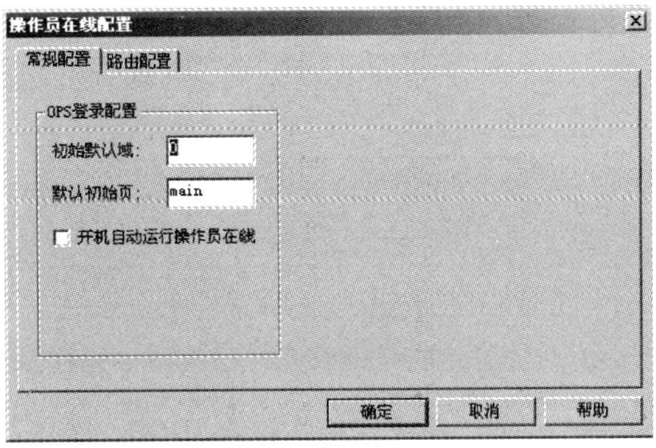

图 2-151　操作员在线——常规配置窗口

（1）常规配置　“初始默认域”项用于设置操作员在线的初始登录域号，默认设置为0；“默认初始页”项用于设置操作员在线启动时，默认加载的画面，默认设置为main；“开机自动运行操作员在线”项用于设置选择是否在启动计算机后，自动启动OPS，默认为未选中状态。

（2）路由配置　当整个系统的网络地址中存在有不同的网段和域，又需要获取不同网络地址下的相关的数据时，需要配置网络的路由信息。“网段”项用于配置为与路由器相连接的网段号；“域号”项配置为操作员站IP的第三网段的数字，当操作员站的IP为128.0.1.80时，域号即为1，如图2-152所示。

对操作员在线进行操作，首先要取得权限和相应权限下的口令及密码，登录后才能进行相关权限的操作。按下专用键盘的“登录”键，或选择屏幕主菜单的菜单栏的“登录”图标，即进入身份登录界面，如图2-153所示，输入或从下拉列表中选择用户名（离线组态）、输入登录密码（不区分大小写），单击“确认”按钮，即以相应级别的用户登录。登录后操作站显示的是默认域的工程。

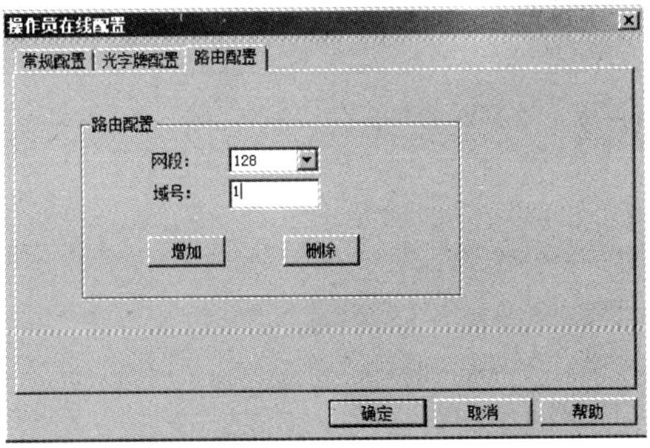

图 2-152　操作员在线-路由配置窗口

图 2-153　身份登录界面

用户名：“AAAA”，密码：“AAAA”进入工程师级别。

（三）系统调试

1. 系统调试介绍

调试是指按照设计和设备技术文件规定对算法程序进行调整、整定和一系列试验工作。涉及的操作主要有强制、写入和释放。调试方式有仿真调试（仿真环境搭建参照仿真下装的前三步）和实际模式两种。无论哪种模式，必须保证控制器中的程序与工程师站的一致，因此，在调试前需要对控制器进行下装操作。

下装结束后，执行“在线”命令，变量显示控制器中的在线值，如图 2-154 所示。

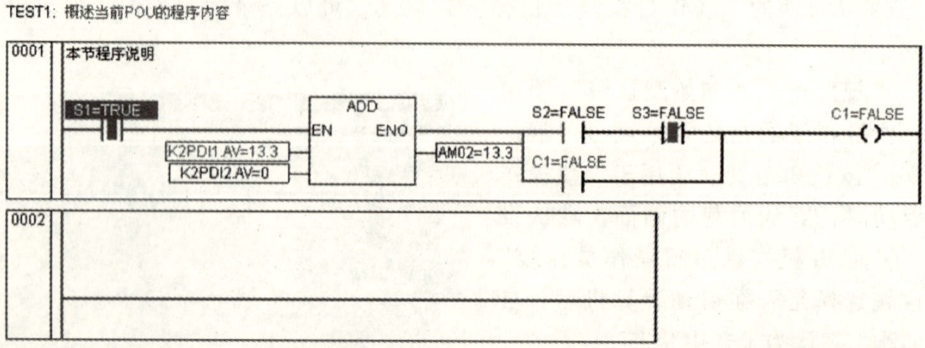

图 2-154　程序在线状态

元素和母线的绿色部分表示 TRUE，黑色表示 FALSE。白色字体的变量表示被“写入”值，如 S1；红色字体的表示被“强制”值，如 C1、K2PDI1. AV；黑色字体表示从控制器读取的值，如 S2、S3 等。被“强制”变量也可以在所属的变量列表中查看。在需要对某一元素进行设定值时，双击该元素，打开“调试变量”。如双击 S1，则显示图 2-155。

在线后的操作在仿真模式和实际模式中相同。

（1）强制　在线时，给用户程序中的变量指定固定的值，将这个“固定的值”称为强制值。变量被强制的值不会因为用户程序的执行而改变。即使 AutoThink 软件被关闭，或控制器断电，或与控制器的在线连接断开，强制的值都被保持在控制器中，直到用释放功能解除强制。被强制的变量只能读取，不能写入。单个变量和多个变量同时被强制的实现方法有所差异：单个变量通过“调试变量”窗口实现强制；多个变量通过“在线”→“批量强制”命令实现。

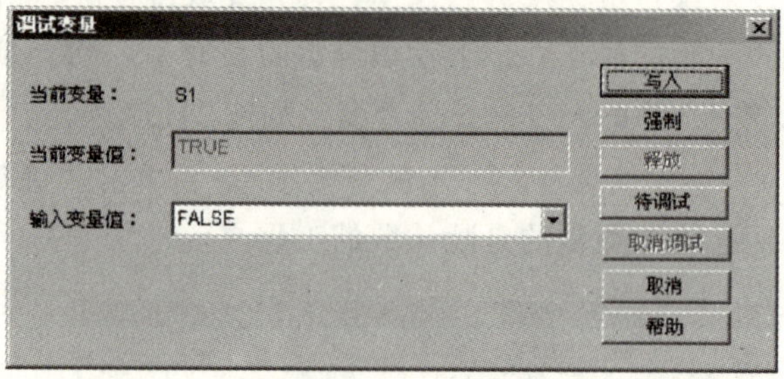

图 2-155　调试变量

1）双击变量：在线状态时，在用户程序中，双击要进行强制操作的变量，弹出“调试变量”对话框，如图 2-155 所示。

2）输入期望值：在“输入变量值”中输入期望的运算值。

3）选择“强制”按钮该变量显示为红色字体 S1 = TRUE，则强制完成。

（2）写入　“写入”命令是用输入值直接替换当前值，即刻生效。在线时，给用户程序中的变量设置新的运算值，会因为用户程序的执行而改变。被写入的新运算值保存在控制器中，与其他变量值（除强制的变量值外）相同，可以进行被写入、访问、强制等操作。单个变量和多个变量同时被写入的实现方法有所差异：单个变量通过“调试变量”窗口实现写入；多个变量通过“在线”→“批量写入”命令实现。

1）双击变量：在线状态时，在用户程序中，双击要进行写入操作的变量，弹出“调试变量”对话框，如图 2-155 所示。

2）输入期望值：在“输入变量值”中输入期望的运算值。

3）选择“写入”按钮：变量写入后的状态与正常运算的状态相同。

开关量显示白色字体 S1 = TRUE；模拟量显示黑色字体AM1003 = 23。

2. 项目二的调试任务

（1）任务一 单容液位单回路控制系统设计调试

1）目的。了解单闭环液位控制系统的结构与组成；掌握单闭环液位控制系统调节器参数的整定；研究调节器相关参数的变化对系统动态性能的影响。

2）所需设备。生产过程控制实训装置、PC、DCS 与监控软件。

3）系统结构框图本任务系统的被控对象为液位水箱，其液位高度作为系统的被控制量。系统的给定信号为一定值，它要求被控制量下水箱的液位在稳态时等于给定值。由反馈控制的原理可知，应把下水箱的液位经传感器检测后的信号作为反馈信号。图 2-156 为本任务系统的结构图，图 2-157 为控制系统的框图。为了实现系统在阶跃给定和阶跃扰动作用下无静差，系统的调节器应为 PI 或 PID。

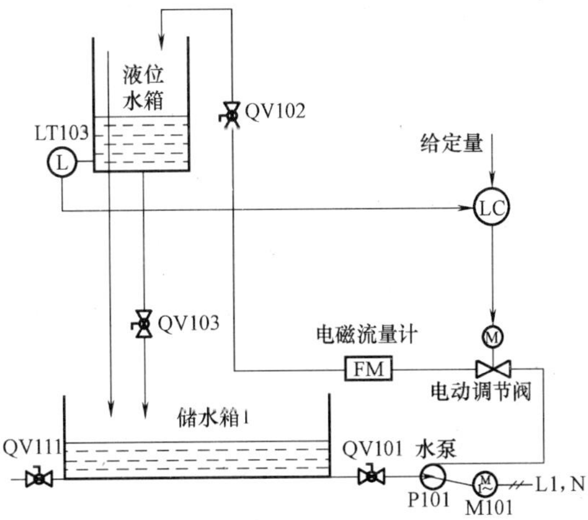

图 2-156　单容液位单回路控制系统结构图

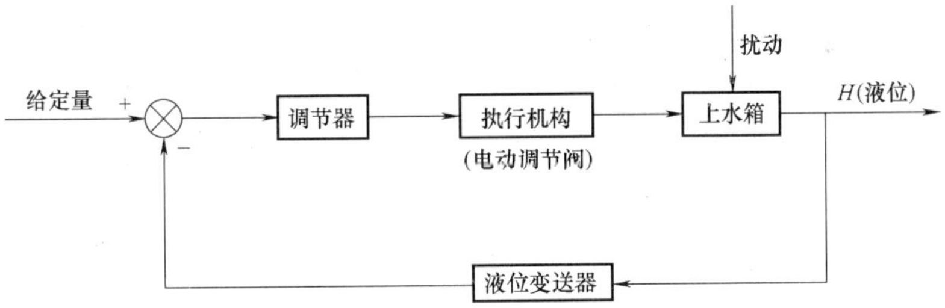

图 2-157　单容液位单回路控制系统框图

4）调节器参数的整定方法。调节器参数的整定一般有两种方法：一种是理论设计法，即根据广义对象的数学模型和性能要求，用根轨迹法或频率法来确定调节器的相关参数；另一种方法是工程任务法，通过对典型输入响应曲线所得到的特征量去查经验表，求得调节器的相关参数。工程任务法有经验法、临界比例度法、阻尼振荡法（衰减曲线法）和反应曲线法四种。

5）调试步骤。

① 将实训对象的 1#储水箱加满水（至最高高度）。

② 打开以电动调节阀、电磁流量计组成的动力支路至上水箱的出水阀门，关闭动力支路上通往其他对象的切换阀门，即打开阀门 QV-101、QV-102。

③ 阀门 QV103 开至某一适当开度。

④ 打开现场控制箱中水泵 1#的电源开关。

⑤ 启动 DCS 上位机监控软件，进入主画面。根据前面所述的 PID 参数整定法，整定 PID 相关参数。

⑥ 设置好系统的给定值后，先设置手动输出，待其液位接近给定量值时，切换为自动，使系统投入自动运行状态。

⑦ 当系统稳定运行后，突加阶跃扰动（将给定量增加 5% ~15%），观察并记录系统的输出响应曲线。

⑧ 适量改变 PID 参数，用计算机记录不同参数时系统的响应曲线。

6）PID 整定参考值。单容液位单回路控制系统 PID 整定参考值 LIC103A：PT = 40，TI = 80，如图 2-158 所示。

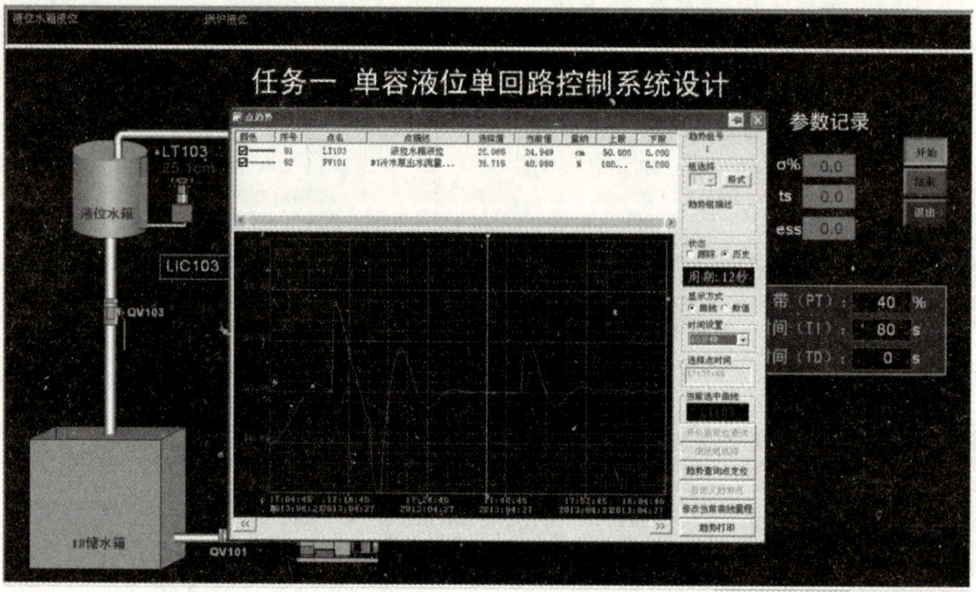

图 2-158　单容液位单回路控制系统 PID 整定

（2）任务二 液位流量串级控制系统设计调试

1）目的。熟悉液位-流量串级控制系统的结构与组成；掌握液位-流量串级控制系统的投运与参数的整定方法；研究阶跃扰动分别作用于副对象和主对象时对系统主控制量的影响。

2）所需设备。生产过程控制实训装置、PC、DCS 与监控软件。

3）系统结构框图。本任务系统的主控制量为左下水箱的液位高度 H，副控制量为电动调节阀支路流量 Q，它是一个辅助的控制变量。系统由主、副两个回路所组成。主回路是一个恒值控制系统，使系统的主控制量 H 等于给定值；副回路是一个随动系统，要求副回路的输出能正确、快速地复现主调节器输出的变化规律，以达到对主控制量 H 的控制目的。不难看出，由于主对象在左下水箱的时间常数大于副对象管道的时间常数，因而当主扰动（二次扰动）作用于副回路时，在主对象未受到影响前，通过副回路的快速调节作用已消除了扰动的影响。图 2-159 为任务系统的结构图，图 2-160 为该控制系统的框图。

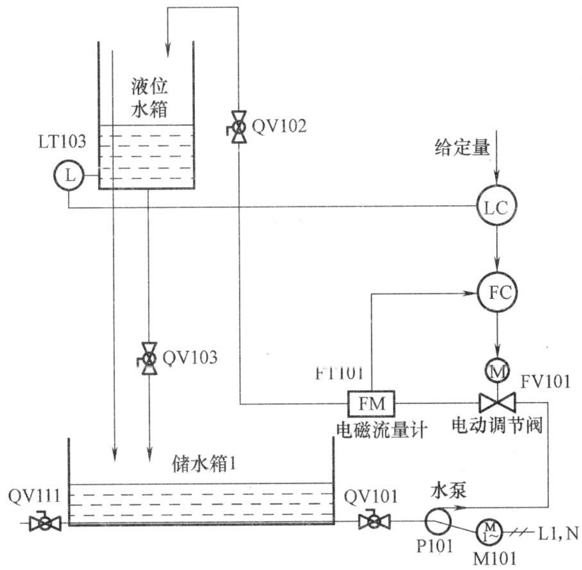

图 2-159　液位流量串级控制系统的结构图

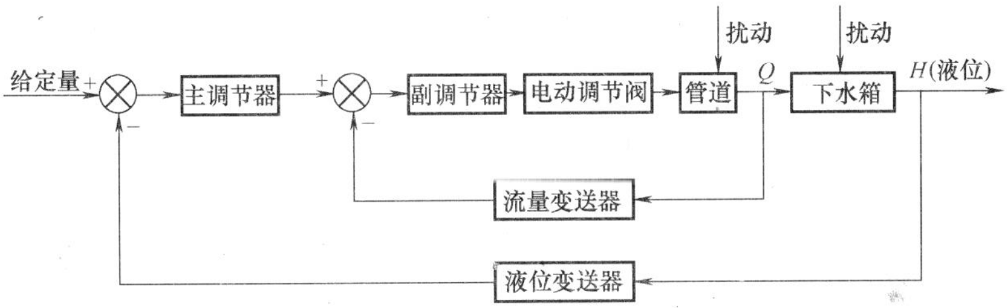

图 2-160　液位流量串级控制系统的框图

4）调试步骤。将实训对象的1#储水箱灌满水（至最高高度）；打开阀门 QV-101、QV-102；上水箱的出水阀 QV-103 打开至适当开度；打开现场控制箱中水泵 1#的电源开关。

测试步骤如下：

① 启动 DCS 上位机监控软件，进入主画面。

② 整定 PID 参数（用任务一介绍的方法），按经验数据预先设置好副调节器的比例度，调节主调节器的比例度，使系统的输出响应出现 4:1 的衰减度，记下此时的比例度 δ_S和周期 T_S。据此，按经验表查得 PI 的参数，并对主调节器进行参数整定。也可以先进行参数整定，或在后面的步骤中逐步整定。

③ 主回路设定给定值，副回路给定手动输出值，等液位水箱的液位趋于平衡状态，副回路切换为串级，主回路切换为自动状态，系统进入串级控制状态。

④ 当系统运行后，主回路设定值加一合适的阶跃扰动，观察并记录系统的输出响应曲线。

⑤ 通过反复对主、副调节器参数的调节，使系统具有较满意的动、静态性能。用计算机记录此时系统的动态响应曲线。

5）PID 整定参考值。液位流量串级控制系统设计调试 PID 整定参考值 LIC103B：PT =

20，TI=100，FIC101B：PT=30，TI=25，如图 2-161 所示。

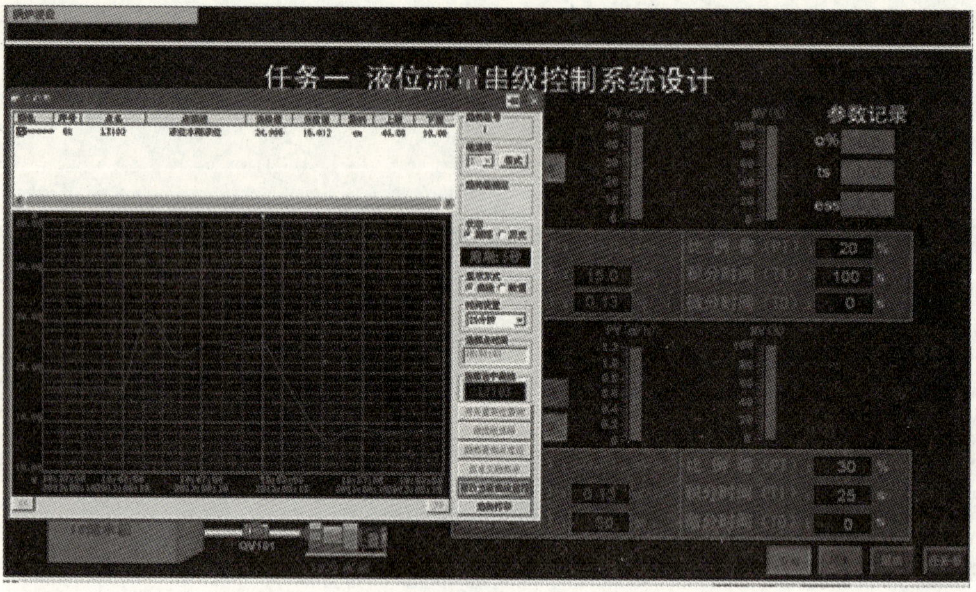

图 2-161　液位流量串级控制系统设计调试 PID 整定

二、DCS 常见故障与处理

（一）软件安装常见问题及故障排除

（1）安装软件时需注意什么？

安装路径不能包含中文。在安装通用版时，平台版是必需的，所以如果系统没有安装平台版，则系统会自动安装。

（2）软件卸载后工程数据还在么？

软件卸载完成后，删除了相应的注册信息以及执行文件，而相关的历史数据、下装文件、日志、图形以及用户组态的工程相关文件，依然保存在相关目录中。当再次安装系统软件后，这些数据也不会丢失。若要完全删除所有文件，则需要手动到相应的安装目录下删除。

（3）卸载平台版软件后，通用版或者行业版软件能正常使用么？

由于系统采用“平台版+通用版/行业版”的结构，所以在卸载平台版之后，通用版或者行业版软件将不能再正常使用。

（二）工程总控常见问题及故障排除

（1）导入工程错误或者打不开有哪些原因？

工程的文件夹不是标准格式的。标准格式是指文件夹内就是各个工程文件，不允许有嵌套文件；导入的工程与现有的工程重名，此时导入工程提示“工程名已存在，导入工程错误”；备份工程时，禁止修改文件夹的名称，否则修改后的工程不可用。

（2）什么情况下需要编译？

当发生编辑数据库点（添加、删除、修改）操作后，需要进行编译。

（三）控制站组态常见问题及故障排除

（1）如何修改全局变量的区域？

修改全局变量的区域只能在点详细面板中或模块的通道信息中修改，且此处的区域设置只可选择子区域，不可选择父区域；保存变更后，该变量的“AREANO”项值在“工程总控”的数据库中自动更新。

（2）在 Auto Think 软件中定义变量之后，会直接同步到总控软件中吗？

在 AutoThink 中的“全局变量”节点下的各变量组中添加功能型变量后，经过保存，都会向工程总控中指定的关联数据库进行内容同步，以保证数据库的统一性，也便于在工程总控中查看相应的数据。例如，在 Auto Think 中声明的 SCS 类型的实例名经过保存后，就可以在工程总控数据库的顺控类别中查找到。

（四）图形组态软件常见问题及故障排除

（1）不属于当前工程的图形页面可以打开么？

不属于当前工程的图形页，需要将页面以导入的方式添加到工程才能打开。导入含有路径信息的画面时，会弹出是否“确认导入图形路径”的对话框，可批量导入或有选择的导入。

（2）编辑“增减值特性”时，当数据库中点的“项名”和“读项名”不一致时怎么处理？

编辑“增减值特性”时，当数据库中点的“项名”和“读项名”不一致时，“读项名”的值赋给“项名”的值，例如 AM 类型点的“AI”项，该项的值实际等于该点对应的“AV”，在编辑这种类型点的“增减值特性”时，如果要改变点的输出值，则“项名”应填入“AI”，而“读项名”应填入“AV”。“DI”类型的点也一样。

三、系统维护

在 DCS 使用过程中，由于工业现场环境相对恶劣（包括温度、湿度、灰尘、腐蚀性气体、振动等环境因素），容易加速电子元器件的老化或造成元器件、电路损伤等情况。另外，在维护与使用过程中可能存在的不当操作同样也会对系统造成损伤。有的损伤会直接导致不可恢复的故障，有的损伤会造成部分元器件的性能和可靠性下降，即软损伤，且非常隐性，如导致元器件阻抗变化、精度漂移、通信数据丢包等，往往要在一段时间后才会发现，会给系统稳定运行带来不可忽视的隐患。系统在不同阶段时，维护注意的相关说明如下。

（1）系统运行阶段的保养

1）检查环境。保持控制室内及其远程 I/O 柜室内环境温度、湿度、清洁度，使它们符合相关规定；保持控制室内光线充足，具备操作员操作监视的条件。

2）外观检查。检查系统设备的外观应完好，无缺件、锈蚀、变形和明显的损伤，如有损坏应做好记录，并予以更换；各系统设备应摆放整齐，各种标志应齐全、清晰、明确。

（2）系统停机阶段的维护

1）防静电要求。所有柜内设备，在检修时必须做好防静电工作；工作人员必须带好防静电接地腕带，并尽可能不触电及电路部分；设备应放在防静电板上，吹扫用设备应接地，以防止静电放电损坏设备。

2）模件清扫。应使用洁净的仪表空气，气源管前部禁止用金属管子，毛刷应经常对地放电，吹出灰尘要用吸尘器吸进，避免腐蚀电路板，更要防止产生静电。

3）电源线路及其他设备的处理。电源线缆及其他设备的清扫也按模件清扫的方法进行。

4）检查接地系统，做好电源性能测试，并做相应的补修和记录。

5）检查电缆敷设捆扎整体美观，检查现场信号电缆号码管是否齐全清晰。

6）检查机柜冷却风扇是否正常工作，并对其清洗和吹扫或更换，以防系统在运行中因冷却风扇故障，引起机柜温度过高，诱发模件故障。

7）检查柜子防尘、密封的处理，进行维修和更换。

8）使用符合标准的绝缘电阻表来检查现场信号线缆的绝缘情况，在测试前，信号线缆与控制设备分开，测试后，应紧固端子接线。检查现场信号电缆是否跟强电分开，以防止造成磁干扰。

（3）操作员站维护保养　在对操作员站（工程师站）维护时，需注意以下内容：

1）保持操作台内环境温度、清洁度符合相关规定。

2）定期对操作站（工程师站）进行清扫，并按模件清扫的方式进行。

3）定期检查操作台内冷却风扇是否正常，如果不正常，将会导致主机过热或负荷过重造成控制操作失效等故障。

4）对操作员站出现内存超负荷、超负荷或者进程故障时，请及时重启，并注意对兼有服务器的操作员站，在重启时应保证另外一台服务器正常运行。

5）对操作员站本身出现故障时，比如操作员站配置不高、操作员站死机、控制操作失效、键盘失效以及打印机不正常时，应及时根据情况更换设备。

四、项目验收

观察项目运行情况，撰写项目报告。各小组推选一名主讲员上台讲解任务的完成情况及演示项目成果，老师同学填写评价表，见表2-35。

项目报告内容包括设计目的与要求、项目计划、项目内容、心得体会、主要参考文献等5项内容。具体报告见附录C。

表2-35　评价表

测评内容	配分	评分标准	得分	合计
选型	6	正确选择控制器(6分)		
电路设计	9	控制器参数设计正确(3分)		
		仪表设计正确(3分)		
		调节阀设计正确(3分)		
电路安装	30	电路图绘制正确　(5分)		
		零部件无损伤　(5分)		
		仪表接线正确　(5分)		
		调节阀接线正确　(5分)		
		安装步骤方法正确　(5分)		
		螺栓按要求拧紧　(5分)		

（续）

测评内容	配分	评分标准	得分	合计
电路连接	10	接线正确　（5分）		
		接线符合要求　（5分）		
电路调试	15	控制器参数设置正确　（5分）		
		2. 通信正确　（5分）		
		3. 系统运行正常　（5分）		
故障检测	20	控制系统运行中的故障能正确诊断并排除（20分）		
安全文明操作	10	遵守安全生产规程　（10分）		
合计总分				

【知识拓展】

一、FCS 简介

进入20世纪80年代以来，大量采用微处理器技术实现生产过程自动化以及智能传感器的发展，导致需要用数字信号取代传统仪表的4～20mA模拟信号，这就形成了现场总线。现场是连接工业过程现场设备和控制系统的全数字化、双向、多站点的串行通信网络，与控制系统和现场仪表联用组成现场总线控制系统（FCS），现场总线不单单是一种通信技术，也不仅仅是数字仪表代替模拟仪表，它是新一代的FCS代替传统的集散控制系统（DCS）。FCS结构如图2-162所示。

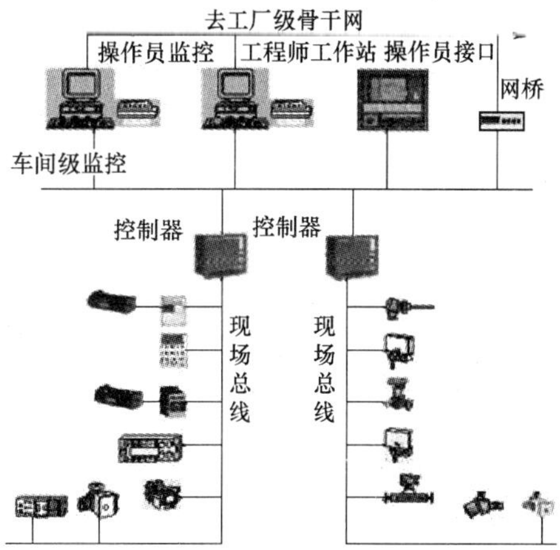

图2-162　FCS结构

现场总线控制系统是继DCS之后的又一种新型工业控制系统，它的出现带来了工业控制领域的一场深刻革命。现场总线代表一种突破意义的控制思想，改变了原有控制体系结构，使模拟与数字混合的DCS更新换代为全数字现场总线控制系统，真正做到危险分散、控制分散、集中监控和全数字化。

现场总线是连接智能现场设备和自动化系统的数字式、双向传输、多分支的通信网络。它是用于过程自动化最底层的现场设备以及现场仪表的互联网络，是现场通信网络和控制系统的集成。它具有系统开放性，互可操作性和互用性，现场设备的智能化与功能自治性，系统结构的高度分散性，对现场环境的适应性等技术特点。

FCS全数字化通信使过程控制具有更高可靠性，从传感器、变送器到调节器，均为数字信号，这就使得复杂、精确的信号处理得以实现。因采用数字总线式通信线路代替DCS中1对1的I/O连线，对于大规模I/O系统，减少了由连线带来的不可靠，同时也降低了布线成本。此外 FCS 还具有互操作性、分散性、EIC（电气传动、仪表、计算机）一体化等优点。在由现场总线构成的 FCS 中，仪表实际上已成为具有综合功能的智能仪表。

二、FCS 的发展方向

现场总线是一种正在发展的技术，在过程控制领域对其要求是：

1）改善实时性，不允许有不确定性。

2）克服本安防爆对总线中节点数和电缆长度的限制，加强现场总线本安概念理论研究。

3）实现可互操作性和信息处理现场化。

今后，对上述 3 方面还要进行积极研究、不断探索。实时性和可互操作性是以太网在工业现场应用所要解决的重要问题。

由于以太网（Ethernet）技术的快速发展，其介入控制已成为事实。以太网的主要特点是：数字式互联网络、可操作性、开放性和高网络功能。网络功能包括实时性、可靠性等，而开放性最为重要。以太网是世界上应用最为广泛的计算机通信技术之一，受到广泛技术开发支持，而且已使用多年，具有大量软、硬件资源和开发设计经验。在以太网上层应用的 TCP/IP 也已开发较成熟；绝大多数 PC 均提供以太网接口，操作系统也已配备 TCP/IP。

因此，整合以太网和 TCP/IP 技术的现场总线是今后发展的主流体系和应用热点。

三、自动控制系统的未来

随着计算机的普及和网络的发展，由基于单台计算机、单个受控设备的单机自动化演变成为基于网络和多台计算机、多个受控制设备的多机协同自动化，这一过程统称“网络化”。网络化可以是一个工段的几台设备相连接，也可以是整个车间、整个工厂、整个企业乃至由分布在世界各地的企业机构的企业集团连接成网络，或者讲是由从企业内部的局域网和互联网的有机结合，从而构成全球化的生产和管理系统。自动化系统不再是独立存在的“孤岛”，而是通过网络连接成的有机整体，可以实现各种信息和各种技术的综合集成，可以将管理功能和自动控制功能结合在一起，形成“管控一体化”系统，对系统内的各个子系统进行协调控制，实现综合性能和效益的最优，而不是局部的最优。

自动化系统的网络化使系统规模越来越大，复杂程度越来越高。自动化正朝着“数字化”“网络化”“集成化”“智能化”“综合化”方向快速发展，综合自动化包含了很丰富的内涵，是一个随时代而演变的概念，目前主要有两个动向。一个动向是，由于认识到机器不可能完全取代人，机器所能实现的“智能”是有限的，因此不再追求完全的“无人化”，而是将人作为自动化系统的一部分充分发挥人的优势，形成由智能机器和人类专家共同组成的“人机一体化”智能自动化系统，合作完成诸如分析、构思、推理、判断和决策等智能活动。另一个动向是，自动化系统应当从设计、运行、维护到报废整个过程考虑对环境影响和可持续发展问题，实现最有效地利用资源，最大限度地减少对人类的损害和对环境的污染，尽可能少地生产废弃物。这就是所谓的“绿色化”，其内涵包括有害电磁谐波的抑制、人机和谐、洁净生产、考虑整个产品生命周期的绿色制造、减少或消除自动化过程中的信息污染等。

【工程训练】

锅炉锅筒水位 DCS 的设计与实现

任务：锅炉锅筒水位控制原理分析，DCS 设计与实现

一、锅炉工艺设备介绍

锅炉由汽锅和炉子组成。其工艺设备图如图 2-163 所示。炉子是指燃烧设备，为化石烯料的化学能转换成热能提供必要的燃烧空间。汽锅是为汽水循环和汽水吸热以及汽水分离提供必要的吸热和分离空间。锅炉作为一种把煤、石油或天然气等化石燃料所储藏的化学能转换成水或水蒸气热能的重要设备，长期以来在工业生产和居民生活中都扮演着极其重要的角色。从系统角度看，锅炉包括燃烧控制系统、给水控制系统、气温控制系统和辅助控制系统。控制系统框图如图 2-164 所示。

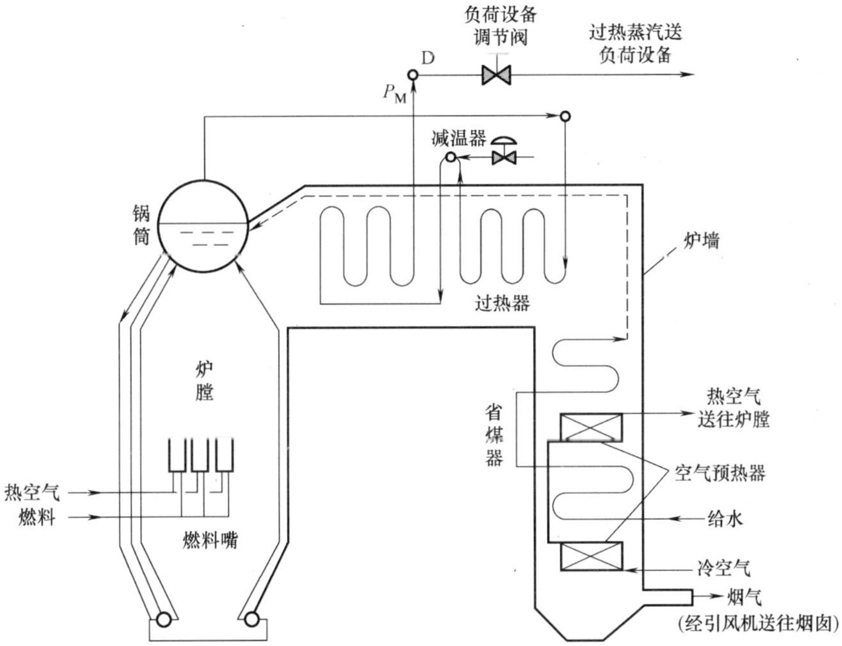

图 2-163　锅炉工艺设备

（一）原理介绍

煤通过传送带输送到各炉的煤仓，通过抛煤机抛入炉膛燃烧，由炉排送入炉膛燃烧，送风机送风进入空气预热器预热，再送入炉膛助燃。软水经除氧器送入省煤器进行加热，再进入锅筒，给锅筒补水。由于炉膛两侧排管的软水被加热，产生温差，形成对流，锅筒产生蒸汽，通过蒸汽管道送入分配器，供全厂使用，炉膛烟气通入省煤器和空气预热器降温后，进入水膜除尘器除尘，由引风机送入烟囱排放。原理图如图 2-165 所示。

（二）主要设备介绍

锅筒：起着锅炉汽水分离、缓冲、收集蒸汽等作用。

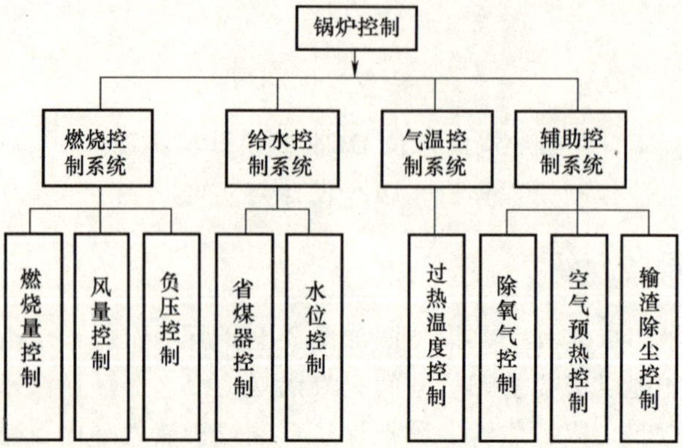

图 2-164 锅炉控制系统框图

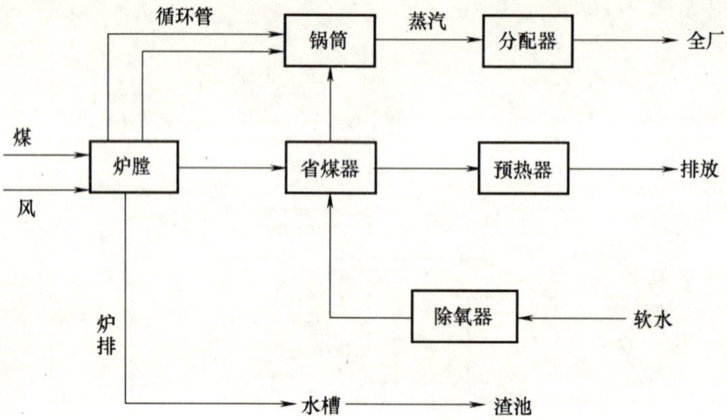

图 2-165 锅炉原理图

省煤器：烟气温度与锅筒补供水温度交换，提高锅筒供水温度，节约燃料。

空气预热器：把送入炉膛燃烧的空气进行预热，节约燃料和提高燃烧效果。

炉膛：煤及空气的燃烧室，使循环管软化水温度升高。

除氧器：除去软水中的氧离子。

水膜除尘器：用水除去烟气中的煤粉及烟灰等杂物。

（三）仪表主要控制系统

锅筒水位三冲量控制系统（串级前馈）的组成包括：锅筒水位测量，给水流量测量，蒸汽流量测量（温压补偿后），给水调节阀控制。

二、锅炉锅筒水位调节的任务

锅炉锅筒水位是影响锅炉安全运行的一个重要参数，锅筒水位过高或者过低的后果都非常严重，因此对锅筒水位必须进行严格控制。下面以锅炉锅筒出口蒸汽驱动汽轮机为例进行介绍。

水位自动调节的主要任务是：

1）维持锅炉水位在允许的范围内，使锅炉的给水量适应于蒸发量。锅炉的水位是影响安全运行的重要因素。水位过高会影响汽水分离装置的正常工作，严重时会导致蒸汽带水增加，水位过高或过低，都是不允许的。所以，正常运行时锅筒水位应在给定值的某一允许范围内波动。

2）保持给水量稳定。给水量稳定有助于省煤器和给水管道的安全运行。实践证明，无论是电站锅炉，或者是工业锅炉，用人工操作调节水位既不安全，也不经济，其最有效的方法是实现水位自动调节。

本次设计的主要工作有：

1）设计锅炉锅筒水位控制方案。从锅炉锅筒水位的动态性能入手，分析影响锅炉锅筒水位的主要因素，并理论研究这些因素对锅炉锅筒水位动态性能的影响。根据各个因素对锅炉锅筒水位的影响采用锅筒水位三冲量方案，达到控制锅炉锅筒水位稳定的目的。

2）控制算法的参数整定与仿真。根据被控对象的特点以及它的静态、动态特性按照工程整定的方法进行控制器的参数整定，设计调节器的各个参数。在此基础之上对整定结果进行仿真，并对整定结果进行进一步调整判断其可行性，为后续的软件设计工作打下基础。

三、控制方案设计

（一）虚假水位的形成及对策

虚假水位是锅炉运行时不真实的水位。当锅筒压力突降时，炉水饱和温度下降到压力较低时的饱和温度，使炉水大量放出热量来进行蒸发，于是炉水内的气泡增加，汽水混合物体积膨胀，使水位不是下降而是很快上升，形成虚假水位。当锅筒压力突升时，则相应的饱和温度提高，一部分热量被用于加热炉水，而用来蒸发炉水的热量则减少，炉水中气泡量减少，使汽水混合物的体积收缩，使水位不是上升而是很快下降，也形成虚假水位。

此外，当锅炉内热负荷增加或骤减时，水的比容将增大或减小，也会形成虚假水位。锅炉负荷突变、灭火、安全门动作、燃烧不稳时，都会产生虚假水位。在负荷突然变化时，气压也相应变化，这时将会出现虚假水位。负荷变化速度越快，虚假水位越明显。如遇汽轮机甩负荷，气压突然升高，水位将瞬时下降；运行中燃烧突然增强或减弱，引起气泡量突然增大或减少，使水位瞬时升高或下降；安全阀起座时，由于压力突然下降，水位瞬时明显升高；锅炉灭火时，由于燃烧突然停止，锅水中气泡产量迅速减少，水位也将瞬时下降。

在输入端引入蒸汽流量信号，设置水位系统的前馈调节，于是当蒸汽流量增大时，给水量随之增大，给水量增多，水温又较低，有利于克服虚假水位的影响。

（二）锅筒水位的影响因素

首先应该从分析锅筒水位的动态特性入手。锅炉给水调节对象如图 2-166 所示。给水调节机构为调节阀给水量 W，汽轮机耗汽量 D 是由汽轮机阀门开度来控制的。

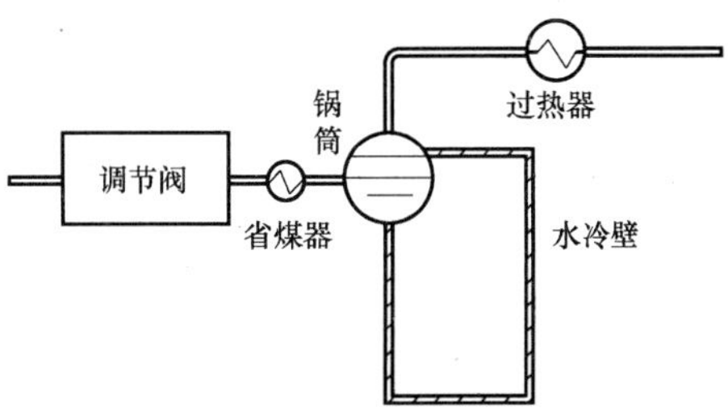

图 2-166　锅炉给水调节对象

初看起来，锅筒水位的动态特性似乎和单容水槽一样，给水量和蒸汽流量影响锅筒水位的高低。但实际情况并非如此，最突出的一点就是水循环系统中充满了夹杂着大量蒸汽泡的水，而蒸汽泡的体积 V 是随着锅筒压力和炉膛热负荷的变化而变化的。如果有某种原因使气泡的总体积变化了，即使水循环系统的总水量没有发生变化，锅筒水位也会因此随之发生改变从而影响水位的稳定。影响锅筒水位 H 的主要因素有给水量 W，汽轮机耗汽量 D 和燃料量 B 三个主要因素。

1. 给水扰动的影响

如果把锅筒及其水循环系统看作一个单容水槽，那么水位的给水阶跃扰动响应曲线应该如图 2-167 的曲线 H_1 所示。但考虑到给水的温度低于锅筒内饱和的水温度，当它进入锅筒后吸收了原有的饱和水中的一部分热量使得锅炉内部的蒸气产量下降，水面以下的气泡的总体积 V 也就会相应的减小，从而导致水位下降如图 2-167 的曲线 H_2 所示。水位的实际响应曲线应是曲线 H_1 和 H_2 之和，如图 2-167 的曲线 H 所示。它是一个具有延迟时间的积分环节，水的过冷度越大，则响应延迟时间就会越长。其传递函数可以近似表示为

$$G_1(s)=\frac{\varepsilon}{s(1+\tau s)}$$

式中，ε 为锅筒水位的飞升速度；τ 为延迟时间。

2. 汽轮机耗汽量扰动的影响

当汽轮机耗汽量 D 突然做阶跃增加时，一方面改变了锅筒内的物质平衡状态，使汽包内液体蒸发量变大从而使水位下降，如图 2-168 的曲线 H_1 所示，另一方面由于汽轮机耗汽量 D 的突然增加，将迫使锅炉内气泡增多，同时由于燃料量维持不变，锅筒压力下降，从而导致锅筒水位上升，如图 2-168 的曲线 H_2 所示。水位的实际响应曲线应该是曲线 H_1 和 H_2 之和，如图 2-168 的曲线 H 所示。对于大中型锅炉来说，后者的影响要大于前者，因此负荷做阶跃增加后的一段时间内会出现水位不但没有下降反而明显升高的现象，这种反常现象就是虚假水位现象。可以认为这是一个惯性加积分环节，其传递函数可以近似表示为

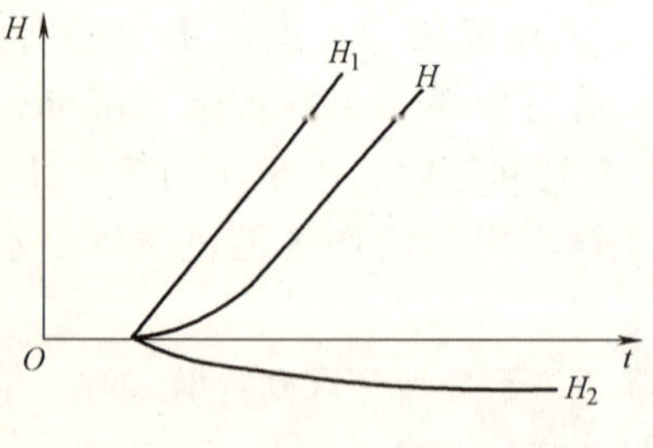

图 2-167　给水扰动响应曲线

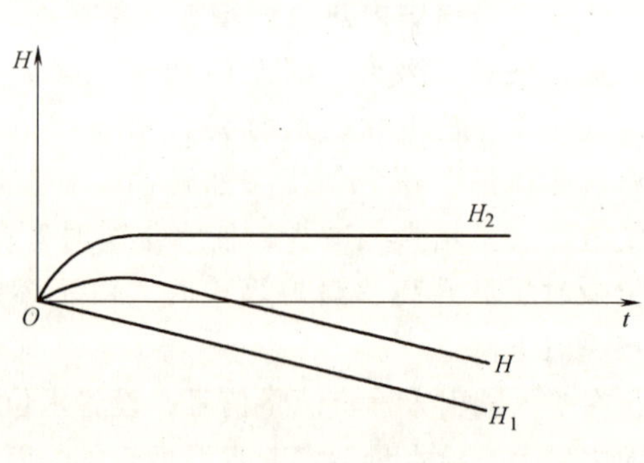

图 2-168　汽轮机耗汽量扰动响应曲线

$$G_2(s)=-\frac{\varepsilon_2}{s}+\frac{K}{1+T_0 s}$$

式中，ε_2 为锅筒水位对于蒸汽流量的飞升速度；T_0 为虚假水位现象的延迟时间；K 为比例系数。

3. 燃料量扰动的影响

当燃料增加时，炉膛热负荷随着增加，水循环系统内的汽水混合物的气泡比例增加，形

成水位升高的虚假现象，如图 2-169 中 H_1 曲线所示。如果负荷设备的进气阀不加调节，则锅筒饱和压力升高，蒸汽流出量增加，蒸发量大于给水量，水位应该下降。随着锅筒压力的升高，汽水混合物中气泡的比例将减小，又使得汽水总容积下降，如图 2-169 中 H_2 曲线所示。水位的实际响应曲线应该是曲线 H_1 和 H_2 之和，如图2-169的曲线 H 所示。由图知在燃料量扰动下，锅筒水位也会因锅筒容积的增加水位先上升，因此也会出现虚假水位现象，至蒸发量与燃料量相适应时，水位才开始下降，即经过了 τ_m 时间后水位开始下降。但由于锅筒水循环系统中有大量的水，锅筒和水冷壁管道也会存储大量的热量，因此具有一定的热惯性。燃料量的增大只能使蒸汽量缓慢增大，而且同时气压也会缓慢上升，它将使气泡体积减小，因此燃料量扰动下的假水位现象比负荷扰动下要缓和得多。

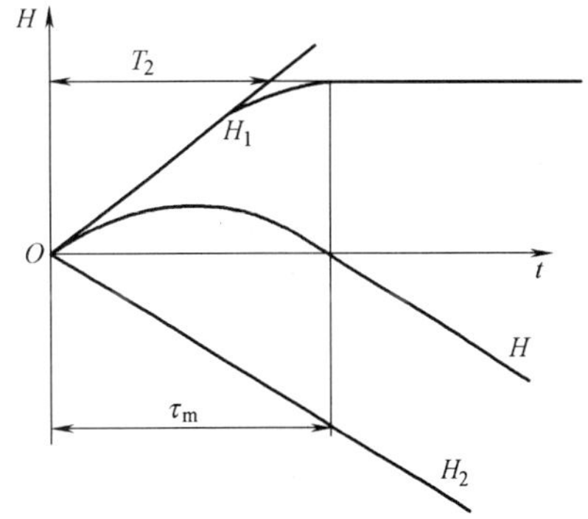

图 2-169　燃料量扰动响应曲线

由以上分析可知，给水量扰动下的水位响应有迟滞性，负荷扰动下的水位响应有虚假水位现象。这些特性使得锅筒水位的变化受到多种因素影响，因而对它的控制变得比较复杂和困难。

四、锅筒水位的控制方案设计

（一）单冲量控制系统

从反馈的思想出发很容易想到以锅筒水位信号作为反馈量，给水流量作为被控量，构成单回路反馈控制系统，即水位单冲量控制系统。图 2-170 所示是一个基本的控制方案，其框图如图 2-171 所示。对于小容量锅炉来说，由于它的储水容量较大，水面以下的气泡体积并不占有非常大的比重，因此水容积延迟和虚假水位现象并不是非常明显，因此可以采用锅筒水位单冲量控制系统来控制锅筒水位。但对于大中型锅炉来说，这种控制方案就不能满足控制要求了，因为汽轮机蒸汽量的负荷扰动引起的虚假水位现象将引起给水调节机构的误动作，导致锅筒水位激烈的上下振荡而不稳定，严重地影响设备的运行寿命和安全，所以大中型锅炉不宜仅仅只采用锅筒水位单冲量控制系统，必须寻找其他的解决办法来控制锅筒水位。

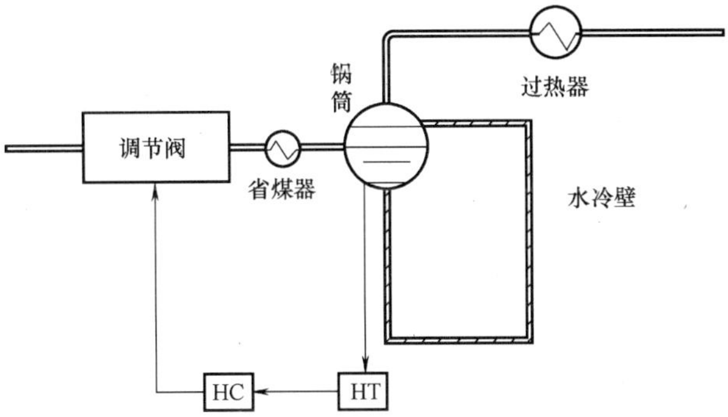

图 2-170　锅筒水位单冲量控制系统

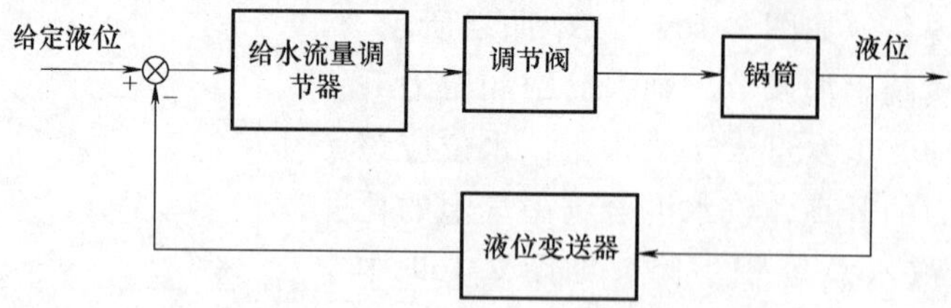

图 2-171　锅筒水位单冲量控制系统框图

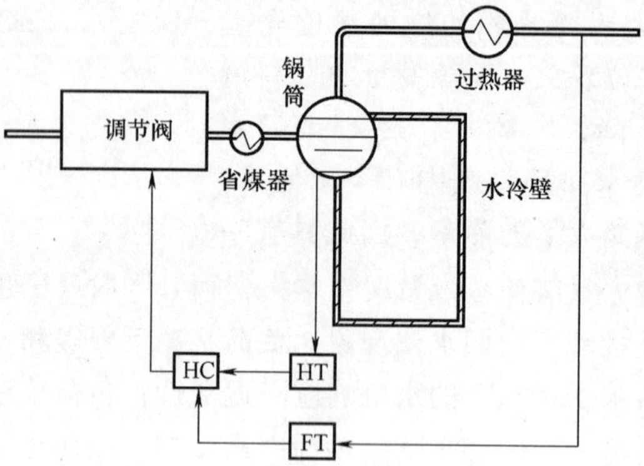

图 2-172　蒸汽流量随动控制系统

如果从物质平衡的角度出发，只要能够保证给水量永远等于蒸汽蒸发量就可以保证锅筒水位大致不变。因此可以采用图 2-172 所示的蒸汽流量随动控制系统，其中流量调节器采用 PI 调节器，使汽轮机的蒸汽量作为系统的给定使给水流量跟踪蒸汽流量的变化，构成了一个以蒸汽量作为给定的随动系统从而保证锅筒水位的恒定。该方案的结构框图如图 2-173 所示。

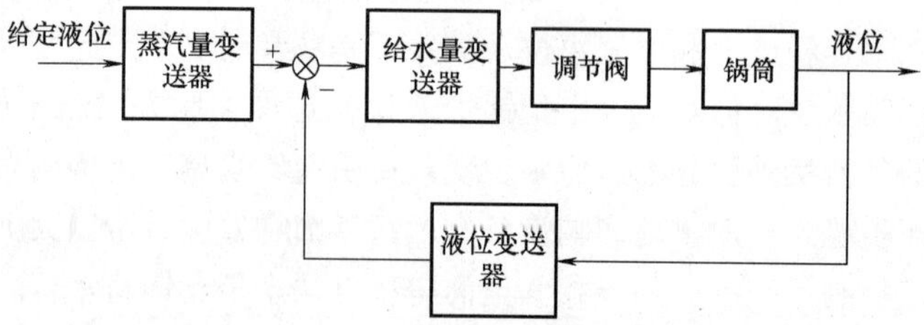

图 2-173　蒸汽流量随动控制系统框图

（二）双冲量控制系统

采用该方案的优点是系统完全根据物质平衡条件工作，给水量的大小只取决于汽轮机的耗汽量，虚假水位现象不会引起给水调节机构的误动作。但是这个系统对于锅筒水位来说只是开环控制系统。由于给水量和蒸汽量的测量不准确以及锅炉系统引入的其他扰动，使得给水量和蒸汽量并非准确的比值关系来保持水位恒定。由于水位对于二者的偏差是积分关系，微小的偏差长时间积累也会形成很大的水位差，因此不宜采用随动控制系统。

如果把以上所述两种方案结合起来，就构成了锅筒水位双冲量控制系统，如图 2-174 所示，其结构框图如图 2-175 所示。双冲量指的是同时引入两个测量信号：锅筒水位和蒸汽流量。这个系统对以上所分析的两种方案取长补短，可以极大地提高锅筒水位的控制质量。当

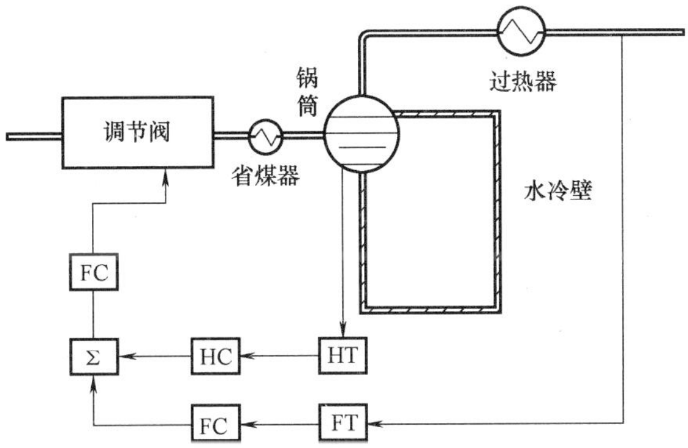

图 2-174　锅筒水位双冲量控制系统

汽轮机耗汽量出现阶跃增大时，一方面由于虚假水位现象锅筒水位会暂时有所升高，将使调节机构做出误动作错误地减少给水量；另一方面汽轮机耗汽量的增大又通过比值控制系统指挥调节机构增大给水量，实际给水量的增减情况要根据实际情况通过参数整定来确定。当虚假水位现象消失后，水位和蒸汽信号都能正确地指挥调节机构动作。只要参数整定合适，给水量必然等于蒸汽量，从而保证水位恒定。

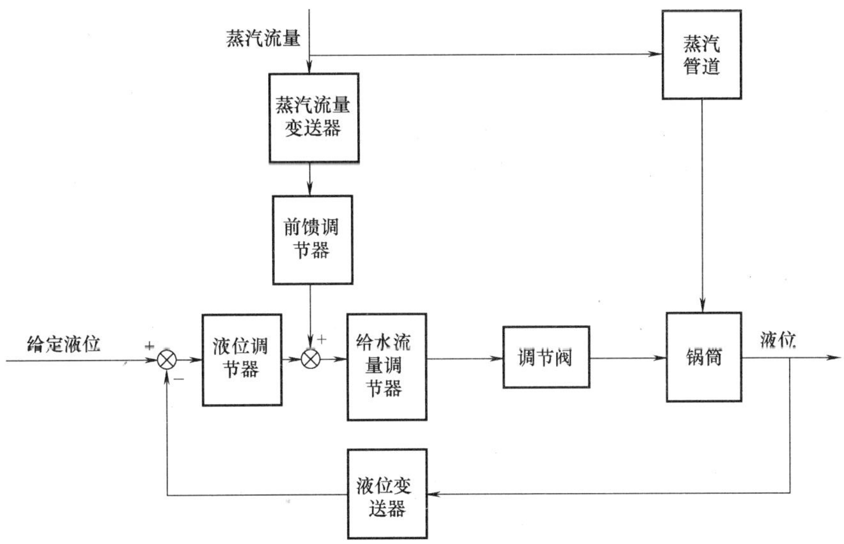

图 2-175　锅筒水位双冲量控制系统框图

（三）三冲量控制系统

1. 三冲量控制方案之一

如图 2-176 和图 2-177 所示，该方案实质上是前馈（蒸汽流量）加反馈控制系统。这种三冲量控制方案结构简单，只需要一台多通道调节器，整个系统亦可看作三冲量的综合信号为被控变量的单回路控制系统，所以投运和整定与单回路一样，但是如果系统设置不能确保物料平衡，当负荷变化时，水位将有余差。

2. 三冲量控制方案二

如图 2-178 和图 2-179 所示，该方案与方案一相类似，仅是加法器位置从调节器前移至调节器后。该方案相当于前馈-串级控制系统，而副回路的调节器比例度为100%，该方案当负荷变化时，液位可以保持无差。

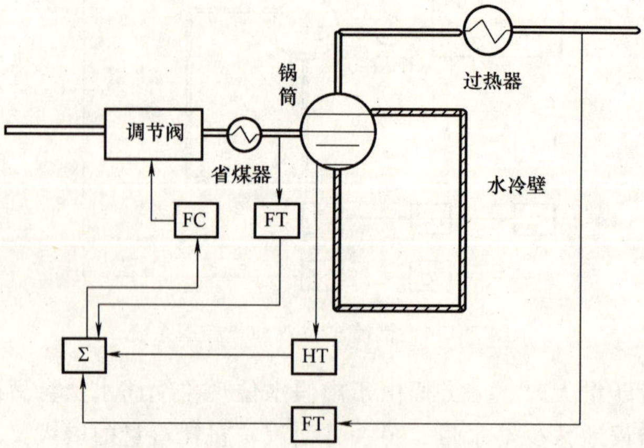

图2-176　锅筒水位三冲量控制系统（方案一）

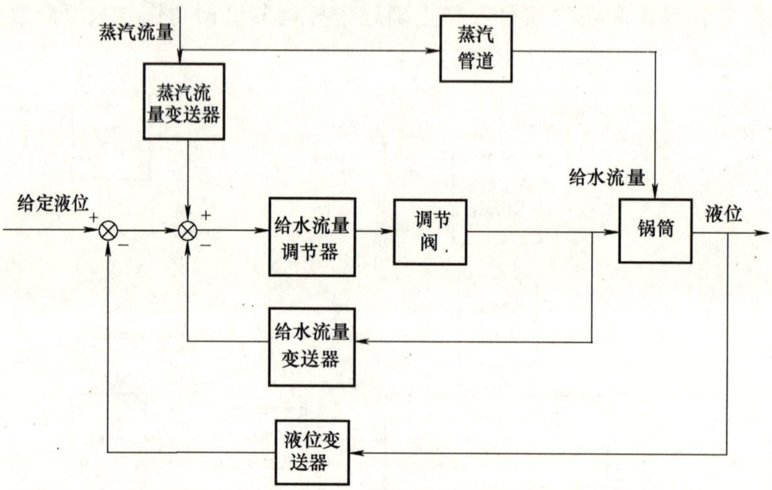

图2-177　锅筒水位三冲量控制系统框图（方案一）

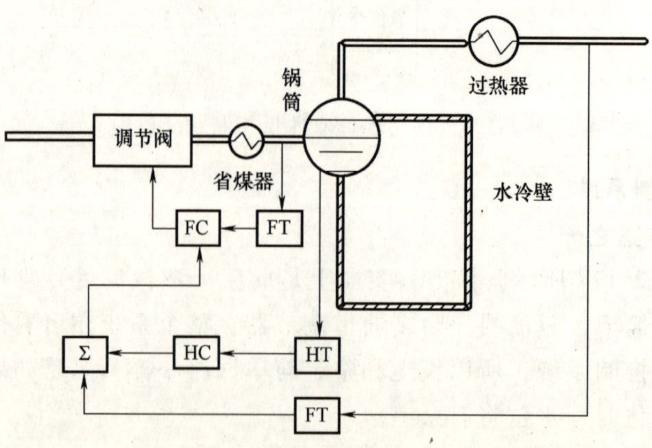

图2-178　锅筒水位三冲量控制系统（方案二）

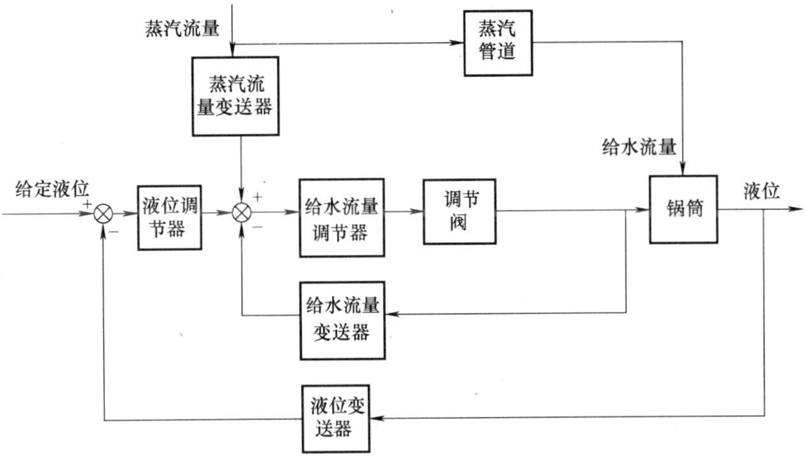

图 2-179　锅筒水位三冲量控制系统框图（方案二）

3. 三冲量控制方案三

考虑蒸汽流量的扰动造成虚假水位的影响，可以在方案二的基础上在蒸汽扰动上引入前馈微分补偿环节。微分作用具有预测的功能，所以蒸汽流量信号引入微分后，这样动态补偿可以获得较好的效果。图 2-180 所示的三冲量控制系统，即前馈-反馈-串级复合控制系统。系统框图如图 2-181 所示。该三冲量控制系统包含给水流量和锅筒水位控制回路两个控制回路以及一个蒸汽流量前馈通道，实质上是蒸汽流量前馈与水位-流量串级系统组成的复合控制系统。串级控制系统的主控制量是锅筒水位，副控制量是给水流量，主调节器是液位流量调节器，副调节器是给水流量调节器。

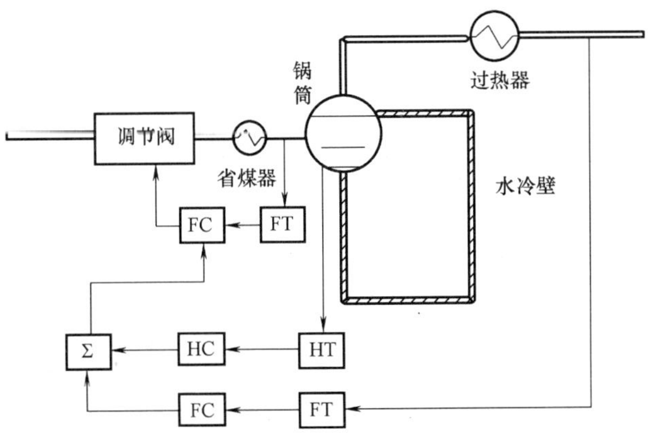

图 2-180　锅筒水位三冲量控制系统（方案三）

这个控制方案，一方面可以克服给水扰动，使给水流量自行调节；另一方面可以有效地抑制虚假水位现象。微分作用使其动态补偿可以获得较好的效果。当蒸汽流量发生变化时，锅炉锅筒水位控制系统中的给水流量控制回路可迅速改变进水量的大小以完成粗调，然后再由锅筒水位调节器完成水位的细调维持锅筒水位的稳定。该方案适用于大容量高压锅炉，而且要求水位控制严格的场合。因此对锅炉锅筒水位的控制，我们选用这种控制方案。

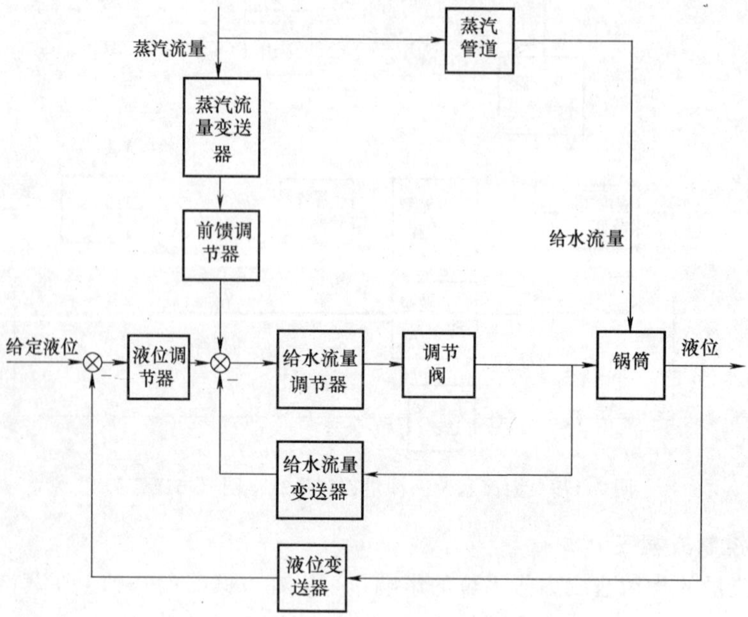

图 2-181　锅筒水位三冲量控制系统框图（方案三）

五、软件编程

下面仍以和利时 HOLLiAS-MACS 软件组态为例，进行三冲量控制方案的实施。

（一）组态前期准备

1. 三冲量的逻辑框图

根据锅炉锅筒三冲量控制方案三，绘制三冲量的逻辑框图，如图 2-182 所示。

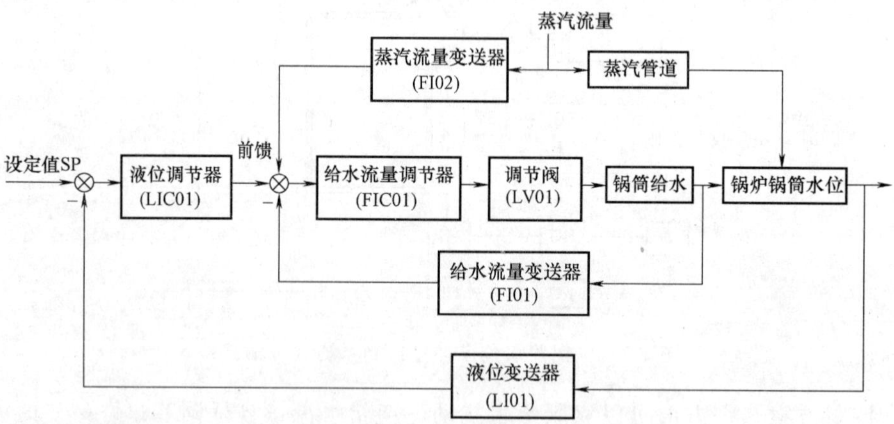

图 2-182　三冲量控制框图

2. 主、副调节器正、反作用的判断

主、副调节器的正、反作用的选择步骤：先根据工艺条件及调节阀气开与气关形式，决定副调节器的正、反作用方向；然后根据主、副参数的关系，决定主调节器的正、反作用方向。

调节对象系数 K_o：阀门、执行器开大，测量 PV 增加，则 K_o 为正对象，取“+”；反之，为负对象，取“-”；调节阀门系数 K_v：阀门正作用（气开、电开），则 K_v 取“+”；阀门反作用（气关、电关），则 K_v 取“-”。K_o、K_v 的正负由工艺对象和生产安全决定，根据 K_o、K_v 的正负来判断调节器的作用；$K_oK_v>0$，则调节器为反作用；$K_oK_v<0$，则调节器为正作用。

串级回路调节器的判断方法如下：

1）副调节器的判断方法和单回路的相同。

2）主调节器的正反作用只和主对象有关。

3）主对象是正对象，则调节器取反作用。

4）主对象是负对象，则调节器取正作用。

因此，根据以上判断方法来确定液位调节器和流量调节器的正反作用，流量调节器是副回路，锅炉锅筒是正对象，调节阀按工艺要求选气关阀，给水流量调节阀器选正作用。锅炉锅筒液位调节器为反作用。

3. 三冲量控制过程分析

1）锅炉锅筒水位受到扰动时，动态过程分析如下：

锅筒水位↑→液位变送器输出↑→ 液位调节器输出（液位调节器反作用）↓→锅筒水位↓→给水流量调节器输出（流量调节器正作用）↑→ 调节阀减小（气关阀）↑→给水流量↓→锅筒水位↓。

2）当蒸汽流量受到扰动时，动态过程分析如下：

蒸汽流量↑→汽包水位↑→给水流量调节器输出（流量调节器正作用）↓→ 调节阀增大（气关阀）↑→给水流量调节器输出↑→锅筒水位保持。

3）当给水流量受到扰动时，动态过程分析如下：

给水流量↑→ 给水流量变送器输出↑→给水流量调节器输出（流量调节器正作用）↑→调节阀减小（气关阀）↓→ 给水流量↓。

4. 测点说明

在控制方案中，组态时需要用到的物理量点（实际现场设备），有三个测量变速器，一个液位调节阀，组态前要先定义变量名，其中点名定义要符合组态软件的命名要求，点名及说明见表 2-36。

表 2-36 测点说明

点名	点说明	点类型
LI01	锅炉锅筒液位变送器	AI
FI01	给水流量变送器	AI
FI02	蒸汽流量变送器	AI
TI01	蒸汽温度变送器	AI
PI01	蒸汽压力变送器	AI
LV01	给水调节阀	AO
LIC01	锅炉锅筒液位调节器	控制器中间量点
FIC01	给水流量调节阀	控制器中间量点

（二）软件组态

1. 新建工程

在工程总控中新建工程，工程名称要符合软件命名要求，如图 1-183 所示。

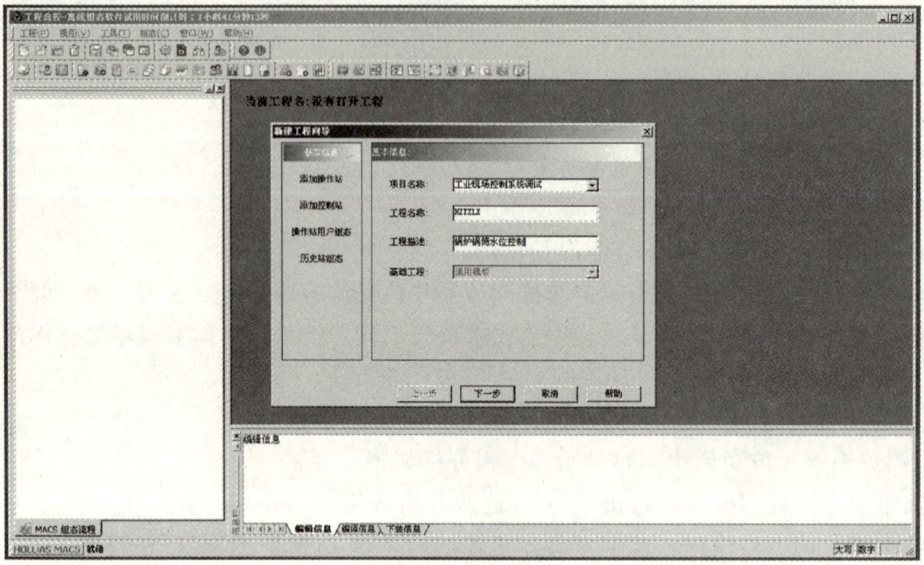

图 2-183　新建工程窗口

2. 添加操作员站

需要添加几台操作员站，直接在画面中增加数量。窗口如图 2-184 所示。

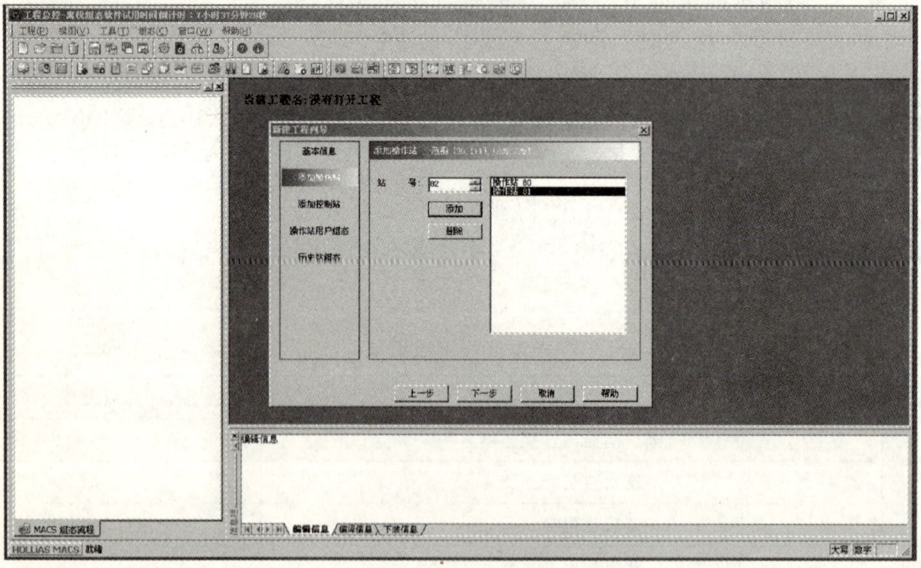

图 2-184　添加操作员站窗口

3. 添加控制站

根据系统的规模，选择需要的控制器，并添加现场控制站的个数，然后创建工程，如图 2-185 所示。

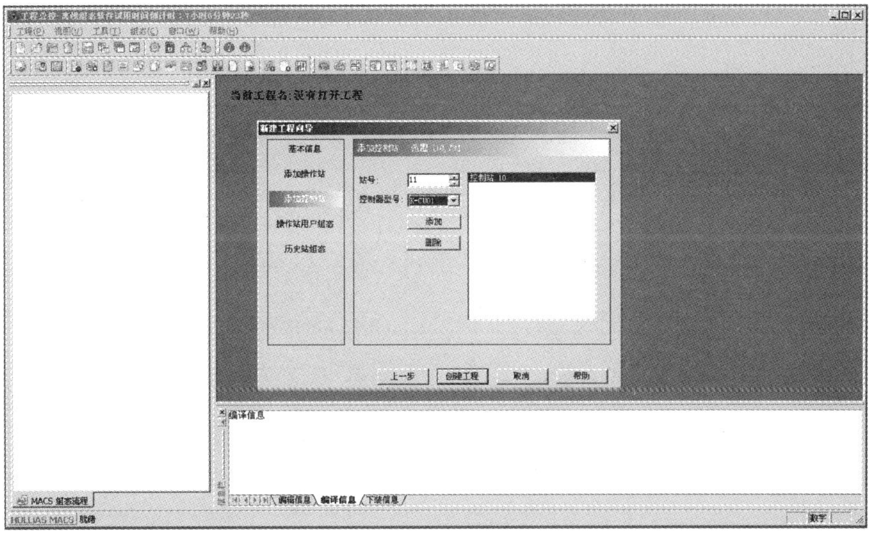

图 2-185　添加现场控制站窗口

4. 操作站用户组态

添加一个工程师级别的用户，如图 2-186 所示，用于后面操作站和历史站的下装。

5. 历史站组态

历史站可以兼在操作员站上，如图 2-187 所示，单击“完成”，新建工程完成，然后编译。

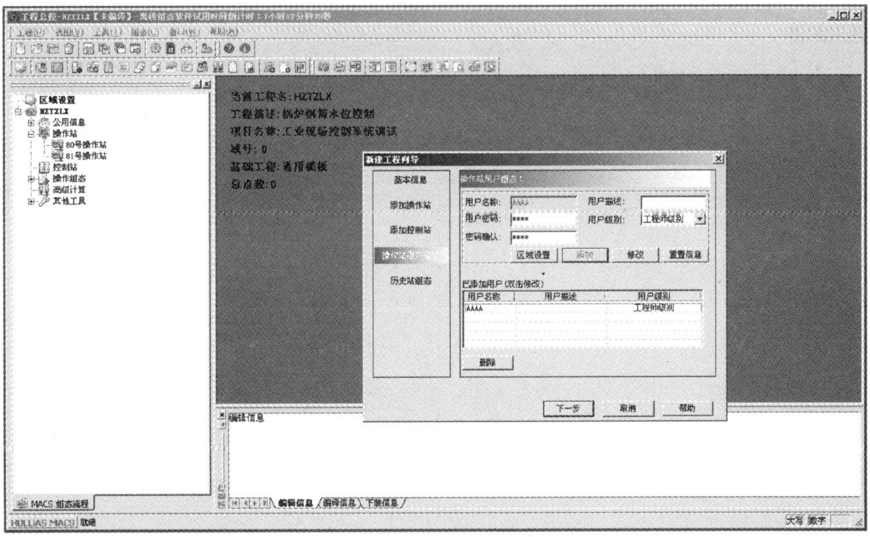

图 2-186　添加操作站用户窗口

6. 控制站组态

（1）硬件配置在硬件配置中打开机柜，在设备库中添加 K 主机柜，然后添加 K-BUS02 通信模块，如图 2-188 所示。根据测点个数，需要增加一个 AI 模块和一个 AO 模块。

（2）测点导入　根据测点点表，把 AI 点输入到 K-AI01 模块，AO 点输入到 K-AO01 模块，多余的通道可以做出备用通道，如图 2-189、图 2-190 所示。

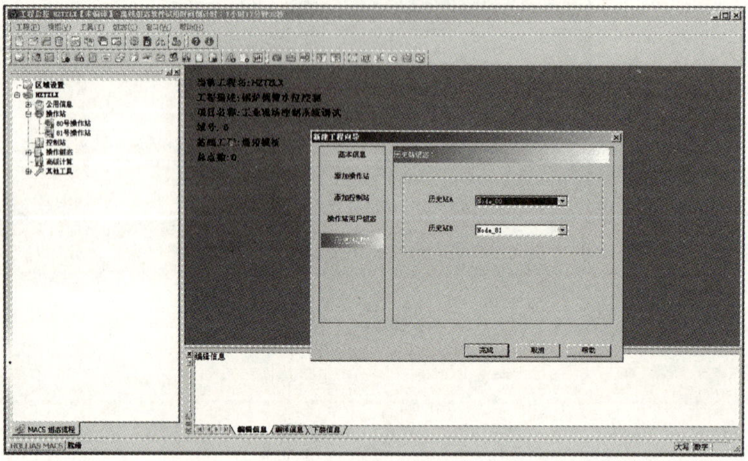

图 2-187　历史站组态

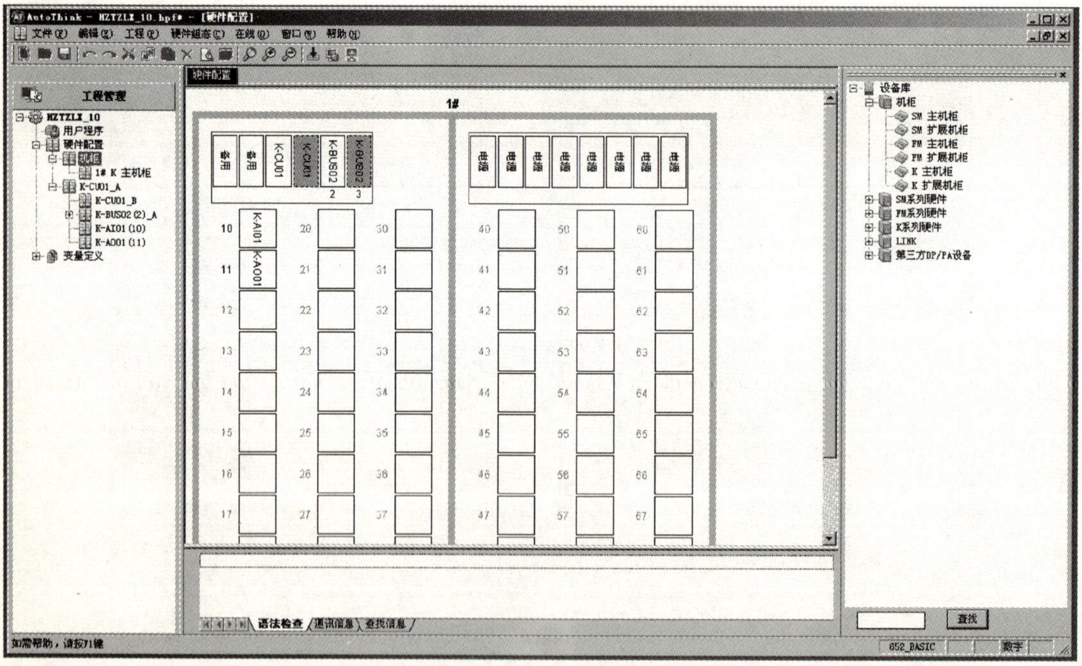

图 2-188　硬件配置组态

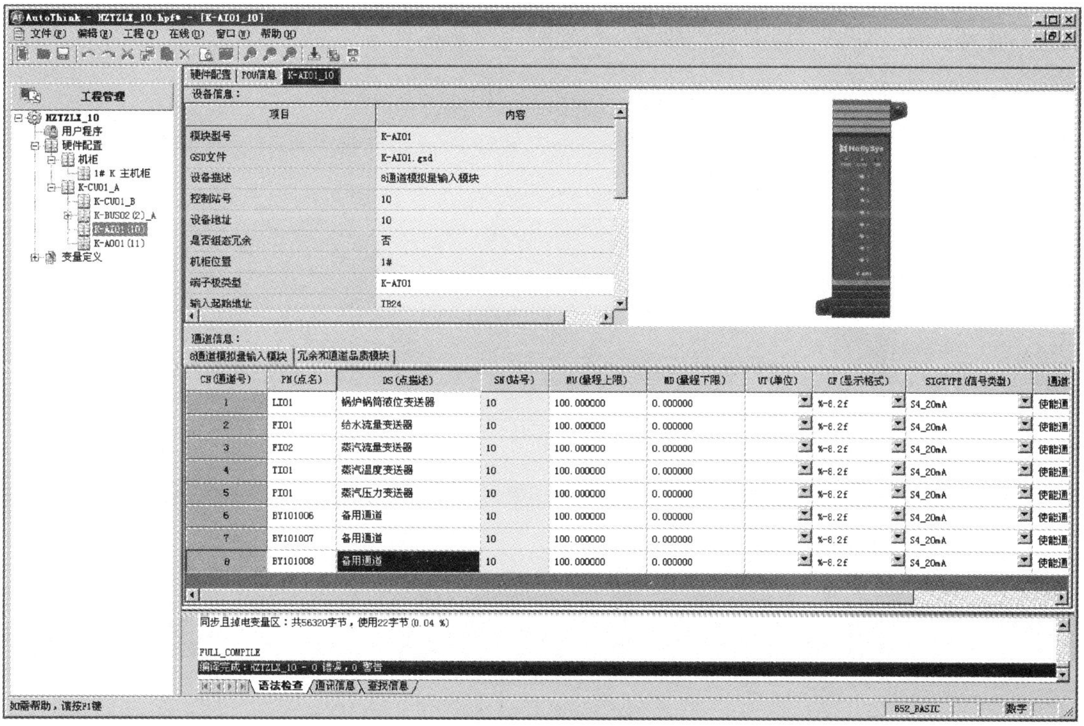

图 2-189 AI 测点导入

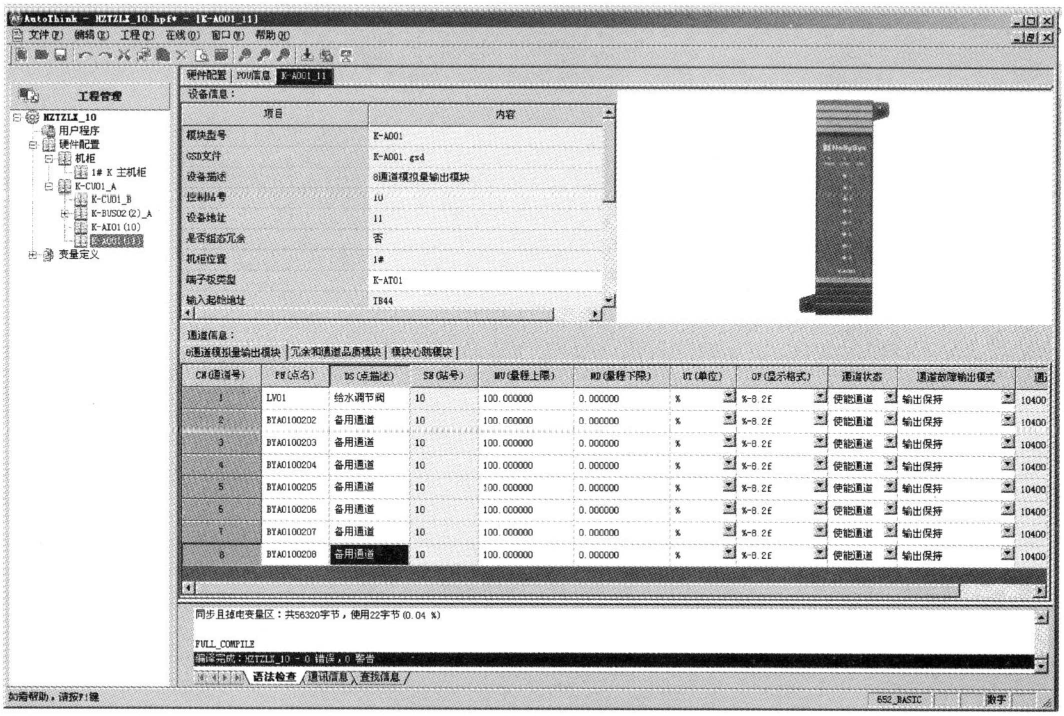

图 2-190 AO 测点导入

（3）锅炉三冲量控制程序先添加程序，选择用户程序，添加程序名，选择编程语言CFC，如图2-191所示。程序组态如图2-192所示，参数选项如图2-193所示。

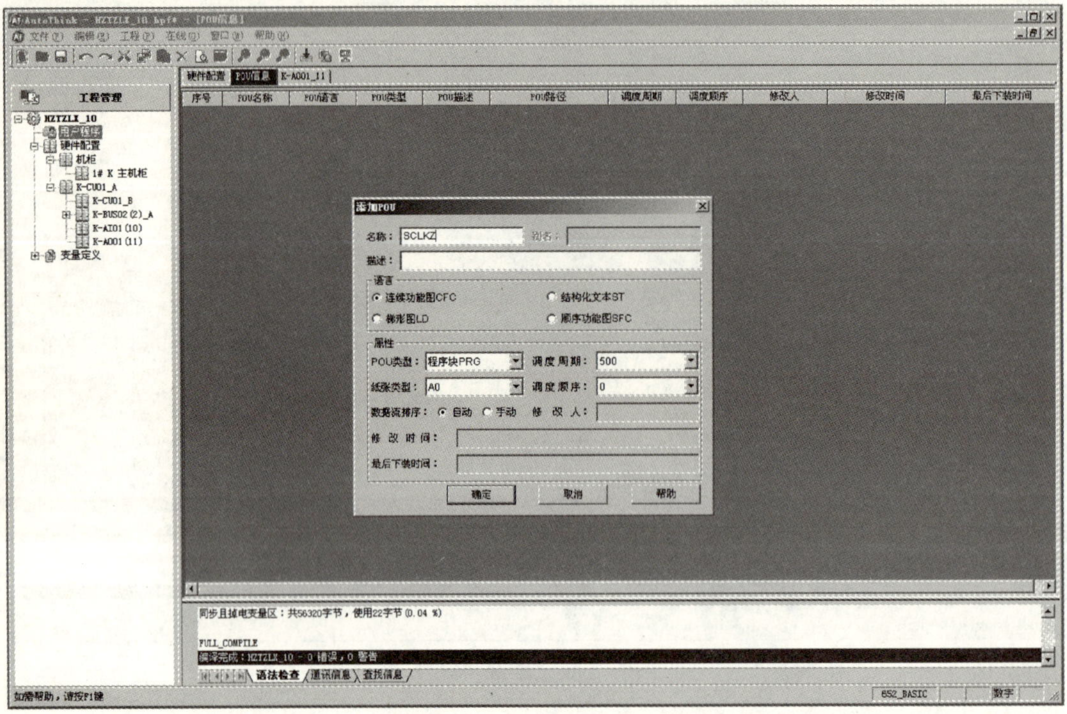

图 2-191　添加程序

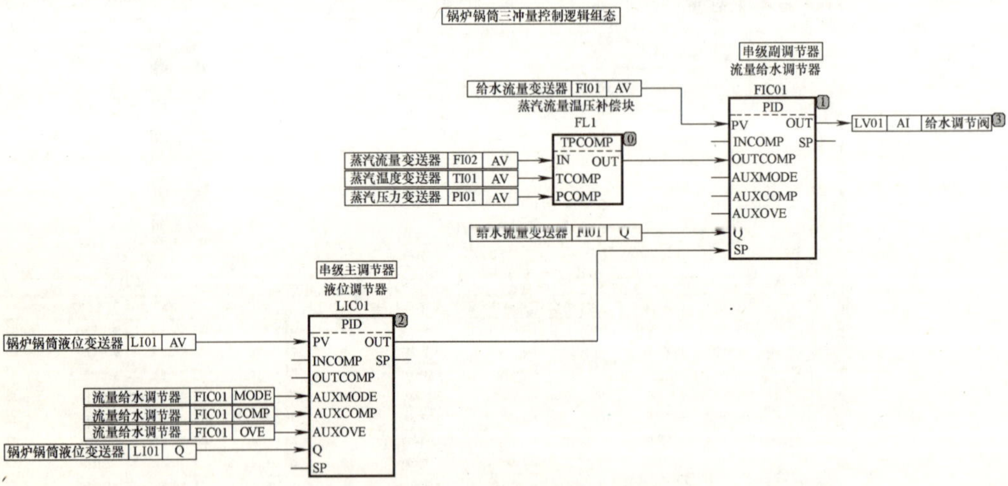

图 2-192　程序组态

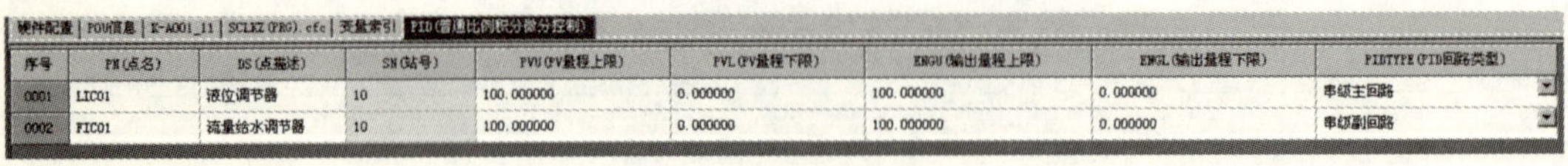

序号	PN(点名)	DS(点描述)	SN(站号)	PVU(PV量程上限)	PVL(PV量程下限)	ENGU(输出量程上限)	ENGL(输出量程下限)	PIDTYPE(PID回路类型)
0001	LIC01	液位调节器	10	100.000000	0.000000	100.000000	0.000000	串级主回路
0002	FIC01	流量给水调节器	10	100.000000	0.000000	100.000000	0.000000	串级副回路

图 2-193　参数选项

（三）图形画面

在图形画面中，用一些简图示意现场实际的设备，并可以添加一些动态链接，把现场的变送器的指示值显示在画面上，也可以把调节阀的开度显示出来，在画面上增加液位和流量的操作面板，即可对锅炉给水调节阀进行控制，也可以对锅炉锅筒水位进行控制，方便操作人员进行设备参数的控制。绘制好的锅炉锅筒流程图如图 2-194 所示。

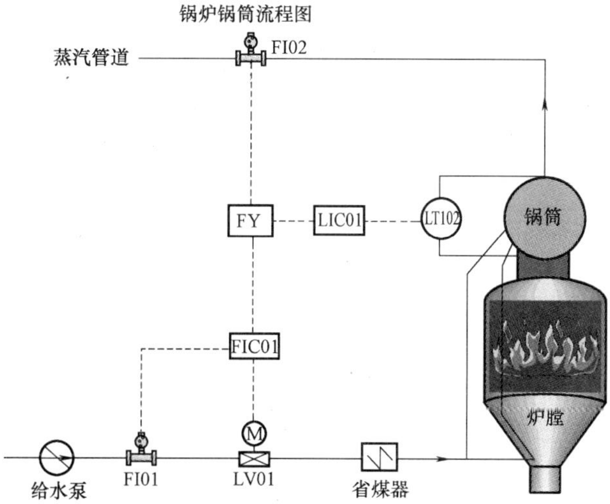

图 2-194　锅炉锅筒流程图

附　　录

附录 A　AI 系列仪表后背板接线与主要参数设置

1. 主要特点

AI 系列仪表输入采用数字校正系统，内置常用热电偶和热电阻非线性校正表格，测量准确度等级高达 0.2 级；采用先进的 AI 人工智能调节算法，无超调，具备自整定（AT）功能；采用先进的模块化结构，提供丰富的输出规格，能广泛满足各种应用场合的需要，且维护方便；具有人性化设计的操作方法，易学易用；全球通用的 AC100 ~ 240V 输入范围开关电源或 DC24V 电源供电，并具备多种外形尺寸供客户选择；通过 2008 版 ISO9001 质量认证，品质可靠；产品经第三方权威机构检测获得 CE 认证标志，抗干扰性能符合在严酷工业条件下电磁兼容（EMC）的要求。

2. 技术规格

（1）输入规格（一台仪表即可兼容）

1）热电偶：K、S、R、T、E、J、B、N、WRe2-3-WRe25、WRe2-5-WRe26。

2）热电阻：Cu50、Pt100。

3）线性电压：0 ~ 5V、1 ~ 5V、0 ~ 1V、0 ~ 100mV、0 ~ 60mV、0 ~ 20mV 等。

4）线性电流（需外接精密电阻分流）：0 ~ 20mA、4 ~ 20mA 等。

5）线性电阻：0 ~ 80Ω、0 ~ 400Ω（可用于测量远传电阻压力表）。

（2）测量范围

1）热电偶：K（ - 100 ~ 1300℃）、S（0 ~ 1700℃）、R（0 ~ 1700℃）、T（ - 200 ~ 390℃）、E（0 ~ 1000℃）、J（0 ~ 1200℃）、B（600 ~ 1800℃）、N（0 ~ 1300℃）。

2）热电阻：Cu50（ - 50 ~ 150℃）、Pt100（ - 200 ~ 800℃）

3）线性输入： - 9990 ~ 30000，由用户定义。

（3）测量准确度　0.2 级（热电阻、线性电压、线性电流及热电偶输入且采用铜电阻补偿或冰点补偿冷端时）；0.2% FS ± 2.0℃（热电偶输入且采用仪表内部元件测温补偿冷端时）。

（4）分辨率　0.1℃（当测量温度大于 999.9℃时，自动转换为按 1℃显示）。

（5）响应时间　小于 0.3s（设置数字滤波参数 dL = 0 时）。

（6）调节方式

1）位式调节方式（回差可调）。

2）AI 人工智能调节，包含模糊逻辑 PID 调节及参数自整定功能的先进控制算法。

（7）输出参数（模块化）

1）继电器触点开关输出（常开 + 常闭）：AC 250V/1A 或 DC 30V/1A。

2）晶闸管无触点开关输出（常开或常闭）：AC 100～240V/0.2A（持续），2A（20ms 瞬时，重复周期大于 5s）。

3）SSR 电压输出：DC 12V/30mA（用于驱动 SSR 固态继电器）。

4）晶闸管触发输出：可触发 5～500A 的双向晶闸管、两个单向晶闸管反并联连接或晶闸管功率模块。

5）线性电流输出：0～10mA 或 4～20mA 可定义。

（8）报警功能　有上限、下限、正偏差和负偏差等 4 种方式，最多可输出 3 路，有上电免除报警选择功能。

（9）手动功能　自动/手动双向无扰动切换。

（10）电源　AC 100～240V，－15%，＋10%/50～60Hz；或 DC 24V，－15%，＋10%。

（11）使用环境　温度：－10～60℃；湿度＜90% RH。

3. 仪表接线

仪表后背板接线图如图 A-1 所示。

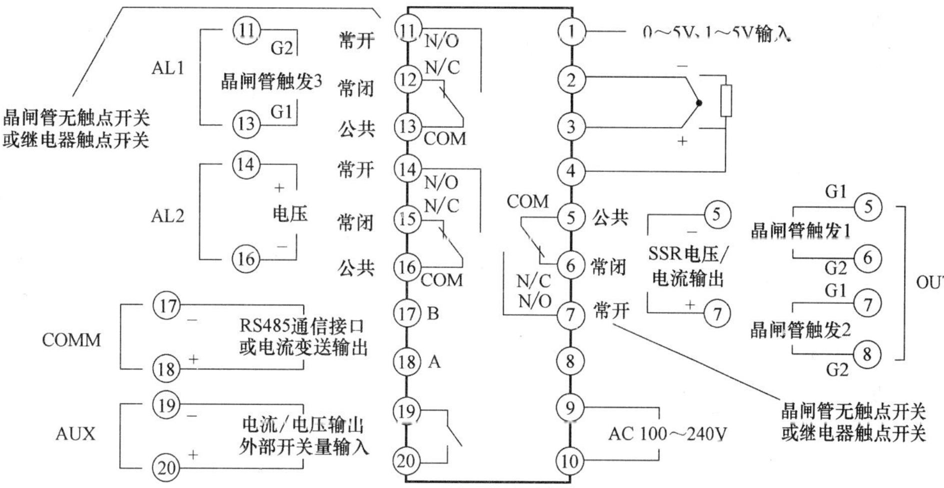

图 A-1　AI 系列仪表后背板接线图

4. AI 仪表的主要参数设置及说明

见表 A-1。

表 A-1　AI 仪表的主要参数设置及说明

参数代号	参数含义	说明	设置范围
HIAL	上限报警	测量值大于 HIAL 值时仪表将产生上限报警。测量值小于 HIAL－dF 值时，仪表将解除上限报警。设置 HIAL 到其最大值可避免产生报警作用。每种报警可自由定义为控制 AL1、AL2、AU1、AU2 等输出端口动作（参见后文参数 ALP 的说明）	1999～9999 线性单位或 1℃
LoAL	下限报警	当测量值小于 LoAL 时产生下限报警，当测量值大于 LoAL＋dF 时下限报警解除 设置 LoAL 到其最小值可避免产生报警作用	

（续）

参数代号	参数含义	说明	设置范围
dHAL	正偏差报警	采用 AI 人工智能调节时，当偏差（测量值 PV 减给定值 SV）大于 dHAL 时产生正偏差报警。当偏差小于 dHAL - dF 时正偏差报警解除。设置 dHAL = 9999（温度时为 999.9℃）时，正偏差报警功能被取消 采用位式调节时，则 dHAL 和 dLAL 分别作为第二个上限和下限绝对值报警	0 ~ 999.9℃ 或 0 ~ 9999 定义单位
dLAL	负偏差报警	采用 AI 人工智能调节时，当负偏差（给定值 SV 减测量值 PV）大于 dLAL 时产生负偏差报警，当负偏差小于 dLAL - dF 时负偏差报警解除。设置 dLAL = 9999（温度时为 999.9℃）时，负偏差报警功能被取消	
dF	回差（死区、滞环）	回差用于避免因测量输入值波动而导致位式调节频繁通断或报警频繁产生/解除 例如：dF 参数对上限报警控制的影响如下，假定上限报警参数 HIAL 为 800℃，dF 参数为 2.0℃ （1）仪表在正常状态时，当测量温度值大于 800℃时（HIAL）时产生上限报警 （2）仪表在上限报警状态时，则当测量温度值小于 798℃（HIAL - dF）时，仪表才解除报警状态 又如：仪表在采用位式调节或自整定时，假定给定值 SV 为 700℃，dF 参数设置为 2.0℃，以反作用调节（加热控制）为例 （1）输出在接通状态时，当测量温度值大于 702℃（SV + dF）时关断 （2）输出在关断状态时，则当测量温度值小于 698℃（SV - dF）时，才重新接通进行加热 对采用位式调节而言，dF 值越大，通断周期越长，控制精度越低。反之，dF 值越小，通断周期越短，控制精度较高，但容易因输入波动而产生误动作，使继电器或接触器等机械开关寿命降低 dF 参数对 AI 人工智能调节没有影响。但自整定参数时，由于也是位式调节，应正确设置 dF 以避免测量值因受干扰跳动造成误动作，但过大的 dF 值也会影响自整定效果。如果测量值数字跳动过大，应先加大数字滤波参数 dL 值，使得测量值跳动小于 2 ~ 5 个数字，然后可将 dF 设置为等于测量值的瞬间跳动值的 2 ~ 3 倍为佳	0 ~ 200.0℃ 或 0 ~ 2000 定义单位
CtrL	控制方式	CtrL = 0，采用位式调节（ON/OFF），只适合要求不高的场合进行控制时采用 CtrL = 1，采用 AI 人工智能调节，该设置下，允许从面板启动执行自整定功能 CtrL = 2，启动自整定参数功能，自整定结束后会自动设置为 3 或 4 CtrL = 3，采用 AI 人工智能调节，自整定结束后，仪表自动进入该设置，该设置下不允许从面板启动自整定参数功能。以防止误操作重复启动自整定 CtrL = 4，该方式下与 CtrL = 3 时基本相同，但其 P 参数定义为原来的 10 倍，即在 CtrL = 3 时，P = 5，则 CtrL = 4 时，设置 P = 50 时二者有相同的控制结果。对极快速变化的温度（每秒变化 100℃以上），在 CtrL = 1、3 时，其 P 值都很小，有时甚至要小于 1 才能满足控制需要，此时如果设置 CtrL = 4，则可将 P 参数放大 10 倍，获得更精细的控制 温度变送器/程序发生器功能：若设置 CtrL = 0 而 OPt 参数（见后文）又将主输出定义为电流输出（OPt = 1、2 或 4 分别表示为 0 ~ 10mA、0 ~ 20mA 或 4 ~ 20mA 输出），则对于 AI-708/808 仪表将把 PV 值变送为电流信号从 OUTP 位置输出，而对于 AI-708P/808P 则将把 SV 值变送为电流信号从 OUTP 位置输出，成为程序发生器。可以用 dIL、dIH 参数设置要变送值的下限或上限。新一代 X3/X5 电流输出模块准确度等级为 0.2 级，加上测量误差，综合变送准确度等级为 0.3 ~ 0.4 级	0 ~ 4

（续）

参数代号	参数含义	说明	设置范围
M 5	保持参数	M5 、P、t、CtI 等参数为 AI 人工智能调节算法的控制参数，对位式调节方式（CtrL = 0 时），这些参数不起作用。M5 定义为输出值变化为 5% 时，控制对象基本稳定后测量值的差值。5 表示输出值变化量为 5%，同一系统的 M 5 参数一般会随测量值有所变化，应取工作点附近为准。例如某电炉温度控制，工作点为 700℃，为找出最佳 M 5 值，假定输出保持为 50% 时，电炉温度最后稳定在 700℃左右，而 55% 输出时，电炉温度最后稳定在 750℃左右。则 M5 = 750℃ − 700℃ = 50.0℃ M5 参数 PID 调节的积分时间起相同的作用。M5 值越小，系统积分作用越强。M5 值越大，积分作用越弱（积分时间增加）	0 ~ 999.9℃ 或 0 − 9999 定义单位
P	速率参数	P 与每秒内仪表输出变化 100% 时测量值对应变化的大小成反比，当 CtrL = 1 或 3 时，其数值定义如下 P = 1000 ÷ 每秒测量值升高值（测量值单位是 0.1℃或 1 个定义单位）如仪表以 100% 功率加热并假定没有散热时，电炉每秒升 1℃，则 P = 1000 ÷ 10 = 100 P 值类似 PID 调节器的比例带，但变化相反。P 值越大，比例、微分作用成正比增强，而 P 值越小，比例、微分作用相应减弱。P 参数与积分作用无关 当 CtrL = 4 时：P 参数设置将增大 10 倍，以上的例子中应设置 P − 1000	1 ~ 9999
t	滞后时间	对于工业控制而言，被控系统的滞后效应是影响控制效果的主要因素，系统滞后时间越大，要获得理想的控制效果就越困难，滞后时间参数 *t* 是 AI 人工智能算法相对标准 PID 算法而引进的新的重要参数，AI 系列仪表能根据 *t* 参数来进行一些模糊规则运算，以便能较完善地解决超调现象及振荡现象，同时使控制响应速度最佳 *t* 定义为假定没有散热，电炉以某功率开始升温，当其升温速率达到最大值的 63.5% 时所需的时间。AI 系列仪表中，*t* 参数值的单位是秒 *t* 参数的正确设定值与 PID 调节中微分时间相等 如果设置 *t*≤CtI 时，系统的微分作用被取消	0 ~ 2000
CtI	输出周期	CtI 参数值可在（0.5 ~ 125）×0.5s（0 表示输出周期为 0.25s）之间设置，它反映仪表运算调节的快慢。采用 SSR、晶闸管或电流输出时一般建议设置为 0.5 ~ 3s。当输出采用继电器开关输出时或是采用加热/冷却双输出控制系统中，短的控制周期会缩短机械开关的寿命或导致冷/热输出频繁转换启动，周期太长则使控制精度降低，因此一般在 12.5 ~ 40s 之间，建议 CtI 设置为系统滞后时间的 1/4 ~ 1/10，但数值最大不应超过 60s（CtI = 120）	0 ~ 125 ×0.5s
Sn	输入规格	Sn 用于选择输入规格，其数值对应的输入规格如下： 0　K　20　Cu50 1　S　21　Pt100 2　R　22　0 ~ 75mV 电压输入 3　T　26　0 ~ 80Ω 电阻输入 4　E　27　0 ~ 400Ω 电阻输入 5　J　28　0 ~ 20mV 电压输入 6　B　29　0 ~ 100mV 电压输入 7　N　30　0 ~ 60mV 电压输入 8　WRe2-3-WRe25　31　0 ~ 1V 9　WRe2-5-WRe26　32　0.2 ~ 1V 10　客户自定义 33　1 ~ 5V 电压输入 12　F2 辐射高温温度计 34　0 ~ 5V 电压输入 15　4 ~ 20mA（在 MIO 安装 I4）35 − 20 ~ 20mV 16　0 ~ 20mA（在 MIO 安装 I4）36 − 100 ~ 100mV 0 ~ 10V（在 MIO 安装 I31）　37 − 5V ~ 5V Sn = 10 时，采用外部分度号扩展，用户可以自输入非线性输入表格	0 ~ 37

（续）

参数代号	参数含义	说明	设置范围
dIP	小数点位置	线性输入时:定义小数点位置,以配合用户习惯的显示数值 dIP=0,显示格式为0000,不显示小数点 dIP=1,显示格式为000.0,小数点在十位 dIP=2,显示格式为00.00,小数点在百位 dIP=3,显示格式为0.000,小数点在千位 采用热电偶或热电阻输入时,dIP选择温度显示的分辨率 dIP=0,温度显示分辨率为1℃(内部仍维持0.1℃分辨率用于控制运算) dIP=1,温度显示分辨率为0.1℃(1000℃以上自动转为1℃分辨率) 改变小数点位置参数的设置只影响显示,对测量精度及控制精度均不产生影响	0~3
DIL	输入下限显示值	用于定义线性输入信号下限刻度值,对外给定、变送输出、光柱显示均有效 例如在采用压力变送器将压力(也可是温度、流量、湿度等其他物理量)变换为标准的1~5V信号输入(4~20mA信号可外接250Ω电阻予以变换)中,对于1V信号压力为0,5V信号压力为1MPa,希望仪表显示分辨率为0.001MPa。则参数设置如下 Sn=33（选择1~5V线性电压输入） dIP=3（小数点位置设置,采用0.000格式） dIL=0.000（确定输入下限1V时压力显示值） dIH=1.000（确定输入上限5V时压力显示值）	1999~9999线性单位或1℃
dIH	输入上限显示值	用于定义线性输入信号上限刻度值,与dIL配合使用	同上
Sc	主输入平移修正	Sc参数用于对输入进行平移修正,以补偿传感器、输入信号或热电偶冷端自动补偿的误差。PV补偿后 = PV补偿前 + Sc。一般应设置为0,乱设置会导致测量误差	-199.9~400.0℃
OPt	输出方式	OPt表示仪表的调节输出方式 OPt = OPt.A×1+OPt.B×10 OPt.A表示主输出(OUTP)类型,OUTP上安装的模块类型应该与之相适合。 OPt.A =0,当主模块上安装SSR电压输出、继电器触点开关输出、过零方式晶闸管触发输出或晶闸管无触点开关输出等模块时,应用此方式 OPt.A =1,0~10mA线性电流输出,主输出模块上安装线性电流输出模块 OPt.A =2,0~20mA线性电流输出,主输出模块上安装线性电流输出模块 OPt.A =3,备用 OPt.A =4,4~20mA线性电流输出,主输出模块上安装线性电流输出模块 OPt.A =5~7,位置比例输出(只适合AI-808/808P) 其中OPt.A=1、OPt.A=2可用于直接驱动阀门电机正、反转,OPt.A=5适合无阀门反馈信号控制,要求阀门行程时间为60s,OPt.A=6可从0~5V输入端输入阀门位置反馈信号,要求阀门行程时间大于10s即可,OPt.A=7为阀门位置自整定功能,整定完毕后会自动将OPt.A设置为6 通过对参数dF的设置可以作为阀门位置不灵敏区大小的调整,建议设置范围是1.0%~3.0%,加大参数dF值,可避免阀门频繁转动,但太大的dF值,将导致控制精度下降。dF参数此时仍对报警起作用 OPt.A =8,单相移相输出,应安装K5移相触发输出模块实现移相触发输出 OPt.A=5~8时,在该设置状态下,AUX不能作为调节输出的冷输出端 OPt.B表示辅助接口(AUX)输出类型,仅当oPL参数设置小于0时方起作用 OPt.B =0,输出为时间比例输出方式,AUX位置可安装SSR电压输出、继电器触点开关输出、过零方式晶闸管触发输出模块或晶闸管无触点开关输出等模块 OPt.B =1、2、4,分别表示为0~10mA、0~20mA及4~20mA线性电流输出AUX输出模块上安装线性电流输出模块 OPt.B =3,备用于将来其他用途,请勿使用该设置 AUX输出不支持位置比例或移相触发输出功能 例如:仪表要求OUT输出为4~20mA,没有辅助输出,则设置OPt=4 又如:OUT和AUX均为4~20mA输出,则设置OPt=44	0~48

（续）

参数代号	参数含义	说明	设置范围
oPL	输出下限	设置为0～110%时，表示在通常的单向调节中作为限制调节输出最小值 设置为-110%～-1%时，仪表成为一个双向输出系统，具备加热/冷却双输出功能，当设置CF. A=0，即OUT的输出用于加热时，AUX的输出相应地被用于制冷，反之亦可（CF. A=1）。这时AUX不能再用于报警输出或作为开关量输入 在具有双向输出的控制系统中，oPL用于反映被控系统反输出能力的百分比系数，在通常的双输出系统中，加热/冷却的能力往往是不一样的，比如一台变频冷暖空调器，同样最大输出时，制冷和制热能力是不一样的，假定制冷能力为4000W，而制热能力为5000W，这样当AUX用于制冷输出时，应设置oPL=-（4000/5000）×100%=-80%，才能准确表示系统特性，实现理想的控制效果 AUX输出不能限制输出幅度，如设置oPL=-80%时，则内部调节运算值等于oPL时，即为-80%时，AUX的物理输出即达到最大，例如在4～20mA输出中达到20mA	-110%～110%
oPH	输出上限	限制OUTP调节输出的最大值的百分比	0～110%
ALP	报警输出编程	ALP的4位数的个位、十位、百位及千位分别用于定义HIAL、LoAL、dHAL和dLAL等4个报警的输出位置，即 $ALP=\frac{5}{dLAL}\frac{5}{dHAL}\frac{0}{LoAL}\frac{3}{HIAL}$ dLAL、dHAL、LoAL、HIAL数值范围是0～6，0表示不从任何端口输出该报警，1～2备用，3、4、5、6分别表示该报警由AL1、AL2、AU1、AU2输出 例如设置ALP=5503，则表示上限报警HIAL由AL1输出，下限报警LoAL不输出，dHAL及dLAL则由AU1输出，即dHAL或dLAL产生报警均导致AU1动作 注1：当AUX在双向调节系统作辅助输出时，报警指定AU1、AU2输出无效 注2：若需要使用AL2或AU2，可在ALM或AUX位置安装L5双路继电器模块	0～9999
CF	系统功能选择	CF参数用于选择部分系统功能 CF=A×1+B×2+C×4+D×8+E×16+F×32+G×64+H×128 A=0，控制为反作用调节，适用加热控制；A=1，为正作用调节，如制冷控制 B=0，仪表报警无上电/给定值修改免除报警功能；B=1，仪表有上电/给定值修改免除报警功能（详细说明见后文叙述） C=0，作为程序发生器时PV窗显示程序段；C=1则显示测量值（仅AI-708P/808P） C=0，给定值设置范围限制在HIAL和LoAL之间；C=1，给定值设置范围不限制（该功能仅限限于AI-708/808，对于AI-708P/808P则不限制给定值设置范围） D=0，程序时间以min为单位；D=1，以s为单位（仅适用AI-708P/808P型） D=0，无外给定功能；D=1，有外给定功能（仅适用AI-808型） E=0，无分段功率限制功能；E=1，有分段功率限制功能（详见后文叙述） F=0，仪表光柱指示输出值；F=1，仪表光柱指示测量值（仅带光柱的仪表） G=0时，报警时在下显示器交替显示报警符号，能迅速了解仪表报警原因；G=1时，报警时在下显示器不显示报警符号，一般用于将报警作为控制的场合 H=0，报警为单边回差；H=1，报警为双边回差（与V6. X版本兼容） 例：要求一台AI-708型仪表为反作用调节，有上电免除报警功能，给定值设置范围无限制，无分段功率限制功能，无光柱，报警时下显示器交替显示报警符号，则可得：A=0，B=1，C=1，D=0，E=0，F=0，G=0，H=0。CF参数值应设置如下 CF=0×1+1×2+1×4+0×8+0×16+0×32+0×64+0×128=6	0～255

（续）

参数代号	参数含义	说明	设置范围
Addr	通信地址	当仪表辅助功能模块用于通信时（安装 RS485 通信接口，bAud 设置范围应在 1200～19200 之间），Addr 参数用于定义仪表通信地址，有效范围是 0～100。在同一条通信线路上的仪表应分别设置一个不同的 Addr 值以便相互区别。安装合适的软件，上位计算机或 PLC 可通过通信接口对仪表读取数据及进行各项操作。要获得通信协议或需要相关软件信息时，可向宇电公司的技术支持人员询问	0～100
bAud	通信波特率	当仪表 COMM 模块接口用于通信时，bAud 参数定义通信波特率，可定义范围是 1200～19200bit/s。若不用通信功能，COMM 模块位置也可安装 X3 或 X5 电流输出模块将测量值 PV 变送为 0～20mA 或 4～20mA 标准电流信号，供外部记录仪或其他设备使用。当需要 COMM 位置用于测量值变送输出时，Addr 及 Baud 定义对应测量值变送输出的线性电流大小，其中 Addr 表示输出下限，bAud 表示输出上限，单位是%。例如：定义 4～20mA 的变送输出电流时，设置：Addr = 20，bAud = 100；定义 0～20mA 的变送输出电流时，设置：Addr = 0，bAud = 100	0～19.2K
dL	输入数字滤波	AI 仪表内部具有一个取中间值滤波和一个一阶积分数字滤波系统，取值滤波为 3 个连续值取中间值，积分滤波和电子线路中的阻容积分滤波效果相当。当因输入干扰而导致数字出现跳动时，可采用数字滤波将其平滑。dL 设置范围是 0～20，0 没有任何滤波，1 只有取中间值滤波，2～20 同时有取中间值滤波和积分滤波。dL 越大，测量值越稳定，但响应也越慢。一般在测量受到较大干扰时，可逐步增大 dL 值，调整使测量值瞬间跳动小于 2～5 个字。在实验室对仪表进行计量检定时，则应将 dL 设置为 0 或 1 以提高响应速度	0～20
Run	运行状态及上电信号处理	（1）对 AI-808 型仪表，Run 参数定义自动/手动工作状态 Run = 0，手动调节状态 Run = 1，自动调节状态 Run = 2，自动调节状态，并且禁止手动操作。不需要手动功能时，该功能可防止因误操作而进入手动状态 通过 RS485 通信接口控制仪表操作时，可通过修改 Run 参数的方式用计算机（上位机）实现仪表的手动/自动切换操作 （2）对于 AI-708P/808P 仪表，Run 参数定义 AI-708P/808P 型仪表程序运行模式 Run = A × 1 + D × 8 + F × 32 其中 A 用于选择 5 种停电事件处理模式，D 用于选择 4 种运行/修改事件处理模式 A = 0，除非停电前为停止状态，否则来电后都自动从第 1 段开始运行程序 A = 1，在通电后如果没有偏差报警，则在原终止处继续执行，若有偏差报警则程序停止 A = 2，在仪表通电后继续在原终止处执行 A = 3，通电后无论出现何种情况，仪表都进入停止状态 A = 4，仪表在运行中停电，来电后无论出现何种情况，仪表都进入暂停状态。但如果仪表停电前为停止状态，则来电后仍保持停止状态 D 用于选择运行/修改事件处理，其设置定义如下 D = 0，无测量值启动功能和准备功能，程序按原计划执行，这种模式保证了固定的程序运行时间，但无法保证整条曲线的完整性 D = 1，有测量值起动功能，可根据测量值预置已运行的时间，无准备功能 D = 2，无测量值启动功能，有准备功能 D = 3，有测量值启动功能及准备功能 F 用于选择手动/自动状态（仅 AI-808P），其定义如下 F = 0，自动调节状态 F = 1，手动调节状态 F = 2，自动状态且禁止从面板切换到手动状态 例：一台 AI-808P 型仪表通电后在原来位置继续执行，并且有测量值启动功能和准备功能，仪表处于自动工作状态，可设置 A = 2，D = 3，F = 0。则：run = 2 × 1 + 3 × 8 + 0 × 32 = 26	0～127

（续）

参数代号	参数含义	说明	设置范围
Loc	参数修改级别	AI仪表当Loc设置为808以外的数值时，仪表只允许显示及设置0~8个现场参数（由EP1~EP8定义）及Loc参数本身。当Loc=808时才能设置全部参数。当用户技术人员配置完仪表的输入、输出等重要参数后，可设置Loc为808以外的数。以避免现场操作人员无意修改某些重要操参数 （1）对于AI-708/808型仪表 Loc=0，允许修改现场参数、给定值 Loc=1，可显示查看现场参数，不允许修改，但允许设置给定值 Loc=2，可显示查看现场参数，不允许修改，也不允许设置给定值 Loc=808，可设置全部参数及给定值 （2）对于AI-708P/808P型仪表 Loc=0，允许修改现场参数、程序值（时间及温度值）及程序段号StEP值 Loc=1，允许修改现场参数及StEP值，但不允许修改程序 Loc=2，允许修改现场参数，但不允许修改程序及StEP值 Loc=3，除Loc参数本身可修改外，其余参数、程序及StEP值均不允许修改 Loc=808，可设置全部参数、程序及StEP值。注意808是所有AI系列仪表的设置密码，仪表使用时应设置其他值以保护参数不被随意修改。同时应加强生产管理，避免随意地操作仪表 如果Loc设置为其他值，其结果可能是以上结果之一 在设置现场参数时将Loc参数设置为808，可临时性开锁，结束设置后Loc自动恢复为0，开锁后在参数表中将Loc设置为808，则Loc将被保存为808，等于长久开锁	0~9999
EP1~EP8	现场参数定义	当仪表的设置完成后，大多数参数将不再需要现场工人进行设置。并且，现场操作工对许多参数也可能不理解，并且可能发生误操作将参数设置为错误的数值而使得仪表无法正常工作 通常智能仪表都具备参数锁（Loc）功能，不过普通的参数锁功能往往将所有参数均锁上，而有时又需要现场操作工对部分参数能进行修改及调整，例如上限报警值HIAL或M50、P、t等参数，对于AI-708P/808P型则可能还需要修改部分程序值，如某段的温度值或时间值 在参数表中EP1~EP8定义1~8个现场参数给现场操作工使用。其参数值是EP参数本身外其他参数，如HIAL、LoAL等参数，对于AI-708P/808P型仪表，则还包括程序设置值，例如C01、t01等。当Loc=0、1、2等值时，只有被定义到的参数或程序设置值才能被显示，其他参数不能被显示及修改。该功能可加快修改参数的速率，又能避免重要参数（如输入、输出参数）不被误修改 参数EP1~EP8最多可定义8个现场参数，如果现场参数小于8个（有时甚至没有），应将要用到的参数从EP1~EP8依次定义，没用到的第一个参数定义为nonE 例：某仪表现场常要修改HIAL（上限报警）、LoAL（下限报警）两个参数，可将EP参数设置如下：Loc=0、EP1=HIAL、EP2=LoAL、EP3=nonE 如果仪表调试完成后并不需要现场参数，此时可将EP1参数值设置为nonE	NonE~run

附录B　模块参数指标表

表B-1　K-CU01控制器模块参数指标

CPU	工业级PowerPC架构，32位，主频400MHz
程序存储FLASH	16MB
内存	128MB
掉电保持SRAM	1MB

（续）

运算调度周期	最快 100ms
掉电保护	后备电池保持
电池寿命	大于 5 年，可在线更换
系统网（SNET）	2 路，冗余，100/1000Mbit/s，波特率自适应
控制网（CNET）	PROFIBUS-DP 协议，冗余，通信速率 187.5kbit/s、500kbit/s、1.5Mbit/s 可组态配置，默认为 1.5Mbit/s
诊断	电源、时钟、内存以及其他控制器内部硬件诊断
	CPU 周围温度状态诊断
	掉电保护电池容量不足诊断
	系统网、控制网故障诊断
控制器冗余	主从热备冗余，100Mbit/s
复位	外部按钮复位

表 B-2　K-PW01 交流电源配电板参数指标

输入电压	AC110V/AC220V（50Hz/60Hz），两路
输出电压	AC110V/AC220V（每路输入有 5 个输出）
输出控制方式	船型开关（带绿色的通断指示灯）
输入/输出接线端子	3 位垂直进线紧固型连接器，绿色，共 12 个
每位接线端子的额定最大连续电流	3A
线缆要求	可接入的线缆径：24～12 AWG 推荐紧固扭矩：0.5～0.6 N·m
安装方式	DIN35 导轨安装
模块尺寸（宽×高×深）	380mm×66.5mm×85mm
重量	约 1000g

表 B-3　SM910 DC 24V（120W）电源模块参数指标

输入电源范围	AC176～264V
输入频率范围	47～63Hz
功率因数	满负载 0.96/AC230V
输入电流	1.4A/AC230V
浪涌电流	冷启动 45A/AC230V
漏电流	<3.5mA/AC240V
额定输出电压	DC24V
额定输出电流	10A
额定输出功率	240W
开机软启动	开机输出电压逐渐上升，输出峰值电压<额定电压±5%
输出过载保护	105%～150%，消除过载后，自动恢复

表 B-4 SM913 DC 24V（240W）电源模块参数指标

输入电源范围	AC176 ~ 264V
输入频率范围	47 ~ 63Hz
功率因数	满负载 0.96/AC230V
输入电流	1.4A/AC230V
浪涌电流	冷启动 45A/AC230V
漏电流	< 3.5mA/AC 240V
额定输出电压	DC24V
额定输出电流	10A
额定输出功率	240W
开机软启动	开机输出电压逐渐上升，输出峰值电压 < 额定电压 ±5%
输出过载保护	105% ~ 150%，消除过载后，自动恢复
输出过电压保护	（125% ~ 150%）额定电压
输出短路保护	输出短路故障电源保护，保护故障消除后电源自动恢复
冗余方式	配合冗余端子板实现 1 + 1 并联冗余
冷却方式	自然冷却

表 B-5 SM920 DC 48V（120W）电源模块参数指标

输入电源范围	AC176 ~ 264V
输入频率范围	47 ~ 63Hz
额定输出电压	DC48V
额定输出电流	2.5A
额定输出功率	120W
开机软启动	开机输出电压逐渐上升，输出峰值电压 < 额定电压 ±5%
输出过载保护	105% ~ 150%，消除过载后，自动恢复
输出过电压保护	（125% ~ 150%）额定电压
输出短路保护	输出短路故障电源保护，保护故障消除后电源自动恢复
冗余方式	1 + 1 并联冗余
冷却方式	自然冷却

表 B-6 K-PW11 直流配电板参数指标

输入	1 组 2 路 DC24V 系统电源，供给 IO-BUS 背板上的第 1 ~ 6 端口系统电源；1 组 2 路 DC24V 现场电源 1，供给 IO-BUS 背板上的第 1 ~ 4 端口系统电源；1 组 2 路 DC24V 系统电源 2，供给 IO-BUS 背板上的第 5 ~ 6 端口系统电源；1 组 2 路 DC24/48V 查询电源
输出	冗余后的系统电源、现场电源 1、现场电源 2 并联分配从 2 个 6 芯直插针座端子上输出；冗余后的 DC24V/48V 查询电源并联分配从 4 个 3 位接线端子上输出
负载能力	DC24V 最大负载 10A
	DC48V 最大负载 5A
冗余电压降	25℃环境下满载输入输出间电压降小于 1V
输入电压状态检测	检测每个输入端子的电压状态，光耦合器开关输出
安装方式	DIN35 导轨安装

表 B-7　K-PW21 交流电源配电板参数指标

输入/输出电压	DC24V 或 48V
输入通道	2 路,并联冗余,3 芯单排弯针座
输出通道	16 路,2 芯单排直针座
输出电源短路指示	单路输出电源短路时红色 LED 指示灯亮
输出额定电流	≤750mA 每路
输出输入间压降	≤1V
安装方式	DIN35 导轨安装
模块尺寸(宽×高×深)	259mm×70mm×63.7mm
重量	约 500g

附录 C　CDIO 课程项目报告书

哈尔滨职业技术学院
《工业现场控制系统的设计与调试》
CDIO 项目报告书

项 目 名 称：______________________________

专　　　业：______________________________

班级及组号：______________________________

组 长 姓 名：______________________________

组 员 姓 名：______________________________

指 导 教 师：______________________________

时　　　间：______________________________

1. 项目目的与要求
2. 项目计划
3. 项目内容
4. 心得体会
5. 主要参考文献

参 考 文 献

[1] 侯志林. 过程控制与自动化仪表［M］. 北京：机械工业出版社，2000.

[2] 王常力. 集散型控制系统的设计与应用［M］. 北京：清华大学出版社，1993.

[3] 杨献勇. 热工过程自动控制［M］. 北京：清华大学出版社，2000.

[4] 施仁，刘文江. 自动化仪表与过程控制［M］. 3版. 北京：电子工业出版社，2003.

[5] 李玲玲，等. 锅炉水位三冲量自动控制方案的探讨［J］. 机床电器，1998（2）：22-25.

[6] 李俊. Matlab语言精要及动态仿真工具SIMULINK［M］. 西安：西北工业大学出版社，2007.

[7] 薛定宇. 控制系统计算机辅助设计——MATLAB语言与应用［M］. 3版. 北京：清华大学出版社，2012.

[8] 谢希仁. 计算机网络［M］. 大连：大连理工大学出版社，2001.

[9] 王树青，赵鹏程. 集散型计算机控制系统［M］. 杭州：浙江大学出版社，2001.

[10] 胡邦南. 过程控制技术［M］. 北京：科学出版社，2009.

[11] 倪志莲，龚素文. 过程控制与自动化仪表［M］. 北京：机械工业出版社，2014.

[12] 于辉. 过程控制原理与工程［M］. 北京：机械工业出版社，2010.

[13] 王斌，邓素萍. 生产过程控制系统的设计与运行维护［M］. 北京：化学工业出版社，2011.